力学 新装版

原島 鮮 著
Akira Harashima

Mechanics

裳 華 房

本書は 1985 年 11 月刊，原島鮮著「力学（三訂版）」を“新装版”として
刊行するものです．

三訂版刊行にあたって

1958年に本書の初版を出版して以来，教科書として，参考書としてご採用下さった先生方，学生の方，多くの読者の方々から親切なご注意，ご指導を受けた．これらを感謝のうちに心に留めながら三訂の仕事にあたった．

初版を書いたときの心掛けは今でも変わらない．本のほうは年月を経たが，今勉強しつつある人々の姿を心に浮かべながら改訂の仕事に従事した．

運動の法則の基礎，解析力学の展開には特に注意を払った．内容を少しでも充実させようとしてページ数を増したため，前の改訂のとき入れた前期量子論と特殊相対論とは拙著による姉妹編「力学 II」(裳華房刊) のほうに譲ることにした．

ニュートンが「プリンキピア」を著してから300年になるが，基礎の法則の形式は今日でも原形のままに近い．古典力学という名で今日学習されている．古典力学は人の得た知識の美しい体系であるが，その歴史的発展に触れるのは大切なことと思ったのでかなりの注意を払った．

読者が勉学中参考になると思われることで，本書で触れる余裕のないことは，なるべく容易に手にできるものを脚注あるいは本文中に挙げておいた．挙げ残したものも多いことと思う．

本書の図を用意するにあたって，著者がプログラムを書いてコンピュータに連結した X–Y プロッタで描いたもの，ディスプレーに映してそれを写真に撮ったものが多い．拙いものばかりであるが学習の伴侶にしていただきたい．

本書がはじめて出版されてから27年間，この本について一方ならぬお世話を蒙り，三訂版まで快く出していただいた裳華房社長 吉野達治氏，最初の企画の相談からごく最近まで何かと心に懸けて下さった同社前専務 遠藤恭平氏に深く感謝を捧げる．

最近の出版・印刷技術を取り入れ，字配り，図の構成・配列その他細いところまで心を込めて下さった同社 真喜屋実孜氏，校正の細い配慮をして下さった小林雅子さんに厚く御礼申し上げる．

1985 年　秋

三鷹にて　　原 島　鮮

初 版 序

この書物は大学の理科教養課程から専門課程にわたっての力学の教科書または参考書として書いたものである．幸せなことに力学の教授に堪能な優れた恩師・先輩をもち，いつもその影響を受け，また過去25年間第一高等学校・九州大学・東京工業大学・国際基督教大学などで実際にいろいろな時代，いろいろな課程の学生諸君に力学の講義をすることを許されてきた．この力学の教科書を書くにあたって，恩師・先輩の影響はもちろん，内外の力学の教科書，学生諸君の学習成績による反省など，はじめから終りまで支えとなってきた．

内容は力学の初歩から解析力学までわたるようにし，量子力学，統計力学，工学での力学につながるようにした．時代の変化にしたがい，内容の項目の選びかたはこれまでの力学の教科書といくらか変えたところもある．またエネルギーの説明のしかた，仮想変位の原理の説明など通常よりもくわしいのは，このような説明のしかたが本質をついているのではないかと考えたので，紹介したわけである．エネルギーについてはプランクの著書によるところが多いし，仮想変位の原理については九州大学にいた頃接することのできた力学の古典によるところが多い．この書物ではそのほか多くの場所で先人の苦心によるところが多いのでここに感謝の気持を表わしたいと思う．

この書物は学生諸君の足を洗いこれをぬぐう気持で書くことを念願として原稿を進めてきたのであるが，不親切な所が多く残っていると思う．これらはみな著者の修養の足らない結果である．御注意を戴ければ幸いである．

終りに，この書物を出版することを引き受けられた出版社裳華房，また細いところまでお世話願った同社 遠藤恭平氏に御礼申し上げる．その理解と努力とがなかったならば，この書物は世に出なかったと思う．

昭和33年1月

大岡山　東京工業大学にて　　　著　　者

改訂にあたって

このたびの改訂のおもな点は，前期量子論と特殊相対論を古典力学の教科書であるところの本書に入れた点にある．この二つの分野はなるべく早く済ませたほうが学生のため便利であろうと考えたことと，殊に相対論は古典物理学から量子物理学にかけての大きな背景と考えられたからである．前期量子論は，古典力学の範囲からあまり出ることなく扱うことができ，解析力学に引き続いて学んでしまったほうがよいと考えた．

そのほか昭和35年9月の修正第5版に比べて，文章をいくらか直したほか，原子物理学から例をとり入れる努力をした．

困難な改訂を引き受けて下さった出版社裳華房，いろいろとお世話願った同社 遠藤恭平氏，直接心を配って戴いた同社 菅沼洋子さんに御礼申し上げる．

昭和41年2月

三鷹にて　　　著　者

目　次

1　ベクトル　速度　加速度

2　運動の法則

3　簡単な運動

4　運動方程式の変換

5　力学的エネルギー　面積の原理

6　単振り子の運動と惑星の運動

7　非慣性系に相対的な運動

8　質点系の運動量と角運動量

9　剛体のつりあいと運動

10　仮想変位の原理

11　ダランベールの原理

12　ハミルトンの原理とモーペルチューイの最小作用の原理

13　ラグランジュの運動方程式

14 ハミルトンの正準方程式

15 正準変換

余　談

1 ベクトル　速度　加速度

§1.1　点の位置の表し方

いまここに，無限に広い平面があって，この平面内に1つの点Pがあるとしよう．この点がただ1つあるだけではその位置を表すことはできない．位置を表すのには，必ず基準になる物体が必要である．私たちがこのP点をみて，それがどう動くかを観察するときには，私たち自身を基準としてこの点の位置をきめていることが多いが，もちろん他の物体を選んで基準としてもよい．この基準体が1つの点であるとし，これをOとすると，Pの位置を表すものはOとPとの間の距離だけしかない（OPの方向もあると思うのは，他に基準体を用意してそれによってOPの方向をきめていることを前提としているのである）から，これではP点の位置を完全に表すことができない．どうしても，1.1-1図(a)に描いてあるような大きさを持った物体でなければならない．そしてこの基準になる物体としては，時がたっても形が変わらないもの（厳密な表現をとれば，物体内のどの2点の距離も時間に対して変わらないもの）をとるのが便利である．このような物体を**剛体**とよぶ．この剛体上に2つの定点A, Bをとっておけば$\overline{\mathrm{AP}}$, $\overline{\mathrm{BP}}$の長さによって平面内の任意の点Pの位置はきまってしまう．

この基準になる剛体が静止しているとか，動いているとかいうのは，いまのところ無意味である．そのようなことをいうのにはそれを確かめる方法を与えなければならないが，それにはもう1つ他の基準体が必要であり，この新しい

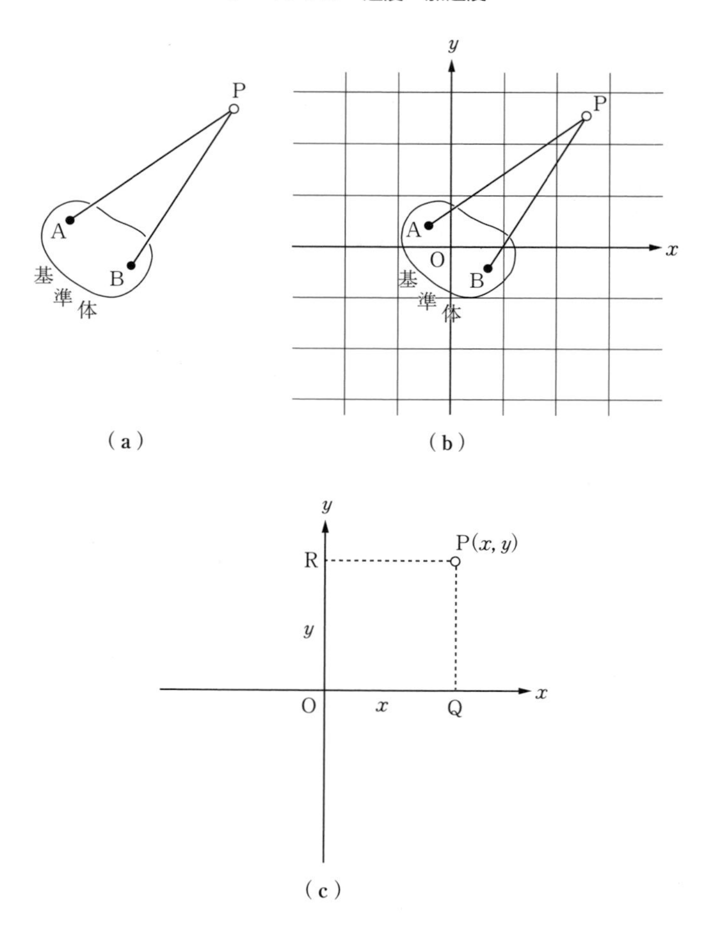

1.1-1 図　位置の表し方

基準体が動いているか静止しているかはまた第 3 の基準体が必要になって際限がないからである．ふつうは地面からみて位置が変わらない物体を静止するというのであるが，これはまったく便宜的ないい方であって，地面が静止しているという保証はどこにもない．それゆえ私たちは，いまのところ，考えている平面内に 1 つの剛体があるとし，それが静止しているとか運動しているとかは問題にせず，この剛体を基準体として他の任意の点の位置をきめると考えなければならない．

このようにして，平面内に剛体をとって，他の点の位置を表すことができるが，この基準体に図（b）のように方眼紙を取りつけたものを使うのが便利である．そうすれば，P 点の位置は，この方眼紙のどこにあるかということできめられる．適当な点を原点 O にとれば，図に示されるように，P の位置は，x 座標，y 座標によって与えられる．図（b）をもっと簡単に描いたのが図（c）である．通常，図（c）の描き方をするが，図（b）のように，大きさのある剛体の基準体を考えていることを忘れてはならない．あるいは，図（c）の x, y 両軸から成り立っている座標系自身が基準体であると考えてもよい．

P の位置をいうのには，O から P に向かう方向（これは基準体があるから，これに対する方向としてきめられる）と O, P 間の距離 r を使ってもよい．そうすれば 1.1-2 図（a）のように，P の位置は O から引いた 1 本の矢で表される．これを通常 $\overrightarrow{\mathrm{OP}}$ と書いたり，距離 r の記号を太い字で書いて $\boldsymbol{r}$ と書いたりする．そしてこれを**位置ベクトル**とよぶ．通常，基準体は描かず，図（b）のように描くが，これは実は不完全な図で，基準体は 1 つの点 O ではなく，大きさのある剛体であることに注意せよ．図（c）のように座標系（同時に基準体を兼ねる）をとれば，$\overrightarrow{\mathrm{OP}}$ の方向は，x 軸とつくる角 φ で与えられる．(x, y) と (r, φ) の関係は，

$$x = r\cos\varphi, \qquad y = r\sin\varphi \tag{1.1-1}$$

である．

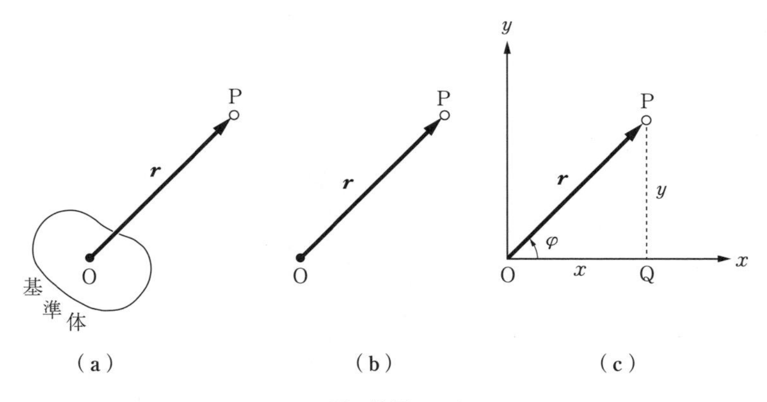

1.1-2 図　位置ベクトル

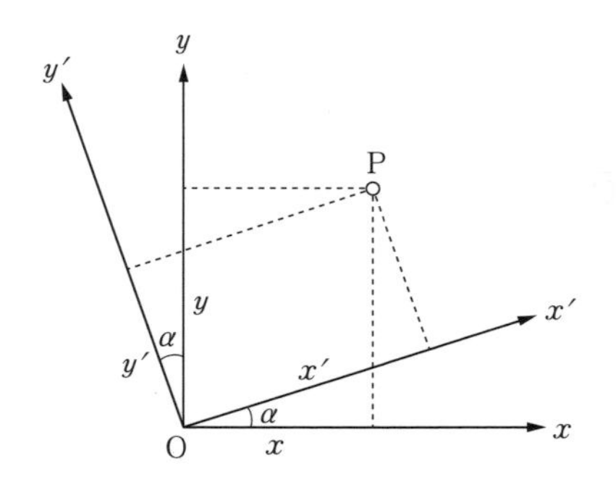

1.1-3 図 座標の変換

座標系 $\mathrm{O}x, \mathrm{O}y$ を基準体上にとるとり方はいろいろとある．2 つの座標系を $(\mathrm{O}x, \mathrm{O}y), (\mathrm{O}'x', \mathrm{O}'y')$ とするとき，O' が O に一致することもあるし（1.1-3 図），また一致しないこともある．また，$\mathrm{O}x, \mathrm{O}y$ がそれぞれ $\mathrm{O}'x', \mathrm{O}'y'$ に平行であることもあるし，一方の座標系が他の座標系に対してある角だけ回転したものであることもある．

例　原点を共通に持つ 2 つの座標系の軸が 1.1-4 図のように $\pi/4$ の角をつくっている．任意の点 P の座標 $(x, y), (x', y')$ の間にはどのような関係があるか．また

$$x'^2 + y'^2 = x^2 + y^2$$

であることを示せ．つぎに

$$ax^2 + 2hxy + ay^2 = 1$$

で示される曲線の方程式を x', y' を使って表せ．

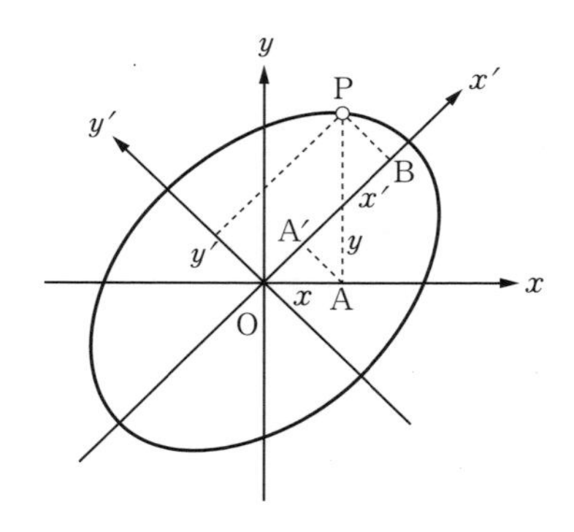

1.1-4 図

解　図で，P から x, x' 軸に垂線 PA, PB を下す．A から x' 軸に垂線 AA$'$ を下せば

$$x' = \overline{\mathrm{OB}} = \overline{\mathrm{OA'}} + \overline{\mathrm{A'B}} = \overline{\mathrm{OA}} \cos\frac{\pi}{4} + \overline{\mathrm{AP}} \sin\frac{\pi}{4}$$

$$\therefore\ x' = \frac{1}{\sqrt{2}}(x+y) \tag{1}$$

つぎに，

$$y' = \overline{\mathrm{AP}} \cos\frac{\pi}{4} - \overline{\mathrm{OA}} \sin\frac{\pi}{4}$$

$$\therefore\ y' = \frac{1}{\sqrt{2}}(-x+y) \tag{2}$$

(1)，(2) が x', y' を x, y で表す式である．これらを x, y について解けば

$$x = \frac{1}{\sqrt{2}}(x'-y') \tag{3}$$

$$y = \frac{1}{\sqrt{2}}(x'+y') \tag{4}$$

となる．

(1)，(2) から

$$x'^2 + y'^2 = x^2 + y^2$$

また

$$ax^2 + 2hxy + ay^2 = 1$$

は

$$(a+h)x'^2 + (a-h)y'^2 = 1$$

となる．たとえば，1.1-4 図に示したように，x', y' 軸を主軸とするような楕円の方程式は，x, y を使って表すと xy の項があるが，x', y' を使って表すと $x'y'$ の項がなくなって，標準の形になる．◆

いままでは，一平面内の点の位置について説明したが，空間内の点の位置についてもまったく同様である．原点を O とし，座標軸として互いに直角に交わる直線（x, y, z 軸）をとるのであるが，通常は右手の親指，人差し指，中指を互いに直角に開いた形で，この順に x, y, z 軸をとる．これを**右手座標系**とよぶ（1.1-5，1.1-6 図参照）．左手で同様なことをすると，**左手系**の x, y, z 軸が得ら

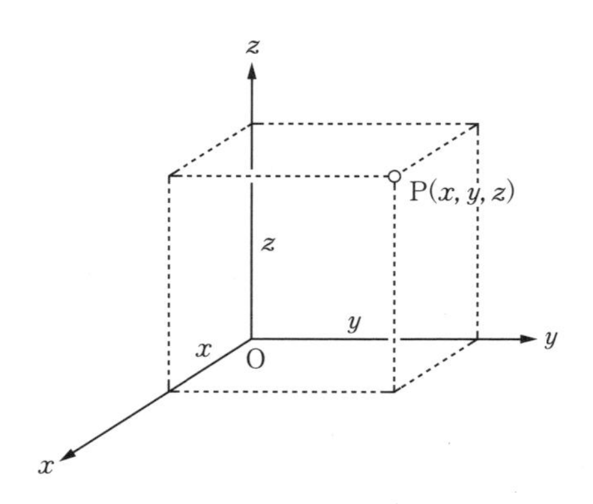

1.1-5 図　右手座標系

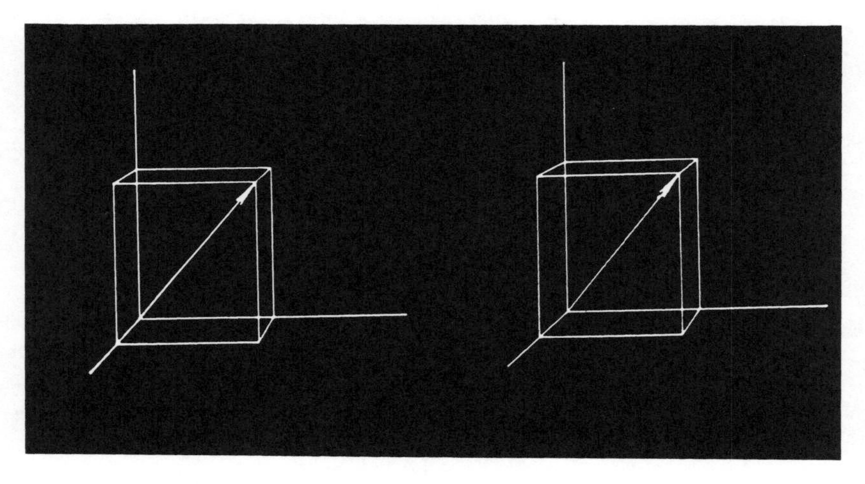

1.1-6 図　3次元空間の位置ベクトルの立体図．コンピュータにより作成したもの．両眼を調節して2つの図が重なるようにしてみる．間に25 cm ぐらいの厚紙を立ててみると重ねやすくなる．

れるが，これはどう回しても右手系に一致させることはできない．右手系を鏡に写すとその像は左手系となる．これからは右手系だけを使う．

P点の位置は(x, y, z)で表されるが，極座標を使っても表すことができる．まずOからPまでの距離をrとする．つぎに，$\overrightarrow{\mathrm{OP}}$と$z$軸とのつくる角を$\theta$，$(x, z)$平面と$\mathrm{O}z$, OPのつくる平面との間の角を$\varphi$とする（1.1-7図（a））．$(r, \theta, \varphi)$により点Pの位置がきまる．これが**極座標**である．Oを中心としてP

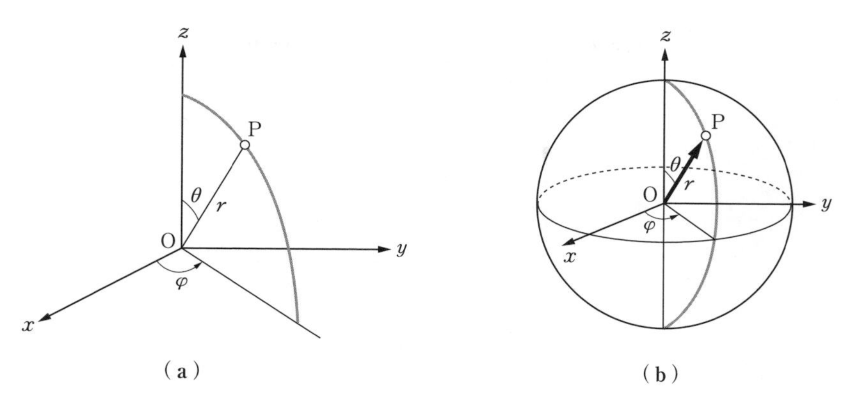

1.1-7 図 極座標

を通る球面を描いて，これを地球儀の球面と見たて，Oz 軸を北極を通る軸と考えると，φ は経度に，θ は緯度の余角にあたる．(r, θ, φ) と (x, y, z) の関係は

$$x = r\sin\theta\cos\varphi, \qquad y = r\sin\theta\sin\varphi, \qquad z = r\cos\theta \tag{1.1-2}$$

である．

$\theta = \pi/2$ とおけば平面の極座標となり，(1.1-2) は (1.1-1) に一致する．

§1.2 ベクトル

座標系 (O, x, y, z) を基準体とするときの点 O′ の位置ベクトルを $\boldsymbol{r}_0$，O′ を原点として x, y, z 軸に平行な x', y', z' 軸をとるとき，他の点 P の位置ベクトルを $\boldsymbol{r}'$，もとの基準体 (O, x, y, z) からみた P の位置ベクトルを $\boldsymbol{r}$ とする．このとき

$$\boldsymbol{r} = \boldsymbol{r}_0 + \boldsymbol{r}' \tag{1.2-1}$$

と書いて，

“$\boldsymbol{r}$ は $\boldsymbol{r}_0$ と $\boldsymbol{r}'$ の和である”

または

“$\boldsymbol{r}_0$ と $\boldsymbol{r}'$ とを合成すると $\boldsymbol{r}$ になる”

とよぶ．これを

$$\overrightarrow{\mathrm{OP}} = \overrightarrow{\mathrm{OO'}} + \overrightarrow{\mathrm{O'P}} \tag{1.2-1$'$}$$

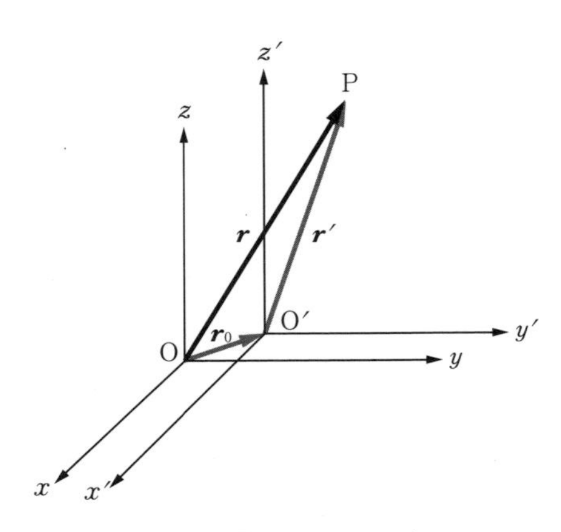

1.2–1 図　ベクトルの和

と書くこともある．（1.2–1）の $\boldsymbol{r}, \boldsymbol{r}_0, \boldsymbol{r}'$ は大きさと方向とを持つ量であるが，（1.2–1）のような書き方，つまり通常の代数の場合と同じような書き方をするとつごうのよいことが多い．

一般に，位置ベクトルのように，大きさと方向 * とを持っていて，その和が（1.2–1）のように定義される量を**ベクトル**という．これを文字で表すのには太い字 $\boldsymbol{A}, \boldsymbol{B}$ などを使い，その大きさ（**絶対値**ともいう）だけを考えるときには $|\boldsymbol{A}|$, A などと書く．1.2–1 図では，$\boldsymbol{r}, \boldsymbol{r}'$ はそれぞれ O, O′ から引いたが，一般のベクトルでは，ベクトルが等しいとか等しくないとかいう場合に，どこから引かれているかということは問題にしないほうが便利なことが多い．つまり，大きさと方向が等しい 2 つのベクトルは等しいと考えるのである．それでいくつかのベクトルを扱うときには，これらを 1 つの共通な点 O から引くことが多い．1.2–2 図のように，O を起点として，2 つのベクトル $\boldsymbol{A}, \boldsymbol{B}$ を表す矢 $\overrightarrow{\mathrm{OP}}, \overrightarrow{\mathrm{OQ}}$ を引く．P から $\boldsymbol{B}$ に等しい矢を引き，$\overrightarrow{\mathrm{PR}}$ とするとき，$\overrightarrow{\mathrm{OR}}$ で表されるベクトル $\boldsymbol{C}$ が $\boldsymbol{A}$ と $\boldsymbol{B}$ との和である．そして

$$\boldsymbol{C} = \boldsymbol{A} + \boldsymbol{B} \tag{1.2–2}$$

---

* 誤解のおそれをなくすためには，方向（direction）と向き（sense）を区別して考えたほうがよい．方向とは東西の方向とか南北の方向とかを指し，向きとは東西の方向のうちの東向きとか西向きとかを示すものと考える．つまり，1 つの方向に 2 つの向きがあると考えるのである．しかし，誤解のおそれがないときには方向という語の中に向きを含めて表現を簡単にしてもよい．

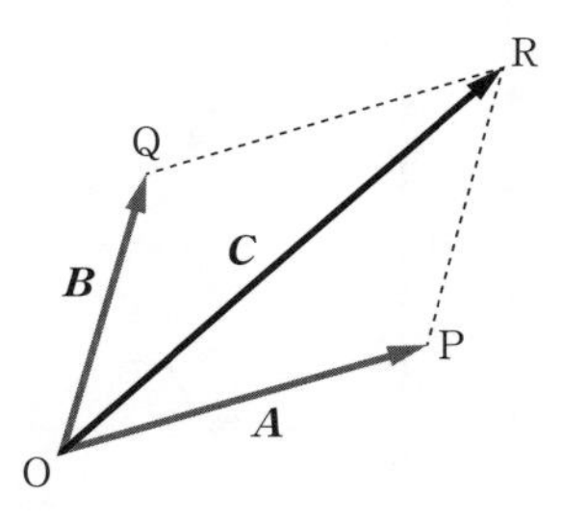

1.2–2 図　ベクトルの和

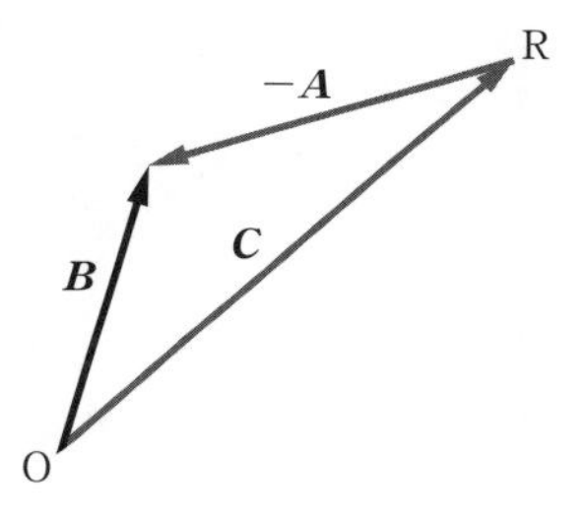

1.2–3 図　ベクトルの差

と書く．(1.2–2) で $\boldsymbol{C}$ と $\boldsymbol{A}$ とが与えられて $\boldsymbol{B}$ を求めることを $\boldsymbol{C}$ から $\boldsymbol{A}$ を引くとよび，

$$\boldsymbol{B} = \boldsymbol{C} - \boldsymbol{A} \tag{1.2-3}$$

と書く．1.2–2 図についていえば，$\boldsymbol{C}$ の矢の先 R から，$\boldsymbol{A}$ と逆向きで大きさの等しいベクトルを引けば $\boldsymbol{B}$ が得られる．$\boldsymbol{A}$ と逆向きで大きさの等しいベクトルを $-\boldsymbol{A}$ と書けば (1.2–3 図)

$$\boldsymbol{B} = \boldsymbol{C} + (-\boldsymbol{A}) \tag{1.2-4}$$

となるが，(1.2–3)，(1.2–4) は通常の数のときと同じ形の式であるから便利である．

3 個以上のベクトルの加え算も同様で，つぎつぎに矢の先端からそのつぎのベクトルを表す矢を引いていけばよい．1.2–4 図の場合，

$$\boldsymbol{E} = \boldsymbol{A} + \boldsymbol{B} + \boldsymbol{C} + \boldsymbol{D} \tag{1.2-5}$$

である．n 個のベクトル $\boldsymbol{A}_1, \boldsymbol{A}_2, \cdots, \boldsymbol{A}_n$ をつぎつぎにつないでいくとき，閉じた多角形 ($\boldsymbol{A}_n$ の先端が $\boldsymbol{A}_1$ の起点に一致する) をつくるならば (1.2–5 図)，

$$\boldsymbol{A}_1 + \boldsymbol{A}_2 + \cdots + \boldsymbol{A}_n = 0 \tag{1.2-6}$$

である．このような場合は，力のつりあいのときによく出てくる．

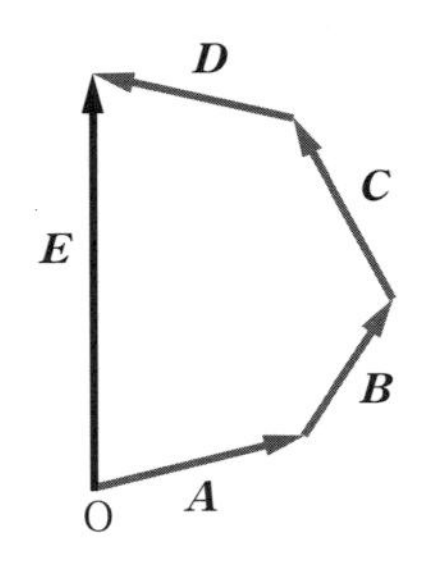

1.2-4 図　ベクトルの和が 0 になる場合

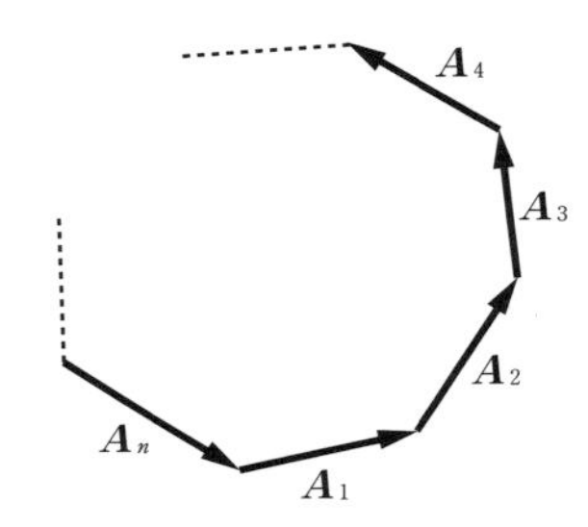

1.2-5 図　ベクトルの和が 0 になる場合

位置ベクトル $\boldsymbol{r}$ で与えられる点 P の位置が直交座標 (x, y, z) で表されるように，任意のベクトル $\boldsymbol{A}$ は直交座標軸を使って表すことができる．x, y, z は $\boldsymbol{r}$ の座標軸上への正射影であるが，ベクトル $\boldsymbol{A}$ を表す矢の各座標軸への正射影を $\boldsymbol{A}$ の x, y, z 成分とよび A_x, A_y, A_z で表す．$\boldsymbol{A}$ と A_x, A_y, A_z の関係は，$\boldsymbol{r}$ と x, y, z の関係と同様で 1.2-6 図に示してあるとおりである．$\boldsymbol{A}$ と各座標軸のつくる角の cos を**方向余弦**とよぶ．これを l, m, n とすれば，

$$A_x = Al, \qquad A_y = Am, \qquad A_z = An \tag{1.2-7}$$

ピタゴラスの定理によって

$$A_x^2 + A_y^2 + A_z^2 = A^2 \tag{1.2-8}$$

であるから，

$$l^2 + m^2 + n^2 = 1 \tag{1.2-9}$$

となる．これは立体解析幾何の大切な公式である．

2 つのベクトル $\boldsymbol{A}, \boldsymbol{B}$ とその和 $\boldsymbol{C}$ があるとき，$\boldsymbol{A}, \boldsymbol{C}$ の矢の先を P, Q とし，その x 軸上への正射影を P′, Q′ とすれば $\overline{\mathrm{OP'}} = A_x$，$\overline{\mathrm{P'Q'}} = B_x$，$\overline{\mathrm{OQ'}} = C_x$ であ

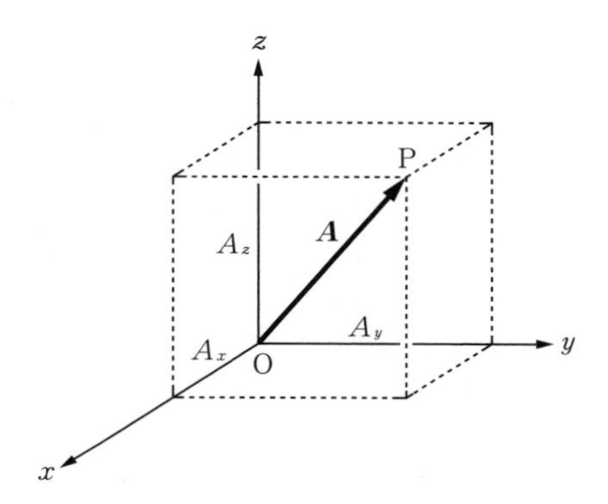

1. 2-6 図　ベクトルの直交成分

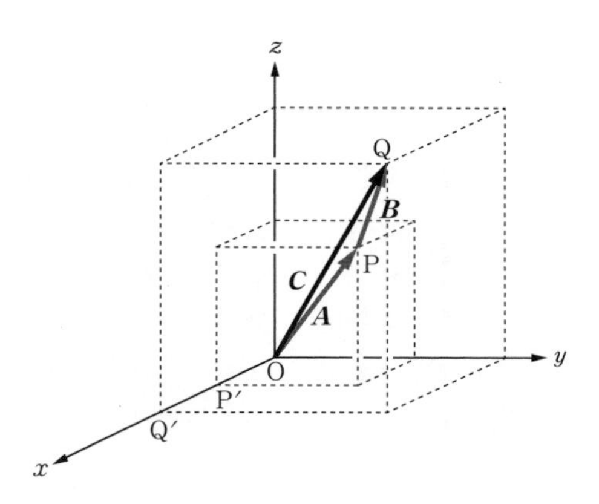

1. 2-7 図　ベクトルの和

るから，1. 2-7 図によって，

$$\left.\begin{aligned} &C_x = A_x + B_x \\ &\text{同様に} \\ &C_y = A_y + B_y, \qquad C_z = A_z + B_z \end{aligned}\right\} \tag{1.2-10}$$

成分はどのような方向にもとることができるので，この方向を s とすれば，(1. 2-10) と同様に

$$C_s = A_s + B_s \tag{1.2-11}$$

である．ベクトルの数がいくつあっても同様である．

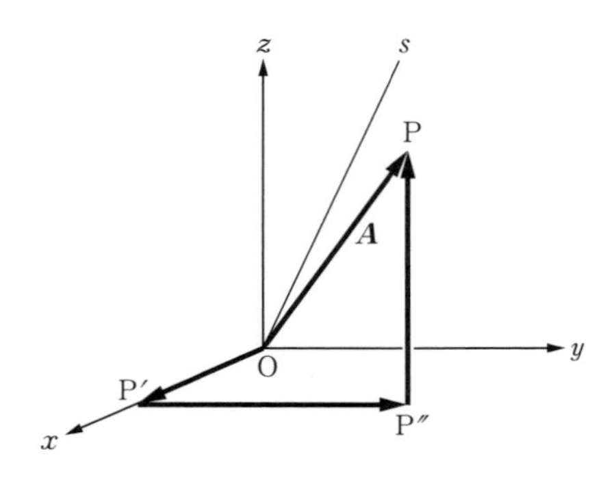

1.2-8図　ベクトルの任意の方向の成分

ベクトルの基本定理　ベクトルの任意の方向の成分はこのベクトルの x, y, z 成分からつぎのようにして計算することができる．

ベクトル $\boldsymbol{A}$ を O から引いて $\overrightarrow{\mathrm{OP}}$ とし，P の x 軸上への正射影を P′，(x, y) 平面上への正射影を P″ とする（1.2-8図）．

$$\overrightarrow{\mathrm{OP}} = \overrightarrow{\mathrm{OP'}} + \overrightarrow{\mathrm{P'P''}} + \overrightarrow{\mathrm{P''P}}$$

$$\overrightarrow{\mathrm{OP'}} = A_x, \quad \overrightarrow{\mathrm{P'P''}} = A_y, \quad \overrightarrow{\mathrm{P''P}} = A_z$$

である．1つの方向 s を考え両辺の s 方向の成分を求めるため，Os と Ox, Oy, Oz のつくる角の cos，つまり，s 方向の方向余弦を α, β, γ とすれば，（1.2-11）によって

$$A_s = A_x\alpha + A_y\beta + A_z\gamma \qquad (1.2\text{-}12)$$

（1.2-12）を使って，あるベクトル $\boldsymbol{A}$ を2つのちがう座標系で表すときの成分の間の関係を求めよう．座標系を (O, x, y, z) と $(\mathrm{O}', x', y', z')$ とする（1.2-9図）．座標軸の間の関係は，各軸間の角の cos が与えられればきまるのであるが，これを表にしておく．（1.2-12）で s を x', y', z' と考えれば，

	x	y	z
x'	l_1	m_1	n_1
y'	l_2	m_2	n_2
z'	l_3	m_3	n_3

$$\left.\begin{aligned} A_{x'} &= A_x l_1 + A_y m_1 + A_z n_1 \\ A_{y'} &= A_x l_2 + A_y m_2 + A_z n_2 \\ A_{z'} &= A_x l_3 + A_y m_3 + A_z n_3 \end{aligned}\right\} \qquad (1.2\text{-}13)$$

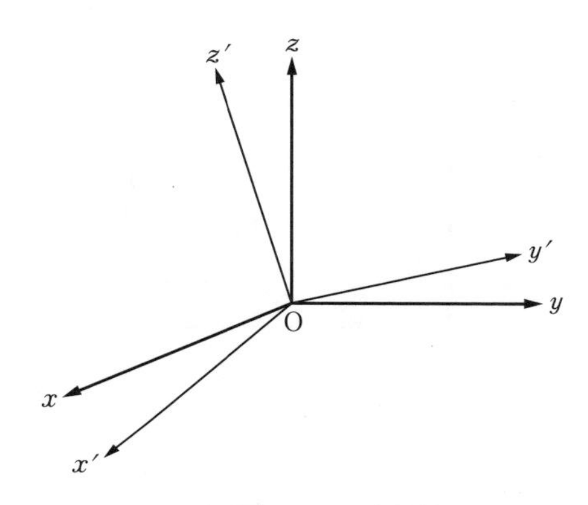

1.2-9 図　2つの座標軸

となる．(x, y, z) と (x', y', z') の役割を交換すれば

$$\left.\begin{aligned} A_x &= A_{x'} l_1 + A_{y'} l_2 + A_{z'} l_3 \\ A_y &= A_{x'} m_1 + A_{y'} m_2 + A_{z'} m_3 \\ A_z &= A_{x'} n_1 + A_{y'} n_2 + A_{z'} n_3 \end{aligned}\right\} \qquad (1.2\text{-}13)'$$

となるが，これは（1.2-13）を A_x, A_y, A_z について解いたものと考えてよい．ここに使っている方向余弦は 9 個あるが，それらの間には

$$\left.\begin{aligned} &l_1{}^2 + m_1{}^2 + n_1{}^2 = 1, \quad l_2{}^2 + m_2{}^2 + n_2{}^2 = 1, \quad l_3{}^2 + m_3{}^2 + n_3{}^2 = 1, \\ &l_2 l_3 + m_2 m_3 + n_2 n_3 = 0, \quad l_3 l_1 + m_3 m_1 + n_3 n_1 = 0, \\ &l_1 l_2 + m_1 m_2 + n_1 n_2 = 0 \end{aligned}\right\} \qquad (1.2\text{-}14)$$

の 6 個の関係式がある．（1.2-13），（1.2-13）′ は座標系を変えたときのベクトルの成分の変換の性質を示すもので，ベクトルの基本定理である．

§1.3　速度ベクトル

位置ベクトルが時刻がたつにつれて変化し，時刻 t で $\boldsymbol{r} = \overrightarrow{\mathrm{OP}}$ であったのが，$t + \Delta t$ では $\boldsymbol{r}' = \overrightarrow{\mathrm{OP'}}$ になったとする．$\overrightarrow{\mathrm{PP'}} = \Delta\boldsymbol{r}$ と書けば，

$$\boldsymbol{r}' = \boldsymbol{r} + \Delta\boldsymbol{r} \qquad \text{または} \qquad \Delta\boldsymbol{r} = \boldsymbol{r}' - \boldsymbol{r}$$

である（1.3-1 図）．通常の微分の算法の場合と同様に，

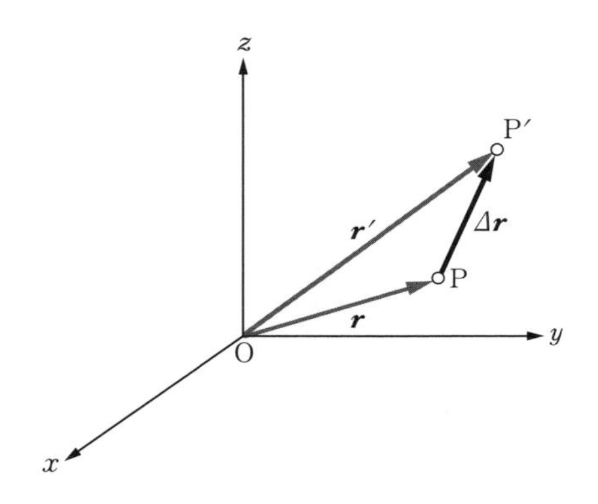

1.3-1 図　点の変位

$$\lim_{\Delta t\to 0}\frac{\Delta \boldsymbol{r}}{\Delta t}$$

をつくる．つまり，$\Delta t \to 0$ にしたがって，$\Delta \boldsymbol{r}$ の方向のとる極限の方向を考え，この方向に向かっていて大きさが $|\Delta \boldsymbol{r}|/\Delta t$ の極限の値に等しいようなベクトルを**速度ベクトル**，または簡単に**速度**とよぶ．これを $\boldsymbol{V}$ と書けば，

$$\boldsymbol{V} = \lim_{\Delta t\to 0}\frac{\Delta \boldsymbol{r}}{\Delta t} = \frac{d\boldsymbol{r}}{dt} \qquad (1.3\text{-}1)$$

となる．通常の微分法のときと同様に，$\boldsymbol{r}$ を t で**微分する**とよぶ．$\boldsymbol{r}$ の代りに任意のベクトル $\boldsymbol{A}$ を考えるときは，上と同様にして $d\boldsymbol{A}/dt$ をつくることができる．

P 点の位置を時間の経過にしたがってたどっていくと曲線を描く（1.3-2 図）．これを**軌道**または**径路**とよぶ．時間の差 Δt が小さければ小さいほど，直線 $\overline{\mathrm{PP'}}$（$\Delta \boldsymbol{r}$ の大きさ）と，軌道に沿っての長さ Δs との比が 1 に近づくので，$\boldsymbol{V}$ の大きさ V は

$$V = \lim_{\Delta t\to 0}\frac{|\Delta \boldsymbol{r}|}{\Delta t} = \lim_{\Delta t\to 0}\frac{\Delta s}{\Delta t} = \frac{ds}{dt} \qquad (1.3\text{-}1)'$$

となる．ds/dt は単位時間について進む長さで**速さ**とよぶ．また，$\overrightarrow{\mathrm{PP'}}$ の方向は軌道への接線の方向に一致するので，

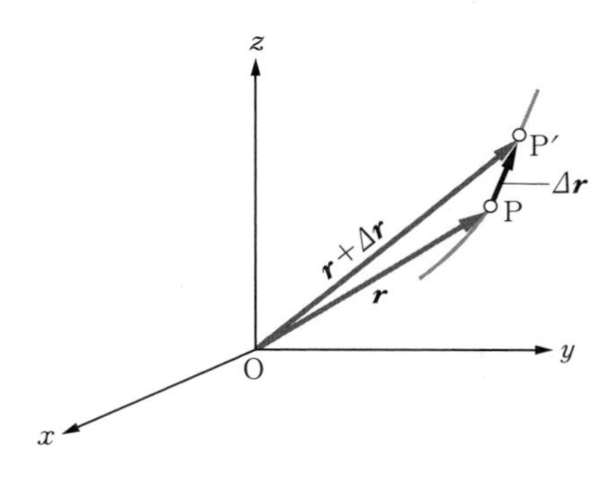

1.3-2 図　速度ベクトル

速度は，軌道の接線の方向を方向とし，速さを大きさとするベクトルである

ということができる．速度ベクトル $\boldsymbol{V}$ の x, y, z 方向の成分を u, v, w とすれば，(1.3-1) から

$$u = V_x = \lim_{\Delta t \to 0} \frac{\Delta x}{\Delta t} = \frac{dx}{dt}, \qquad v = V_y = \frac{dy}{dt}, \qquad w = V_z = \frac{dz}{dt} \tag{1.3-2}$$

となる．$dx/dt,\ dy/dt,\ dz/dt$ はそれぞれ $\dot{x}, \dot{y}, \dot{z}$ と書くこともある（ニュートンの記法）．同様に任意のベクトル $\boldsymbol{A}$ に対しては

$$\left(\frac{d\boldsymbol{A}}{dt}\right)_x = \frac{dA_x}{dt}, \qquad \left(\frac{d\boldsymbol{A}}{dt}\right)_y = \frac{dA_y}{dt}, \qquad \left(\frac{d\boldsymbol{A}}{dt}\right)_z = \frac{dA_z}{dt} \tag{1.3-3}$$

例　半径 r の円周上を中心 O のまわりに一定の角速度 ω で回る点 P の速度ベクトルを求めよ．

解　速度ベクトルの方向は明らかに円の接線方向で点の進む向き，大きさは $V = r\omega$．

または円の中心 O を原点とする座標軸 x, y をとり，OP と x 軸のつくる角を φ とすれば

$$x = r\cos\varphi, \qquad y = r\sin\varphi$$

$d\varphi/dt = \omega$ であるから，速度成分 u, v は

$$u = \dot{x} = -r\omega\sin\varphi = -y\omega, \qquad v = \dot{y} = r\omega\cos\varphi = x\omega$$

このような成分を持つベクトルは大きさ $V = r\omega$ で，方向は接線方向を向いている．◆

§1.4　加速度ベクトル

1つの点Pの運動を，1つの基準体（またはこれに取りつけた座標系）によって記述する．1.4-1図に示すように，Pがある道筋を描いて，Pという位置にきたときの速度を $\boldsymbol{V}$，それから少し時間がたってP′にきたときの速度を $\boldsymbol{V}'$ とする．ベクトルの計算法による $\boldsymbol{V}'$ と $\boldsymbol{V}$ との差を $\Delta\boldsymbol{V}$ とし，この $\Delta\boldsymbol{V}$ を時間の差 Δt で割ったものをつくる．これを図で考えるのには，1.4-1図（b）のように2つのベクトル $\boldsymbol{V}, \boldsymbol{V}'$ を共通の点Cから引いて $\overrightarrow{\mathrm{CQ}}, \overrightarrow{\mathrm{CQ'}}$ とし，$\overrightarrow{\mathrm{QQ'}}$ をつくれば，これが $\Delta\boldsymbol{V}$ である．Δt を無限に小さくしたときの $\Delta\boldsymbol{V}/\Delta t$ の極限のベクトルを基準体からみたP点の**加速度**（ベクトル）と名づける．これを $\boldsymbol{A}$ と書けば

$$\boldsymbol{A} = \lim_{\Delta t\to 0}\frac{\Delta\boldsymbol{V}}{\Delta t} = \frac{d\boldsymbol{V}}{dt} \tag{1.4-1}$$

1.4-1図によると，Cを原点にするときの位置ベクトルが $\boldsymbol{V}$ であることがわ

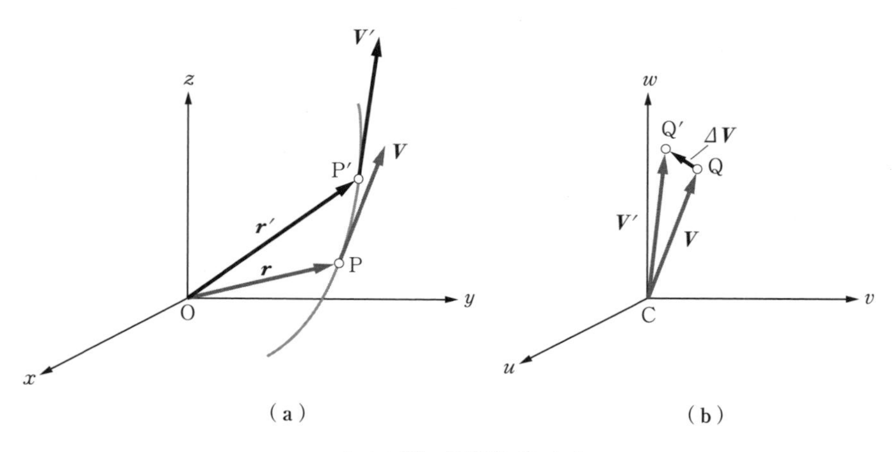

1.4-1図　加速度ベクトル

かるから，加速度ベクトル $\boldsymbol{A}$ は速度を表す空間の Q 点の速度ベクトルであるといってもよい．C を通って，x, y, z 軸に平行な座標系を考えると，$\boldsymbol{V}$ の成分を u, v, w とすれば，$\boldsymbol{A}$ の成分は

$$A_x = \frac{du}{dt}, \quad A_y = \frac{dv}{dt}, \quad A_z = \frac{dw}{dt} \tag{1.4-2}$$

となる．または，(1.3-2)，(1.3-3) によって，

$$\boldsymbol{A} = \frac{d^2\boldsymbol{r}}{dt^2}, \quad 成分は \quad A_x = \frac{d^2x}{dt^2}, \quad A_y = \frac{d^2y}{dt^2}, \quad A_z = \frac{d^2z}{dt^2} \tag{1.4-3}$$

であることがわかる．

(1.4-3) をみると，位置と時間との関係が知られているときは，これから加速度を求めることはたやすい．質点が x 軸上を運動し，位置と時間との関係が 1 次式のときには

$$x = at + b, \quad a, b：定数 \tag{1.4-4}$$

とすれば，加速度は

$$\frac{d^2x}{dt^2} = 0 \tag{1.4-5}$$

である．

P 点が x 軸上を運動し，x と t との関係が 2 次式になっている場合もよく起こる．

$$x = \frac{1}{2}at^2 + bt + c, \quad a, b, c：定数 \tag{1.4-6}$$

このときの速度 u は

$$u = \frac{dx}{dt} = at + b \tag{1.4-7}$$

これをもう一度 t で微分すれば，加速度

$$\frac{du}{dt} = \frac{d^2x}{dt^2} = a \tag{1.4-8}$$

となり，一定となる．(1.4-8) をみると，(1.4-6) の定数 a は加速度（この場合一定値）という意味を持つことがわかる．(1.4-7) の b の意味をみるために，この式で $t = 0$ とおこう．左辺は $t = 0$ での u の値 u_0 となる．右辺は b であ

るから

$$b = u_0 \tag{1.4-9}$$

(1.4-6) の c の意味をみるために $t=0$ とおく．左辺は $t=0$ での x の値 x_0 となり，右辺では c だけが残るから

$$c = x_0 \tag{1.4-10}$$

である．(1.4-9)，(1.4-10) を (1.4-6)，(1.4-7) に入れれば

$$x = x_0 + u_0 t + \frac{1}{2}at^2 \tag{1.4-11}$$

$$u = u_0 + at \tag{1.4-12}$$

となる．(1.4-8) から出発して，つまり，加速度が一定値 a をとるということから出発しても (1.4-11)，(1.4-12) を導くことができる．このときには上に述べた微分していく方法とは逆に，積分していかなければならない．(1.4-11)，(1.4-12) は一定の加速度 a を持つ運動で，$t=0$ での位置 x_0 と，そのときの速度（初速度）u_0 が与えられたときの，任意の時刻 t での位置と速度とを与えるものである．(1.4-11)，(1.4-12) から t を消去するのに，(1.4-12) から t を出して (1.4-11) に代入すれば

$$x = x_0 + \frac{u^2 - u_0^2}{2a} \tag{1.4-13}$$

となる．これは，位置 x と速度 u の関係を与える．

x と t との関係が

$$x = a\cos(\omega t + \alpha), \qquad a, \alpha：定数 \tag{1.4-14}$$

で与えられる運動は大切である．速度は

$$u = \frac{dx}{dt} = -\omega a \sin(\omega t + \alpha) \tag{1.4-15}$$

であり，加速度は

$$\frac{du}{dt} = \frac{d^2x}{dt^2} = -\omega^2 a\cos(\omega t + \alpha) = -\omega^2 x \tag{1.4-16}$$

となる．(1.4-16) でみると，

加速度はいつも原点のほうを向いており（$x > 0$ のとき 加速度 < 0，$x < 0$ のとき 加速度 > 0），その大きさは原点からの距離に比例している

ことがわかる．(1.4–14) で与えられる型の運動を**単振動**または**単一調和運動**とよぶ．この式でみると，x は $\pm a$ の間を往復運動することがわかる．a を**振幅**とよぶ．cos の中の $\omega t+\alpha$ は角であるが，この角によって x の値がきまるのでこれを**位相**とよぶ．α は**位相定数**または**初相** ($t=0$ での位相という意味) とよぶ．t が増していくとき，

$$T=\frac{2\pi}{\omega} \tag{1.4–17}$$

だけ時間がたつごとに，位置も速度も同じ値がくり返されるので，T を**周期**とよぶ．ω の代りに T を使えば

$$x=a\cos\left(\frac{2\pi}{T}t+\alpha\right) \tag{1.4–18}$$

となる．

$$\nu=\frac{1}{T}=\frac{\omega}{2\pi} \tag{1.4–19}$$

は，単位時間に何回往復するかを示すもので**振動数**とよぶ．ω は時間 2π の振動の数で**角振動数**とよばれる．

例 1　振幅 10 cm，振動数 2 s^{-1}，初相 0 の単振動を式で表すと，$x=10\cos(4\pi t)$ となることを示せ．

例 2　半径 r の円周上を一定の角速度 ω で運動する点の，1 つの直径上の正射影の運動は，単振動 $x=r\cos(\omega t)$ であることを示せ．

等速円運動の加速度を求めておこう．1.4–2 図のように，原点 O を中心とし，半径 r の円周上を一定の角速度 ω で運動する点 P の座標は

$$x=r\cos(\omega t+\alpha),\qquad y=r\sin(\omega t+\alpha)$$

で表される．加速度を求めれば (1.4–16) と同様に

$$\ddot{x}=-\omega^2 x,\qquad \ddot{y}=-\omega^2 y \tag{1.4–20}$$

となる．したがって

$$\ddot{y}:\ddot{x}=y:x$$

となるから，まず加速度の方向は半径 OP の方向と一致することがわかる．また (1.4–20) の右辺に負の符号があることから $\overrightarrow{\mathrm{OP}}$ と逆向き，つまり，P から O

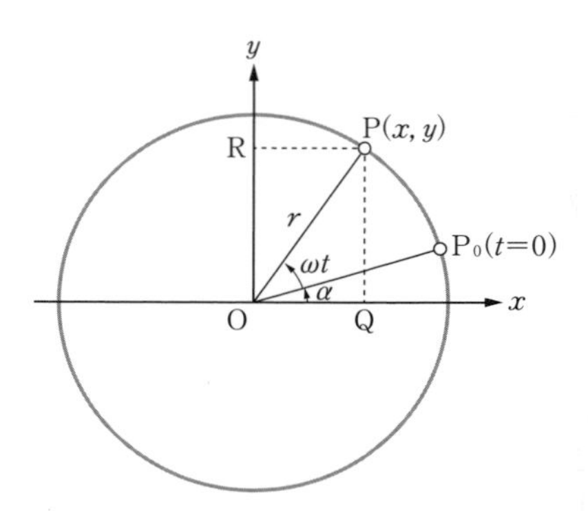

1.4-2 図　等速円運動と単振動

のほうに向いていることがわかる．大きさは

$$a = \{(\ddot{x})^2 + (\ddot{y})^2\}^{1/2} = r\omega^2$$

である．また，P の速さ V は

$$V = r\omega$$

で与えられるから

$$a = r\omega^2 = \frac{V^2}{r} \tag{1.4-21}$$

と書くこともできる．

注意　$\boldsymbol{r}$ は位置ベクトル，$\boldsymbol{V} = d\boldsymbol{r}/dt$ は速度ベクトル，$\boldsymbol{A} = d\boldsymbol{V}/dt = d^2\boldsymbol{r}/dt^2$ は加速度ベクトルで，$d^3\boldsymbol{r}/dt^3$ には名前がついていない．それは，力学では加速度が力との関係で大切な量であるからで，$d^3\boldsymbol{r}/dt^3$ は重要な意味を持たないからである．

例 3　地球のまわりに，表面すれすれに大円を描いて等速円運動を行う点の加速度が 9.80 m s^{-1} であるためには，1 回りするのにどれだけの時間がかかるような速さでなければならないか．地球の半径は 6.37×10^6 m である．（答：84.4 min）

第 1 章　問 題

1　空間の 1 つの点の位置の極座標を r, θ, φ とする．r, θ, φ 方向（r 方向は θ, φ を一定

にして r だけが増すような方向．他も同様である）の方向余弦を求めよ．

2 3つのベクトル $\boldsymbol{A}, \boldsymbol{B}, \boldsymbol{C}$ を1つの点Oから引くとき，これらが一平面内にあるための条件を求めよ．

3 2つの点A, Bの位置ベクトルを $\boldsymbol{A}, \boldsymbol{B}$ とする．A, B両方の点を通る直線の方程式は

$$\boldsymbol{r} = (1-\lambda)\boldsymbol{A} + \lambda\boldsymbol{B}, \quad \lambda：パラメター$$

であることを証明せよ．

4 1つの平面（xy 平面）内にあるベクトル $\boldsymbol{A}$ の成分が $A_x = A\cos\omega t$，$A_y = A\sin\omega t$（A, ω は定数）で与えられるとき，$\boldsymbol{A}$ と $d\boldsymbol{A}/dt$ とは互いに直角になっていることを証明せよ．

2 運動の法則

§2.1　慣性の法則（運動の第1法則）

物体の運動を考えるとき，その大きさを問題にしないで，その物体が全体と

余 談

ニュートン
の
プリンキピア

この力学の教科書は，Newton（ニュートン）の「プリンキピア」に発表された運動の法則に源を発している．ここに掲げるのは「プリンキピア」の表題のページである．1686 年に稿を終えて 1687 年に発行したのであろう．初版のはしがきは 1686 年の日付になっている．この本の発行には Halley の奨めと経済的援助があったようである．

PHILOSOPHIÆ
NATURALIS
PRINCIPIA
MATHEMATICA

Autore *JS. NEWTON*, *Trin. Coll. Cantab. Soc.* Mathefeos Profeffore *Lucafiano*, & Societatis Regalis Sodali.

IMPRIMATUR.
S. PEPYS, *Reg. Soc.* PRÆSES.
Julii 5. 1686.

LONDINI,

Juffu *Societatis Regiæ* ac Typis *Jofephi Streater*. Proftat apud plures Bibliopolas. *Anno* MDCLXXXVII.

して，与えられた環境でどのように運動するかを考えることがある．そのようなとき，この物体を**質点**とよぶ．たとえば，太陽のまわりを回る地球の運動を考えるときには，地球は質点と考えてよい．石を投げたときの運動でも，石は通常，質点として扱う．どんなに小さいものでもそれ自身の回転を考え，その各部分の運動のちがいを考えるときには，質点として扱うことはできない．これから，質点の運動について考えよう．

質点の運動を考えるのには，基準体のとり方によってちがって記述されるのであるから，なにか運動についての法則を述べようとするのには，基準体（または座標系）として何をとっているかをはっきりさせておかなければならない．通常，物体の運動を考えるとき地上に固定した座標系，たとえば実験室に固定した座標系が採用されるが，結局は恒星全体に対して静止している座標系に対する運動を考えることになる．これはこのような座標系に対して質点の運動を記述すると，これから述べる慣性の法則が多くの場合，十分に精密に成り立つからである．

Galilei（ガリレイ）はつぎのような思考実験*を行った．

2.1-1 図で，質点が完全に滑らかな斜面 AB を滑り落ちたときに持つ速度の方向を変えて（斜面の最下点のところ B 点に丸味を持たせて），他の完全に滑らかな斜面 BC, BD, … を昇らせる．質点はこれらの斜面上，A と等しい高さの点 C, D, E,… まで昇る．これらの斜面の傾きを小さくしていくと，質点の速度の減少の度合は小さくなり，一定速度の運動に近づく．つまり，質点は完全に滑らかな水平面上では速度を変えず一直線に運動する．質点の持つこの性質

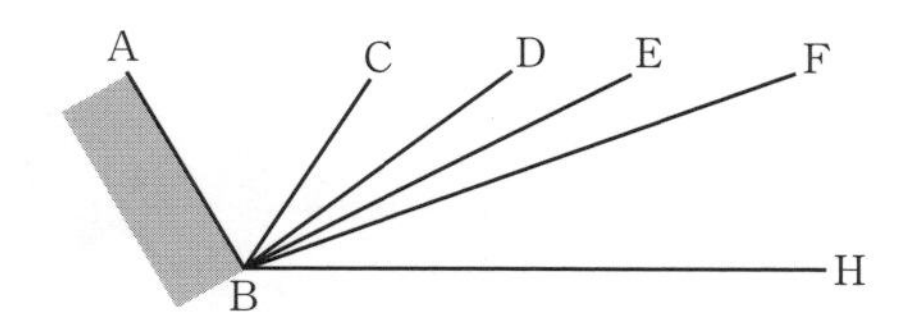

2.1-1 図　慣性の法則に導いたガリレイの思考実験

* 実際に実験することなく考えの上で装置をつくって実験したことにする．物理法則に矛盾せずこれに合致する操作や思考をしてどのような結果が出てくるかをみる．これを**思考実験**（ドイツ語で Gedankenexperiment）とよぶ．

を**慣性**とよぶ.

実際に具体的な実験によるのには，精度はあまりよくないが，水平な氷の面の上を物体を滑らせるか，アイス・パック＊のような物体を床の上を滑らせてもよい．摩擦を減らしていくことにより，完全に滑らかな場合を予想することができよう.

以上の Galilei の考えた思考実験をみると，この思考実験だけで結論が出たように思えるが，実は実験的事実が含まれている．それは A から B まで滑り落ちた質点が，斜面 BC を昇るとき A に等しい高さの C 点まで昇っていくかどうかという問題についてである．斜面上の運動では摩擦があるので，面をいくら滑らかにしても精密な実験は無理である．Galilei は振り子を使ってつぎのような実験を行った.

2.1-2 図で C から糸でおもりをつるし，b の位置から静かに放す．おもりは b と等しい高さの e まで達し，これよりも高くも低くもならない．f, g に針を打ちつけて糸をこれらの点で受けとめれば，おもりはやはり b と等しい高さの m, n まで達する．つまり，おもりは自分でもっと高い位置に昇ることはできない．低い位置までしかいかないとすると運動を逆に考えることによりおもりは自分で高い位置に達することになる.

Galilei はこのようにして，おもりは自分では高いところに昇っていくことはできないことを示し，斜面の場合に適用した．おもりを使うときは，2.1-2 図

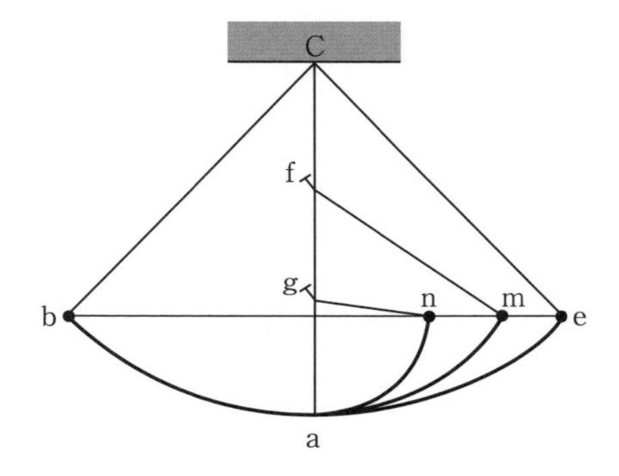

2.1-2 図 ガリレイの振り子の実験

＊ 金属の厚い円板の面をくりぬいてドライアイスを入れ，伏せて平らなガラス面上にのせると摩擦が小さくなる.

のような装置を手製でつくっても比較的に正確な実験を行うことができる．Galileiの実験と思考実験との組合せは，自然の研究方法の手本を示すものといえよう．なおGalileiのこの研究は慣性の法則の実験的証明であると同時に，力学的エネルギー保存の法則（§5.1参照）の成り立つことの証明にもなっている．

慣性の法則は，実は高度の精密さを必要とするので，精度の低い実験を基礎としてこれを法則化するのには慎重でなければならない．しかし，これからも述べるように，精度が低くても，理想化して考えると実は精度の高い法則が得られることがあるが，ガリレイの慣性の法則はその1つである．

慣性の法則は地上での現象について思考実験，実際の実験をもとにして得られたものであるが，高い精度を要求するとこれらの実験は精密な慣性の法則からわずかながらずれている．これは地球の自転の影響によるものである．

地球上，北半球では水平な滑らかな床の上をすべる物体はわずかながら右方へ右方へと曲っていく（南半球では左方に曲る）．低気圧や高気圧のまわりの大気の運動はこれが現実に現われたものである（§7.4参照）．いくらか間接的ではあるが，単振り子の長さを長くして振らせるとその振動面がしだいに回っていくのがみられる（§7.5参照）．これらの現象は地球が自転していることが原因になっている．

地球の中心に原点をとり，恒星に対して回転しない座標系をとると慣性の法則はもっと精密に成り立つ．ところが地球自身，太陽のまわりを運動しているので，惑星の運動を論じる力学では原点を太陽か，または太陽系の重心にまでもっていく．太陽系自身その属する星雲である銀河系の中で円運動をしているが，太陽系の運動を考える力学では銀河系の中心に原点をおき，銀河系以外のおよそ1000億個ある宇宙全体の星雲全体に対して回転しない座標系を使わなければならない．

いろいろと段階があるが，地上に固定した座標系からはじめて宇宙の星雲全体に固定して回転しない座標系にさかのぼるにしたがって慣性系であることの精密さはよくなっていく．

Newtonはつぎのように考えた．その名著「プリンキピア」（*Principia*, 1687）で**

** 中野猿人訳：「プリンシピア — 自然哲学の数学的原理」（講談社，1977）21ページ．

絶対的な空間は，その本性において，いかなる外的事物にも無関係に，
常に同形，不動のものとして存続する

として絶対空間を考え，その中で恒星が存在していると考えた．この絶対空間の考えは，今日でも常識的には何かそのようなものがあるように考えられがちである．しかし，第1にそのようなものは実験的に認知できないものであるし，第2に相対性理論とも矛盾するので，いまではそのようなものは考えられていない．さかのぼることができるのは，おのおのが 10^{11} 個の程度の恒星から成り立つ，10^{11} 個程度の数の星雲（10^{22} 個の恒星全体）である．これが慣性系を決定している，と考えたマッハの原理によることにしよう．

慣性の法則には，慣性系の定義の部分と実験的な法則の部分があるので，1つの文章で述べるのはむずかしい．それで慣性の法則を，慣性系の定義と慣性についての経験法則に分けて書き表しておこう．

慣性の法則（運動の第1法則）

慣性系の定義　1つの直交座標系を考える．任意の物体（質点）が，他の物体から十分遠く離れているとき*，この物体が考えている座標系に対して等速直線運動を行うとする．そのときこの直交座標系を慣性系とよぶ．

経験法則　全宇宙にある全部の星雲に対し等速直線運動を行い，回転しない座標系は慣性系である．

1つの慣性系に対して等速直線運動をし，回転しない座標系に対しても他の物体から十分遠く離れている物体は等速直線運動を行う．したがって，この新しい座標系も慣性系である．地上に固定した座標系を慣性系とみなしてよい場合には，地上一直線に沿って一定速度で走る列車の中に固定した座標系も慣性系である．

厳密な意味の慣性系に達するのには，恒星系にまで考えをおよぼさなくても，

---

* “他の物体から十分遠く離れているとき” という形容は，通常 “他の物体から力が働かないとき” と書かれることが多い．ここではまだ力の定義は下していないので本文のように書いた．他の物体があるときには，その物体からの距離を2倍，3倍，… と大きくしていくという意味である．

これに対して等速直線運動をして回転しない座標系を考えれば手近にいくらでも得られよう．地上に固定した座標系も地球の自転の角速度が小さいこと，地球の太陽まわりの公転が等速直線運動からあまり離れていないことにより慣性系とみなしてよい場合が多い．現に慣性の法則はGalileiによって地上で見出されたのである．

以上，Galileiの思考実験からはじめて恒星系にまでさかのぼり，慣性の法則のことを述べた．この法則のもっとも精密な験証はなにかというと，それは物理の他の部門でも同様であるようにこの法則が正しいとして導いたいろいろな結果が実験とよくあうことである．実際に，この法則を基礎としてつくりあげられている古典力学が天体の運動について実際の観測と非常によい一致を示していることが慣性の法則の正しさのもっともよい証明なのである．

§2.2　ガリレイ変換

2つの慣性系 $S(O, x, y, z)$ と $S'(O', x', y', z')$ で x', x；y', y；z', z は平行を保つものとし，O' は O に対して x_0, y_0, z_0 の座標を持ち，一定の速度 $\boldsymbol{V}_0(u_0, v_0, w_0)$ を持つものとする．

任意の点 P の座標を $(x, y, z), (x', y', z')$ とすれば

$$x = x_0 + x', \quad y = y_0 + y', \quad z = z_0 + z' \tag{2.2-1}$$

$$x' = x - x_0, \quad y' = y - y_0, \quad z' = z - z_0 \tag{2.2-1$'$}$$

である．これを t で微分しよう．$dx_0/dt = u_0$, $dy_0/dt = v_0$, $dz_0/dt = w_0$ である．$dx'/dt = u'$, $dy'/dt = v'$, $dz'/dt = w'$,（u', v', w'）は S' に対する P の速度成分である．

$$u = u_0 + u', \quad v = v_0 + v', \quad w = w_0 + w' \tag{2.2-2}$$

$$u' = u - u_0, \quad v' = v - v_0, \quad w' = w - w_0 \tag{2.2-2$'$}$$

となる．(2.2-2) をさらに t で微分する．$du_0/dt = 0$, $dv_0/dt = 0$, $dw_0/dt = 0$ であるから，加速度成分の間の関係式

$$\frac{du}{dt} = \frac{du'}{dt}, \quad \frac{dv}{dt} = \frac{dv'}{dt}, \quad \frac{dw}{dt} = \frac{dw'}{dt} \tag{2.2-3}$$

が得られる．(2.2-1)，(2.2-1)$'$，(2.2-2)，(2.2-2)$'$，(2.2-3) を**ガリレイ変換**

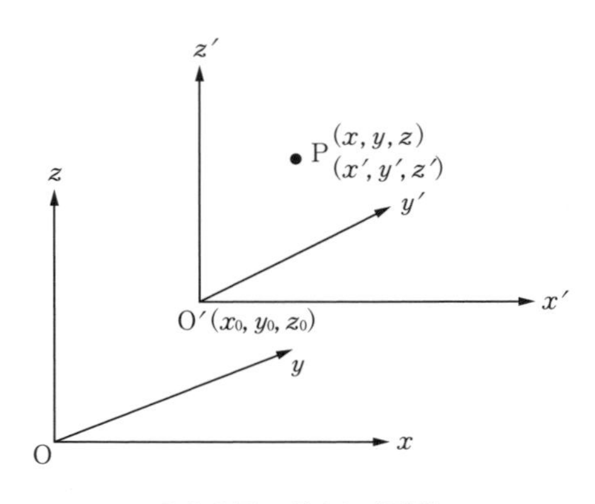

2.2-1 図 ガリレイ変換

とよぶ（2.2-1 図）．(2.2-2)′ を簡単な例で解釈すると，速度 u で飛んでいる鳥を同方向に速度 u_0 で走っている列車からみると相対的に $u-u_0$ の速度で飛んでいるようにみえるということである．

相対性理論では，(u_0, v_0, w_0) が光速度に対して小さくないときにガリレイ変換は**ローレンツ変換**でおきかえられる．ただし，この相対論によっても，u_0, v_0, w_0 が一定である場合，S が慣性系ならば S′ も慣性系であることに変わりはない．

§2.3 質点の質量

質点の運動を慣性系によって観察するとき，質点が他の物体から十分遠く離れていれば等速直線運動を行って，加速度が 0 であることは §2.1 で学んだ．2 つの質点が互いに近かったり，糸でつながれていたりするときには一般にこれらの質点は慣性系に対して加速度を持つ．経験によると

> 2 つの質点が，互いに近くにあることによって，慣性系に対して加速度を持つとき，それらの加速度は，両質点を結ぶ直線の方向に向いていて，互いに逆向きになっており，大きさの比は質点の運動状態によらずいつも一定である．

このとき加速度の大きさが小さいほど速度の変化のしかたが小さいので，慣性が大きいと考えられる．この慣性の大小を表すものとして，**質量**（くわしくは**慣性質量**）というものを各質点について考える．つまり，2つの質点 P_1, P_2 が近づいて加速度を持つとき，その大きさを A_1, A_2 とすれば，質量 m_1, m_2 の比は，加速度の大きさの逆比

$$\frac{m_1}{m_2} = \frac{A_2}{A_1} \tag{2.3-1}$$

によって与えられるものとする．両方の加速度の方向が逆であることを考えに入れて，ベクトルの記号で書けば，

$$m_1 \boldsymbol{A}_1 + m_2 \boldsymbol{A}_2 = 0 \tag{2.3-2}$$

となる（2.3-1図）．

1つの標準の物体の質量を単位（たとえば国際標準局のキログラム原器）にとれば，他の物体の質量は，原理的には（2.3-1）によってきめられる．実際は，物体の重さが質量に比例することを利用して，精密測定に適している天秤によって比較する．CGS制ではグラム（g）を，SI制（§2.4）ではキログラム（kg）を使う．

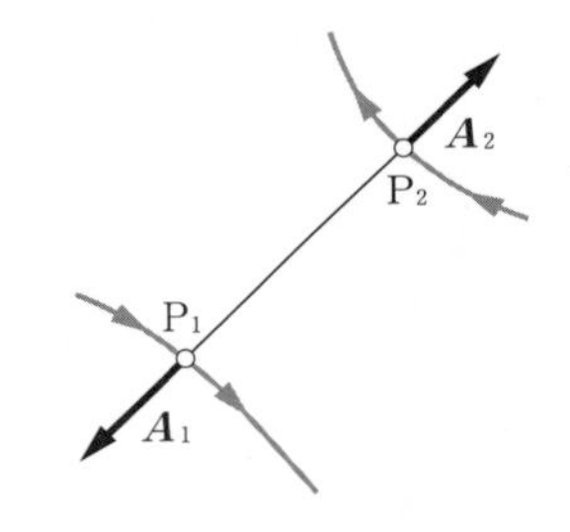

2.3-1図　2つの質点の加速度

§2.4　力と加速度（運動の第2法則）

§2.3で述べたように，2つの質点 P_1, P_2（質量 m_1, m_2）が近づくと両方が慣性系に対して加速度を持つが，このとき P_1 から P_2 に，また P_2 から P_1 に**力**を**作用**するという．

滑らかな水平面の上に1つの質点があるとし，これに第2の質点を近づける代りに手で押すか引くかするとしよう．このようにしても慣性系に対して加速度を持つが，同時に手は努力をしたという感じを持つ．この感覚が通常，**力**という言葉で意味されるものである．むしろこの場合がもっとも原始的に力という語の出てくる場合であろう．私たちはこの力とそれによって生じる加速度との間の数量的関係，しかもきわめて精密な関係に入らなければならない．

滑らかな水平な床の上においた物体にばねをつけてこれを引張る．慣性系とみなしている床に対して物体は加速度を持つ．このとき，手の代りにばねから物体に力が働いていると考える．物体につけるばねの数を変えて実験するとか，ばねの伸びをいろいろと変えるとかして（ばねから物体に働く力はばねの伸びに比例すると仮定する）実験すると，物体の加速度が力の大きさに比例していることが正確ではないにしても実験できるであろう．このような実験結果を理想化するといってもよいが，実際はつぎのような方法をとっている．

質点が慣性系に対して加速度を持っているときには，この質点に他の物体から力が働く結果，その加速度を生じると考える．そして力はベクトルと考え，加速度はこの力の方向と同じ方向に生じるものとし，加速度の大きさは力の大きさを質点の質量で割ったものに等しいものとする．つまり，こうなるように力というベクトルを定義することにする．このことを式で書くのに，力を $\boldsymbol{F}$ で表すことにすれば

$$m\boldsymbol{A} = \boldsymbol{F} \tag{2.4-1}$$

となる．

質点に力をおよぼす物体としては，手，張られた糸，地球，電気を帯びた物体（質点も電気を帯びているとき），滑らかな面からの力（面の**抗力**とよぶ）などがある（2.4-1 図）．（2.4-1）の座標軸方向の成分を書くため，力 $\boldsymbol{F}$ の成分を (X, Y, Z) とすれば，

$$\left.\begin{aligned} m\frac{d^2x}{dt^2} &= X \\ m\frac{d^2y}{dt^2} &= Y \\ m\frac{d^2z}{dt^2} &= Z \end{aligned}\right\} \tag{2.4-2}$$

となる．（2.4-1），（2.4-2）を質点の**運動方程式**とよぶ．（2.4-1）を言葉でいえば，

> 質点に力が働くときには，質点は慣性系に対して，力の方向に，これに比例し，質量に反比例する加速度を持つ

ということができる．これを**運動の第 2 法則**とよぶ．力学の問題では，力

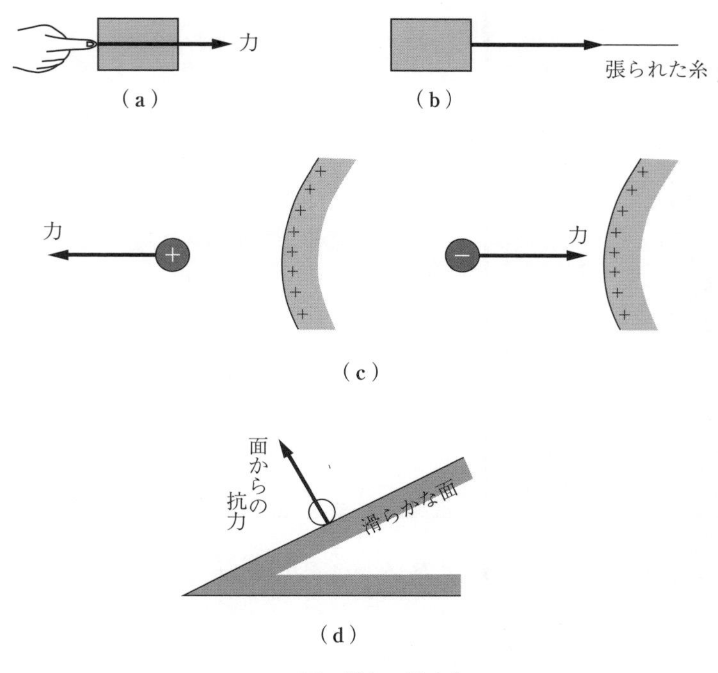

2.4-1 図　質点に働く力

$\boldsymbol{F}(X, Y, Z)$ が質点の位置の関数として与えられ，(2.4-2) の微分方程式を解いて，位置 (x, y, z) を時刻 t の関数として求めるものが多い．

運動の第２法則は直接実験から導き出した法則というよりも，力と加速度の関係を取りきめた，つまり定義を導入した形になっている．このようにしてきめた力を扱いながら，惑星の運動のようなものを論じることになる．万有引力のような距離の２乗に反比例する力も自然界に現われるのである．しかも万有引力の法則によって，惑星の運動や人工衛星の運動を計算すると実測ときわめてよく一致する結果が得られる．これが運動の第２法則の正しいことの験証と考えてよい．

力の単位は (2.4-1) または (2.4-2) によってきまる．CGS 制では，$m = 1\,\mathrm{g}$, $A = 1\,\mathrm{cm\,s^{-2}}$ をとってそのときの力の大きさを１ダイン（dyne，記号 dyn）として単位に使う．MKS 制またはこれを拡張した国際単位系 SI（Système International d'unités）では $m = 1\,\mathrm{kg}$，$A = 1\,\mathrm{m\,s^{-2}}$ のときの力を１ニュートン

（newton，記号 N）として単位に使う．$1\,\mathrm{N} = 10^5\,\mathrm{dyn}$ である．

1つの質点には，同時にいろいろな原因による力が働くことが多い．たとえば，糸でつるされた質点が重力を受けながら運動するとき（単振り子の場合）には，質点には重力が地球から働いているのと同時に，質点をつるしている糸が質点を引張る向きにこれに力を作用している．そのようなとき，おのおのの物体から質点におよぼす力は，それらの物体の状態（糸の張り具合，帯びている電気量など）によってきまるものである．これらを $\boldsymbol{F}_1, \boldsymbol{F}_2, \cdots, \boldsymbol{F}_n$ としよう．そうすると，経験によると，

> 1つの質点にいくつかの力 $\boldsymbol{F}_1, \boldsymbol{F}_2, \cdots, \boldsymbol{F}_n$ が同時に作用するときには，これらの力をベクトル的に（平行四辺形の方法で）合成してできる1個の力 $\boldsymbol{F}$ が働くのと同じである

ということができる．この $\boldsymbol{F}$ を $\boldsymbol{F}_1, \boldsymbol{F}_2, \cdots, \boldsymbol{F}_n$ の**合力**とよぶ．

$$\boldsymbol{F} = \boldsymbol{F}_1 + \boldsymbol{F}_2 + \cdots = \sum \boldsymbol{F}_i \tag{2.4-3}$$

したがって，質点の運動方程式は

$$m\boldsymbol{A} = \sum \boldsymbol{F}_i \tag{2.4-4}$$

または，座標軸の方向の成分を使って書けば

$$\left.\begin{aligned} m\frac{d^2x}{dt^2} &= \sum X_i \\ m\frac{d^2y}{dt^2} &= \sum Y_i \\ m\frac{d^2z}{dt^2} &= \sum Z_i \end{aligned}\right\} \tag{2.4-5}$$

(2.4-4)，(2.4-5) が運動の第2法則のもっとも一般的な表現である．

(2.4-5) で

$$\sum X_i = 0, \qquad \sum Y_i = 0, \qquad \sum Z_i = 0 \tag{2.4-6}$$

のとき質点に働く力は**つりあっている**という．そのときは質点の加速度は0である．

§2.5　作用・反作用の法則（運動の第 3 法則）

運動の第 3 法則を述べよう．これは，質点の質量の定義，この定義を下すことのできる経験法則（§2.3 の最初に述べたことがら），それに第 2 法則を考えに入れて導くことができる．

2 つの質点（質量 m_1, m_2）が空間にあって，互いに力をおよぼすため，どちらも慣性系に対して加速度（$\boldsymbol{A}_1, \boldsymbol{A}_2$）を持っているものとしよう．そのときは，§2.3 で述べたように $\boldsymbol{A}_1, \boldsymbol{A}_2$ は両質点を結ぶ方向にあって，しかも（2.3-2）が成り立つ．第 2 の質点から第 1 の質点におよぼす力を $\boldsymbol{F}_{21}$，第 1 から第 2 におよぼす力を $\boldsymbol{F}_{12}$ と書けば，運動方程式は

$$m_1\boldsymbol{A}_1 = \boldsymbol{F}_{21}, \qquad m_2\boldsymbol{A}_2 = \boldsymbol{F}_{12}$$

となる．（2.3-2）によれば

$$\boldsymbol{F}_{12} = -\boldsymbol{F}_{21}$$

$\boldsymbol{A}_1, \boldsymbol{A}_2$ が両質点を結ぶ直線の方向にあることとこの式とをまとめていえば，

> 2 つの質点の一方が他方に力をおよぼしているときには，必ず後者も前者に力をおよぼしており，それらの力は両質点を結ぶ直線の方向に沿って逆の向きに作用しており，それらの大きさは等しい

ということができる．力が両質点を結ぶ直線の方向にあることには触れない表現もある．Newton の「プリンキピア」では触れていない．後に示すように（§8.4 参照），質点系の角運動量保存の法則にはこれが必要であるので，ここでこのことも含めて第 3 法則とした．これが**運動の第 3 法則**である．一方の力を**作用**，他方の力を**反作用**とよぶことがある．どちらを作用，どちらを反作用というかは立場によってちがうこともあるが*，手が壁を押し，同時に壁が手を押しているときには，前のほうを作用，後のほうを反作用というよび方をする．一般的にいえば，重力，電気的な力，手で押すときの力など，その大きさ，方向がはじめからわかっていたり，または私たちが制御できるような力は作用と

---

* どちらでもよいときには，作用，反作用の言葉は使わないのがふつうである．

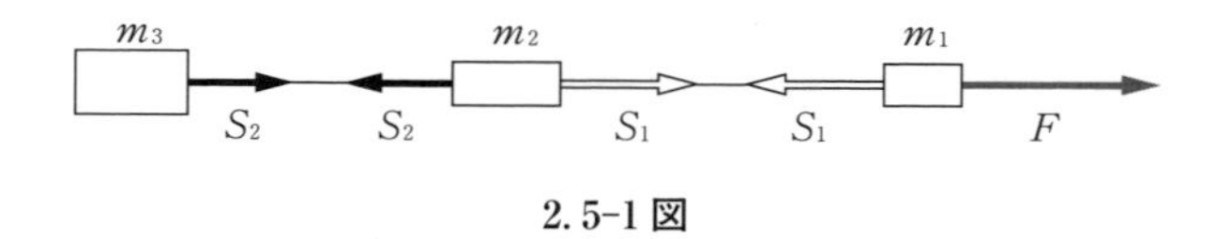

2.5-1 図

よばれ，壁の押し返す力，糸の張力，斜面からの抗力など，考えている体系の持つ束縛条件（固い壁があるとか，長さの一定な糸でつるされているとか，斜面の上を運動するように束縛されているとかの条件）によって現われる力のほうを反作用とよぶことが多い．

例 1　質量 m_1, m_2, m_3 の物体をつぎつぎに糸で連結して一直線にして水平な滑らかな机の上におく．m_1 に F の力をこの直線の方向に作用させて全体系を引張るとき，おのおのの糸の張力はどれだけか．

解　2.5-1 図のように糸の張力を S_1, S_2 とする．加速度を a とすれば，

m_1 の運動方程式　　$m_1 a = F - S_1$　　(1)

m_2 の運動方程式　　$m_2 a = S_1 - S_2$　　(2)

m_3 の運動方程式　　$m_3 a = S_2$　　(3)

(1) + (2) + (3)

$$(m_1 + m_2 + m_3)a = F. \qquad \therefore\ a = \frac{F}{m_1 + m_2 + m_3}$$

(1) に代入

$$S_1 = \frac{m_2 + m_3}{m_1 + m_2 + m_3}F$$

(3) に代入

$$S_2 = \frac{m_3}{m_1 + m_2 + m_3}F$$

◆

例 2　水素原子では $+e$ の電気を帯びた陽子のまわりを $-e$ の電気を帯びた電子が回っている．電子の質量を m とし，これが陽子のまわりを半径 a* の円を描いて等速円運動をしているとして，電子が陽子のまわりを単位時間に回る回数 ν と a との関係を求めよ．陽子から電子には $e^2/(4\pi\varepsilon_0 a^2)$ の引力が

---

* 文字 a は加速度に対して使うのが本書の記法であるが，水素原子の場合，半径に a を使うのがふつうなので，ここでもそれにしたがった．

働くものとする．

解　電子の加速度は中心に向かって

$$a(2\pi\nu)^2 = 4\pi^2\nu^2 a$$

運動方程式は

$$m\cdot 4\pi^2\nu^2 a = \frac{e^2}{4\pi\varepsilon_0 a^2}$$

$$\therefore\ \nu = \frac{e}{4\pi^{3/2}m^{1/2}\varepsilon_0^{1/2}a^{3/2}}$$ ◆

例3　単位長さの質量，すなわち線密度が σ の糸が半径 r の円形の輪をつくり，その平面内で一定角速度 ω でくるくる回っている．糸の張力を求めよ．

解　糸の小さな部分 $\overset{\frown}{\mathrm{AB}}$ を考える（2.5-2図）．$\overset{\frown}{\mathrm{AB}}$ が中心Oでつくる角を 2θ とする．$\overset{\frown}{\mathrm{AB}}$ の長さを Δs とすればその質量は $\sigma\Delta s$．糸の張力を S とし，$\overset{\frown}{\mathrm{AB}}$ の部分に着目すれば，AとBとで接線の方向に作用している．この2つの力を合成するのには，$\overset{\frown}{\mathrm{AB}}$ の中点をCとしてCからOに向かう成分をつくって加えればよい．$2S\sin\theta$ となるが，θ は小さいから $2S\theta$ となる．

$\overset{\frown}{\mathrm{AB}}$ の部分はこの力によってOのまわりに等速円運動を行うのであるから，運動方程式は

$$\sigma\Delta s\cdot r\omega^2 = 2S\theta$$

$\Delta s = 2r\theta$ を入れて，

$$S = \sigma r^2\omega^2 = \sigma V^2,\qquad V：糸の速さ$$ ◆

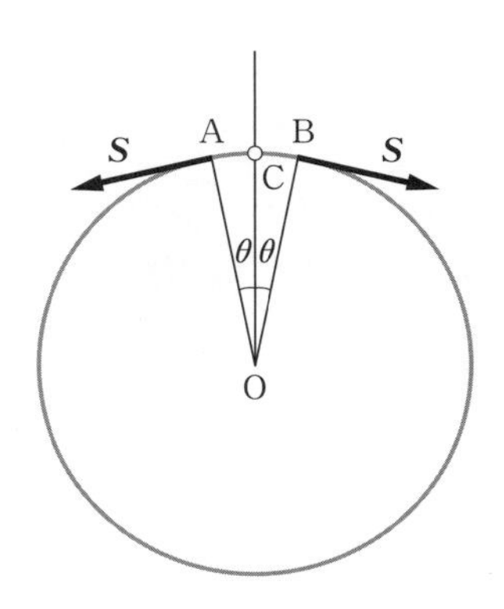

2.5-2図

第2章　問　題

1　滑らかな水平面上にある板（質量 M）の上を人（質量 m）が板に対して加速度 a で歩くとき，板は水平面に対してどのような加速度を持つか．また，人と板とが互いに水平におよぼしあう力はどれだけか．

余　談

ニュートン（Isaac Newton, 1642-1727）

Newton の伝記については，多くの本に書かれているので，ここでくり返すのは避けよう．ここでは今日の力学の教科書の基礎になっている「プリンキピア」の運動の法則を Motte, Cajori の英語訳*から掲げておこう．

AXIOMS, OR
LAWS OF MOTION

LAW I

Every body continues in its state of rest, or of uniform motion in a right line, unless it is compelled to change that state by forces impressed upon it.

LAW II

The change of motion is proportional to the motive force impressed; and is made in the direction of the right line in which that force is impressed.

LAW III

To every action there is always opposed an equal reaction: or, the mutual actions of two bodies upon each other are always equal, and directed to contrary parts.

「プリンキピア」刊行以来 300 年の間，わずかの変形はあってもほとんどすべての物理学の教科書はこれにしたがって力学理論を展開している．Newton の偉大さをあらためてみる思いがする．

---

* Sir Isaac Newton: *PRINCIPIA*, A. Motte's translation revised by F. Cajori（University of California Press, 1974）Vol. I, 13 ページ（中野猿人訳：「プリンシピア ― 自然哲学の数学的原理」（講談社，1977）29 ページ）．

2　水平な滑らかな床の上に一様な鎖（質量 M，長さ l）を一直線において，その一端を一定の力 F で引張る．鎖の各点での張力を求めよ．

3　惑星が太陽から，惑星の質量に比例し，太陽からの距離の2乗に反比例する引力を受けて太陽のまわりに円運動を行うものとする．いろいろな惑星が太陽のまわりを回る周期 T と，円運動の半径 a との間には

$$\frac{T^2}{a^3} = \text{惑星によらない定数}$$

の関係があることを示せ．この関係はケプラーの第3法則（(6.2-17) 参照）に相当する．

4　太陽系は銀河系の中心から30000光年の距離で，およそ250 km s^{-1} の速さで銀河系の中心を中心として等速円運動をしている．銀河系の形は図のようになっており，太陽系は銀河系の各恒星からの万有引力を受けている．銀河系の恒星は空間に散らばっているが，大ざっぱにいって太陽系に働く力は，銀河系全体の質量がその中心に集中していると考えてもだいたいの程度のことはいえるであろう．太陽のまわりの地球の運動の速度は30.0 km s^{-1} として，銀河系の総質量と太陽の質量との比を求めよ．

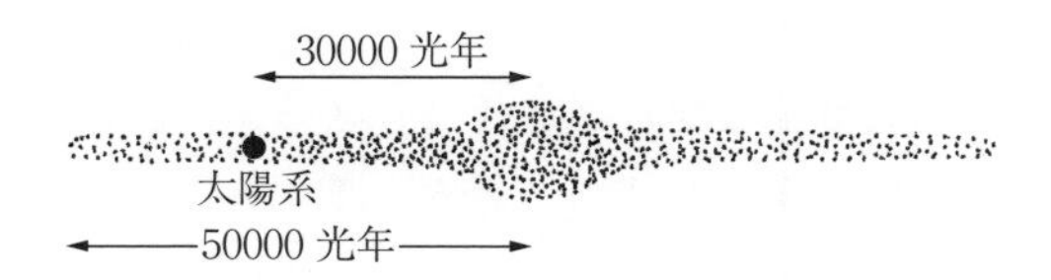

5　中性子星とよばれる星は中性子が万有引力によって結びつけられたもので，原子核と同様な密度（およそ 10^{12} g cm^{-3}）を持つ．中性子星は球形で，自転しているとして，赤道で中性子が飛び去らないための回転の周期の最小値を求めよ．

3 簡単な運動

§3.1 落体の運動

地球の表面の近くで物体（質点とみなす）を静かに放すと下向きに落ちる．上向きに投げても，下向きに突き落としても，質点の持つ加速度は下に向かっていて，どの場合でも下向きの速度が増加していく．鉛直上方に y 軸をとり，適当な高さの点（地面とか床とか）を原点 O にとる．質量 m の質点を，この y 軸上で運動させる（3.1-1 図）．質点はとにかく下向きに加速度を持っているのであるから，地球から質点に，下向きに力が働いていることは確かである．この力の大きさを W としよう．そうすると，運動方程式は

$$m\frac{d^2y}{dt^2} = -W \qquad (3.1\text{-}1)$$

3.1-1 図　物体に働く重力

Galilei が実験で確かめたところによると，質点の持つ加速度は，運動中変わることなく一定で，しかも，その加速度の値は物体によらずどのような物体でも同じ値を持つ．この最後に述べたことは，非常に注意しなければならないことである．もともと，物体が慣性，したがって質量を持つということと，地球が物体を引張るということ（これは後に第 5 章，第 6 章で述べる万有引力の特別な場合である）とはまったく独立なことと考えられるのであるが，ガリレイの実験によると，(3.1-1) で加速度

d^2y/dt^2 が物体によらないというのであるから，慣性質量 m と重力とが比例していなければならないことになる．このことは今日のところ 10^{-12} の精密さで確かめられている（§6.5参照）．これを

$$W = mg \tag{3.1-2}$$

と書くことにしよう．(3.1-1) に入れれば運動方程式は

$$\frac{d^2y}{dt^2} = -g \tag{3.1-3}$$

となる．この式は，(1.4-8) と同じ形の方程式（微分係数を含んでいるから微分方程式）である．§1.4では (1.4-6) から (1.4-8) を求め，(1.4-6) 中の定数 a, b, c の意味もしらべたのであるが，ここでは (3.1-3) から運動を求める手続きをたどろう．力学ではこのような種類の問題，すなわち，運動方程式が微分方程式の形で与えられて，これから積分によって運動を求める問題が多い．物理の一部としての力学では，力学的現象が与えられてから，運動方程式を立てるまでの思考が大切で，運動方程式を解くことは数学的過程（場合によっては計算機でもできる）と考えてよいことが多い．解が得られたら，これを物理的に解釈しなければならないことはもちろんである．§1.4で行った方法の逆で，定数の意味を求めるところなど似たところがあるから，くわしい説明は抜きにして進むことにする．

(3.1-3) を積分すれば

$$\frac{dy}{dt} = -gt + c, \qquad c：定数 \tag{3.1-4}$$

いま，$t = 0$ で $dy/dt = v_0$，つまり初速度を v_0 とすれば (3.1-4) で $t = 0$ とおいて，

$$v_0 = c$$

したがって，(3.1-4) は $dy/dt =$ 速度 $= v$ とおいて，

$$v = \frac{dy}{dt} = v_0 - gt \tag{3.1-5}$$

(3.1-5) をもう1度積分して

$$y = v_0 t - \frac{1}{2}gt^2 + c', \qquad c'：定数 \tag{3.1-6}$$

投げ出したときの位置を原点Oに選べば，(3.1-6) で $t = 0$ とおいて，

$$0 = c'$$

したがって，

$$y = v_0 t - \frac{1}{2}gt^2 \tag{3.1-7}$$

となる．(3.1-5)，(3.1-7) から t を消去すると，y と v との関係式

$$v^2 = {v_0}^2 - 2gy \tag{3.1-8}$$

となる.*

(3.1-5) をみると，$v_0 > 0$，つまり，はじめ上に向けて投げたときには，時間がたつにつれて速さが小さくなり，ある時刻 t_1 で $v = 0$ になることがわかる．t_1 は (3.1-5) から

$$t_1 = \frac{v_0}{g} \tag{3.1-9}$$

によってきめられる．そのときの高さは (3.1-7) に (3.1-9) を入れて，

$$y_1 = \frac{{v_0}^2}{2g} \tag{3.1-10}$$

となる．これが最高点の高さで，質点はこの後には落下していく．そのときでも運動方程式 (3.1-3) はそのまま成り立つのであるから，(3.1-5)，(3.1-6)，(3.1-7) の各式もそのまま成り立つ．

質点が滑らかな斜面を滑る場合を考える (3.1-2 図)．斜面上の 1 つの点 O を原点とし，斜面に沿って下向きに x 軸をとる．質点に働く力は，まず重力 mg が鉛直下方に働くほか，斜面から質点に力が働く．この力は，斜面が滑らかなときにはいつも斜面に直角である．これを斜面からの**抗力**または**束縛力**とよぶ．斜面の傾きを θ とすれば，重力 mg の斜面の方向 (x 軸の方向) の成分は $mg\sin\theta$ であるから，x 方向の運動

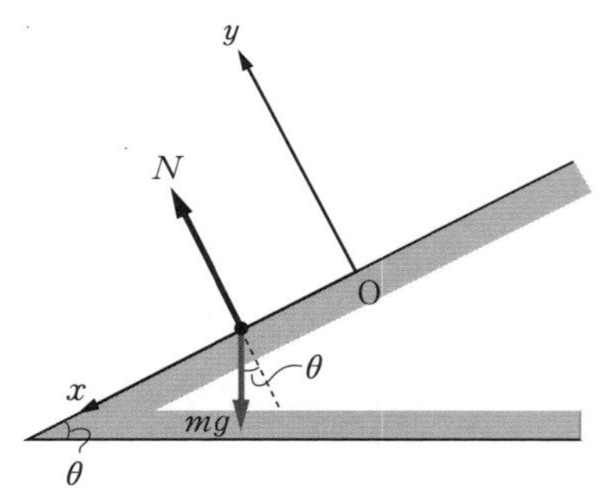

3.1-2 図　斜面上の運動

＊ (3.1-8) は $(1/2)mv^2 + mgy = (1/2)m{v_0}^2$ と書いたほうが力学的エネルギー保存の法則 (第 5 章) と関連して記憶するのに便利である．

方程式は

$$m\frac{d^2x}{dt^2} = mg\sin\theta \tag{3.1-11}$$

y 軸の方向については，いつも $y=0$ で d^2y/dt^2 も 0 であり，重力の成分は $-mg\cos\theta$ であるから，

$$0 = N - mg\cos\theta \tag{3.1-12}$$

(3.1-11) から

$$\frac{d^2x}{dt^2} = g\sin\theta \tag{3.1-13}$$

したがって，質点の加速度の大きさは一定で，斜面に沿って下向きに向いている．ただ，自由落下のときにくらべて $\sin\theta$ がかかっているだけ小さくなっている．(3.1-12) は N を与える式で $N = mg\cos\theta$ である．(3.1-13) から，x を時間 t の関数として求めることは自由落下のときと同様であるから省略しよう．

重力加速度 g の値は地球上の場所によってちがうが，だいたい

$$g = 9.80\ \mathrm{m\ s^{-2}} \tag{3.1-14}$$

としてよい．重力加速度としてはふつうこの値が使われる．斜面にすると，(3.1-13) からわかるように，加速度の値が (3.1-14) の値よりも小さくなるから，測定につごうがよくなる．Galilei が斜面を使ったのはそのためである．

自由落下の場合にかえって，空気の抵抗があるときを考えよう．一般に物体が空気中を運動するときには，空気からこの物体に運動をさまたげる力が作用する．これが空気の抵抗で，速さがあまり大きくないとき（音の速さより小さいとき）には次の2つの原因によって抵抗が起こると考えられる．

(a)　物体が動くにつれて運動する空気の部分の物体に触れているところ，いくらか離れているところなどで，空気の速度がちがうが，空気の粘性によって物体の運動をさまたげる力が現われる．この抵抗は物体の速さに比例する．

(b)　物体が空気中を動くとき，いままで静止していた空気に，急に運動を起こさせる．空気の動き出す速度は物体の速度の程度で，そのような空気の質量は物体の速度に比例している．物体は空気を押すのであるが，その反作用として空気から抵抗を受ける．この抵抗は物体の速さの2乗に比例する大きさを持っている．

物体が空気中を動くときばかりでなく，水のような液体中を動くときも同様な抵抗を受ける．

速度が小さければ抵抗は速さに比例する．つまり，上に述べた (a) の効果だけが現われる．質点の質量を m，抵抗を kmv とし，鉛直上方に y 軸をとろう (3.1-3 図)．上方に運動するときを標準にとって運動方程式を立てる．

$$m\frac{dv}{dt} = -mg - kmv \qquad (3.1\text{-}15)^*$$

質点はいずれは下に向けて落ちるのであるが，そのときには，$v<0$ で抵抗力は上向きに $km|v|$ となる．したがって，運動方程式は

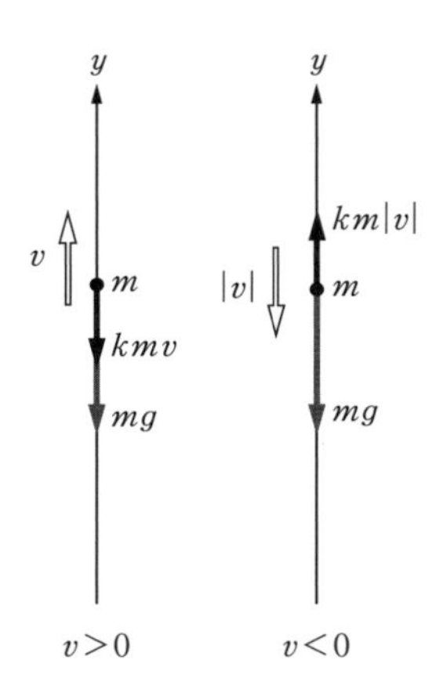

3.1-3 図　抵抗が速度に比例

$$m\frac{dv}{dt} = -mg + km|v|$$

となる．$v<0$ であるからこの式は (3.1-15) に一致する．つまり，速さに比例する抵抗が働くときには，質点が上向きに運動していても，下向きに運動していても，運動方程式は (3.1-15) で与えられる．それゆえ，これから出てくる式はどれも質点が上昇，下降する全範囲を通じて成り立つ．

(3.1-15) から

$$\frac{dv}{g+kv} = -dt$$

積分して，

$$\frac{1}{k}\log(g+kv) = -t + \text{定数}$$

したがって

$$g + kv = ce^{-kt}, \qquad c：\text{定数}$$

$t=0$ で $v=v_0$ とすれば

$$g + kv_0 = c$$

これを上の式に入れて，v について解けば

＊　加速度として d^2y/dt^2 を使ってもよいが，速度と時間の関係も問題となるので dv/dt を使っている．

$$v = -\frac{g}{k} + \left(v_0 + \frac{g}{k}\right)e^{-kt} \tag{3.1-16}$$

となる．これが，任意の時刻での速度を与えるものである．また，$v = dy/dt$ であるから，これを（3.1-16）に入れて積分すれば，

$$y = -\frac{g}{k}t - \frac{1}{k}\left(v_0 + \frac{g}{k}\right)e^{-kt} + c'$$

となるが，$t = 0$ で $y = 0$ とすれば

$$0 = -\frac{1}{k}\left(v_0 + \frac{g}{k}\right) + c'$$

となる．これから c' を出して y の式に入れると，

$$y = -\frac{g}{k}t + \frac{1}{k}\left(v_0 + \frac{g}{k}\right)(1 - e^{-kt}) \tag{3.1-17}$$

となる．（3.1-16）を図に描いてみると 3.1-4 図のようになる．$v_0 > 0$，つまり，はじめ上向きに投げたときには，（3.1-16）にしたがって速度はしだいに小さくなり，

$$t_1 = \frac{1}{k}\log\left(1 + \frac{k}{g}v_0\right) \tag{3.1-18}$$

で $v = 0$，つまり最高点に達する．それからは落下して速さはしだいに増していく．しかし，速さは（3.1-16）で $t = \infty$ とおいて得られる

$$v_\infty = -\frac{g}{k} \tag{3.1-19}$$

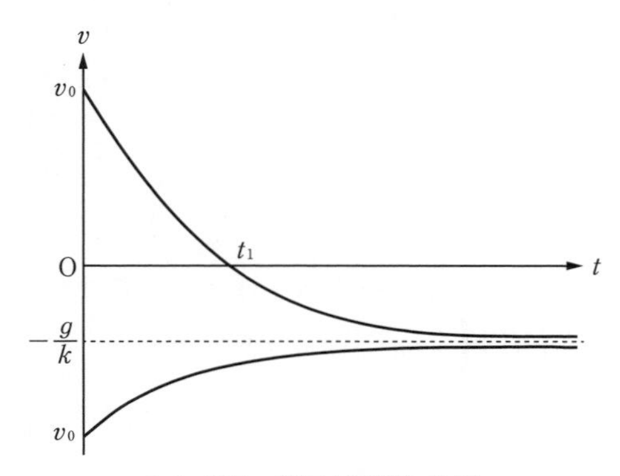

3.1-4 図　抵抗が速度に比例

より大きくはならない.

　はじめ大きな速さで下に向けて投げるときには，3.1-4 図の下の曲線に示すように，質点の速さは空気の抵抗のため，重力が働いているにもかかわらず速さが小さくなり，やはり (3.1-19) の v_∞ という値に近づいていく．v_∞ を**終りの速度**とよぶ.

　抵抗が速さの 2 乗に比例するときには，上向きに運動するときと下向きに運動するときとで，運動方程式がちがう.

$$\text{上向きのとき}\qquad m\frac{dv}{dt} = -mg - mkv^2 \tag{3.1-20}$$

$$\text{下向きのとき}\qquad m\frac{dv}{dt} = -mg + mkv^2 \tag{3.1-20$'$}$$

である．したがって，はじめ下向きに投げるときは (3.1-20)′ だけでよいが，上向きに投げるときには，まず (3.1-20) を使って，これを積分し，最高点に達した後には (3.1-20)′ を使わなければならない.

　上向き，下向きの場合を 1 つの式で表したいときには

$$m\frac{dv}{dt} = -mg - mkv|v| \tag{3.1-21}$$

コンピュータを使うときには $|v|$ を，たとえば ABS(V) とすればよい.

　$t = 0$ で $v = v_0 > 0$ という初速度で投げたときには，(3.1-20) を解いて

$$v = \sqrt{\frac{g}{k}}\ \frac{\sqrt{\dfrac{k}{g}}\,v_0 - \tan(\sqrt{gk}\,t)}{1 + v_0\sqrt{\dfrac{k}{g}}\,\tan(\sqrt{gk}\,t)} \tag{3.1-22}$$

となる．$v = 0$ になる時刻，すなわち，最高点に達する時刻 t_1 はこの式の分子が 0 になる t の値で,

$$t_1 = \frac{1}{\sqrt{gk}}\tan^{-1}\left(\sqrt{\frac{k}{g}}\,v_0\right) \tag{3.1-23}$$

となる．これから先は (3.1-20)′ を使わなければならないが，$t = t_1$ で $v = 0$ という条件で (3.1-20)′ を解くと

$$v = -\sqrt{\frac{g}{k}}\,\tanh\{\sqrt{gk}\,(t - t_1)\} \tag{3.1-24}$$

となる．$t \to \infty$ にすれば終りの速度が得られる．*

$$v_\infty = -\sqrt{\frac{g}{k}} \qquad (3.1\text{-}25)$$

例 空気の抵抗が速さの2乗に比例する場合，物体を静かに落としたとき，$\sqrt{gk}\,t$ が1にくらべて小さくてその3次以上の項を省略できるような時間内の速さと t との関係，落下距離と t との関係を求めよ．

解 (3.1-24) で下向きに v を正にとり，$t_1 = 0$ とおけば

$$v = \sqrt{\frac{g}{k}} \tanh(\sqrt{gk}\,t)$$

$\sqrt{gk}\,t$ が1にくらべて小さいとしてこれを展開すれば，

$$v = \sqrt{\frac{g}{k}} \frac{e^{\sqrt{gk}\,t} - e^{-\sqrt{gk}\,t}}{e^{\sqrt{gk}\,t} + e^{-\sqrt{gk}\,t}} = gt\left(1 - \frac{1}{3}kgt^2\right)$$

これを積分すれば

$$y = \frac{1}{2}gt^2 - \frac{1}{12}kg^2t^4 = \frac{1}{2}gt^2\left(1 - \frac{1}{6}kgt^2\right)$$ ◆

§3.2 放物運動

一様な重力のあるところで，水平とある角をつくる方向に投げられた物体（質点とみなす）の運動をしらべよう．まず，空気の抵抗を無視してよい場合を考える．任意の瞬間に質点Pに働く力は，鉛直下方に大きさ mg の重力が働くだけで，水平方向には力が働いていない．水平に x 軸，鉛直上方に y 軸をとれば（3.2-1図），運動方程式は

$$m\frac{du}{dt} = 0 \qquad (3.2\text{-}1)$$

$$m\frac{dv}{dt} = -mg \qquad (3.2\text{-}2)$$

である．これらの式はたやすく積分できる．$t = 0$ で，水平と λ_0 の角をつくる

---

* 終りの速度だけを求めるのならば，運動方程式で加速度 = 0，つまり，重力と抵抗力とがつりあっているとして求められる．(3.1-20)′ で $dv/dt = 0$ とおいて $v_\infty = -\sqrt{g/k}$．同様に，抵抗が速さに比例するときには (3.1-15) で $dv/dt = 0$ とおいて $v_\infty = -g/k$．

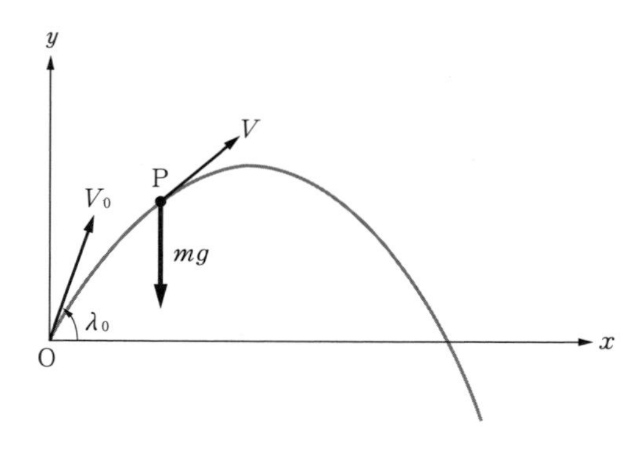

3. 2-1 図 放物運動

方向に V_0 の速さで投げられたとする．初期条件は

$$t = 0 \quad で, \quad x = 0, \quad y = 0, \quad u = V_0 \cos\lambda_0, \quad v = V_0 \sin\lambda_0$$

である．(3. 2-1)，(3. 2-2) を t について積分すれば，

$$u = c_1, \quad v = -gt + c_2$$

初期条件を入れて，

$$c_1 = V_0 \cos\lambda_0, \quad c_2 = V_0 \sin\lambda_0$$

したがって，任意の時刻での速度成分 u, v は

$$u = V_0 \cos\lambda_0, \quad v = V_0 \sin\lambda_0 - gt \tag{3. 2-3}$$

$u = dx/dt$，$v = dy/dt$ を (3. 2-3) に入れて積分する．初期条件を考えに入れて積分定数をきめれば

$$x = V_0 t \cos\lambda_0, \quad y = V_0 t \sin\lambda_0 - \frac{1}{2}gt^2 \tag{3. 2-4}$$

これが任意の時刻での質点の位置である．

(3. 2-3)，(3. 2-4) で任意の時刻での位置と速度がきまったのであるから，質点の運動の時間的経過は t の関数として一義的にきまったのである．このことは，古典力学では一般的にいえることで，1 つの質点に働く力が位置の関数として与えられているならば，その質点の将来の位置と速度とは，ある時刻 (たとえば $t = 0$) での状態によって一義的にきまってしまう.* これを古典力学の**因果律**とよぶ．

質点がいまの場合のように (x, y) 平面内で運動するときには，運動の時間的

* 任意の数の質点から成り立つ体系の場合にも同様に成り立つ．

経過のほかに，どのような軌道（径路）を描くかということが問題になる．それには（3.2-4）の2式から t を消去して x, y の関係を求めればよい．第1の式から t を出して第2の式に代入すれば

$$y = x\tan\lambda_0 - \frac{1}{2}g\frac{x^2}{V_0{}^2\cos^2\lambda_0} \qquad (3.2\text{-}5)$$

となる．$x=0$ で $y=0$ であることはあたりまえであるが，飛んでいって，もう一度 $y=0$ になるところ，つまり放射距離 R は，（3.2-5）で $x=R$，$y=0$ として，0でないほうの解を求めればよい．

$$R = \frac{V_0{}^2}{g}\sin 2\lambda_0 \qquad (3.2\text{-}6)$$

となる．V_0 を一定にしておいて，λ_0 をいろいろと変えると R が変わる．$\lambda_0 = \pi/4$ のとき，水平面上一番遠くまで達する．

例 1点Oから初速度 V で石を投げ，水平距離 x，Oからの高さ y の点Pに当てるのにはどのような方向に投げればよいか．

解 求める方向と水平のつくる角を λ とする．Pに当たるまでの時間を t とすれば

$$x = Vt\cos\lambda, \qquad y = Vt\sin\lambda - \frac{1}{2}gt^2$$

t を消去すれば，いくらか変形した後，λ を求める式として，

$$\tan^2\lambda - \frac{2V^2}{gx}\tan\lambda + 1 + \frac{2V^2y}{gx^2} = 0$$

を得る．これから

$$\tan\lambda = \frac{V^2}{gx} \pm \sqrt{\frac{V^4}{g^2x^2} - 1 - \frac{2V^2y}{gx^2}}$$

この式を満たす λ のうち，$-\frac{\pi}{2} \leqq \lambda \leqq \frac{\pi}{2}$ の範囲にあるものをとって，

$$\lambda_1 = \tan^{-1}\left(\frac{V^2}{gx} + \sqrt{\frac{V^4}{g^2x^2} - 1 - \frac{2V^2y}{gx^2}}\right)$$

$$\lambda_2 = \tan^{-1}\left(\frac{V^2}{gx} - \sqrt{\frac{V^4}{g^2x^2} - 1 - \frac{2V^2y}{gx^2}}\right)$$

平方根の記号の中の式が負になると λ の実数値は存在しない．そのときは，初

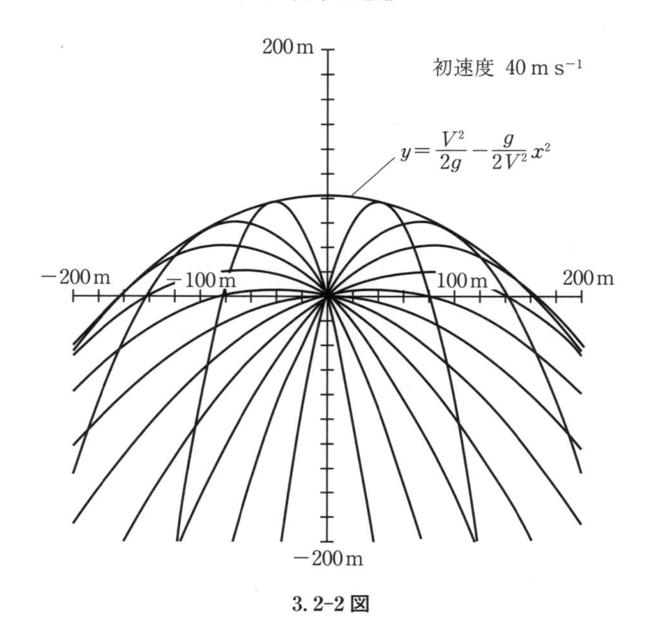

3.2-2 図

速度 V でどのような方向に投げても P 点に達するようにすることはできない．その境界の曲線は

$$y = \frac{V^2}{2g} - \frac{g}{2V^2}x^2$$

で，P 点がこの放物線の外側にあるときは石は届かない．P がこの放物線の内側にあれば，2 通りの角 λ_1, λ_2 がある．P が上の放物線上にあるときは λ_1, λ_2 が一致して λ は 1 通りしかない．このことは図に描いてみるとすぐわかる（3.2-2 図）.* ◆

放物運動で空気の抵抗が速度の 2 乗に比例する場合を考えよう．石を投げたり，野球の球を飛ばすときがこれに相当すると考えられる．速さが V のときの空気の抵抗を mkV^2 とする．運動方程式は（3.2-3 図参照）

$$m\frac{du}{dt} = -mkV^2\frac{u}{V} \tag{3.2-7}$$

* くわしくは，山内恭彦・末岡清市編：「大学演習　力学」(裳華房，1980) 61 ページをみよ．

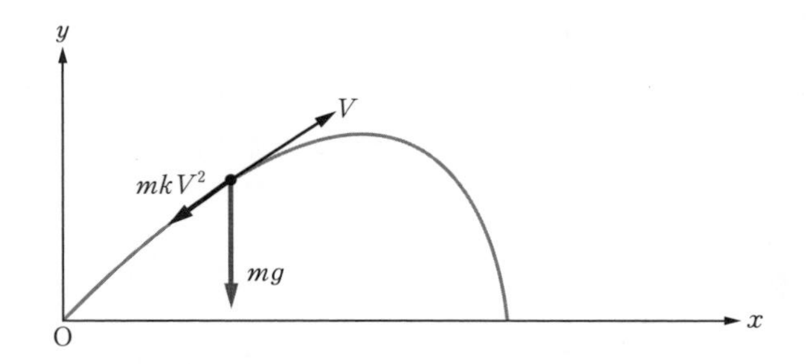

3.2-3 図 空気の抵抗が速度の 2 乗に比例する場合の力の働き方

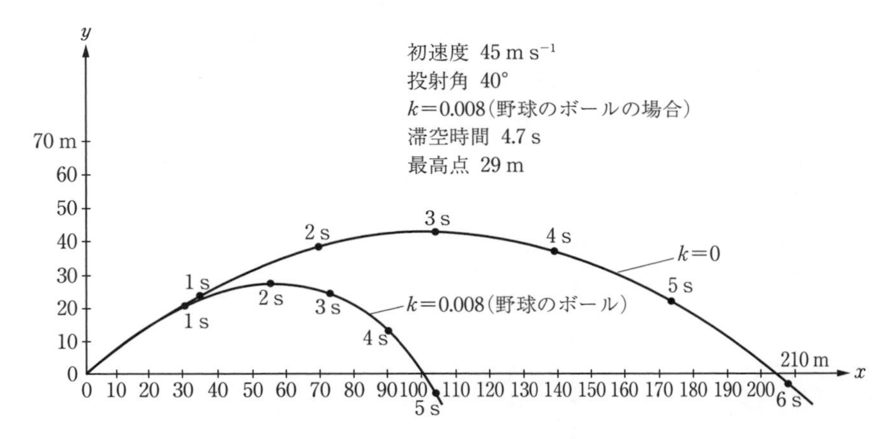

3.2-4 図 空気の抵抗が速度の 2 乗に比例するときの放物運動

$$m\frac{dv}{dt} = -mg - mkV^2\frac{v}{V} \qquad (3.2\text{-}8)$$

である．これを解析的に解くことはできないが，

$$\frac{dx}{dt} = u, \qquad \frac{dy}{dt} = v$$

$$\frac{du}{dt} = -k\sqrt{u^2+v^2}\,u, \qquad \frac{dv}{dt} = -k\sqrt{u^2+v^2}\,v - g$$

と書いてコンピュータにかければ計算できる．

野球の球の場合 $k = 0.008$ ぐらいと考えられる．** 3.2-4 図は初速度 45 m s^{-1}，

** 根拠の文献については，原島鮮：「質点の力学（改訂版）」(基礎物理学選書 1，裳華房，1984) 85 ページ参照．

投射角 40° の場合の球の運動 ($k = 0.008$) と空気の抵抗を考えないときの球の運動 ($k = 0$) を比較したものである．1 s ごとの位置が印されている．空気の抵抗がないとした場合の到達距離の 1/2 ぐらいしかいかない．

§3.3 単振動

単振動の定義とその運動のありさまについての性質は (1.4–14) ～ (1.4–19) のところで説明した．ここでは，質点がどのような力を受けるとき単振動を行うかについて説明しよう．

直線 (x 軸) 上を運動する質点 (質量 m) に，その直線上の定点 O (原点にとる) からの距離に比例し，いつも O のほうに向く力が作用するものとしよう．この力は $x > 0$ のときは負で，$x < 0$ のときは正であって，いつも x と符号が逆になっているから $-cx$ ($c > 0$) と書くことができる (3.3–1 図)．したがって，運動方程式は

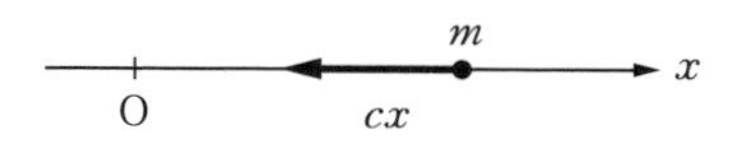

3.3–1 図 単振動のときの力

$$m\frac{d^2x}{dt^2} = -cx \qquad (c > 0) \tag{3.3–1}$$

となる．つまり，加速度 d^2x/dt^2 は x に比例し，いつも O のほうに向かっている．§1.4 で，x と t の関係が (1.4–14) で考えられる運動が，この性質を持つことを述べたが，ここではその逆の問題になっている．それゆえ (3.3–1) から逆に (1.4–14) の式を導いてみよう．

(3.3–1) の両辺に dx/dt を掛ける．

$$m\frac{dx}{dt}\frac{d^2x}{dt^2} = -cx\frac{dx}{dt}$$

このようにすると両辺は t で積分できる形になっている．

$$\frac{1}{2}m\left(\frac{dx}{dt}\right)^2 = -\frac{1}{2}cx^2 + 定数$$

または

$$\frac{1}{2}m\left(\frac{dx}{dt}\right)^2 + \frac{1}{2}cx^2 = 定数 \tag{3.3–2}$$

となる．左辺をみると正の項ばかりであるから，右辺の定数は正でなければならない．これを $(1/2)ca^2$ と書くことにしよう．a が定数の役目を持つことになる．（3. 3-2）は

$$\frac{dx}{dt} = \pm\sqrt{\frac{c}{m}}\sqrt{a^2 - x^2}$$

または

$$\frac{\pm dx}{\sqrt{a^2 - x^2}} = \sqrt{\frac{c}{m}}\,dt$$

となる．両辺を積分すれば

$$\mp\cos^{-1}\frac{x}{a} = \sqrt{\frac{c}{m}}\,t + \alpha, \qquad \alpha：定数$$

両辺の cos をとり，a を掛ければ，

$$x = a\cos\left(\sqrt{\frac{c}{m}}\,t + \alpha\right) \tag{3. 3-3}$$

つまり，（1. 4-14）となる．または，α の代りに $\alpha - (\pi/2)$ と書いて

$$x = a\sin\left(\sqrt{\frac{c}{m}}\,t + \alpha\right) \tag{3. 3-3$'$}$$

としてもよい．

§1. 4 で述べたところにより，質点は単振動を行い，その周期は

$$T = 2\pi\sqrt{\frac{m}{c}} \tag{3. 3-4}$$

であり，振幅，位相定数はそれぞれ a, α である．

（3. 3-1）から出発して（3. 3-3）を求めるのにはつぎのようにしてもよい．（3. 3-1）で，

$$x = e^{\lambda t} \tag{3. 3-5}$$

とおいてみる．そうすると

$$m\lambda^2 e^{\lambda t} = -ce^{\lambda t}$$

となるから

$$\lambda^2 = -\frac{c}{m}, \qquad したがって \qquad \lambda = \pm i\sqrt{\frac{c}{m}},\ i = \sqrt{-1}$$

ならば（3. 3-5）は（3. 3-1）の解となる．つまり

$$x = e^{i\sqrt{c/m}\,t},\quad e^{-i\sqrt{c/m}\,t} \tag{3.3-6}$$

のどちらも（3.3-1）の解である．（3.3-1）が x やその微係数について1次であることから，A, B を任意の定数（複素数）として，

$$x = Ae^{i\sqrt{c/m}\,t} + Be^{-i\sqrt{c/m}\,t} \tag{3.3-7}$$

も（3.3-1）の解であることがすぐにわかる．一般に

$$e^{i\theta} = \cos\theta + i\sin\theta,\qquad e^{-i\theta} = \cos\theta - i\sin\theta \tag{3.3-8}^*$$

であるから

$$x = (A+B)\cos\sqrt{\frac{c}{m}}\,t + i(A-B)\sin\sqrt{\frac{c}{m}}\,t$$

したがって，$A+B=C$，$i(A-B)=D$ とおけば

$$x = C\cos\sqrt{\frac{c}{m}}\,t + D\sin\sqrt{\frac{c}{m}}\,t \tag{3.3-9}$$

となる．（3.3-9）で x は実数であるから，C も D も実数である．この式は（3.3-1）の解を書くときによく使われる形式の1つである．

$$C = a\cos\alpha,\qquad D = -a\sin\alpha$$

とおけば，（3.3-3）となるから，（3.3-9）は（3.3-3）とまったく同等な式といってよい．

または，つぎのようにしてもよい．（3.3-7）で x は実数でなければならないから，A，B は互いに共役複素でなければならない．したがって

$$A = \frac{a}{2}e^{i\alpha},\qquad B = \frac{a}{2}e^{-i\alpha},\qquad a, \alpha：実数$$

と書くことができる．これを（3.3-7）に入れれば（3.3-3）が出てくる．

または，つぎのようにしてもよい．（3.3-6）が（3.3-1）の解であるならば，その実数部分，虚数部分が別々に（3.3-1）の解でなければならない．したがって，

---

* マクローリンの級数

$$\begin{aligned} e^{i\theta} &= 1 + \frac{i\theta}{1!} + \frac{(i\theta)^2}{2!} + \frac{(i\theta)^3}{3!} + \cdots \\ &= \left(1 - \frac{\theta^2}{2!} + \frac{\theta^4}{4!} - \cdots\right) + i\left(\theta - \frac{\theta^3}{3!} + \frac{\theta^5}{5!} - \cdots\right) \\ \cos\theta &= 1 - \frac{\theta^2}{2!} + \frac{\theta^4}{4!} - \cdots \\ \sin\theta &= \theta - \frac{\theta^3}{3!} + \frac{\theta^5}{5!} - \cdots \end{aligned}$$

から導くことができよう．

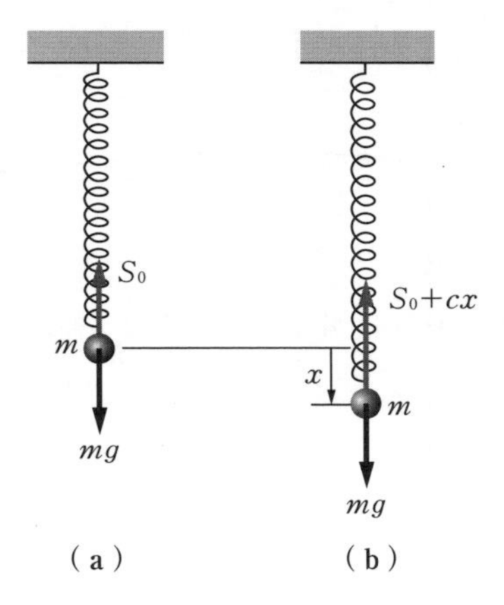

3.3–2 図 ばねによる振動

$\cos(\sqrt{c/m}\,t), \sin(\sqrt{c/m}\,t)$ が (3.3–1) の解で，またその 1 次結合である (3.3–9) が (3.3–1) の解であるとするのである．どの方法によるとしても，(3.3–3) または (3.3–9) が (3.3–1) の解であることが示されたわけである．

実際に単振動がみられる場合はいろいろとあるが，そのうちで基礎的なものについて述べよう．3.3–2 図のように，ばねの一端を固定し，他端におもりをつるすときいくらか伸びて，つりあったとする（図 (a)）．これをもっと下に引張って放せばどのような運動を行うかをしらべよう．図 (a) のつりあいの位置で，ばねの張力を S_0 とすれば，これはおもりに働いている重力 mg とつりあうから

$$S_0 = mg \tag{3.3–10}$$

運動している任意の瞬間で，ばねがつりあいの位置から x だけ伸びているとすれば，張力は $S_0 + cx$ (c はばねの強さを表す定数) であるから，運動方程式は

$$m\frac{d^2x}{dt^2} = mg - (S_0 + cx)$$

となる．(3.3–10) を使えば，この式は単振動の運動方程式の標準の形

$$m\frac{d^2x}{dt^2} = -cx \qquad (c > 0)$$

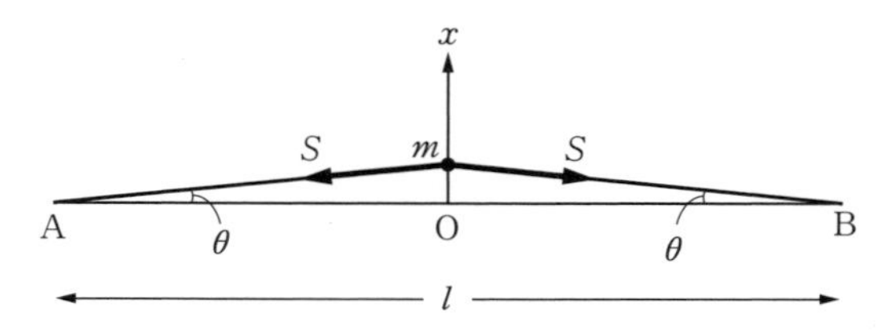

3.3–3図 強く張った糸による振動

となって，x と t との関係は

$$x = a\cos\left(\sqrt{\frac{c}{m}}\,t + \alpha\right)$$

周期は

$$T = 2\pi\sqrt{\frac{m}{c}}$$

となる．

3.3–3図に示してあるように，長さ l の糸を強く張り，両端 A, B を固定する．糸の中点に質量 m の質点を取りつけ，これを糸に直角の方向に引張って放す．糸の張力を S とする．質点がつりあいの位置から x だけずれている瞬間に，糸は l よりも少し伸びているわけであるが，もともと S が大きいのであるから，この伸びによる張力の変化は考えないことにする．糸と AB のつくる角を θ とすれば，一方の糸から質点に作用する力の成分は $S\sin\theta$ であるから，運動方程式は

$$m\frac{d^2x}{dt^2} = -2S\sin\theta$$

である．θ が小さいときには

$$\sin\theta \fallingdotseq \tan\theta = \frac{x}{l/2} = \frac{2x}{l}$$

であるから，

$$m\frac{d^2x}{dt^2} = -\frac{4S}{l}x$$

となる．これは単振動の運動方程式で，

$$x = a\cos\left(2\sqrt{\frac{S}{ml}}\,t + \alpha\right), \qquad T = \pi\sqrt{\frac{ml}{S}}$$

例 滑らかな鉛直線に束縛された質点が，この鉛直線の外にある定点から距離に比例する引力を受けて行う運動をしらべよ．

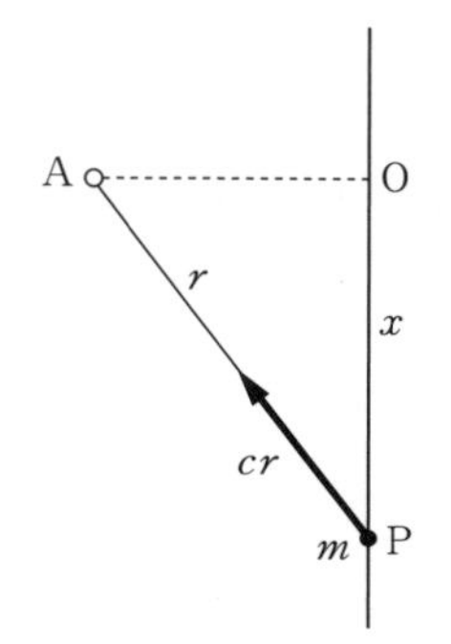

3.3-4 図

解　質点をP，定点をAとし，Aから直線に下した垂線をAOとする．OP＝xとおく（3.3-4 図）．

運動方程式は

$$m\ddot{x} = mg - cr \times \frac{x}{r}$$

$$\therefore\ m\ddot{x} = mg - cx \text{ または } m\ddot{x} = -c\left(x - \frac{mg}{c}\right)$$

$x - mg/c = \xi$ とおいて，

$$m\ddot{\xi} = -c\xi$$

$$\therefore\ \xi = a\cos\left(\sqrt{\frac{c}{m}}\,t + \alpha\right) \text{ または } x = \frac{mg}{c} + a\cos\left(\sqrt{\frac{c}{m}}\,t + \alpha\right)$$

$$x = \frac{mg}{c}$$

がつりあいの位置である．単振動の周期は $2\pi\sqrt{\dfrac{m}{c}}$．　◆

§3.4　減衰振動と強制振動

単振動を行う質点に速さに比例する抵抗が作用する場合を考えよう．通常，振動体の振動がしだいに弱くなっていくのはこの原因によることが多い．運動方程式は

$$m\frac{d^2x}{dt^2} = -cx - 2mk\frac{dx}{dt} \tag{3.4-1}$$

である．ただし便宜上，抵抗力の比例定数を $2mk$ とした．抵抗のないときの角振動数を ω とすれば

$$\omega = \sqrt{\frac{c}{m}}, \qquad \text{したがって} \qquad c = m\omega^2$$

であるから，上の運動方程式は

$$\frac{d^2x}{dt^2} + 2k\frac{dx}{dt} + \omega^2 x = 0 \tag{3.4-2}$$

となる．これを解くために§3.3で述べた方法のうちの1つにしたがって

$$x = e^{\lambda t} \tag{3.4-3}$$

とおこう．(3.4-2) は

$$\lambda^2 + 2k\lambda + \omega^2 = 0 \tag{3.4-4}$$

となる．これから

$$\lambda = -k \pm \sqrt{k^2 - \omega^2}$$

となり，したがって (3.4-3) によって

$$e^{-kt+\sqrt{k^2-\omega^2}\,t}, \qquad e^{-kt-\sqrt{k^2-\omega^2}\,t}$$

が (3.4-2) の解となる．$k^2 - \omega^2$ が根号の中に入っているから，その符号にしたがって分けて考える必要がある．

（i）　抵抗が比較的に小さくて，$k < \omega$ の場合．

$$e^{-kt+i\sqrt{\omega^2-k^2}\,t}, \qquad e^{-kt-i\sqrt{\omega^2-k^2}\,t}$$

が (3.4-2) の解である．それゆえ，

$$x = e^{-kt}(Ae^{i\sqrt{\omega^2-k^2}\,t} + Be^{-i\sqrt{\omega^2-k^2}\,t}), \qquad A, B：\text{定数}$$

も解であり，§3.3のときと同様にして (3.4-2) の一般解は

$$x = ae^{-kt}\cos(\sqrt{\omega^2 - k^2}\,t + \alpha) \tag{3.4-5}$$

となる．すなわち，振幅が ae^{-kt} にしたがって時間に対して指数関数的に小さくなっていく単振動と考えることができる (3.4-1 図で $k = 0.05$ の場合)．このような振動を**減衰振動**とよぶ．(3.4-5) から周期は

$$T = \frac{2\pi}{\sqrt{\omega^2 - k^2}} \tag{3.4-6}$$

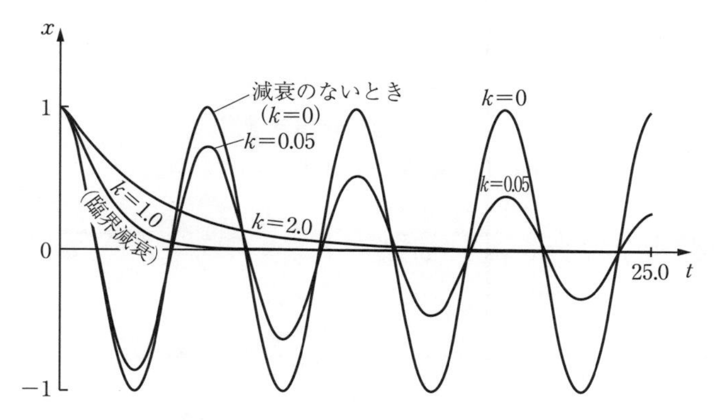

3.4-1図　減衰振動 $\left(\dfrac{d^2x}{dt^2}+2k\dfrac{dx}{dt}+x=0\right)$

で与えられることがわかる．(3.4-5) から速度を求めると

$$u=-kae^{-kt}\cos(\sqrt{\omega^2-k^2}\,t+\alpha)-ae^{-kt}\sqrt{\omega^2-k^2}\sin(\sqrt{\omega^2-k^2}\,t+\alpha)$$

となるが，$u=0$ とおくと変位が極大になるときの時刻とその変位が得られる．時刻は

$$\tan(\sqrt{\omega^2-k^2}\,t+\alpha)=-\frac{k}{\sqrt{\omega^2-k^2}}$$

つまり，

$$t=\frac{1}{\sqrt{\omega^2-k^2}}\left(n\pi-\tan^{-1}\frac{k}{\sqrt{\omega^2-k^2}}-\alpha\right),\qquad n=1,2,3,\cdots$$

となる．そのときの x の値の絶対値は

$$|x|=a\left(1-\frac{k^2}{\omega^2}\right)^{1/2}\times\exp\left(-\frac{nk\pi}{\sqrt{\omega^2-k^2}}+\frac{k}{\sqrt{\omega^2-k^2}}\tan^{-1}\frac{k}{\sqrt{\omega^2-k^2}}+\frac{\alpha k}{\sqrt{\omega^2-k^2}}\right)$$

となるが，

$$\log|x|=\text{定数}-\frac{nk\pi}{\sqrt{\omega^2-k^2}}\tag{3.4-7}$$

の形になっているので，1往復ごと，すなわち，n が2増すごとに，$\log|x|$ の値は $2k\pi/\sqrt{\omega^2-k^2}$ ずつ減っていく．この値を**対数減衰度**とよぶ．

（ii）　$k > \omega$ の場合．この場合には，一般解は

$$x = e^{-kt}(ae^{\sqrt{k^2-\omega^2}\,t} + be^{-\sqrt{k^2-\omega^2}\,t}) \tag{3.4-8}$$

で振動的とならない．このときの運動を**非周期運動**とよぶ．

$t = 0$ で $x = x_0$ までずらし，静かに放す $(u = 0)$ ときには

$$a = \frac{1}{2}x_0\left(1 + \frac{k}{\sqrt{k^2 - \omega^2}}\right), \qquad b = \frac{1}{2}x_0\left(1 - \frac{k}{\sqrt{k^2 - \omega^2}}\right)$$

となり，

$$x = e^{-kt}x_0\left\{\cosh(\sqrt{k^2 - \omega^2}\,t) + \frac{k}{\sqrt{k^2 - \omega^2}}\sinh(\sqrt{k^2 - \omega^2}\,t)\right\} \tag{3.4-9}$$

となる．これからわかるように，つりあいの位置 $x = 0$ には $t \to \infty$ 以外には達することはできない．

はじめに原点のほうに向かって十分大きな速度を与えれば $x = 0$ のところを通過できるが，それから変位が極大になって後には，そのときを $t = 0$ にとると上の議論がそのまま成り立つから，もう $x = 0$ のところを通ることはない．

（iii）　$k = \omega$ の場合．$\sqrt{k^2 - \omega^2} = 0$ となるから，(3.4-3) の形の解は 1 個しかない．それで (3.4-2) で

$$x = e^{-kt}\xi \tag{3.4-10}$$

とおくと

$$\frac{d^2\xi}{dt^2} = 0$$

となる．これから

$$\xi = At + B$$

したがって (3.4-10) から

$$x = e^{-kt}(At + B) \tag{3.4-11}$$

となる．非周期運動であることは (3.4-8) と同様であるが，この場合，**臨界減衰**ともよぶ．

例 1　微分方程式 (3.4-2)

$$\frac{d^2x}{dt^2} + 2k\frac{dx}{dt} + \omega^2 x = 0$$

を解くのに，まず $x = e^{-kt}\xi$ とおいて，ξ についての微分方程式に直してから解いてみよ．

単振動を行う質点に振動的な力が働く場合を考えよう．このときの振動を**強制振動**とよぶ．質点には，ばねからの力のような単振動を行わせる力のほかに，外から周期的な力（たとえば，手によって）が加えられるのである．この力を

$$X = X_0 \sin\omega t \tag{3.4-12}$$

としよう．運動方程式は

$$m\frac{d^2x}{dt^2} = -cx + X_0 \sin\omega t \tag{3.4-13}$$

となるが，単振動の角振動数を

$$\sqrt{\frac{c}{m}} = \omega_0$$

とすれば

$$\frac{d^2x}{dt^2} + {\omega_0}^2 x = \frac{X_0}{m}\sin\omega t \tag{3.4-14}$$

となる．この式の左辺は x とその微係数について1次であるが，右辺は t の既知関数で，(3.4-14) は全体として同次ではない．このようなときには，まず右辺を0とおいたときの同次方程式の一般解を求める．それは

$$x = a\sin(\omega_0 t + \alpha) \tag{3.4-15}$$

である．つぎに (3.4-14) を満足する解（どんなものでもよい）を1つ見出す．それには (3.4-14) で

$$x = A\sin\omega t \tag{3.4-16}$$

とおいてみる．(3.4-14) は

$$({\omega_0}^2 - \omega^2)A = \frac{X_0}{m}, \qquad \text{したがって} \qquad A = \frac{1}{{\omega_0}^2 - \omega^2}\frac{X_0}{m} \tag{3.4-17}$$

となる．それゆえ，

$$x = \frac{1}{{\omega_0}^2 - \omega^2}\frac{X_0}{m}\sin\omega t$$

は (3.4-14) の解である．これを**特解**という．それで (3.4-14) の一般解は

$$x = a\sin(\omega_0 t + \alpha) + \frac{1}{{\omega_0}^2 - \omega^2}\frac{X_0}{m}\sin\omega t \tag{3.4-18}$$

である．a, α は初期条件によってきまる．この式で外力の振動数 ω が，自由振動の振動数 ω_0 よりも小さいときには，(3.4-18) の第2項は外力と等しい位相になっているが，$\omega > \omega_0$ になると符号が逆になる．それは位相が π だけちがうということである．$\omega = \omega_0$ になると無限に大きくなるが，そのときは質点の変位が大きくなり，実際はばねがそれ以上縮まないとか，力が変位に比例しないとかいう事情が起こって (3.4-14) の式そのものが成り立たなくなる．$\omega = \omega_0$ のとき振幅が大きくなることを**共鳴**（または**共振**）とよぶ．

例2 つる巻きばね（弾性定数 c，$c > 0$）の上端を固定し，他端に質量 m のおもりをつるす．上端を上下に振幅 A，角振動数 ω で単振動的に振動させるとき，おもりの行う運動はどうなるか．

解 上端の座標 x_0 は

$$x_0 = A\sin\omega t$$

で与えられる．おもりの位置（上端の振動の中心から下にはかって）を x とすれば，運動方程式は

$$m\ddot{x} = mg - c(x - x_0 - l)$$

$x - (mg/c) - l - x_0 = \xi$ とおけば

$$m\ddot{\xi} = -c\xi + cA\sin\omega t$$

これは (3.4-14) で $X_0 = cA$ とおいた形になっている．したがって解は (3.4-18) によって

$$\xi = a\sin(\omega_0 t + \alpha) + \frac{1}{{\omega_0}^2 - \omega^2}\frac{cA}{m}\sin\omega t, \quad \omega_0 = \sqrt{\frac{c}{m}}$$ ◆

速度に比例する抵抗力が働くときには (3.4-14) の代りに

$$\frac{d^2x}{dt^2} + 2k\frac{dx}{dt} + {\omega_0}^2 x = \frac{X_0}{m}\sin\omega t \tag{3.4-19}$$

となる．(3.4-19) の一般解は右辺を0とおいて得られる同次方程式の一般解に，(3.4-19) の特解を加えたものである．同次式の一般解のほうは前に求めたから，ここでは特解だけを求めよう．こんどは (3.4-16) のようなおきかたでは dx/dt が $A\omega\cos\omega t$ となるので方程式を満足させることはできない．それ

で $\cos\omega t$ と $\sin\omega t$ を結合させよう．または，同じことであるが

$$x = A\sin(\omega t - \delta) \qquad (3.4\text{-}20)$$

とおく．つまり，外力と等しい振動数で運動するが，位相は δ だけおくれるものとしよう．(3.4-20) を (3.4-19) に代入すれば

$$-A\omega^2\sin(\omega t - \delta) + 2kA\omega\cos(\omega t - \delta) + \omega_0{}^2 A\sin(\omega t - \delta) = \frac{X_0}{m}\sin\omega t$$

sin と cos とを展開して，$\sin\omega t, \cos\omega t$ の係数を左右両辺でくらべると，

$$\left.\begin{aligned} 2k\omega A\sin\delta + (\omega_0{}^2 - \omega^2)A\cos\delta &= \frac{X_0}{m} \\ (\omega_0{}^2 - \omega^2)A\sin\delta - 2k\omega A\cos\delta &= 0 \end{aligned}\right\} \qquad (3.4\text{-}21)$$

となる．これらから $A\sin\delta, A\cos\delta$ を未知量として解けば，

$$\left.\begin{aligned} A\sin\delta &= \frac{2k\omega}{(\omega_0{}^2 - \omega^2)^2 + 4k^2\omega^2}\frac{X_0}{m} \\ A\cos\delta &= \frac{\omega_0{}^2 - \omega^2}{(\omega_0{}^2 - \omega^2)^2 + 4k^2\omega^2}\frac{X_0}{m} \end{aligned}\right\} \qquad (3.4\text{-}22)$$

これから

$$\left.\begin{aligned} A &= \frac{1}{\sqrt{(\omega_0{}^2 - \omega^2)^2 + 4k^2\omega^2}}\frac{X_0}{m} \\ \tan\delta &= \frac{2k\omega}{\omega_0{}^2 - \omega^2} \end{aligned}\right\} \qquad (3.4\text{-}23)$$

となる．これを (3.4-20) に入れたものが特解で，それに (3.4-5)，(3.4-8)，(3.4-11) を加えたものが (3.4-19) の一般解である．これらの項は時間がたつと 0 に近づき，強制振動の項 (3.4-20) だけが残る．

強制振動の振幅は (3.4-23) で与えられるのであるが

$$f(\omega^2) = (\omega_0{}^2 - \omega^2)^2 + 4k^2\omega^2$$

が最小になると A が最大になる．そのような ω の値は

$$\omega = \sqrt{\omega_0{}^2 - 2k^2} \qquad (3.4\text{-}24)$$

である．k は ω_0 にくらべて小さいことが多いが，そのようなときには，外力の振動数が，抵抗のないときの自由振動の振動数に近いときに A の最大の場合が起こるといってよい．3.4-2 図はいろいろな k の値に対する (3.4-23) の A の値を ω の関数として描いたものである．曲線のそばに書いてある D の値は

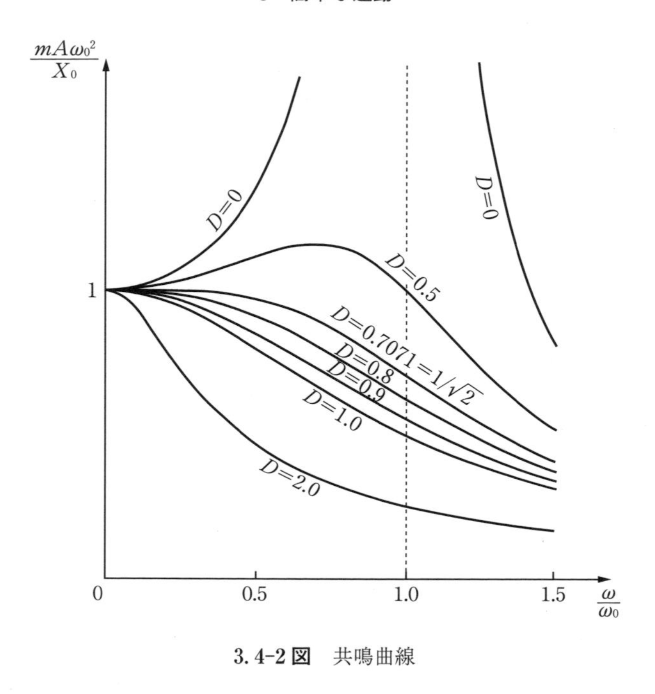

3. 4-2 図　共鳴曲線

k/ω_0 の値を示す．(3. 4-24) からわかるように，k が $\omega_0/\sqrt{2}$ より大きいときには極大は現われない．3. 4-2 図を**共鳴曲線**とよび，A が極大になるような振動数で**共鳴**するとよぶ．

§3. 5　電場，磁場から帯電粒子に働く力

強さ E の電場内に q の荷電を持つ粒子があるときには，この粒子に電場の方向に qE の力が働く．ベクトル的に書けば，力は

$$\boldsymbol{F} = q\boldsymbol{E} \tag{3.5-1}$$

である．q をクーロン (C)，$\boldsymbol{E}$ をボルト m^{-1} ($\mathrm{V\,m}^{-1}$) で書けば $\boldsymbol{F}$ は newton (N) で表した力である．$q, \boldsymbol{E}$ を esu で書けば $\boldsymbol{F}$ は dyn で表される．

また，磁束密度 $\boldsymbol{B}$ ウェーバー m^{-2} ($\mathrm{Wb\,m}^{-2}$) * の磁場に直角に q(C) の荷電を

*　$\mathrm{Wb\,m}^{-2}$ は SI (MKSA) の磁束密度単位で CGS emu の 10000 gauss にあたる．

持つ粒子が $\boldsymbol{v}$(m s^{-1}) の速度で運動するとき，磁場から帯電粒子に qvB の力が速度と磁場に直角に働き，向きは $\boldsymbol{v}$ の方向から $\boldsymbol{B}$ の方向に回る右ねじの進む向きになっている．$\boldsymbol{v}$ が $\boldsymbol{B}$ に直角でなくても一般に粒子に働く力は

$$\boldsymbol{F} = q(\boldsymbol{v} \times \boldsymbol{B}) \qquad (3.5\text{–}2)^{**}$$

である．(3.5–1)，(3.5–2) をまとめると，荷電粒子 q が電場 $\boldsymbol{E}$ と磁場 $\boldsymbol{B}$ の中で $\boldsymbol{v}$ の速度で運動するときには，粒子に

$$\boldsymbol{F} = q(\boldsymbol{E} + \boldsymbol{v} \times \boldsymbol{B}) \qquad (3.5\text{–}3)$$

の力が働く．$q\boldsymbol{E}$ のほうは速度によらないが，$q(\boldsymbol{v} \times \boldsymbol{B})$ のほうは速度による．(3.5–3) で与えられる力を**ローレンツ力**とよぶ．

3.5–1 図のように磁場 $\boldsymbol{B}$ が手前から紙の背に向けて働き，帯電粒子がこの紙の面内で速さ v で運動するときには，磁場から粒子に，この紙面内で，粒子の速度に直角に qvB の力を作用する．したがって，粒子は等速円運動を行い，その曲率半径は

$$m\frac{v^2}{r} = qvB$$

で与えられる．これから $r = \dfrac{v/B}{q/m}$．電子などの帯電粒子では q/m の値は大切で**比電荷**という．電子では 1.7588×10^{11} C kg^{-1} である．

3.5–1 図　帯電粒子の円運動

第3章 問題

1　全質量 M の風船が α の加速度で落ちている．逆に上向きに加速度 α の運動をするためには，どれだけの質量の砂袋を捨てなければならないか．

2　軽い定滑車に糸をかけてその両端に質量 m_1, m_2 の質点をつるして放す．両質点の加速度を求めよ．また糸の張力を求めよ（この装置をアトウッドの装置とよぶ）．

** ガウス単位系（原子物理でよく使われる）によると，$\boldsymbol{F} = \dfrac{1}{c}q(\boldsymbol{v} \times \boldsymbol{B})$，$c = 2.99792 \times 10^{10}$ cm s^{-1}．

3　前の問題で滑車を β の加速度で引き上げるとき，両質点の滑車に対する加速度と糸の張力はどうなるか．

4　地上から一定の速さで石を投げるとき，地面の達することのできる区域の面積は S_0 である．地上から上方 h のところから同じ速さで投げると，区域は $S_h = S_0 + 2h\sqrt{\pi S_0}$ で与えられることを証明せよ．

5　物体を投げるときの初速を知りたいが，これを直接に測ることがむずかしい．それで投射距離と飛行時間を測定してこれを求めたいと考える．公式を求めよ．

6　図に示すように正，負に帯電した平行金属板（偏向板）の間に電子（質量 m）を両板に平行に走らせる．電子には一定の力 eE（e：電子の荷電，E：電場の強さ）が負のほうから正のほうに働く．電子が偏向板の間を l だけ走ってその端にきたとき，はじめ目指していた位置からどれだけずれるか．またそのとき，はじめの方向とどれだけの角をつくる方向に運動するか．

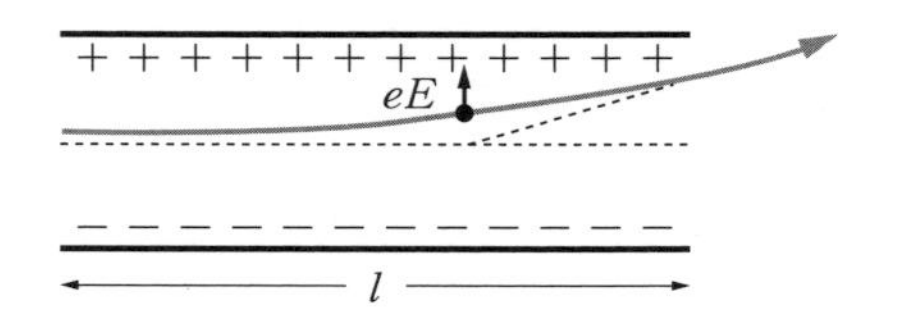

7　空気の抵抗が速さに比例する大きさ (kmV) を持つときの放物運動で，抵抗が小さいとして放射距離の近似式を求めよ．

8　放物運動を行う物体におよぼす空気の抵抗が $m\varphi(V)$（ただし φ は任意の関数）であるとき，速さ V，鉛直線と軌道の接線のつくる角 ψ の関係は

$$\frac{1}{V}\frac{dV}{d\psi} = -\frac{\varphi(V)}{g\sin\psi} - \cot\psi$$

を積分することによって求められることを示せ．

9　前の問題で $\varphi(V) = kV^2$ の場合はどうなるかを論ぜよ．

10　角振動数 ω_0 で単振動を行っている質点に，角振動数 ω_1, ω_2 の周期的な 2 つの力が作用するとき，この質点はどのような運動を行うか．

11　上の問題で質点に T を周期とする周期的な力 $f(t)$ が働くときを考えよ．$f(t)$ の平均値は 0 とする．

4 運動方程式の変換

§4.1　運動方程式の接線成分と法線成分

質点の運動方程式はベクトルを使って書けば，(2.4-1）により

$$m\boldsymbol{A} = \boldsymbol{F} \qquad (4.1\text{-}1)$$

で与えられる．ここで，加速度 $\boldsymbol{A}$ はもちろん慣性系に対する質点の加速度である．慣性系に x, y, z 軸をとって，これらの方向に (4.1-1) を投影すれば，(2.4-2) が得られるが，これらの軸の方向に分解して考えることが必ずしも便利とはかぎらない．ここでは他の分解のしかたについて述べることにしよう．

4.1-1 図でPが質点であるとし，その加速度を $\boldsymbol{A}$ としよう．Pで軌道の接線

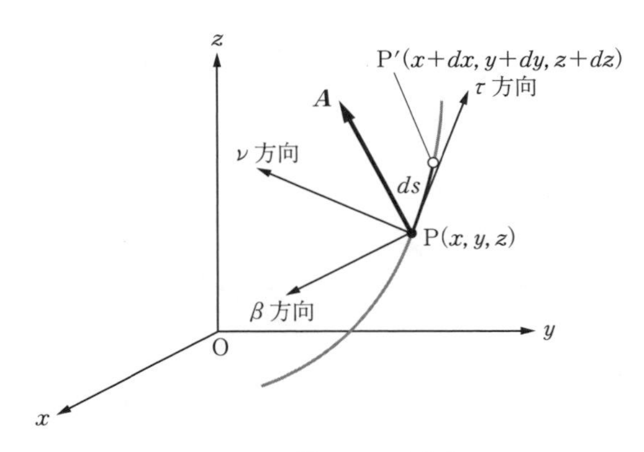

4.1-1 図　τ, ν, β 方向

を質点の動く向きにとる．τ 方向がそれである．軌道はP点付近で1つの平面を決定していると考えられるが，この平面内で τ 方向に直角に，曲線の曲っている内側に向けて法線 ν を引く．これを**主法線**の方向，ν 方向とよぶ．τ, ν 両方向に直角に，τ 方向から ν 方向に回る右回しのねじの進む向きに β 方向をとる．これが**陪法線**の方向である．慣性系 x, y, z 座標系に対する加速度 $\boldsymbol{A}$ の τ, ν, β 方向に正射影をとったもの，すなわちこれらの方向の成分を求めよう．それにはベクトルの基本定理（1.2–12）または（1.2–13）を使うので，まずこれら3方向の方向余弦を求めておこう．Pの座標を (x, y, z)，軌道上Pから軌道に沿ってわずかの距離 ds だけ進んだところの点P′の座標を $(x+dx, y+dy, z+dz)$ とする．$\overrightarrow{\mathrm{PP'}}$ の方向が τ 方向である．その方向余弦は

$$\left(\frac{dx}{ds}, \frac{dy}{ds}, \frac{dz}{ds}\right)$$

となる．この方向に大きさ1のベクトル，つまり単位ベクトル $\boldsymbol{t}$ を考えれば，その x, y, z 成分はちょうど方向余弦に等しいのであるから

$$\boldsymbol{t} = \left(\frac{dx}{ds}, \frac{dy}{ds}, \frac{dz}{ds}\right) \tag{4.1–2}$$

と書くことができる．

P′でも接線方向に単位ベクトル $\boldsymbol{t}'$ を考える．$\boldsymbol{t}$ と $\boldsymbol{t}'$ の決定する平面が主法線のある平面で，4.1–2図（a）からわかるように，PからP′までの曲線を1つの円の一部とみなすと，この円の中心CはP, P′での $\boldsymbol{t}, \boldsymbol{t}'$ に対する法線の交わる点になっている．$\overline{\mathrm{PC}}, \overline{\mathrm{P'C}}$ はこの円の半径で**曲率半径**とよばれる．これを ρ

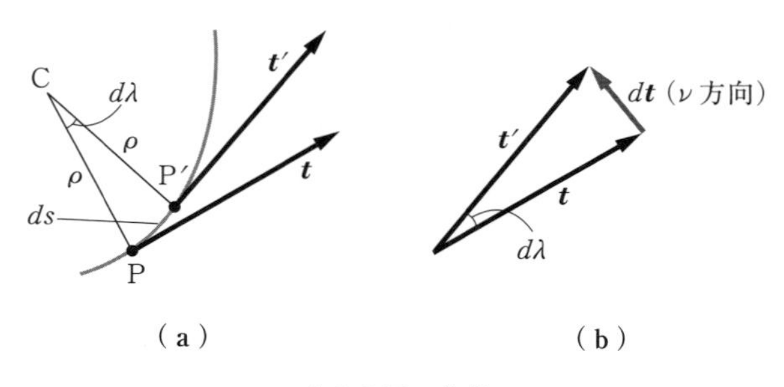

4.1–2図　曲率

で表し，その逆数 $1/\rho$ を**曲率**とよぶ．これが大きいほど曲線の曲り方が急である．$\boldsymbol{t}'-\boldsymbol{t}=d\boldsymbol{t}$ をつくると図（b）からわかるように，$d\boldsymbol{t}$ はちょうど $\boldsymbol{t},\boldsymbol{t}'$ のつくる平面内で $\boldsymbol{t},\boldsymbol{t}'$ に直角に（$\boldsymbol{t},\boldsymbol{t}'$ の大きさは等しく 1 であるから），しかも曲っている内側のほうに向かっているので，主法線の方向に向いていることがわかる．$\boldsymbol{t},\boldsymbol{t}'$ のつくる角を $d\lambda$ とすれば，図（b）で $|\boldsymbol{t}|=|\boldsymbol{t}'|=1$ であることから

$$|d\boldsymbol{t}|=d\lambda$$

したがって，$d\boldsymbol{t}/ds$ というベクトルを考えれば

$$\left|\frac{d\boldsymbol{t}}{ds}\right|=\frac{d\lambda}{ds}$$

であることがわかる．図（a）から

$$\rho\, d\lambda=ds$$

であるから，

$$\left|\frac{d\boldsymbol{t}}{ds}\right|=\frac{1}{\rho} \tag{4.1-3}$$

となる．$\boldsymbol{t}$ の成分は（4.1-2）でわかっているから，

$$\frac{d\boldsymbol{t}}{ds}=\left(\frac{d^2x}{ds^2},\frac{d^2y}{ds^2},\frac{d^2z}{ds^2}\right) \tag{4.1-4}$$

であることがわかる．（4.1-3），（4.1-4）から

$$\frac{1}{\rho}=\sqrt{\left(\frac{d^2x}{ds^2}\right)^2+\left(\frac{d^2y}{ds^2}\right)^2+\left(\frac{d^2z}{ds^2}\right)^2} \tag{4.1-5}$$

となる．ν 方向の単位ベクトルを $\boldsymbol{n}$ とすれば，$\boldsymbol{n}$ は $d\boldsymbol{t}/ds$ に比例していてその大きさは 1 でなければならないから，

$$\boldsymbol{n}=\left(\rho\frac{d^2x}{ds^2},\rho\frac{d^2y}{ds^2},\rho\frac{d^2z}{ds^2}\right) \tag{4.1-6}$$

である．

さて，質点の速さを V とすれば，接線の方向余弦は $dx/ds, dy/ds, dz/ds$ であるから，速度成分は

$$u=V\frac{dx}{ds},\qquad v=V\frac{dy}{ds},\qquad w=V\frac{dz}{ds}$$

である．したがって，加速度 $\boldsymbol{A}$ の成分は

$$
\left.\begin{aligned}
A_x &= \frac{du}{dt} = \frac{dV}{dt}\frac{dx}{ds} + V\frac{d}{dt}\left(\frac{dx}{ds}\right) \\
&= \frac{dV}{dt}\frac{dx}{ds} + V\frac{d^2x}{ds^2}\frac{ds}{dt} = \frac{dV}{dt}\frac{dx}{ds} + V^2\frac{d^2x}{ds^2} \\
A_y &= \frac{dV}{dt}\frac{dy}{ds} + V^2\frac{d^2y}{ds^2} \\
A_z &= \frac{dV}{dt}\frac{dz}{ds} + V^2\frac{d^2z}{ds^2}
\end{aligned}\right\} \qquad (4.1\text{-}7)
$$

である．そこで，ベクトルの基本定理（1.2-12）を使えば τ, ν 方向の加速度成分を求めることができる．（1.2-12）で s と書いてあるのを τ とし，α, β, γ には $\boldsymbol{t}$ の方向余弦（4.1-2）を使えば

$$
A_\tau = \frac{dV}{dt}\left\{\left(\frac{dx}{ds}\right)^2 + \left(\frac{dy}{ds}\right)^2 + \left(\frac{dz}{ds}\right)^2\right\} + V^2\left\{\frac{dx}{ds}\frac{d^2x}{ds^2} + \frac{dy}{ds}\frac{d^2y}{ds^2} + \frac{dz}{ds}\frac{d^2z}{ds^2}\right\}
$$

ところで，$dx/ds, dy/ds, dz/ds$ は方向余弦であるから

$$
\left(\frac{dx}{ds}\right)^2 + \left(\frac{dy}{ds}\right)^2 + \left(\frac{dz}{ds}\right)^2 = 1 \qquad (4.1\text{-}8)
$$

である．また，これを s で微分して

$$
\frac{dx}{ds}\frac{d^2x}{ds^2} + \frac{dy}{ds}\frac{d^2y}{ds^2} + \frac{dz}{ds}\frac{d^2z}{ds^2} = 0 \qquad (4.1\text{-}9)
$$

であるから，

$$
A_\tau = \frac{dV}{dt} \qquad (4.1\text{-}10)
$$

となる．

$\boldsymbol{n}$ の方向の加速度成分は，方向余弦（4.1-6）を使って，（4.1-7）から

$$
\begin{aligned}
A_\nu = \rho\frac{dV}{dt}&\left\{\frac{dx}{ds}\frac{d^2x}{ds^2} + \frac{dy}{ds}\frac{d^2y}{ds^2} + \frac{dz}{ds}\frac{d^2z}{ds^2}\right\} \\
&+ \rho V^2\left\{\left(\frac{d^2x}{ds^2}\right)^2 + \left(\frac{d^2y}{ds^2}\right)^2 + \left(\frac{d^2z}{ds^2}\right)^2\right\}
\end{aligned}
$$

となるが，（4.1-9）と（4.1-5）を使って

$$
A_\nu = \frac{V^2}{\rho} \qquad (4.1\text{-}11)
$$

となる．

ところで，（4.1-7）をみると，その各式の第 1 項は接線方向の方向余弦に比

例するものであり，第2項は主法線方向に比例するものであって，それぞれから (4.1-10)，(4.1-11) が出てきたわけであるから，加速度ベクトルは接線と主法線のつくる平面内にあって，陪法線の方向の成分は0でなければならないことがわかる．つまり，

$$A_\beta = 0 \tag{4.1-12}$$

(4.1-10)，(4.1-11)，(4.1-12) が加速度ベクトルを接線，主法線，陪法線の各方向に分解したものである．

質点の運動方程式 (4.1-1) をこれらの3方向に分解すれば，

$$\left.\begin{aligned} m\frac{dV}{dt} &= F_\tau \\ m\frac{V^2}{\rho} &= F_\nu \\ 0 &= F_\beta \end{aligned}\right\} \tag{4.1-13}$$

となる．(4.1-13) の形は質点の速さ，曲率半径を使って運動方程式を書いたもので，x, y, z 座標軸として何を使っているかということには無関係な形になっていることを特徴とする．

§4.2　運動方程式の動径方向と方位角方向の成分

§4.1では質点の運動方程式

$$m\boldsymbol{A} = \boldsymbol{F} \tag{4.2-1}$$

を接線方向と法線方向に分解したものを求めたが，質点の位置を表すのに極座標を使ったほうが便利であるときには，運動方程式 (4.2-1) も極座標に特有な方向に分解する．

まず，質点が一平面内を運動する場合を考えよう．質点の直交座標 (x, y) と極座標 (r, φ) との間には (4.2-1 図参照)

$$x = r\cos\varphi, \qquad y = r\sin\varphi \tag{4.2-2}$$

の関係がある．原点Oと質点Pを結んで延長した方向を**動径方向** (r 方向)，これに直角に φ の増す向きにとった方向を**方位角方向** (φ 方向) とよぶ．質点Pが動くにしたがって，r も φ も変わっていく．速度 $\boldsymbol{V}$ の x, y 成分は

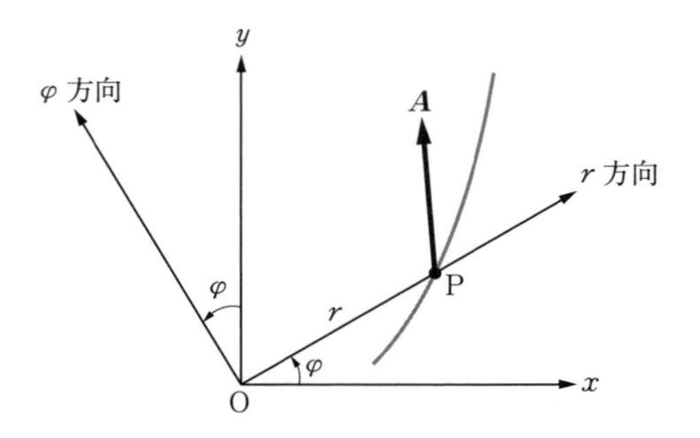

4.2-1 図　動径方向と方位角方向

$$V_x = \dot{r}\cos\varphi - r\sin\varphi\,\dot{\varphi} \tag{4.2-3}$$

$$V_y = \dot{r}\sin\varphi + r\cos\varphi\,\dot{\varphi} \tag{4.2-3)$'$}$$

である.

r, φ 方向についてその方向余弦を§1.2 の 1.2-9 図のそばの表にならってつくると右の表のようになる. これからベクトル $\boldsymbol{V}$ の r, φ 方向の成分は

	x	y
r 方向	$\cos\varphi$	$\sin\varphi$
φ 方向	$-\sin\varphi$	$\cos\varphi$

$$V_r = V_x\cos\varphi + V_y\sin\varphi$$

$$V_\varphi = -V_x\sin\varphi + V_y\cos\varphi$$

によって与えられることがわかる. (4.2-3), (4.2-3)′ の両式を代入して

$$V_r = \dot{r}, \qquad V_\varphi = r\dot{\varphi} \tag{4.2-4}$$

となる. つぎに加速度の成分を求めよう. (4.2-3), (4.2-3)′ の両式を t で微分して,

$$A_x = \ddot{r}\cos\varphi - 2\dot{r}\sin\varphi\,\dot{\varphi} - r\cos\varphi\,\dot{\varphi}^2 - r\sin\varphi\,\ddot{\varphi} \quad \Big|\quad \cos\varphi \quad -\sin\varphi$$

$$A_y = \ddot{r}\sin\varphi + 2\dot{r}\cos\varphi\,\dot{\varphi} - r\sin\varphi\,\dot{\varphi}^2 + r\cos\varphi\,\ddot{\varphi} \quad \Big|\quad \sin\varphi \quad \cos\varphi$$

やはり方向余弦の表をみながら進める. 上の両式の右に書いてあるのは, それを掛けて加えると A_r, A_φ が出る. たとえば, A_r を求めるのには $\cos\varphi, \sin\varphi$ を掛けながら加えればよい. 対応する項をまとめながら答を書くと手際よくいく.

$$\left.\begin{aligned} A_r &= \ddot{r} - r\dot{\varphi}^2 \\ A_\varphi &= 2\dot{r}\dot{\varphi} + r\ddot{\varphi} = \frac{1}{r}\frac{d}{dt}\left(r^2\frac{d\varphi}{dt}\right) \end{aligned}\right\} \tag{4.2-5}$$

となる．したがって，運動方程式 (4.2-1) を 4.2-1 図の r 方向，φ 方向に投影したものは，

$$\left.\begin{aligned} m\left\{\frac{d^2r}{dt^2}-r\left(\frac{d\varphi}{dt}\right)^2\right\} &= F_r \\ m\frac{1}{r}\frac{d}{dt}\left(r^2\frac{d\varphi}{dt}\right) &= F_\varphi \end{aligned}\right\} \tag{4.2-6}$$

となる．F_r, F_φ は質点に働いている力 $\boldsymbol{F}$ の r 成分，φ 成分（力を表すベクトル $\boldsymbol{F}$ を 4.2-1 図の r 方向，φ 方向に投影したもの）である．r, φ 両方向は P の運動につれて，時々刻々動いているものであるが，$m\boldsymbol{A}=\boldsymbol{F}$ という式 —— これはもちろんこれからどの方向に投影しようとしているかにはよらない式である —— を各瞬間の r 方向，φ 方向に投影したものが (4.2-6) になるのである．r 方向の加速度成分が d^2r/dt^2 ではないかと考えてはいけない．d^2r/dt^2 は速度ベクトル $\boldsymbol{V}$ の r 方向の成分 V_r を t で微分したものであり，A_r は速度ベクトル $\boldsymbol{V}$ を t で微分したものの r 方向の成分である．このように，ベクトルの成分をとる方向が時間がたつにつれて方向を変えるときには，微分して成分をとるということと，成分をとってから微分することとはその結果がちがうのである．(1.3-3) や，(1.4-2)，(1.4-3) は，x, y, z 軸の方向が変わらないから成り立ったのである．

さて，運動方程式の成分を求める問題にかえって，3 次元の極座標の方向の成分を求めることを考えよう．質点の極座標を r, θ, φ とする．原点 O と質点 P を結んで延長した方向を**動径方向**（r 方向），r, φ を一定にして θ だけを増すと考えるとき P の動く方向を**子午線方向**（θ 方向），r, θ を一定にして φ だけを増すと考えたときの P の動く方向を**方位角方向**（φ 方向）と名づける．4.2-2 図のように P 点を通り O を中心とする球面を地球の表面のように見たてると，r 方向は地球中心から P で地球面を貫いて上方にのびる方向，θ 方向は子午面内で南向きの方向，φ 方向は東向きの方向となる．r, θ, φ 方向は方向だけが大切で，どこからこの方向を表す線を引くかは問題でないので，P から引いたり，原点 O から引いたりする．O から引くと，4.2-2 図に示してあるように，θ 方向は子午面内に赤道面と θ の角をつくり，φ 方向は $z=0$ 面内（赤道面内）にあって，y 軸と φ の角をつくっている．r, θ, φ 方向の方向余弦は，これらの方

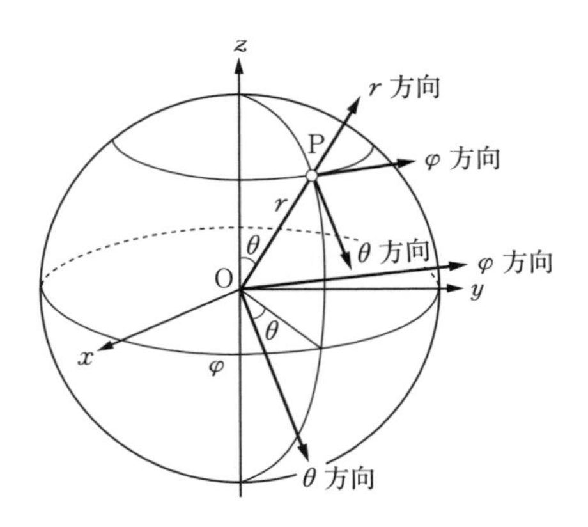

4.2-2 図 極座標

向に単位ベクトルをとって，その x, y, z 成分をつくれば，単位ベクトルの大きさは1であるから，これらの成分が方向余弦になっている．r 方向の単位ベクトルの成分は，まずこれを (x, y) 平面の方向と z 方向とに分解し，それからはじめの成分を x, y 方向に分解すればわかるように，

$$\sin\theta\cos\varphi, \qquad \sin\theta\sin\varphi, \qquad \cos\theta$$

となる．θ 方向の単位ベクトルも，まず (x, y) 平面の方向と z 方向とに分解し，それからはじめの成分を x, y 方向に分解すれば

$$\cos\theta\cos\varphi, \qquad \cos\theta\sin\varphi, \qquad -\sin\theta$$

である．φ 方向の単位ベクトルの成分は図からすぐわかるように，

$$-\sin\varphi, \qquad \cos\varphi, \qquad 0$$

である．それでこれらの方向余弦を下表に表しておく．

	x	y	z
r 方向	$\sin\theta\cos\varphi$	$\sin\theta\sin\varphi$	$\cos\theta$
θ 方向	$\cos\theta\cos\varphi$	$\cos\theta\sin\varphi$	$-\sin\theta$
φ 方向	$-\sin\varphi$	$\cos\varphi$	0

これで任意のベクトルの r, θ, φ 方向の成分を求める準備ができた．P 点の直交座標 (x, y, z) と極座標 (r, θ, φ) との関係は，

$$x = r\sin\theta\cos\varphi, \qquad y = r\sin\theta\sin\varphi, \qquad z = r\cos\theta$$

であるから，速度ベクトルの x, y, z 成分は

$$V_x = \dot{x} = \dot{r}\sin\theta\cos\varphi + r\cos\theta\cos\varphi\,\dot{\theta} - r\sin\theta\sin\varphi\,\dot{\varphi}$$
$$V_y = \dot{y} = \dot{r}\sin\theta\sin\varphi + r\cos\theta\sin\varphi\,\dot{\theta} + r\sin\theta\cos\varphi\,\dot{\varphi}$$
$$V_z = \dot{z} = \dot{r}\cos\theta - r\sin\theta\,\dot{\theta}$$

したがって，上の表をみながら $\boldsymbol{V}$ の r, θ, φ 方向の成分を書けば，

$$V_r = \dot{r}, \qquad V_\theta = r\dot{\theta}, \qquad V_\varphi = r\sin\theta\,\dot{\varphi} \tag{4.2-7}$$

となる．加速度の r, θ, φ 成分を求めるのには（4.2-7）を微分すればよいと思ってはいけない．V_x, V_y, V_z を微分して，A_x, A_y, A_z を r, θ, φ；$\dot{r}, \dot{\theta}, \dot{\varphi}$；$\ddot{r}, \ddot{\theta}, \ddot{\varphi}$ を使って表し，方向余弦の表を使えば A_r, A_θ, A_φ が得られる．結果は，

$$\left.\begin{aligned} A_r &= \ddot{r} - r\dot{\theta}^2 - r\dot{\varphi}^2\sin^2\theta \\ A_\theta &= r\ddot{\theta} + 2\dot{r}\dot{\theta} - r\dot{\varphi}^2\sin\theta\cos\theta \\ A_\varphi &= r\ddot{\varphi}\sin\theta + 2\dot{r}\dot{\varphi}\sin\theta + 2r\dot{\varphi}\dot{\theta}\cos\theta = \frac{1}{r\sin\theta}\frac{d}{dt}(r^2\sin^2\theta\,\dot{\varphi}) \end{aligned}\right\} \tag{4.2-8}$$

となる．これから，r, θ, φ 方向の運動方程式を書き下すことができる．（4.2-8）で $\theta = \pi/2$ とおくと，質点が (x, y) 平面で運動するときの公式が得られる．

以上のように，加速度はその場合に応じていろいろな方向の成分をとって使われるものである．*

第4章　問題

1　らせん

$$x = a\cos\varphi, \qquad y = a\sin\varphi, \qquad z = k\varphi, \qquad a, k：定数$$

の接線，主法線，陪法線の方向を求めよ．また，このらせんに沿って上向きに一定の速さ V で昇る点の加速度を求めよ．

2　環面

$$x = (c + a\sin\theta)\cos\varphi, \qquad y = (c + a\sin\theta)\sin\varphi, \qquad z = a\cos\theta$$

の上を運動する点の子午線方向（φ = 一定で θ だけが増す方向），法線方向，方位

---

* 他の方向の成分のとり方については，山内恭彦・末岡清市編：「大学演習　力学」（裳華房，1980）8ページ，12ページ，問題［27］,［30］,［32］をみよ．

角方向（φ だけが増す方向）の加速度成分を求めよ．

3 (x, y) 面を運動する点の描く軌道が $r = a \sin n\varphi$（a, n：定数）で与えられ，角速度 $\dot{\varphi}$ が r^2 に反比例するとき，この点の加速度を求めよ．

5 力学的エネルギー 面積の原理

§5.1　力学的エネルギー保存の法則

エネルギーが自然科学全体で大切なのは，それが保存則にしたがうからである．自然界に変化が起こっても，その変化は閉じられた系（外界との交渉を遮断された系）内のエネルギーの総量が一定に保たれるように変化する．技術的にみても，エネルギーは何もないところから限りなく汲み出すことができるものでないことから重要性が出てきている．

Galilei は慣性の法則に到達するのに，斜面の組合せによっては物体が重力の作用を受けながら自分で高いところに達することができないことを基礎にしている．また，その根拠として振り子についての実験を使ったことは§2.1で学んだ．

Newton と同時代のオランダの学者 Huygens（ホイヘンス，1629-1695）は剛体の振り子 ── 複振り子，実体振り子，物理振り子 ── の運動を論じるのに，Galilei と同様に，質点系の重心は重力の作用のもとに自分で自分よりも高いところには到達できないことを基礎にした.* Galilei の議論も，Huygens の議論も力学的エネルギー保存の法則の特別な場合である．

力学以外の現象，特に熱現象も含めるとエネルギー保存の法則が成り立つことは 1842 年ドイツの Mayer（マイヤー）** によっていい出され，ドイツの Helmholtz（ヘルムホルツ，1847）***，イギリスの Joule（ジュール，1849）**** により総合的に完成され

---

* 伏見譲訳：「マッハ力学 ― 力学の批判的発展史」（講談社，1969）159 ページ以下．原島鮮：「質点系・剛体の力学（改訂版）」（基礎物理学選書 3，裳華房，1985）121 ページ．

** Julius Robert von Mayer（1814-1878）．ドイツの医者，物理学者．

*** Hermann Ludwig Ferdinand von Helmholtz（1821-1894）．ドイツの生理学者，物理学者．

た．力学的エネルギー保存の法則が成り立つことが一般的に認められていたのは18世紀の末頃である．今日では物理現象全般にわたって例外なく成り立つ重要な法則となっている．特に$E = mc^2$で表されるアインシュタインの関係式はエネルギーの重要性をますます高めている．

力学的エネルギー保存の法則が重要なもう1つの理由は，力学の運動方程式の解法（積分）に役立つということである．運動方程式はtについて2次の微分方程式であるが力学的エネルギー保存の法則は1次の微分係数しか含まない．つまり，2次の方程式から次数が減って1次の方程式となる．力学的エネルギー保存の法則を書き下すことは基礎の運動方程式を積分して次数を下げることにあたる．これからはいま述べた2つの面を頭に入れながら理論を展開していこう．

質点の持つエネルギーのことを考えるには，通常，力の行う仕事という量を定義し，それから，仕事を行うことのできる能力をはかるものとしてエネルギーというものを考えるのであるが，それではエネルギーの持つ意味が幾分希薄になると考えられる．ここでは，変化している自然現象の中で保存されるものは何かということを強調することから出発する説明法によることにしよう．

上に述べた保存される量を力学の範囲内で求めよう．一般的に求めるのはあとまわしにして，いくつかの特別な例について考えよう．私たちのさがしているものはこれらの例に共通に保存されるものとして見出されなければならない．物体の運動は結局，運動方程式から導かれるものであるから，どのようなものが見出されるにしても，これは運動方程式から出発して導かれるものでなければならない．そこで，いままで扱ったいくつかの運動についての式を並べてみよう．

落体の運動：(3.1-8）またはそこの脚注にある形に書いて，

$$\frac{1}{2}mv^2 + mgy = \frac{1}{2}m{v_0}^2 = \text{一定} \tag{5.1-1}$$

放物運動：(3.2-3）から，速さを$V\,(V^2 = u^2 + v^2)$と書いて，

$$V^2 = V_0^2 - 2V_0 gt\sin\lambda_0 + g^2t^2$$

(3.2-4）を使って，

**** （前ページの脚注）James Prescott Joule (1818-1889)．イギリスの物理学者．

$$V^2 = {V_0}^2 - 2gy$$

したがって，

$$\frac{1}{2}mV^2 + mgy = \frac{1}{2}m{V_0}^2 = \text{一定} \tag{5.1-2}$$

単振動：(3.3-2) から，$dx/dt = u$ と書いて，

$$\frac{1}{2}mu^2 + \frac{1}{2}cx^2 = \text{一定} \tag{5.1-3}$$

これらの式をみると，質量と速度の2乗を掛けて2で割ったものと，質点に働く力に関係のある位置の関数との和が一定に保たれていることがわかる．それでこの量が前に述べた保存される量であり，またいろいろな機関が私たちに供給してくれるものに関連しているであろうということが想像できる．このことをもっと一般的に考えてみよう．

質量 m の質点に働く力の成分を X, Y, Z として運動方程式を書けば，

$$\left.\begin{aligned} m\frac{d^2x}{dt^2} &= X \\ m\frac{d^2y}{dt^2} &= Y \\ m\frac{d^2z}{dt^2} &= Z \end{aligned}\right\} \tag{5.1-4}$$

である．これから (5.1-1)，(5.1-2)，(5.1-3) の形の式を導き出したいのであるが，これらの式は速度，つまり x, y, z の時間 t についての1次微係数しか含んでいないのに，(5.1-4) は2次微係数を含んでいるのであるから，(5.1-4) が微分方程式であるという立場からみると，これを積分するという問題を扱っていることになる．それで，微分方程式の一般の扱い方にならって，(5.1-4) の各式に，$dx/dt, dy/dt, dz/dt$ を掛けて加えよう．

$$m\left(\frac{dx}{dt}\frac{d^2x}{dt^2} + \frac{dy}{dt}\frac{d^2y}{dt^2} + \frac{dz}{dt}\frac{d^2z}{dt^2}\right) = X\frac{dx}{dt} + Y\frac{dy}{dt} + Z\frac{dz}{dt}$$

質点の速さを V とすれば

$$V^2 = \left(\frac{dx}{dt}\right)^2 + \left(\frac{dy}{dt}\right)^2 + \left(\frac{dz}{dt}\right)^2$$

であるから，上の式の左辺の括弧内の式は，V^2 を微分して2で割ったものに

質量を掛けたものになっている．したがって

$$\frac{d}{dt}\left(\frac{1}{2}mV^2\right) = X\frac{dx}{dt} + Y\frac{dy}{dt} + Z\frac{dz}{dt}$$

または，両辺に dt を掛ければ，dt 時間内の $(1/2)mV^2$ の変化は dx, dy, dz を使って

$$d\left(\frac{1}{2}mV^2\right) = X\,dx + Y\,dy + Z\,dz \tag{5.1-5}$$

と表されることがわかる．いま，質点が $P_1(x_1, y_1, z_1)$ を通過するときの速さを V_1，$P_2(x_2, y_2, z_2)$ を通過するときの速さを V_2 として，(5.1-5) の小さな増し高を加え合わせてみよう（積分する）．そうすると

$$\frac{1}{2}mV_2{}^2 - \frac{1}{2}mV_1{}^2 = \int_{P_1}^{P_2}(X\,dx + Y\,dy + Z\,dz) \tag{5.1-6}$$

となる．右辺を W とおけば

$$W = \int_{P_1}^{P_2}(X\,dx + Y\,dy + Z\,dz) \tag{5.1-7}$$

である．この W の値は質点がどのような道を通ったかがわかっていて，各点での力の働き方がわかれば計算できる．しかし，質点が通った道を求めることは一般的にいえば運動方程式 (5.1-4) を解いてはじめてできることであるから，(5.1-6) の形が得られたといってまだ運動方程式を解くという立場からいうと少しも進んでいない．ただ，質点が一直線上を運動する場合には (5.1-6) で役に立つこともある.*

しかし，力 (X, Y, Z) が特別な関係を満足するものであると (5.1-6) の右辺，つまり，(5.1-7) の積分を，質点の通る径路を知らなくても求めることができる．それは，成分 X, Y, Z が1つの位置の1価関数 $U(x, y, z)$ から

$$X = -\frac{\partial U(x,y,z)}{\partial x}, \qquad Y = -\frac{\partial U(x,y,z)}{\partial y}, \qquad Z = -\frac{\partial U(x,y,z)}{\partial z}$$

(5.1-8)**

のように導かれる場合である．実際このときには，(5.1-7) の被積分関数は

---

*　たとえば，質点が粗い斜面を滑り落ちる場合．もちろん滑らかな場合も同様.

**　(5.1-8) の各式に“−”の符号がついているのは習慣による.

$$-\left(\frac{\partial U}{\partial x}dx+\frac{\partial U}{\partial y}dy+\frac{\partial U}{\partial z}dz\right)$$

となるが，この括弧内は x, y, z の増し高 dx, dy, dz に対する $U(x, y, z)$ という関数の増し高 dU である．

$$dU=\frac{\partial U}{\partial x}dx+\frac{\partial U}{\partial y}dy+\frac{\partial U}{\partial z}dz \tag{5.1-9}$$

したがって（5.1-7）は，U が 1 価関数であることを考えに入れて

$$W=\int_{\mathrm{P}_1}^{\mathrm{P}_2}(-dU)=-\int_{\mathrm{P}_1}^{\mathrm{P}_2}dU=U(\mathrm{P}_1)-U(\mathrm{P}_2) \tag{5.1-10}$$

となり，（5.1-6）は

$$\frac{1}{2}mV_2{}^2-\frac{1}{2}mV_1{}^2=U(x_1, y_1, z_1)-U(x_2, y_2, z_2) \tag{5.1-11}$$

となる．この式を書き直せば

$$\frac{1}{2}mV_1{}^2+U(x_1, y_1, z_1)=\frac{1}{2}mV_2{}^2+U(x_2, y_2, z_2)$$

となるが，左辺は P_1 での運動状態に関係し，右辺は P_2 での運動状態に関係している．また，$\mathrm{P}_1, \mathrm{P}_2$ は運動中の任意の 2 点でよいから，結局，運動中

$$\frac{1}{2}mV^2+U(x, y, z)=\text{一定}=E \tag{5.1-12}$$

でなければならない．

また，X, Y, Z が x, y, z の 1 価関数で，（5.1-7）の積分の値が P_1 から P_2 までの径路にはよらず，ただ $\mathrm{P}_1, \mathrm{P}_2$ の位置だけによるときには，X, Y, Z は（5.1-8）によってある 1 つの 1 価関数 $U(x, y, z)$ から導かれなければならないことを証明することができる．

（5.1-12）をみると，力 (X, Y, Z) がこのような性質を持つとき，質点の運動中一定に保たれるものは，質点の速度に関係している $(1/2)mV^2$ という量と，位置に関係している $U(x, y, z)$ という量の和になっている E であることがわかる．この E を**力学的エネルギー**とよび，$(1/2)mV^2$ を**運動エネルギー**，$U(x, y, z)$ を**位置エネルギー**とよぶ．（5.1-8）をみると，これを満足する U に定数を加えてもやはり満足することがわかる．つまり U には，力を導くという点からいって，不定な付加定数があることになる．それで，後で例に示すよ

うに，適当な点を選んでそこで U が 0 になるように定数がえらばれる．力が (5.1-8) によって位置の 1 価関数 U から求められるもの，いいかえれば，(5.1-7) の W が質点の径路にはよらないものを**保存力**とよぶ．質点の受ける力が保存力であるとき，その空間を**保存力場**とよぶ．そうすると

> 質点が保存力場内で運動するときには，その運動エネルギーと位置エネルギーの和，すなわち，力学的エネルギーは保存される

ということになる．これを**力学的エネルギー保存の法則**という．

質点に摩擦力が働いたり，空気の抵抗が働いたりするときにはこの法則は成り立たない．そのことは (5.1-7) で $\mathrm{P}_1, \mathrm{P}_2$ を指定しておいても，道筋を長くしたり，速度の方向を逆向きに変えると W の値がそのたびにちがうことからわかる．

質点が保存力場内で滑らかな静止した束縛を受けるときには，この束縛するもの（滑らかな斜面，滑らかな針金など）から質点におよぼす束縛力について (5.1-7) の計算を行うと，束縛力の方向と質点の進む方向はいつも垂直であるから

$$X\,dx + Y\,dy + Z\,dz = 0$$

である．したがって，束縛力による積分は 0 となる．それゆえ，力学的エネルギー保存の法則はつぎのように拡張することができる．

> 質点が，保存力場で滑らかな静止した束縛を受けながら運動するとき，その力学的エネルギーは保存される．

以上学んだことをいくつかの例についてしらべてみよう．鉛直線に沿っての落体の運動では，y 軸の方向だけを考えればよい．U は高さ y だけの関数となるから，(5.1-8) によって

$$-mg = -\frac{dU}{dy}, \qquad \text{つまり} \qquad \frac{dU}{dy} = mg$$

から求められる．これから

$$U = mgy + c, \qquad c：定数$$

通常は y の原点にえらんである点（地上，床など）で $U=0$ になるように c をえらぶ．上の式から $c=0$ となる．それゆえ

$$U = mgy \tag{5.1-13}$$

それで力学的エネルギー保存の法則を書けば，

$$\frac{1}{2}mv^2 + mgy = E$$

となって前に出した式に一致する．

放物運動では，質点が運動する鉛直面内に，水平に x 軸，鉛直上方に y 軸をとれば

$$\frac{\partial U}{\partial x} = -X = 0, \qquad \frac{\partial U}{\partial y} = -Y = mg$$

であるから，U は x を含まない．落体のときと同様に，基準も $y=0$ のところにとれば，

$$U = mgy \tag{5.1-14}$$

となり，力学的エネルギー保存の法則は

$$\frac{1}{2}mV^2 + mgy = E \tag{5.1-15}$$

となる．

質点が滑らかな曲線に束縛されて，重力を受けながら運動するものとしよう．そのときも（5.1-15）は成り立つ．この式をみると y が等しければ V が等しいから，5.1-1 図で P_1 から出発した質点が曲線に沿って運動し，P_1 と高さの等しい P_2, P_3, P_4, P_5 を通るものとすれば，これらの点を通るときの速さはみな等しい．2.1-1 図，2.1-2 図と 5.1-1 図を比較すると，Galilei は慣性の法則を導くのに力学的エネルギー保存の法則の特別な場合を基準としていたことがわかる．

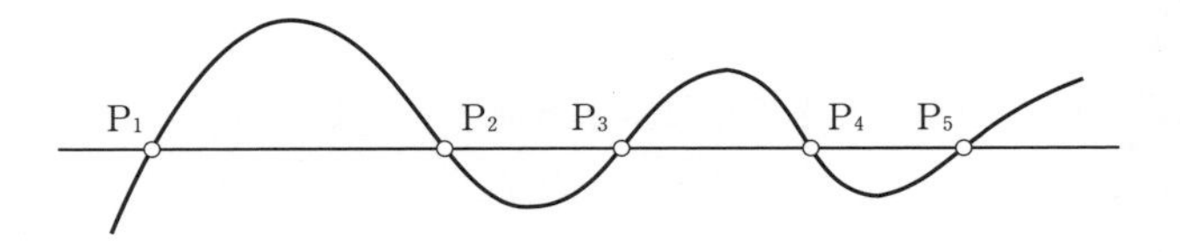

5.1-1 図　滑らかな束縛

単振動を行う質点の場合には，力の定数を c とすれば

$$X = -cx$$

であるから，

$$\frac{dU}{dx} = cx$$

となる．したがって

$$U = \frac{1}{2}cx^2 + k, \qquad k：定数$$

通常 U の基準は $x=0$ で $U=0$ になるようにとる．そうすれば $k=0$ となる．したがって，

$$U = \frac{1}{2}cx^2 \tag{5.1-16}$$

であって，力学的エネルギー保存の法則は

$$\frac{1}{2}mu^2 + \frac{1}{2}cx^2 = E$$

となって（5.1-3）に一致する．

つぎに万有引力の場合に移ろう．Newton の発見した万有引力の法則はつぎのものである．

すべての物体は引力を作用しあう．そして 2 つの質点の質量を m_1, m_2 とするとき，距離が r にあるときに作用しあう引力は

$$f = G\frac{m_1 m_2}{r^2} \tag{5.1-17}$$

である．

G は万有引力の定数とよばれるもので，つぎの値を持つ．

$$G = 6.673 \times 10^{-11}\,\mathrm{N\,m^2\,kg^{-2}} = 6.673 \times 10^{-8}\,\mathrm{dyn\,cm^2\,g^{-2}} \tag{5.1-18}$$

質点に万有引力が働くときの運動は第 6 章でくわしく考えるが，ここでは質量 m の質点が原点 O に固定されている質量 M の質点から受ける万有引力の位置エネルギーを求めるだけにしておこう．

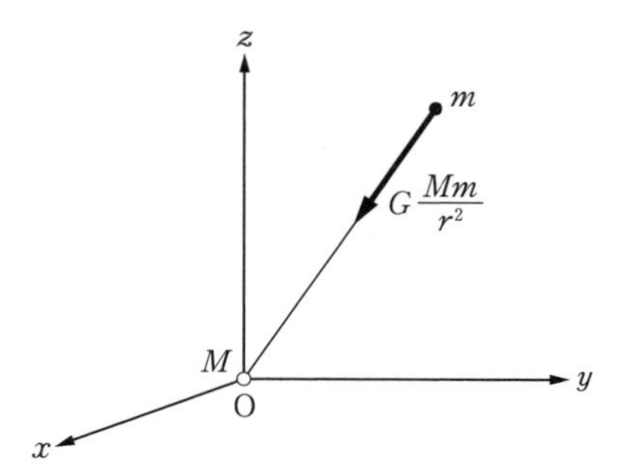

5.1-2 図　万有引力

5.1-2 図で，動径の方向余弦は x/r, y/r, z/r であるから，m に働く万有引力の成分は

$$X = -G\frac{Mm}{r^2}\frac{x}{r}, \qquad Y = -G\frac{Mm}{r^2}\frac{y}{r}, \qquad Z = -G\frac{Mm}{r^2}\frac{z}{r}$$

である．したがって，U をきめる方程式は，

$$\frac{\partial U}{\partial x} = G\frac{Mm}{r^2}\frac{x}{r}, \qquad \frac{\partial U}{\partial y} = G\frac{Mm}{r^2}\frac{y}{r}, \qquad \frac{\partial U}{\partial z} = G\frac{Mm}{r^2}\frac{z}{r}$$

さて，

$$r^2 = x^2 + y^2 + z^2$$

の両辺を x で偏微分すれば

$$r\frac{\partial r}{\partial x} = x. \qquad \therefore \ \frac{\partial r}{\partial x} = \frac{x}{r}$$

それゆえに

$$\frac{\partial U}{\partial x} = G\frac{Mm}{r^2}\frac{\partial r}{\partial x} = \frac{\partial}{\partial x}\left(-G\frac{Mm}{r}\right)$$

$$\frac{\partial U}{\partial y} = \frac{\partial}{\partial y}\left(-G\frac{Mm}{r}\right)$$

$$\frac{\partial U}{\partial z} = \frac{\partial}{\partial z}\left(-G\frac{Mm}{r}\right)$$

と書くことができる．したがって

$$U = -G\frac{Mm}{r} + k, \qquad k：定数$$

となる．U の基準には $r = \infty$ のところで $U = 0$ とすることが多い．上の式

で $r \to \infty$ とすれば $k=0$. したがって

$$U = -G\frac{Mm}{r} \tag{5.1-19}$$

となり，力学的エネルギー保存の法則は

$$\frac{1}{2}mV^2 - G\frac{Mm}{r} = E \tag{5.1-20}$$

となる. この式は第6章で惑星や人工衛星の運動をしらべるときに使う.

§5.2　質点に働く力の行う仕事

前の節の運動方程式を積分する手続きのところで，(5.1-6)，(5.1-7) で与えられる

$$W = \int_{\mathrm{P}_1}^{\mathrm{P}_2}(X\,dx + Y\,dy + Z\,dz) \tag{5.2-1}$$

という量を扱った. 保存力の場合には，この積分の値が質点の通る道筋とは無関係にただ P_1 と P_2 の位置を与えるだけできまってしまう. しかし，いろいろな場合，W の値が道筋によるとかよらないとかには無関係に，この W という量が使われる. この W を，質点が P_1 から P_2 に行く間にこれに働いている力が行った**仕事**とよぶ.

ここで2つのベクトルの**スカラー積**というものを定義しておく. 2つのベクトル $\boldsymbol{A}, \boldsymbol{B}$ があって，その間の角を θ とするとき (5.2-1図)

$$AB\cos\theta$$

をこれらのベクトルのスカラー積*とよび，$\boldsymbol{A}\cdot\boldsymbol{B}$ で表す. $B\cos\theta$ はベクトル $\boldsymbol{B}$ の $\boldsymbol{A}$ 方向成分と考えることができるから

$$\left.\begin{array}{l} AB\cos\theta = A \times (\boldsymbol{B}\text{ の }\boldsymbol{A}\text{ 方向成分}) \\ \text{同様にして} = B \times (\boldsymbol{A}\text{ の }\boldsymbol{B}\text{ 方向成分}) \end{array}\right\} \tag{5.2-2}$$

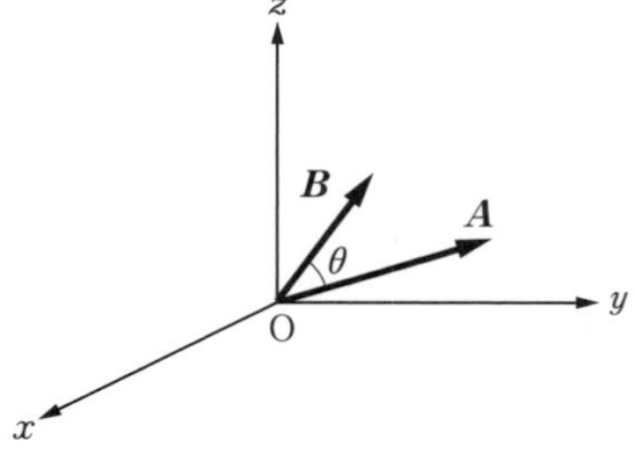

5.2-1図　スカラー積

＊　内積とよぶこともある. $\boldsymbol{A}\cdot\boldsymbol{B}$ は "エイ・ドット・ビー" と読む.

となる．$\boldsymbol{A}, \boldsymbol{B}$ の方向余弦を $(l, m, n), (l', m', n')$ とすれば

$$\cos\theta = ll' + mm' + nn'$$

であるから

$$\begin{aligned} AB\cos\theta &= (Al)(Bl') + (Am)(Bm') + (An)(Bn') \\ &= A_x B_x + A_y B_y + A_z B_z \end{aligned} \tag{5.2-3}$$

となっておぼえやすい形になる．これが座標の方向の成分を使ったときのスカラー積の式である．

例　$(\boldsymbol{A}\cdot\boldsymbol{B})^2 = \boldsymbol{A}^2\boldsymbol{B}^2$ はどんなときに成り立つか．

解　$\boldsymbol{A}, \boldsymbol{B}$ の角が 0 または π のときに成り立つ．◆

(5.2-1) の W は微小変位に対する仕事

$$d'W = X\,dx + Y\,dy + Z\,dz \tag{5.2-4}$$ **

を加え合わせたものとみることができるが，(5.2-3) を考えるとこの式は力 $\boldsymbol{F}(X, Y, Z)$ と変位 $d\boldsymbol{s}(dx, dy, dz)$ とのスカラー積になっていることがわかる．したがって，(5.2-4) は

$$d'W = \boldsymbol{F}\cdot d\boldsymbol{s} \tag{5.2-5}$$

と書くことができ，また (5.2-1) は

$$W = \int_{\mathrm{P}_1}^{\mathrm{P}_2} \boldsymbol{F}\cdot d\boldsymbol{s} \tag{5.2-6}$$

と書くことができる．そして (5.1-6) は

$$\frac{1}{2}m{V_2}^2 - \frac{1}{2}m{V_1}^2 = \int_{\mathrm{P}_1}^{\mathrm{P}_2} \boldsymbol{F}\cdot d\boldsymbol{s} \tag{5.2-7}$$

となる．

ここで定義した仕事という量を使って (5.2-7) を言葉でいうと

質点の運動エネルギーの増し高は，これに働く力の行った仕事に等しい

** 微小仕事を $d'W$ と書いて dW と書かなかったのは，一般に (5.2-4) の右辺がある量の増し高というわけにはいかないからである．もし，U という量の増し高ならば U を W と書いて dW としてよいのであるが，そのようなことが起こるのは保存力のときだけである．

ことになる．これはもちろん，力が保存力であってもそうでなくても成り立つ．このように仕事という量はエネルギーと関係の深いものであるが，これをもう少しくわしくしらべよう．

(5.2-7) で $V_1 = V$ とし，質点が他から力を受けながら速さが小さくなって止まってしまうときを考える．そのときは $V_2 = 0$ となる．また，質点に力をおよぼすものが質点とともに動いているものとしよう．(5.2-7) で $V_1 = V$, $V_2 = 0$ とおいて，

$$\frac{1}{2}mV^2 = -\int_{\mathrm{P}_1}^{\mathrm{P}_2} \boldsymbol{F} \cdot d\boldsymbol{s}$$

$\boldsymbol{F}$ は他の物体から質点に作用する力であるが，質点からこの他の物体に作用する力を $\boldsymbol{F}'$ とすれば，運動の第 3 法則によって

$$\boldsymbol{F}' = -\boldsymbol{F}$$

であるから

$$\frac{1}{2}mV^2 = \int_{\mathrm{P}_1}^{\mathrm{P}_2} \boldsymbol{F}' \cdot d\boldsymbol{s}$$

と書くことができる．右辺は考えている質点に働いて，その運動を止める他の物体の受ける仕事である．それゆえ，つぎのようにいうことができる．

> 質量 m の物体が速さ V で運動しているときには，それが止まるまでに外の物体に $(1/2)mV^2$ だけの仕事をすることができる．

物体の運動をさまたげる力が摩擦力のときには，考えている物体に力を作用する他の物体（床とか地面とか）は動かないことが多いがこのときは床や地面に仕事がなされるということはできない．このとき仕事をされるのは運動している物体だけでこれが負の仕事をされているだけの話になる．しかしこのようなときにも運動している物体は摩擦力に抗して仕事を行うというあいまいな表現を使うことがある．このようなときには力学的エネルギーは減少するだけで，その代り接触面に熱が現われているのである．

つぎに位置エネルギーについて考えよう．質点に働く力 X, Y, Z が保存力のときには

$$X = -\frac{\partial U}{\partial x}, \quad Y = -\frac{\partial U}{\partial y}, \quad Z = -\frac{\partial U}{\partial z}$$

であるような $U(x, y, z)$ が存在するから，

$$W = U(\mathrm{P_1}) - U(\mathrm{P_2})$$

となることは（5.1-10）で示した．右辺は質点が $\mathrm{P_1}$ から $\mathrm{P_2}$ に行く間の位置エネルギーの減少量であるから，

質点に働く保存力が仕事を行っただけ位置エネルギーが減少する．

§5.3 保存力場

保存力場は物理学では特別に大切なものであるから，これをしらべておこう．保存力の場合には（5.2-5）の $d'W$ は位置エネルギー U の減少量 $-dU$ に等しいから，（5.2-5）は

$$-dU = \boldsymbol{F} \cdot d\boldsymbol{s} = F_s ds \tag{5.3-1}$$

と書くことができる．F_s は $\boldsymbol{F}$ の $d\boldsymbol{s}$ 方向の成分である．したがって

$$F_s = -\frac{dU}{ds} \tag{5.3-2}$$

いま 5.3-1 図に示してあるように，$U(x, y, z) =$ 一定の曲面を，この一定値

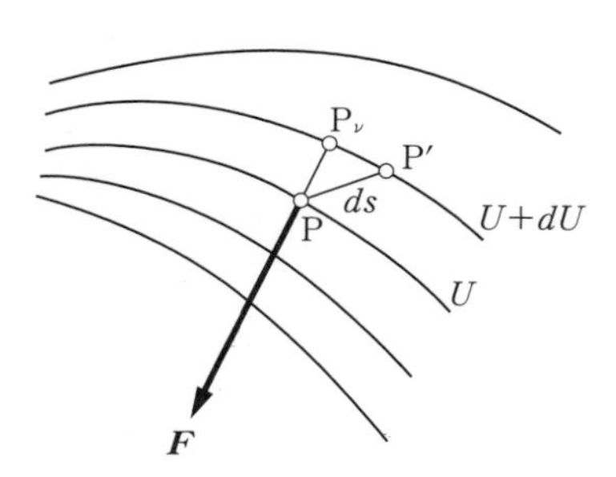

5.3-1 図　等ポテンシャル面と力

をいろいろと変えて描いたとしよう．これらの面を**等ポテンシャル面**＊とよぶ．1つの面での位置エネルギーを U とし，これに近接している $U + dU$ の面を考える．これらの面にそれぞれ P, P′ を近くにとり，$\overline{\mathrm{PP'}} = ds$ とする．(5.3-2) の dU/ds は P から P′ の方向の位置エネルギーの勾配である．これが正ならば実際に増加し，負ならば減少する．(5.3-2) は

質点に働く保存力の任意の方向の成分は，その方向の位置エネルギーの勾配の符号を変えたものである

ということができる．5.3-1 図で $dU > 0$ としよう．P から線を引いて $U + dU$ 面に達するのにもっとも短い距離は P から等ポテンシャル面に法線を引いて得られる $\overline{\mathrm{PP}_\nu}$ である．したがってこの方向の勾配がもっとも大きい．他の任意の方向 PP′ を考えれば，勾配はこの最大勾配よりも小さく，力は成分となるのであるが，最大勾配の方向を考えるときには力の大きさそのものとなる．したがってつぎのようにいうことができる．

質点に働く保存力の方向は位置エネルギーの（最大）勾配＊＊の方向と逆で，大きさはこの（最大）勾配の値に等しい．

いま出てきた**勾配**という言葉をもう少し一般的に説明しよう．この考えは，一般に力場（重力場，万有引力場，電気磁気の場）でよく使われるものである．位置 x, y, z の関数であるところのスカラー量 $\varphi(x, y, z)$ があるとき，$\partial\varphi/\partial x$, $\partial\varphi/\partial y, \partial\varphi/\partial z$ を成分とするベクトル $\boldsymbol{V}$ を考え，これを φ の勾配とよび，$\mathrm{grad}\,\varphi$ と書く．

$$\boldsymbol{V} = \mathrm{grad}\,\varphi = \left(\frac{\partial\varphi}{\partial x}, \frac{\partial\varphi}{\partial y}, \frac{\partial\varphi}{\partial z}\right) \qquad (5.3\text{-}3)$$

空間内の1つの点 $\mathrm{P}(x, y, z)$ とその近くの点 $\mathrm{P'}(x + dx, y + dy, z + dz)$ とを

＊ 位置エネルギーをポテンシャルエネルギーというが，$U =$ 一定の面は等位置エネルギー面とはいわないで，等ポテンシャル面とよぶ．

＊＊ 単に勾配といえば最大勾配を指す．

考え，$\overline{\mathrm{PP'}} = ds$ とする．P′ での φ の値を $\varphi + d\varphi$ とする．

$$d\varphi = \frac{\partial \varphi}{\partial x}dx + \frac{\partial \varphi}{\partial y}dy + \frac{\partial \varphi}{\partial z}dz$$

であるが，これを $\overline{\mathrm{PP'}} = ds$ で割って

$$\begin{aligned}\frac{d\varphi}{ds} &= \frac{\partial \varphi}{\partial x}\frac{dx}{ds} + \frac{\partial \varphi}{\partial y}\frac{dy}{ds} + \frac{\partial \varphi}{\partial z}\frac{dz}{ds} \\ &= \frac{\partial \varphi}{\partial x}\cos(s, x) + \frac{\partial \varphi}{\partial y}\cos(s, y) + \frac{\partial \varphi}{\partial z}\cos(s, z)\end{aligned}$$

となる．$\cos(s, x), \cos(s, y), \cos(s, z)$ は ds の方向の方向余弦であるから，ベクトルの基本定理によって，

$$\frac{d\varphi}{ds} = (\mathrm{grad}\,\varphi)_s$$

となる．$d\varphi/ds$ の値がもっとも大きいのは $\mathrm{grad}\,\varphi$ と一致する方向に ds をとるときで，いいかえれば，

> $\mathrm{grad}\,\varphi$ というベクトルは $d\varphi/ds$ の値がもっとも大きい方向を向いており，φ の増す向きにとったものである

ということができる．(5.3-3) で与えられた勾配の定義は x, y, z 座標系をもとにしてなされたものであるが，このように考えれば，$\mathrm{grad}\,\varphi$ というベクトルは，空間内での φ の分布が与えられていれば座標系のとり方には無関係にきまるベクトルであることが知られる．

例　$\varphi = 1/r$，$r^2 = x^2 + y^2 + z^2$ であるとき $\mathrm{grad}\,\varphi$ を求めよ．

解　$r^2 = x^2 + y^2 + z^2$ を x で偏微分すれば

$$2r\frac{\partial r}{\partial x} = 2x$$

$$\therefore\ \frac{\partial r}{\partial x} = \frac{x}{r}$$

同様に

$$\frac{\partial r}{\partial y} = \frac{y}{r}, \qquad \frac{\partial r}{\partial z} = \frac{z}{r}$$

したがって

$$\frac{\partial \varphi}{\partial x}=-\frac{1}{r^2}\frac{\partial r}{\partial x}=-\frac{1}{r^2}\frac{x}{r},\quad \frac{\partial \varphi}{\partial y}=-\frac{1}{r^2}\frac{y}{r},\quad \frac{\partial \varphi}{\partial z}=-\frac{1}{r^2}\frac{z}{r}$$

したがって，原点のほうに向く大きさ $1/r^2$ のベクトルである．◆

以上のように考えると，力 $\boldsymbol{F}$ と位置エネルギー U との関係は符号を除いては（5.3-3）のベクトル $\boldsymbol{V}$ と φ との関係と同じで，

$$\boldsymbol{F}=-\mathrm{grad}\,U \tag{5.3-4}$$

と書くことができることがわかる．

（5.3-3）は x, y, z 方向の単位ベクトル $\boldsymbol{i}, \boldsymbol{j}, \boldsymbol{k}$ を使ってつぎのように書くこともできる．$\boldsymbol{V}$ の成分が $\partial\varphi/\partial x, \partial\varphi/\partial y, \partial\varphi/\partial z$ であることは

$$\boldsymbol{V}=\boldsymbol{i}\frac{\partial \varphi}{\partial x}+\boldsymbol{j}\frac{\partial \varphi}{\partial y}+\boldsymbol{k}\frac{\partial \varphi}{\partial z}$$

と書いてもよい．これを

$$\boldsymbol{V}=\left(\boldsymbol{i}\frac{\partial}{\partial x}+\boldsymbol{j}\frac{\partial}{\partial y}+\boldsymbol{k}\frac{\partial}{\partial z}\right)\varphi$$

と書き，

$$\nabla=\boldsymbol{i}\frac{\partial}{\partial x}+\boldsymbol{j}\frac{\partial}{\partial y}+\boldsymbol{k}\frac{\partial}{\partial z} \tag{5.3-5}$$ *

という演算子を使うと

$$\boldsymbol{V}=\nabla\varphi$$

この記号を使えば，力と位置エネルギーとの関係は

$$\boldsymbol{F}=-\nabla U \tag{5.3-6}$$

と書いてもよい．

上に述べたように，保存力場では位置エネルギーが考えられ，質点に働く力はこの位置エネルギーの勾配をとることによって求められるのであるが，一般に質点がある瞬間，ある位置にあって，これに働く力 $\boldsymbol{F}$ が 1 つの関数 $\varphi(x, y, z)$ によって，

$$\boldsymbol{F}=-\nabla\varphi \tag{5.3-7}$$

で与えられるとき，この φ を力 $\boldsymbol{F}$ の**ポテンシャル**とよぶ．保存力場では，位置

---

* ∇ を“ナブラ”と読む．

エネルギーが力のポテンシャルである．ポテンシャルは必ずしも位置エネルギーではないが，とにかく1つのスカラー関数 φ からベクトルである力が導き出されるので，これを使うと便利なことが多い．(5.1-13)，(5.1-14)，(5.1-16)，(5.1-19) のいろいろな場合の位置エネルギーは，このポテンシャルを求める計算によって得られるのである．

力がポテンシャルを持っているときには，力の成分を X, Y, Z とすれば

$$X = -\frac{\partial\varphi}{\partial x}, \qquad Y = -\frac{\partial\varphi}{\partial y}, \qquad Z = -\frac{\partial\varphi}{\partial z} \tag{5.3-8}$$

であるから，

$$\frac{\partial Y}{\partial z} = \frac{\partial Z}{\partial y}, \qquad \frac{\partial Z}{\partial x} = \frac{\partial X}{\partial z}, \qquad \frac{\partial X}{\partial y} = \frac{\partial Y}{\partial x} \tag{5.3-9}$$

という条件を満足しなければならない．また逆に (5.3-9) が満足されれば，(5.3-8) の成り立つような関数 φ が存在することが証明される．(5.3-9) は1つの力が保存力かどうかを見分けるのに便利な式である．

ポテンシャルはあるが，それが位置エネルギーではない例として，力の大きさが z 軸からの距離 r に反比例し，c/r で与えられ，方向は方位角の方向を向いている場合を考える (5.3-2図)．図からすぐわかるように，

$$X = -\frac{c}{r}\frac{y}{r} = -c\,\frac{y}{r^2}, \qquad Y = \frac{c}{r}\frac{x}{r} = c\,\frac{x}{r^2}, \qquad Z = 0$$

この場合 $\partial r/\partial x = x/r$，$\partial r/\partial y = y/r$ を使えば (5.3-9) を満足していることはすぐに確かめられる．ポテンシャル φ を求めるために $d\varphi$ をつくれば

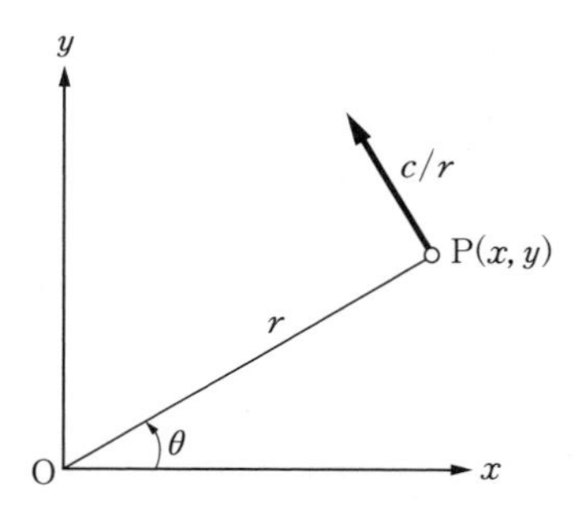

5.3-2図 非保存力

$$d\varphi = c\frac{y}{r^2}dx - c\frac{x}{r^2}dy = -c\frac{\dfrac{d}{dx}\left(\dfrac{y}{x}\right)}{1+\left(\dfrac{y}{x}\right)^2}dx$$

となるから

$$d\varphi = -c\,d\left(\tan^{-1}\frac{y}{x}\right)$$

となり

$$\varphi = -c\theta + k, \qquad k：定数 \tag{5.3-10}$$

となる．1つの点Pを与えても θ は一義的にはきまらないで，θ に 2π の整数倍を加えたり引いたりしても空間内の同じ点Pになる．したがって，φ もP点の位置に対して一義的にきまらないで，このときポテンシャルは存在するが，それは位置エネルギーではないことになる．実際5.3-3図に示すようにA点を基準の点とし，任意の点 $\mathrm{P}(x, y, z)$ からAに質点がくるまで力場の行う仕事を計算すると，1つの道PCAと，z 軸のまわりを回ってAに達する道PC′Aとでは仕事がちがう．つまり，1回りするときの仕事は0にならず

$$W_{\mathrm{PC'A}} + W_{\mathrm{ACP}} = W_{\mathrm{PC'ACP}} = 2\pi c$$

になることは容易に計算できる．$W_{\mathrm{ACP}} = -W_{\mathrm{PCA}}$ であるから

$$W_{\mathrm{PC'A}} = W_{\mathrm{PCA}} + 2\pi c$$

となって，道筋によって仕事がちがうことになる．このようなことを避けるためには，z 軸を含む任意の平面をあらかじめきめておいて，道筋がこの平面を

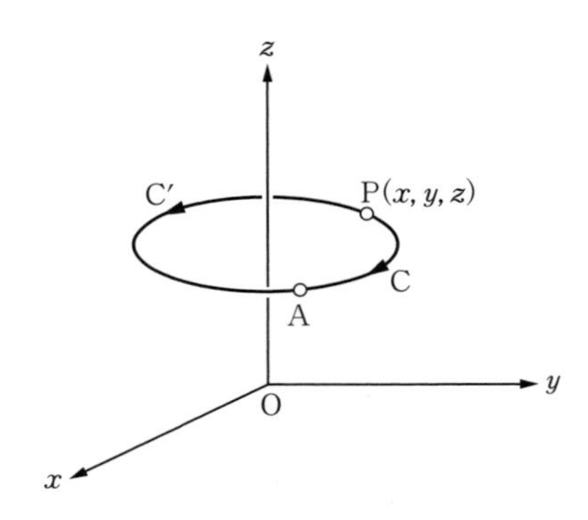

5.3-3図　ポテンシャルが位置エネルギーにならない例

つきぬけることができないようにしておけばφも一義的となって，これを位置エネルギーとして使うことができる．

§5.4 中 心 力

いままで，運動方程式を解くという見方から，力学的エネルギー保存の法則を説明して，保存力という非常に一般的な力が働くときに使われる方法について述べた．この節では，保存力ほど一般的な範囲を持つものではないが，中心力という種類の力では力学的エネルギー保存の法則のほかに，もう1つすぐに見出すことのできる積分法があることを述べよう．

1つの質点P（質量m）に働く力の作用線がいつも空間内の一定点O（慣性系の原点）を通るとき，この力を**中心力**とよぶ（5.4-1図）．ここでは，この中心力がOからの距離rの関数である場合だけを考えよう．これを$f(r)$で表し，$f(r)>0$のときは斥力，$f(r)<0$のときは引力を表すものと約束する．万有引力は中心力である．引力と斥力とでは斥力のほうが符号を考えるとき標準になるので，これからしばらく斥力の場合を標準として考えることにしよう．

まず位置エネルギーを求める．力の成分は

$$f(r)\frac{x}{r}, \quad f(r)\frac{y}{r}, \quad f(r)\frac{z}{r}$$

であるから，位置エネルギーUは

$$\frac{\partial U}{\partial x}=-f(r)\frac{x}{r}, \quad \frac{\partial U}{\partial y}=-f(r)\frac{y}{r}, \quad \frac{\partial U}{\partial z}=-f(r)\frac{z}{r}$$

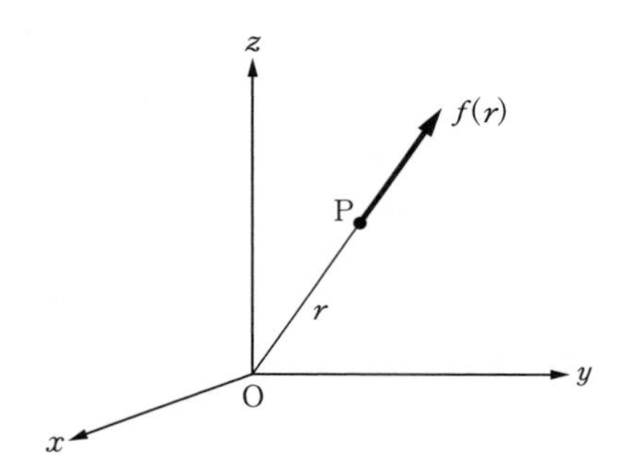

5.4-1図　中心力

から求められる．いま

$$U = -\int^r f(r)dr \tag{5.4-1}$$
[*]

とおいてみると

$$-\frac{\partial U}{\partial x} = -\frac{dU}{dr}\frac{\partial r}{\partial x} = f(r)\frac{x}{r}$$

となり，力の成分を与える．U の標準は，万有引力の場合などでは $r=\infty$ にとるが，場合によってちがうのでここではきめないでおこう．

力学的エネルギー保存の法則は

$$\frac{1}{2}mV^2 - \int^r f(r)dr = E$$

となるが，位置エネルギーを r で表したついでに V^2 のほうも極座標を使えば，2 次元的に考えるときには，(4.2-4) を使って

$$V^2 = V_r{}^2 + V_\varphi{}^2 = \dot{r}^2 + r^2\dot{\varphi}^2$$

であるから，

$$\frac{1}{2}m(\dot{r}^2 + r^2\dot{\varphi}^2) - \int^r f(r)dr = E \tag{5.4-2}$$

となる．また，3 次元の極座標を使えば，(4.2-7) を使って，

$$\frac{1}{2}m(\dot{r}^2 + r^2\dot{\theta}^2 + r^2\sin^2\theta\,\dot{\varphi}^2) - \int^r f(r)dr = E \tag{5.4-2$'$}$$

となる．

§5.5　ベクトル積とベクトルのモーメント

2 つのベクトル $\boldsymbol{A}, \boldsymbol{B}$ があるとし，これを 1 つの点 O から引く (5.5-1 図)．$\boldsymbol{A}$ から $\boldsymbol{B}$ のほうに回転する右回しのねじの進む向きにベクトル $\boldsymbol{C}$ をとり，$\boldsymbol{C}$ の大きさを $AB\sin\theta$，すなわち $\boldsymbol{A}, \boldsymbol{B}$ のつくる平行四辺形の面積に等しくするとき，$\boldsymbol{C}$ を $\boldsymbol{A}$ と $\boldsymbol{B}$ との**ベクトル積**[**] とよぶ．これを $\boldsymbol{A}\times\boldsymbol{B}$ と書く．$\boldsymbol{B}$ から

---

* 積分記号に下の限界を書き入れないのは $f(r)$ の不定積分を考えているということで，つまり U の標準をきめていないということである．

** スカラー積を内積ともよぶのに対して**外積**ということもある．$\boldsymbol{A}\times\boldsymbol{B}$ は“エイ・クロス・ビー”と読む．

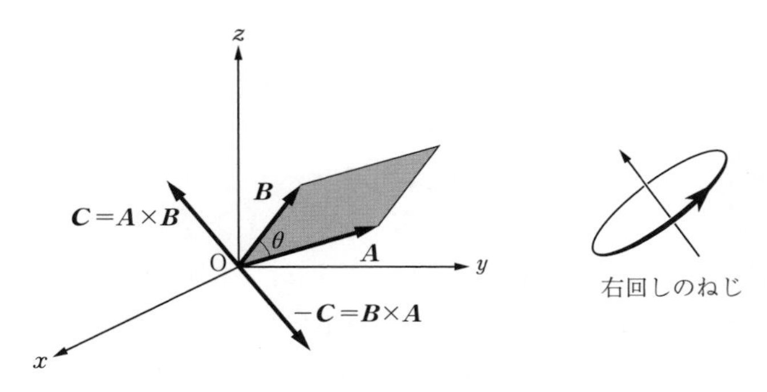

5.5-1 図　ベクトル積($\boldsymbol{A}\times\boldsymbol{B}$ と $\boldsymbol{B}\times\boldsymbol{A}$)

$\boldsymbol{A}$ の向きに回転する右回しのねじは $\boldsymbol{C}$ と逆向きに動くから

$$\boldsymbol{B}\times\boldsymbol{A} = -\boldsymbol{A}\times\boldsymbol{B} \tag{5.5-1}$$

である．このようにベクトル積ではベクトルの順序を交換すると符号が逆になる．したがって，$\boldsymbol{A}=\boldsymbol{B}$ のときは

$$\boldsymbol{A}\times\boldsymbol{A} = 0 \qquad (5.5\text{-}1)'$$

である．このことは5.5-1図で $\theta=0$ であることからもわかる．

いま，$\boldsymbol{C}=\boldsymbol{A}\times\boldsymbol{B}$ の x, y, z 成分を求めよう．まず，$\boldsymbol{A}$ と $\boldsymbol{C}$ とは直交しているから

$$A_xC_x + A_yC_y + A_zC_z = 0$$

同様に

$$B_xC_x + B_yC_y + B_zC_z = 0$$

したがって，

$$\frac{C_x}{A_yB_z - A_zB_y} = \frac{C_y}{A_zB_x - A_xB_z} = \frac{C_z}{A_xB_y - A_yB_x}$$

である．この各式を λ とおけば

$$\left.\begin{aligned} C_x &= \lambda(A_yB_z - A_zB_y) \\ C_y &= \lambda(A_zB_x - A_xB_z) \\ C_z &= \lambda(A_xB_y - A_yB_x) \end{aligned}\right\} \tag{5.5-2}$$

また

$$C^2 = A^2B^2\sin^2\theta = A^2B^2(1-\cos^2\theta) = A^2B^2 - (AB\cos\theta)^2$$

したがって

$$\lambda^2\{(A_yB_z - A_zB_y)^2 + (A_zB_x - A_xB_z)^2 + (A_xB_y - A_yB_x)^2\}$$
$$= (A_x{}^2 + A_y{}^2 + A_z{}^2)(B_x{}^2 + B_y{}^2 + B_z{}^2) - (A_xB_x + A_yB_y + A_zB_z)^2$$

これを整理すると左辺の λ^2 の係数と右辺全体とが等しくなる．したがって

$$\lambda = \pm 1$$

である．$\boldsymbol{A}$ と $\boldsymbol{B}$ とを連続的に変えていくときは，λ も連続的に変化するのであるが，λ は $+1$ か -1 かであるから，$\lambda = +1$ を保つか -1 を保つか，どちらかでなければならない．$\boldsymbol{A}, \boldsymbol{B}$ を連続的に変えて，$\boldsymbol{A}$ が x 軸の方向に，$\boldsymbol{B}$ が y 軸の方向に一致するようにすれば，$\boldsymbol{C}$ は z 軸のほうに向き，$\boldsymbol{C}$ の x, y 成分は 0 となる．すなわち，$C_x = 0$，$C_y = 0$．また，$A_y = A_z = 0$，$B_x = B_z = 0$ であり，$C_z = A_xB_y$ であるから，(5.2-2) から

$$\lambda = 1$$

でなければならないことがわかる．したがって，

$$\left.\begin{aligned}(\boldsymbol{A}\times\boldsymbol{B})_x &= A_yB_z - A_zB_y \\ (\boldsymbol{A}\times\boldsymbol{B})_y &= A_zB_x - A_xB_z \\ (\boldsymbol{A}\times\boldsymbol{B})_z &= A_xB_y - A_yB_x\end{aligned}\right\} \qquad (5.5\text{-}3)$$

となる．これが 2 つのベクトルのベクトル積の成分である．

x, y, z 方向に単位ベクトル $\boldsymbol{i}, \boldsymbol{j}, \boldsymbol{k}$ をとれば（5.5-2 図）

$$\boldsymbol{j}\times\boldsymbol{k} = \boldsymbol{i}, \quad \boldsymbol{k}\times\boldsymbol{i} = \boldsymbol{j}, \quad \boldsymbol{i}\times\boldsymbol{j} = \boldsymbol{k} \qquad (5.5\text{-}4)$$

となるが，これはいろいろな場合に使われる関係式である．また (5.5-3) によれば

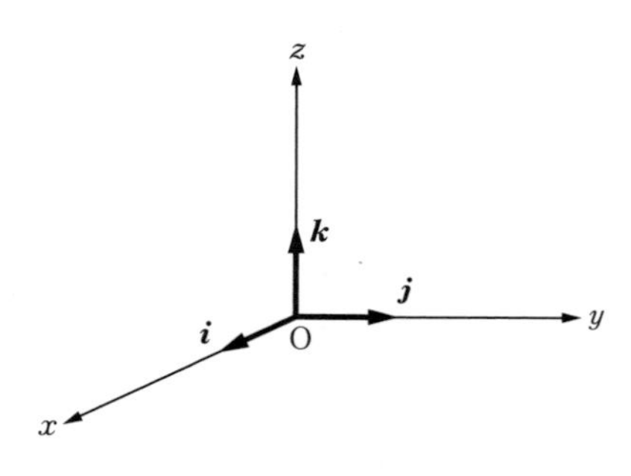

5.5-2 図　単位ベクトル

$$\left.\begin{aligned} \boldsymbol{A} \times (\boldsymbol{B} + \boldsymbol{C}) = \boldsymbol{A} \times \boldsymbol{B} + \boldsymbol{A} \times \boldsymbol{C} \\ (\boldsymbol{B} + \boldsymbol{C}) \times \boldsymbol{A} = \boldsymbol{B} \times \boldsymbol{A} + \boldsymbol{C} \times \boldsymbol{A} \end{aligned}\right\} \tag{5.5-5}$$

である.

例　つぎの式を証明せよ.

(a)　$(\boldsymbol{A} \times \boldsymbol{B})^2 + (\boldsymbol{A} \cdot \boldsymbol{B})^2 = A^2 B^2$

(b)　$(\boldsymbol{A} + \boldsymbol{B}) \times (\boldsymbol{A} - \boldsymbol{B}) = 2(\boldsymbol{B} \times \boldsymbol{A}) = -2(\boldsymbol{A} \times \boldsymbol{B})$

(c)　$(\boldsymbol{A} - \boldsymbol{B}) \times (\boldsymbol{B} - \boldsymbol{C}) = \boldsymbol{A} \times \boldsymbol{B} + \boldsymbol{B} \times \boldsymbol{C} + \boldsymbol{C} \times \boldsymbol{A}$

1つのベクトルの**モーメント**というものを説明しておこう．もともとベクトルは，大きさと方向（向きを区別して）とを持つ量として，それをどこから引くかということは問題としないのであるが，力学や物理学に出てくるベクトルではその場所のちがいによって作用がちがってくることがある．たとえば，剛体とよばれる物体では，力の大きさ，方向が等しくても，力の着力点がちがうときには一般に作用もちがってくる．一般に，ベクトルのモーメントを考える必要があるときには，そのベクトルの位置によって物理的内容がちがう．

1つのベクトル $\boldsymbol{A}$ がP点から引かれるとき（5.5-3図の $\overrightarrow{\mathrm{PP'}}$），Oについての（またはOのまわりの）モーメントとはOからPに引いた位置ベクトルを $\boldsymbol{r}$ として

$$\boldsymbol{M} = \boldsymbol{r} \times \boldsymbol{A} \tag{5.5-6}$$

で与えられるベクトルである．$\boldsymbol{M}$ の大きさは $\boldsymbol{r}$ と $\boldsymbol{A}$ とを2辺とする平行四辺形の面積，すなわち，

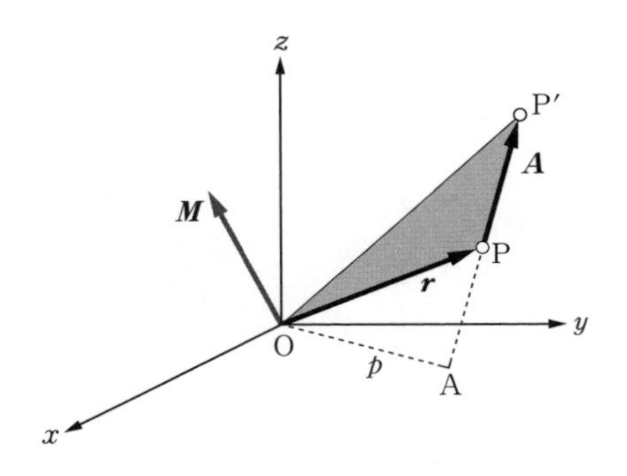

5.5-3図　ベクトルのモーメント

$$M = 2\,\triangle\mathrm{OPP}' \tag{5.5-7}$$

である．したがって5.5-3図で，Oから$\boldsymbol{A}$に下した垂線をpとすれば，$\boldsymbol{M}$の大きさはpAで与えられる．$\boldsymbol{r}$の成分は(x, y, z)であるから，$\boldsymbol{M}$の成分は

$$M_x = yA_z - zA_y, \quad M_y = zA_x - xA_z, \quad M_z = xA_y - yA_x \tag{5.5-8}$$

となる．

力学で重要なのは力のモーメントと運動量のモーメントである．質点Pの運動量ベクトル$\boldsymbol{p} = m\boldsymbol{V}$をPから$\overrightarrow{\mathrm{PP}'}$のように引く（5.5-4図）．Oに関する$\boldsymbol{p}$のモーメント$\boldsymbol{l}$は

$$\boldsymbol{l} = \boldsymbol{r} \times \boldsymbol{p} \tag{5.5-9}$$

で与えられる．方向は$\boldsymbol{r}$と$\boldsymbol{p}$のつくる平面に直角で$\boldsymbol{r}$から$\boldsymbol{p}$に回す右回りのねじの進む向きに向いている．大きさは，Oから$\overrightarrow{\mathrm{PP}'}$に下した垂線の長さを$a$として

$$l = ap \tag{5.5-10}$$

である．$\triangle\mathrm{OPP}'$の面積の2倍に等しいといってもよい．運動量のモーメントは**角運動量**とよばれることが多い．

$\boldsymbol{l}$の成分を（5.5-8）にしたがって書けば

$$\left.\begin{aligned} l_x &= yp_z - zp_y = m(y\dot{z} - z\dot{y}) \\ l_y &= zp_x - xp_z = m(z\dot{x} - x\dot{z}) \\ l_z &= xp_y - yp_x = m(x\dot{y} - y\dot{x}) \end{aligned}\right\} \tag{5.5-11}$$

である．

質点Pに働く力を$\boldsymbol{F}$とすれば（5.5-5図），

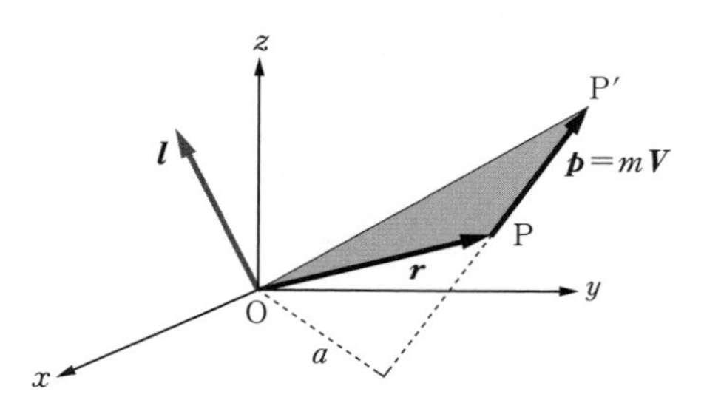

5.5-4図　運動量のモーメント（角運動量）

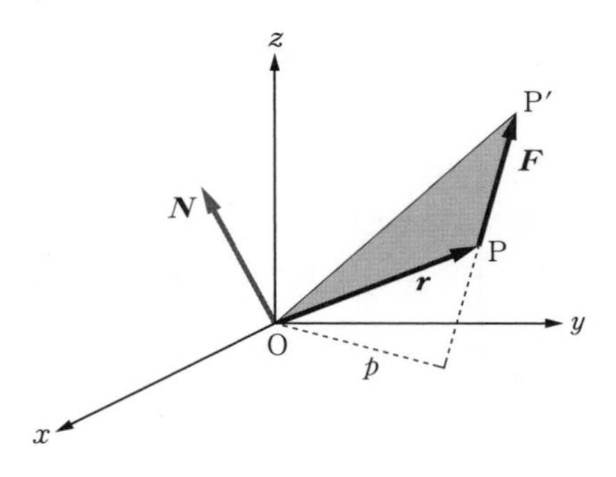

5.5-5 図　力のモーメント

$$\boldsymbol{N} = \boldsymbol{r} \times \boldsymbol{F} \tag{5.5-12}$$

が力 $\boldsymbol{F}$ の O のまわりのモーメントである．$\boldsymbol{N}$ の成分を（5.5-8）によって書けば

$$\left.\begin{aligned} N_x &= yZ - zY \\ N_y &= zX - xZ \\ N_z &= xY - yX \end{aligned}\right\} \tag{5.5-13}$$

§5.6　角運動量保存の法則，面積の原理

角運動量 $\boldsymbol{l}$ の時間的変化を求めよう．（5.5-9）を t で微分する．

$$\frac{d\boldsymbol{l}}{dt} = \dot{\boldsymbol{r}} \times \boldsymbol{p} + \boldsymbol{r} \times \dot{\boldsymbol{p}}$$

$\dot{\boldsymbol{r}} = \boldsymbol{V}$ と運動量 $\boldsymbol{p} = m\boldsymbol{V}$ から

$$\frac{d\boldsymbol{l}}{dt} = \boldsymbol{V} \times m\boldsymbol{V} + \boldsymbol{r} \times m\dot{\boldsymbol{V}}$$

$\boldsymbol{V} \times \boldsymbol{V} = 0$，$m\dot{\boldsymbol{V}} = \boldsymbol{F}$ であるから

$$\frac{d\boldsymbol{l}}{dt} = \boldsymbol{r} \times \boldsymbol{F} = \boldsymbol{N} \tag{5.6-1}$$

原点のまわりの角運動量が時間とともに変わる割合
　　　　　　　　＝原点のまわりの力のモーメント

となる．

§5.4 で説明した中心力の場合，質点に働く力の方向は原点を通る．5.6-1 図は引力の場合で，たとえば，原点 O に太陽または地球の中心があり，P に惑星または人工衛星がある場合がそれである．

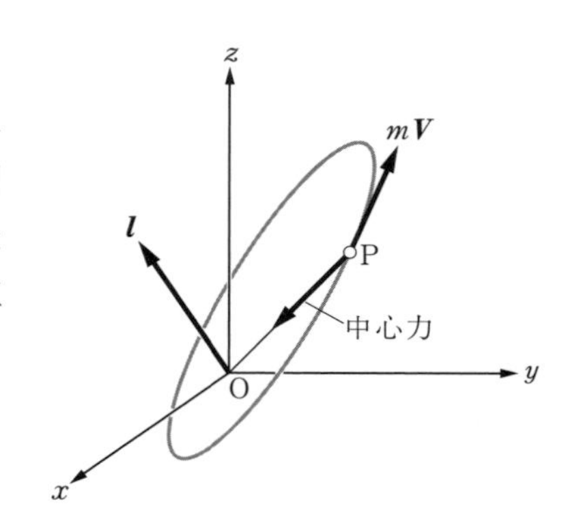

5.6-1 図　中心力の場合の角運動量

中心力の場合 $\boldsymbol{N}=0$ である．したがって

$$\boldsymbol{l} = 一定 \qquad (5.6\text{-}2)$$

である．$\boldsymbol{l}=\boldsymbol{r}\times\boldsymbol{p}$ であることを考えると，$\boldsymbol{l}$ が一定であることは質点の軌道はいつも $\boldsymbol{l}$ に直角なきまった平面内にあることがわかる．このようにして

質点に働く力の方向が慣性系に固定された点を通るならば，この点のまわりの角運動量は一定である．

これを**角運動量保存の法則**とよぶ．

この質点の運動を行う平面をあらためて (x, y) 平面とするのが便利である．$\boldsymbol{l}$ の方向は z 方向に一致し，$l_z=$ 一定 $(l_x=l_y=0)$ となる．(5.5-11) の第 3 の式から

$$x\dot{y}-y\dot{x}=一定 \qquad (5.6\text{-}3)$$

$$x=r\cos\varphi, \qquad y=r\sin\varphi$$

によって書き直せば，

$$r^2\frac{d\varphi}{dt}=一定=h \qquad (5.6\text{-}4)$$

となる．5.6-2 図で，ある時刻に質点が P にいるものとし，dt だけ時間がたったとき P′ にくるものとしよう．O を中心とし $\overline{\mathrm{OP}}=r$ を半径として円を描き，これが OP′ を切る点を P″ とする．扇形 OPP″ の面積は

$$\frac{1}{2}r^2 d\varphi$$

であるが，PP′P″ の部分は $\overline{\mathrm{P'P''}} \times \widehat{\mathrm{PP''}}/2$ の程度で，$\overline{\mathrm{P'P''}} = dr$，$\widehat{\mathrm{PP''}} = r\,d\varphi$ であることを考えると PP′P″ の部分は $r\,d\varphi dr$ の程度で $(1/2)r^2\,d\varphi$ に対して高次の微小量である．したがって，OPP′ の部分，すなわち，動径 OP が dt 時間におおう面積が $(1/2)r^2\,d\varphi$ であることになる．これを dt で割った

$$\frac{1}{2}r^2\frac{d\varphi}{dt}$$

5.6-2図　面積速度

を**面積速度**という．(5.6-4) の式は

> 1つの質点が定点から中心力の作用を受けて運動するとき，この質点の定点のまわりの面積速度は一定である

ことを示している．これを**面積の原理**とよぶ．角運動量保存の法則と面積の原理とは同等である．

たとえば，地球は太陽から万有引力の作用を受けて太陽のまわりを運動しているのであるが，万有引力は中心力であるから，地球の太陽のまわりの面積速度は一定である．

第5章　問　題

1　一平面内を運動する質点に働く力の成分が，質点の座標を x, y として

$$X = axy, \qquad Y = \frac{1}{2}ax^2$$

で与えられるとき，保存力かどうかをしらべよ．保存力ならば位置エネルギーはどうなるか．

2　一平面内を運動する質点に働く力の成分が，質点の座標を x, y として

$$X = axy, \qquad Y = by^2$$

で与えられるとき，保存力かどうかをしらべよ．また，x 軸上の $(r, 0)$ で与えられる点 A から，y 軸上の $(0, r)$ で与えられる点 C まで，円周 ABC に沿っていく場合と，弦 AB′C に沿っていく場合とで，この力の行う仕事を比較せよ．

3 つぎの諸式を証明せよ.

(a) $\boldsymbol{A} \times (\boldsymbol{B} \times \boldsymbol{C}) = \boldsymbol{B}(\boldsymbol{A} \cdot \boldsymbol{C}) - \boldsymbol{C}(\boldsymbol{A} \cdot \boldsymbol{B})$

(b) $(\boldsymbol{A} \times \boldsymbol{B}) \cdot (\boldsymbol{C} \times \boldsymbol{D}) = (\boldsymbol{A} \cdot \boldsymbol{C})(\boldsymbol{B} \cdot \boldsymbol{D}) - (\boldsymbol{B} \cdot \boldsymbol{C})(\boldsymbol{A} \cdot \boldsymbol{D})$

(c) $(\boldsymbol{B} \times \boldsymbol{C}) \cdot (\boldsymbol{A} \times \boldsymbol{D}) + (\boldsymbol{C} \times \boldsymbol{A}) \cdot (\boldsymbol{B} \times \boldsymbol{D}) + (\boldsymbol{A} \times \boldsymbol{B}) \cdot (\boldsymbol{C} \times \boldsymbol{D}) = 0$

4 $\boldsymbol{A}, \boldsymbol{B}, \boldsymbol{C}$ がこの順に右手系（一般に互いに直角でなくてよい）をつくっているとすれば

$$\boldsymbol{A} \cdot (\boldsymbol{B} \times \boldsymbol{C}) = \boldsymbol{B} \cdot (\boldsymbol{C} \times \boldsymbol{A}) = \boldsymbol{C} \cdot (\boldsymbol{A} \times \boldsymbol{B})$$

は $\boldsymbol{A}, \boldsymbol{B}, \boldsymbol{C}$ を稜とする 6 面体の体積であることを証明せよ.

5 1 つの単位ベクトルを $\boldsymbol{n}$ とすれば，任意のベクトル $\boldsymbol{A}$ は

$$\boldsymbol{A} = (\boldsymbol{A} \cdot \boldsymbol{n})\boldsymbol{n} + \boldsymbol{n} \times (\boldsymbol{A} \times \boldsymbol{n})$$

と書くことができることを示せ.

6 滑らかな水平板の上においてある質点に糸を結びつけ，その糸を板にあけた穴 O に通しておく．質点を，はじめ O のまわりにある角速度で運動させ，糸を引張って O と質点との距離を変えるとき，質点の角速度はどう変わっていくか.

7 一平面内で

$$r = a(1 + c\cos\varphi), \qquad 0 < c < 1$$

で与えられる軌道を描く質点に働く中心力はどんな力か.

単振り子の運動と惑星の運動

§6.1　単振り子の運動*

長さ l の質量のない棒の一端をOに固定，他端に質量 m のおもりPをつるし，これをOを含む鉛直面内で運動させるとき（6.1-1 図），この装置を**単振り子**とよぶ．このおもりには重力 mg が鉛直下方に働くほか，棒から力 S（PからOに向けて正にとる）が働く．この棒からの力はおもりを半径 l の円周上に束縛する働きをするもので，仮にある瞬間棒がなくなるとしたとき，おもりがOから離れようとしているならば S は正で張力であり，Oに近よろうとしているならば S は負で圧力となる．この S によって，おもりはOから l の距離を保つのである．この事情は，PがOを中心とし，半径 l を持つ滑らかな円周の針金に束縛されている場合とまったく同様である．このときには S は針金からおもりに働く力となる．棒の代りに糸でおもりをつるしてあるときには S が負になることはできない．糸が物体を押すことができないからである．S が

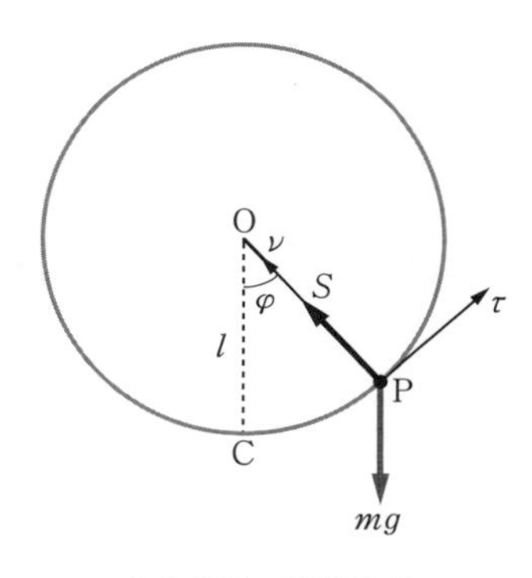

6.1-1 図　単振り子

* 単振り子の運動は，質点がある束縛条件を受けながら運動する拘束運動の特別な場合であるが，拘束運動の一般の扱い方については，山内恭彦・末岡清市編：「大学演習力学」（裳華房，1980）74 ページをみよ．

正ならば棒は糸でおきかえることができる．実際，ふつうの単振り子は糸でおもりをつるすようになっている．

おもりの運動方程式の立て方にはいろいろとある．§4.1 で説明した接線方向と法線方向の運動方程式を立てよう．(4.1-13) のはじめの2つの式を立てればよい．

6.1-1 図をみながら，τ 方向の運動方程式を書くと，

$$m\frac{dV}{dt} = -mg\sin\varphi \tag{6.1-1}$$

ν 方向の運動方程式は，この場合，曲率半径が l であるから

$$m\frac{V^2}{l} = S - mg\cos\varphi \tag{6.1-2}$$

また

$$V = l\frac{d\varphi}{dt} \tag{6.1-3}$$

である．

(6.1-2) には S が入っているから，この式は S を求めるときに使う方程式であると考える．運動は (6.1-1) と (6.1-3) から求められる．後者を前者に代入して

$$\frac{d^2\varphi}{dt^2} = -\frac{g}{l}\sin\varphi \tag{6.1-4}$$

この微分方程式から運動が求められるのであるが，一般的にこれを行う前によく出てくる場合として，運動中 φ が微小であると考えよう．そのときには $\sin\varphi$ は φ とおくことができるから

$$\frac{d^2\varphi}{dt^2} = -\frac{g}{l}\varphi \tag{6.1-5}$$

となる．これは単振動の方程式と同じ形であるから，その答はすぐに書けて，

$$\varphi = \varphi_0\cos\left(\sqrt{\frac{g}{l}}\,t + \alpha\right) \tag{6.1-6}$$

$$\text{周期}\quad T = 2\pi\sqrt{\frac{l}{g}} \tag{6.1-7}$$

となる．

(6.1-4) に帰って，これを解くことを考えよう．まず，いままで同様なことをいくどかしてきたように，(6.1-4) に $d\varphi/dt$ を掛ける．

$$\frac{d\varphi}{dt}\frac{d^2\varphi}{dt^2} = -\frac{g}{l}\sin\varphi\,\frac{d\varphi}{dt}$$

両辺を t で積分すれば

$$\left(\frac{d\varphi}{dt}\right)^2 = 2\frac{g}{l}\cos\varphi + c, \qquad c：定数$$

c をきめるため，$\varphi = 0$ で $d\varphi/dt = \omega_0$ とすれば，

$${\omega_0}^2 = 2\frac{g}{l} + c. \qquad \therefore\ c = {\omega_0}^2 - 2\frac{g}{l}$$

したがって

$$\left(\frac{d\varphi}{dt}\right)^2 = {\omega_0}^2 - 2\frac{g}{l}(1-\cos\varphi) \tag{6.1-8}$$

この式の両辺に l^2 を掛け，速さ $V = l(d\varphi/dt)$ を使えば

$$V^2 = {V_0}^2 - 2gl(1-\cos\varphi) \tag{6.1-9}$$

最下点Cからの高さを y として

$$y = l(1-\cos\varphi)$$

であるから

$$\frac{1}{2}mV^2 + mgy = \frac{1}{2}m{V_0}^2 \tag{6.1-9$'$}$$

となって力学的エネルギー保存の法則にほかならない．このことは§5.1で学んだことで，運動方程式 (6.1-4) を求めるのにはエネルギーの式 (6.1-9)′ をまず立てて，それから (6.1-8) を導き，それを t で微分してもよい．もちろんそれでは (6.1-2) のほうは出てこない．

(6.1-8) の方程式をもう一度積分するために $1-\cos\varphi = 2\sin^2(\varphi/2)$ を入れ，

$$k = \sqrt{\frac{l}{g}}\,\frac{\omega_0}{2} \tag{6.1-10}$$

とおけば

$$dt = \pm\frac{1}{2}\sqrt{\frac{l}{g}}\,\frac{d\varphi}{\sqrt{k^2-\sin^2\dfrac{\varphi}{2}}} \tag{6.1-11}$$

となる．この式の右辺の分母をみると，k が 1 より大きいか，小さいか，等しいかによって分けて考えなければならないことがわかる．k の値は（6.1-10）からみるように最下点を通るときの角速度によるものである．計算をしなくても ω_0 が小さければ振り子は往復運動を行い，ω_0 が十分大きければ一方向に回る回転運動になることは想像できよう．

（i）$k<1$，すなわち，$\omega_0 < 2\sqrt{g/l}$ の場合

最下点を通るときの $\dot{\varphi}$ を ω_0 とし，ω_0 は正とする．少なくともはじめのうちは $\dot{\varphi}>0$ だから，（6.1-11）の正号をとればよい．積分すれば，

$$t = \frac{1}{2}\sqrt{\frac{l}{g}}\int_0^{\varphi}\frac{d\varphi}{\sqrt{k^2 - \sin^2\dfrac{\varphi}{2}}}$$

となる．

$$\sin\frac{\varphi}{2} = kz \qquad (6.1\text{-}12)$$

とおけば

$$t = \sqrt{\frac{l}{g}}\int_0^{(1/k)\sin(\varphi/2)}\frac{dz}{\sqrt{(1-z^2)(1-k^2z^2)}} \qquad (6.1\text{-}13)$$

となる．右辺は φ の関数であるから，この積分を処理できれば t と φ との関係が求められることになる．そのため，しばらく（6.1-13）から離れて，数学的の準備をしておこう．

楕円関数

$$x = \int_0^{y}\frac{dy}{\sqrt{(1-y^2)(1-k^2y^2)}} \qquad (6.1\text{-}14)$$

という積分を考える．x は y の関数で，$0 \leqq y \leqq 1$ で，x は y の 1 価連続関数であり，また単調増加関数である．dx/dy は $y=1$ で ∞ になるが，x, y の関数のだいたいのありさまは 6.1-2 図で与えられる．図で K とあるのは $y=1$ のときの x の値であり，k の値によって x と y の関係はちがい，K もちがう．6.1-2 図では $k=0.5$ の場合を示してあるが $K=1.686$ である．

（6.1-14）で $k=0$ とおけば

$$x = \sin^{-1}y, \qquad y = \sin x$$

となる．k が 0 でないときには，もちろん $y=\sin x$ ではないが，これに似た関数であろうということは想像できよう．それで k が 0 でないときには記号を三角関数（円関数）に似せて

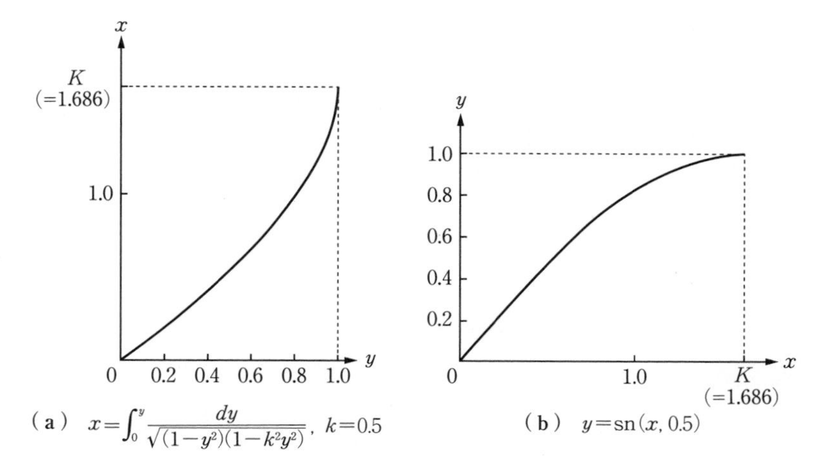

（a）$x=\int_0^y \frac{dy}{\sqrt{(1-y^2)(1-k^2y^2)}}$, $k=0.5$　　（b）$y=\mathrm{sn}(x, 0.5)$

6.1-2 図　楕円関数

$$y = \mathrm{sn}\, x \qquad \text{または} \qquad y = \mathrm{sn}\,(x, k) \tag{6.1-15}$$

と書く．(6.1-14) で積分の上限を 1 としたときの定積分を $K(k)$ と書く．

$$K(k) = \int_0^1 \frac{dy}{\sqrt{(1-y^2)(1-k^2y^2)}} \tag{6.1-16}$$

つまり，$x = K(k)$ に対して $y = 1$ となる．$K(k)$ は簡単に K と書かれることもあるが，これを**第 1 種の完全楕円積分**とよぶ．$k = 0$ の特別な場合には $K = \pi/2$ になる．

$\mathrm{sn}\, x$ は上に定義されたものであるが，三角関数の cos 関数に対応して，

$$\sqrt{1 - \mathrm{sn}^2 x} = \mathrm{cn}\, x \tag{6.1-17}$$

とし，また三角関数に対応するものはないが

$$\sqrt{1 - k^2\, \mathrm{sn}^2 x} = \mathrm{dn}\, x \tag{6.1-18}$$

として得られる $\mathrm{cn}\, x, \mathrm{dn}\, x$ という関数もよく現われる．sn, cn, dn を**ヤコビの楕円関数**とよび，k を**母数**とよぶ．特別な場合として

$$\mathrm{sn}\,(x, 0) = \sin x, \qquad \mathrm{cn}\,(x, 0) = \cos x, \qquad \mathrm{dn}\,(x, 0) = 1,$$
$$\mathrm{sn}\,(x, 1) = \tanh x, \qquad \mathrm{cn}\,(x, 1) = \mathrm{sech}\, x, \qquad \mathrm{dn}\,(x, 1) = \mathrm{sech}\, x$$

となることはすぐわかるであろう．6.1-2 図 (b) でみられるように，いままでのところ，$0 \leqq x \leqq K$ の範囲で x と y の関数が定義されているのであるが，これを 6.1-3 図にみられるように，sn, cn は sin, cos と同じように周期 $4K$（$k = 0$ のときは $K = \pi/2$ であるから，この周期は sin, cos 関数の周期 2π に相当する）の関数に，また dn は周期 $2K$ の関数になるように拡張する．sn, cn が sin, cos に形が似ていることに注意せよ．(6.1-14) で $y = \sin\theta$ とおけば，

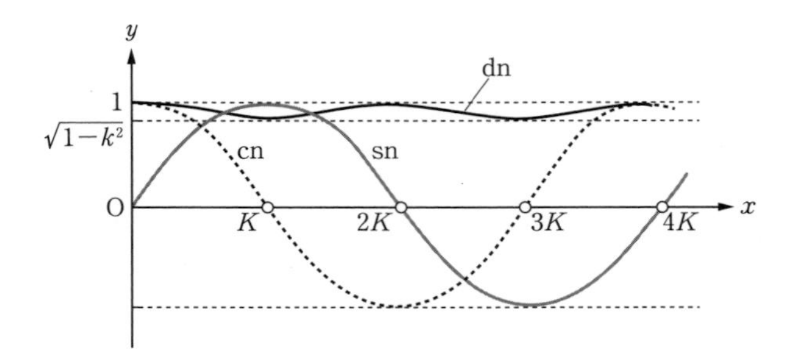

6.1-3 図　楕円関数 $\mathrm{sn}(x,k)$, $\mathrm{cn}(x,k)$, $\mathrm{dn}(x,k)$

$$x=\int_0^\theta \frac{d\theta}{\sqrt{1-k^2\sin^2\theta}} \tag{6.1-19}$$

となるが，θ と x の関係は

$$\sin\theta=\mathrm{sn}(x,k) \tag{6.1-20}$$

と書くことができる.* また（6.1-16）で $y=\sin\theta$ とおけば $K(k)$ は

$$K(k)=\int_0^{\pi/2} \frac{d\theta}{\sqrt{1-k^2\sin^2\theta}} \tag{6.1-21}$$

によって与えられることになる.

$K(k)$ はよく出てくる量であるからその数値を表にしておこう.

$$k=\sin\beta \tag{6.1-22}$$

として，β と K との表を出しておく．$k=0.5$ のとき $\beta=30°$ である.

β	0°	15°	30°	45°	60°	75°	90°
K	1.571[a]	1.598	1.686	1.854	2.157	2.768	∞

a)　$\theta=1.571=\pi/2$.

さて，以上の数学的準備をしておけば，（6.1-13）から，φ を t の関数として書くことは容易である．（6.1-14）とくらべて，

$$\frac{1}{k}\sin\frac{\varphi}{2}=\mathrm{sn}\left(\sqrt{\frac{g}{l}}\,t,k\right)$$

すなわち，φ と t との関係として，

$$\sin\frac{\varphi}{2}=k\,\mathrm{sn}\left(\sqrt{\frac{g}{l}}\,t,k\right) \tag{6.1-23}$$

を得る．（6.1-11）によると，$d\varphi/dt=0$，すなわち振り子の振動のはじにきた

＊　これを $\theta=\mathrm{am}\,x$ と書くこともある．$\sin(\mathrm{am}\,x)=\mathrm{sn}\,x$ である.

ときには

$$\sin\frac{\varphi}{2} = k \tag{6.1-24}$$

で，(6.1-12) により $z=1$ である．$t=0$ で $\varphi=0$ であるが，$d\varphi/dt$ が 0 になるまでの時間を $T/4$ と書く．t と $\sin\varphi$ との関係は 6.1-2 図と同様で，$d\varphi/dt=0$ になるところは 6.1-2 図で x(tに対応) $=K$ に相当するところであるから**，$T/4$ の 4 倍，すなわち，T がこの振り子の周期となる．それゆえ

$$\frac{T}{4} = \sqrt{\frac{l}{g}}\int_0^1 \frac{dz}{\sqrt{(1-z^2)(1-k^2z^2)}} = \sqrt{\frac{l}{g}}\,K(k)$$

$$\therefore\ T = 4\sqrt{\frac{l}{g}}\,K(k) = 4\sqrt{\frac{l}{g}}\int_0^{\pi/2}\frac{d\theta}{\sqrt{1-k^2\sin^2\theta}} \tag{6.1-25}$$

である．微小振動では (6.1-25) で $k=0$ とおいてもよいが，このときは

$$T = 4\sqrt{\frac{l}{g}}\,\frac{\pi}{2} = 2\pi\sqrt{\frac{l}{g}}$$

となって，(6.1-7) に一致する．k は小さいが，まったく無視することもできないという場合がよく起こるが，そのときには T を k で展開した式を使えばよい．実際上は振り子の場合には k を使うよりも，振幅 α を使う．$\varphi=\alpha$ で $d\varphi/dt=0$ になるのであるから，(6.1-24) によって，

$$\sin\frac{\alpha}{2} = k$$

である．それで，

$$\begin{aligned} K(k) &= \int_0^{\pi/2}\frac{d\theta}{\sqrt{1-k^2\sin^2\theta}} \\ &= \int_0^{\pi/2}\left(1+\frac{1}{2}k^2\sin^2\theta+\frac{1\cdot3}{2\cdot4}k^4\sin^4\theta+\cdots\right)d\theta \end{aligned}$$

とし，

$$\int_0^{\pi/2}\sin^{2n}\theta\,d\theta = \frac{\pi}{2}\,\frac{1\cdot3\cdot5\cdot\cdots\cdot(2n-1)}{2\cdot4\cdot6\cdot\cdots\cdot2n}$$

を使えば

** t が $T/4$ を過ぎると，$d\varphi/dt<0$ となる．そのとき (6.1-11) の負号のほうをとらなければならないが，そのときは 6.1-3 図の拡張した部分の sn を使えば，sn は変数とともに減少するから，やはり，(6.1-23) はそのまま使われる．

$$T = 2\pi\sqrt{\frac{l}{g}}\left\{1 + \left(\frac{1}{2}\right)^2 \sin^2\frac{\alpha}{2} + \left(\frac{1\cdot 3}{2\cdot 4}\right)^2 \sin^4\frac{\alpha}{2} + \cdots\right\}$$

となる．ここで α^2 の項までとるのには $\sin(\alpha/2) = \alpha/2$ とおけばよいから，

$$T = 2\pi\sqrt{\frac{l}{g}}\left(1 + \frac{\alpha^2}{16} + \cdots\right) \tag{6.1-26}$$

となる．

（ii）　$k > 1$，すなわち，$\omega_0 > 2\sqrt{g/l}$ の場合

この場合には，$d\varphi/dt = 0$ となることはないので，一定方向に回転する．k が1より大きいことを考えて，(6.1-11) を

$$dt = \frac{1}{2}\sqrt{\frac{l}{g}}\frac{d\varphi}{k\sqrt{1 - \dfrac{1}{k^2}\sin^2\dfrac{\varphi}{2}}}$$

と書く．積分して，

$$t = \frac{1}{2k}\sqrt{\frac{l}{g}}\int_0^{\varphi}\frac{d\varphi}{\sqrt{1 - \dfrac{1}{k^2}\sin^2\dfrac{\varphi}{2}}}$$

したがって，$k < 1$ のときと同様に

$$\sin\frac{\varphi}{2} = \mathrm{sn}\left(\sqrt{\frac{g}{l}}\,kt, \frac{1}{k}\right) \tag{6.1-27}$$

これが φ と t との関係である．この場合，質点が円周を1回転する時間を**周期**とよぶ．これを T とすれば，φ が0から 2π まで変わる間に $\sin(\varphi/2)$ は $0 \to 1 \to 0$ と変わるから，6.1-3図により，x に相当する $\sqrt{g/l}\,kt$ は $2K$ だけ変わる．

$$\sqrt{\frac{g}{l}}\,kT = 2K\left(\frac{1}{k}\right)$$

$$\therefore\ T = \frac{2}{k}\sqrt{\frac{l}{g}}\,K\left(\frac{1}{k}\right) = \frac{2}{k}\sqrt{\frac{l}{g}}\int_0^{\pi/2}\frac{d\theta}{\sqrt{1 - \dfrac{1}{k^2}\sin^2\theta}} \tag{6.1-28}$$

（iii）　$k = 1$，すなわち，$\omega_0 = 2\sqrt{g/l}$ の場合

(6.1-11) から（この場合もはじめ $d\varphi/dt > 0$ ならばいつまでもそうである）

$$\frac{d\varphi}{dt} = 2\sqrt{\frac{g}{l}}\cos\frac{\varphi}{2}$$

$$\therefore\ t = \frac{1}{2}\sqrt{\frac{l}{g}}\int_0^{\varphi}\frac{d\varphi}{\cos\dfrac{\varphi}{2}}$$

$\varphi/2 = \theta$ とおいて，

$$t = \frac{1}{2}\sqrt{\frac{l}{g}}\int_0^{\varphi/2}\frac{2\,d\theta}{\cos\theta} = \sqrt{\frac{l}{g}}\left[\log\tan\left(\frac{\pi}{4}+\frac{\theta}{2}\right)\right]_0^{\varphi/2}$$

$$\therefore\ t = \sqrt{\frac{l}{g}}\log\tan\left(\frac{\pi}{4}+\frac{\varphi}{4}\right) \qquad (6.1\text{-}29)$$

これは

$$\sin\frac{\varphi}{2} = \tanh\left(\sqrt{\frac{g}{l}}\,t\right) \qquad (6.1\text{-}30)^*$$

と変形できる．この場合には，φ は時間とともに増していき，$\varphi=\pi$，つまり円周の最高点にいくらでも近づくが，これに達することはできない．

束縛力 S を求めよう．束縛力は（6.1-2）から求められる．この式に V と φ の関係式である（6.1-9）を入れれば

$$S = ml\omega_0{}^2 + mg(3\cos\varphi - 2) \qquad (6.1\text{-}31)$$

となる．

振り子が質量のない棒の先におもりをつけたものであれば，$S>0$ のときは張力，$S<0$ ならば棒から質点を押す力となり，どちらの場合も可能であるが，

---

*
$$\tan\left(\frac{\pi}{4}+\frac{\varphi}{4}\right) = \frac{1+\tan\dfrac{\varphi}{4}}{1-\tan\dfrac{\varphi}{4}} = \frac{\left(1+\tan\dfrac{\varphi}{4}\right)^2}{1-\tan^2\dfrac{\varphi}{4}} = \frac{1+\sin\dfrac{\varphi}{2}}{\cos\dfrac{\varphi}{2}}$$

（6.1-29）を使って

$$\frac{1+\sin\dfrac{\varphi}{2}}{\cos\dfrac{\varphi}{2}} = e^{\sqrt{g/l}\,t} \qquad \text{(a)}$$

逆数をとり

$$\frac{\cos\dfrac{\varphi}{2}}{1+\sin\dfrac{\varphi}{2}} = e^{-\sqrt{g/l}\,t} \qquad \text{(b)}$$

$\dfrac{\text{(a)}-\text{(b)}}{\text{(a)}+\text{(b)}}$ をつくれば（6.1-30）となる．

糸の先におもりをつけてつくったものでは，$S<0$ になることはできない．$S<0$ というのは，糸でおもりを押すということであるから，$S=0$ のところで糸はたるんでしまい，糸がたるめばおもりの運動は放物運動に移ってしまう．

$S=0$ になるところを求めれば（6.1-31）から

$$(\cos\varphi)_{S=0}=\frac{2}{3}-\frac{l}{3g}{\omega_0}^2 \qquad (6.1\text{-}32)$$

また，振り子の運動範囲をみるために $V=0$ になるところを求めれば，（6.1-9）から

$$(\cos\varphi)_{V=0}=1-\frac{l}{2g}{\omega_0}^2 \qquad (6.1\text{-}33)$$

${\omega_0}^2$ を横軸に，（6.1-32），（6.1-33）の $(\cos\varphi)_{S=0}$, $(\cos\varphi)_{V=0}$ をグラフに描くと 6.1-4 図となる．この図でみると，

$\omega_0<\sqrt{2g/l}$ のときは $V=0$ になる φ の値のほうが $S=0$ になる φ の値よりも小さいから，$S=0$ になる前に $V=0$ となり，そこから逆戻りするから，糸はたるむことはない．

$\sqrt{2g/l}<\omega_0<2\sqrt{g/l}$ の範囲では，$V=0$ になる前に必ず $S=0$ になるから，糸はそこでたるむ．

$2\sqrt{g/l}<\omega_0<\sqrt{5g/l}$ の範囲では，$V=0$ になるところはないが，$S=0$ になるところがあるから，やはり糸はたるむ．

$\omega_0>\sqrt{5g/l}$ では $S=0$ になるところはない．したがって糸はたるまない．結局，糸がたるまないのは，$\omega_0<\sqrt{2g/l}$ か，または $\omega_0>\sqrt{5g/l}$ のどちらかの

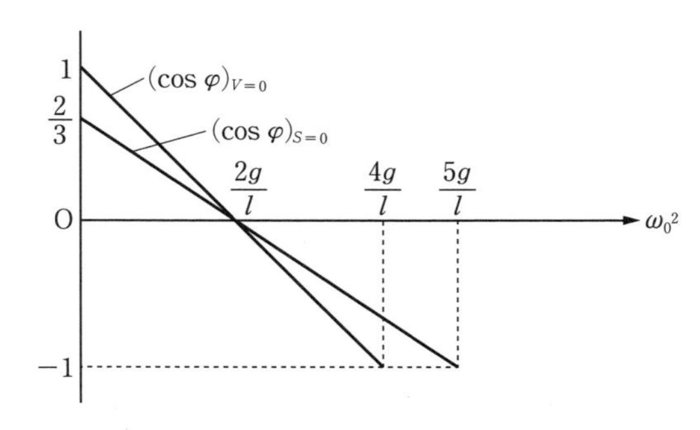

6.1-4 図　角速度の初期値と $V=0$, $S=0$ になる $\cos\varphi$ の値

範囲のときである．

単振り子の運動が鉛直面内に限らず，質点が球面上に束縛されているだけのときには，これを球面振り子とよぶ．その場合の運動については，山内恭彦・末岡清市編：「大学演習　力学」（裳華房，1980）81ページをみよ．

§6.2　惑星の運動

万有引力については§5.1（5.1-2図）で述べ，(5.1-17)によって式で表しておいた．ここでは太陽の質量をM，惑星の質量をmとし，太陽は原点に固定しているとしてそのまわりの惑星の運動をしらべよう．そのためには運動方程式から出発しなくても，第5章で得られている2つの積分から出発すればよい．

万有引力は中心力であるから，§5.6で述べたように，惑星の運動は一平面内に限られる．それゆえ，この平面の中で極座標をとりr, φとしよう（6.2-1図）．

2つの積分のうちの第1は力学的エネルギー保存の法則である．これは，前に(5.1-20)で与えておいた．運動エネルギーをr, φを使って書けば（(5.4-2)参照）

$$\frac{1}{2}m\left\{\left(\frac{dr}{dt}\right)^2 + r^2\left(\frac{d\varphi}{dt}\right)^2\right\} - G\frac{Mm}{r} = E \tag{6.2-1}$$

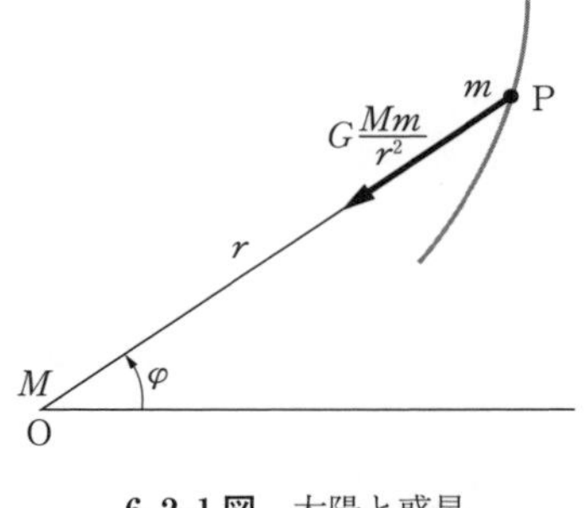

6.2-1図　太陽と惑星

となる．

つぎに，中心力であるから，原点のまわりの角運動量が保存されなければならない．つまり，面積速度が一定でなければならない．これが第2の積分で

$$r^2\frac{d\varphi}{dt} = h, \qquad h：定数 \tag{6.2-2}$$

となる．いま使っている座標はr, φであるから，上の2式からr, φを時間の関数として求めることができるはずである．しかし，惑星がどのような軌道を描くかということは興味のある問題であるからまずこれから考えよう．それには，(6.2-1)，(6.2-2)の両式からdtを消去してrとφとの関係を求めればよい．

(6.2-2) から

$$\frac{d\varphi}{dt} = \frac{h}{r^2} \tag{6.2-3}$$

また

$$\frac{dr}{dt} = \frac{dr}{d\varphi}\frac{d\varphi}{dt} = \frac{h}{r^2}\frac{dr}{d\varphi} \tag{6.2-4}$$

となるから，これらを (6.2-1) に入れて

$$\frac{\pm h\,dr}{r^2\sqrt{\dfrac{2}{m}\left(E + \dfrac{GMm}{r} - \dfrac{mh^2}{2r^2}\right)}} = d\varphi$$

左辺をみると

$$\frac{1}{r} = z$$

とおけば簡単になることがわかる．上の式は

$$\frac{\mp dz}{\sqrt{\dfrac{2E}{mh^2} + 2\dfrac{GM}{h^2}z - z^2}} = d\varphi$$

これを

$$\frac{\mp dz}{\sqrt{\dfrac{2E}{mh^2} + \dfrac{G^2M^2}{h^4} - \left(z - \dfrac{GM}{h^2}\right)^2}} = d\varphi$$

と書けば，すぐに積分できて，

$$\pm\cos^{-1}\frac{z - \dfrac{GM}{h^2}}{\sqrt{\dfrac{2E}{mh^2} + \dfrac{G^2M^2}{h^4}}} = \varphi - \alpha, \qquad \alpha \text{ ：積分定数}$$

となる．したがって，この式の cos をとり，z を r にもどしておけば

$$r = \frac{\dfrac{h^2}{GM}}{1 + \sqrt{1 + \dfrac{2Eh^2}{G^2mM^2}}\cos(\varphi - \alpha)} \tag{6.2-5}$$

となる．いま

$$\frac{h^2}{GM} = l \tag{6.2-6}$$

$$\sqrt{1+\frac{2Eh^2}{G^2mM^2}}=\varepsilon \tag{6.2-7}$$

とおけば，(6.2-5) は

$$r=\frac{l}{1+\varepsilon\cos(\varphi-\alpha)} \tag{6.2-8}$$

となる．この式は原点，すなわち，太陽を焦点の1つとする円錐曲線であって，ε は**離心率**，l は**半直弦**とよばれるものである．

(6.2-8) の形に慣れていない読者のため，これから述べる惑星の運動で必要となる，いくつかの事柄を説明しておこう．

円錐曲線は，定点Fと**準線**とよぶ定直線LMへの距離の比が一定値 ε に等しいような点Pの軌跡である．6.2-2図でFを定点，LMを定直線，PからLMに下した垂線をPQとすれば

$$\frac{\overline{\mathrm{PF}}}{\overline{\mathrm{PQ}}}=\varepsilon$$

P点の極座標を r,θ とする．θ はFからLMに下した垂線（円錐曲線の軸）と $\overrightarrow{\mathrm{FP}}$ との角である．Fで軸に垂線FDを立て，曲線との交わりをDとし，$\overline{\mathrm{FD}}=l$ とする．図 (a) では $\varepsilon<1$，(b) では $\varepsilon=1$，(c) では $\varepsilon>1$ である．

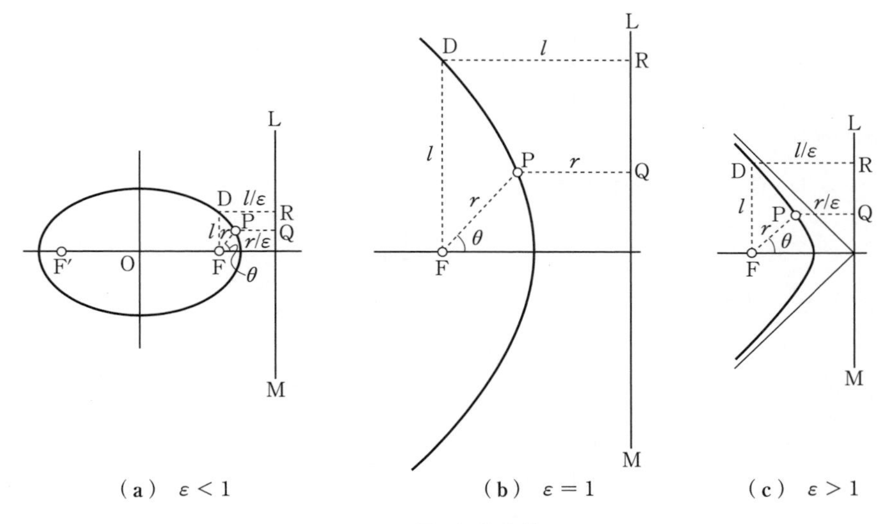

6.2-2図　円錐曲線

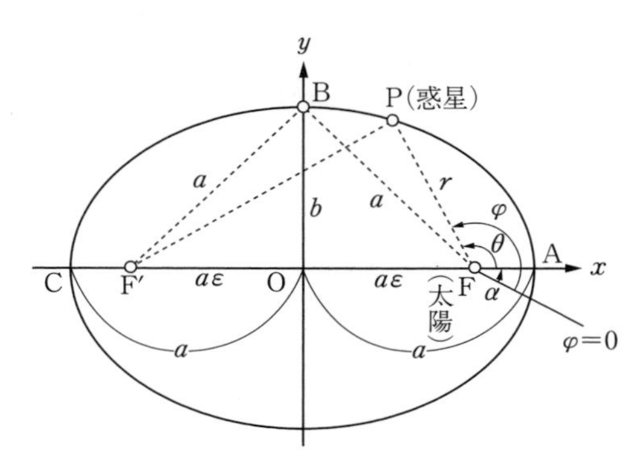

6.2-3 図　楕円の諸量

$$r\cos\theta + \frac{r}{\varepsilon} = \frac{l}{\varepsilon}$$

したがって

$$r = \frac{l}{1+\varepsilon\cos\theta} \qquad (6.2\text{-}9)$$

(6.2-8) は (6.2-9) と同じ形で，ただ角 φ の基準のとり方が θ とちがっているだけである．θ は軸からとっているのに対して，φ は軸と $-\alpha$ の角をつくる方向から測っている．6.2-3 図に示す．

円錐曲線の性質をみるのには (6.2-9) のほうがつごうがよい．

(6.2-9) で $\varepsilon < 1$ のことを考えよう．θ がどんな値でも r は無限大になることはなく，有限である．このときの曲線が**楕円**（長円）で，F をその**焦点**とよぶ．図で A を近日点とよぶが，人工衛星の場合は近地点とよぶ．C は惑星の場合は遠日点，人工衛星の場合は遠地点である．

6.2-3 図の A 点では $\theta = 0$．したがって $r_{\mathrm{A}} = \dfrac{l}{1+\varepsilon}$．C 点では $\theta = \pi$．

$$\therefore \ r_{\mathrm{C}} = \frac{l}{1-\varepsilon}$$

$r_{\mathrm{A}} + r_{\mathrm{C}} = 2a$ と書けば

$$\frac{l}{1-\varepsilon^2} = a \qquad (6.2\text{-}10)$$

F から $a\varepsilon$ のところに O，それからさらに $a\varepsilon$ のところに F′ をとる．

$$\overline{\mathrm{FA}} = r_{\mathrm{A}} = \frac{l}{1+\varepsilon} = \frac{a(1-\varepsilon^2)}{1+\varepsilon} = a(1-\varepsilon)$$

$$\therefore \ \overline{\mathrm{OA}} = \overline{\mathrm{OF}} + \overline{\mathrm{FA}} = a, \qquad \overline{\mathrm{OC}} = a$$

余 談

ハレー（Edmond Halley）

Halley（ハレー）は1656年の秋ロンドンに生れ，1742年の1月にその生涯を閉じた．オクスフォードのQueen's Collegeに学び，そこでその当時第一の天文学者John Flamstedに出会った．その頃の大きな問題は，海洋で自分の船の位置，特に経度をきめることであった．HalleyはAstronomer Royalという地位をFlamsted（フラムステッド）から継ぐことになる．

オクスフォード卒業後セントヘレナ（St. Helena）に赴き，南半球の星の表をつくることに従事した．そこで水星が地球からみて太陽面を通過する現象を観測し，天文単位（a.u.. 地球の太陽のまわりの公転半径1.5×10^8 km）のだいたいの値をきめた．

1682年に後にハレー彗星とよばれる彗星の観測をし，複雑な計算の後にそれが楕円軌道であることを見出した．Newtonはすべての彗星の軌道は放物線であると考えていたようである．実際，それまで知られていた彗星の軌道は放物線に近いものであった．Halleyはこの彗星の周期を75年ときめて，つぎに地球を訪れる時を1758年の12月と予言したが，Halleyはこれをみることなく1742年の1月にこの世を去っている．

HalleyはNewtonに「プリンキピア」の出版を勧め，またそのための資金を提供した．

Halleyはまた外交界でも手腕を示し，生命保険事業のため表をつくるなどいろいろな仕事をなしとげた．1682年にMary Tookeと結婚し2人の女子と1人の男子をもうけた．後に76年ごとにハレー彗星の訪問によって広く世界中の人びとに思い出されている．

Newtonの「プリンキピア」にはハレー彗星（1607年に現われた彗星と1682年に現われた彗星）についてのHalleyの仕事が紹介され，この2つの彗星は同一のものであるとするならば75年の間に1公転するものであろうとしている（中野猿人訳：「プリンシピア — 自然哲学の数学的原理」（講談社，1977）643ページ）．

である．aを楕円の**長半径**とよぶ．曲線上の任意の点をPとする．$\overline{\mathrm{F'P}} = r'$とすれば

$$r'^2 = r^2 + 4a^2\varepsilon^2 + 4a\varepsilon r\cos\theta$$

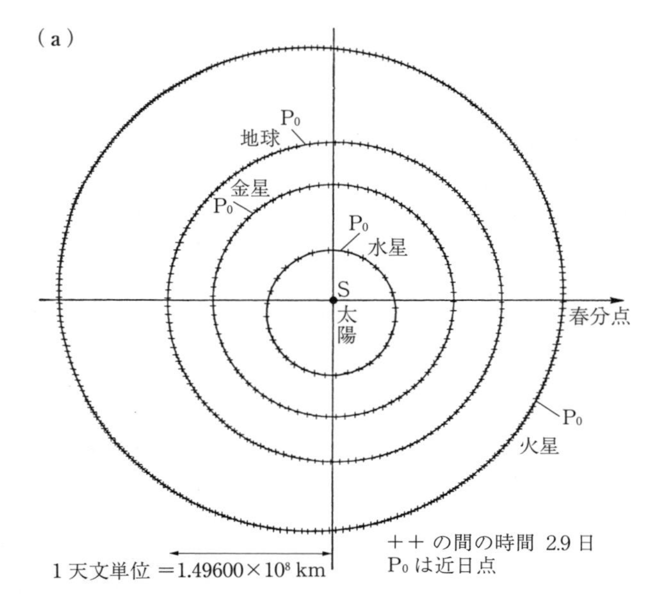
(a)
P0
地球
金星
P0
P0
水星
S
太陽
春分点
P0
火星
++の間の時間 2.9 日
P0は近日点
1天文単位 =1.49600×10^8 km

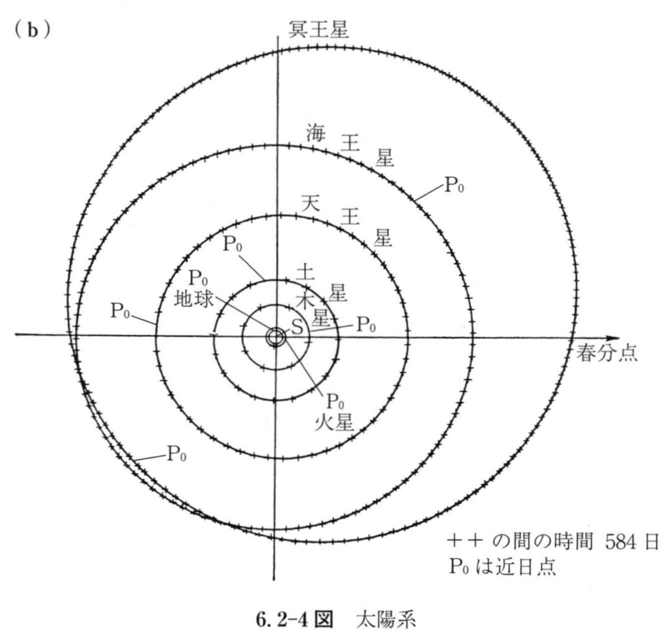
(b)
冥王星
海王星
P0
天王星
P0
土星
P0
地球
木星
P0
P0
S
春分点
P0
火星
P0
++の間の時間 584 日
P0は近日点

6. 2-4 図　太陽系

これを計算すると

$$r' = \frac{a(1+\varepsilon^2) + 2a\varepsilon\cos\theta}{1+\varepsilon\cos\theta}$$

となる．これから

$$r + r' = 2a \qquad (6.2\text{-}11)$$

これはよく知られている関係で，この式が楕円の定義となることもある．

O で AC に垂線 OB を立て，曲線との交点を B とすれば

$$\overline{\mathrm{FB}} = \overline{\mathrm{F'B}} = a$$

である．また，$\overline{\mathrm{OB}} = b$ とすれば（b を**短半径**とよぶ）

$$\left.\begin{aligned} b^2 &= a^2 - a^2\varepsilon^2 = a^2(1-\varepsilon^2) \\ b^2 &= al \end{aligned}\right\} \qquad (6.2\text{-}12)$$

（6.2-10）を使って

いろいろな惑星の太陽のまわりの運動を 6.2-4 図（a），（b）* に示す．

6.2-5 図はハレー（Halley）彗星の運動である．Newton が「プリンキピア」

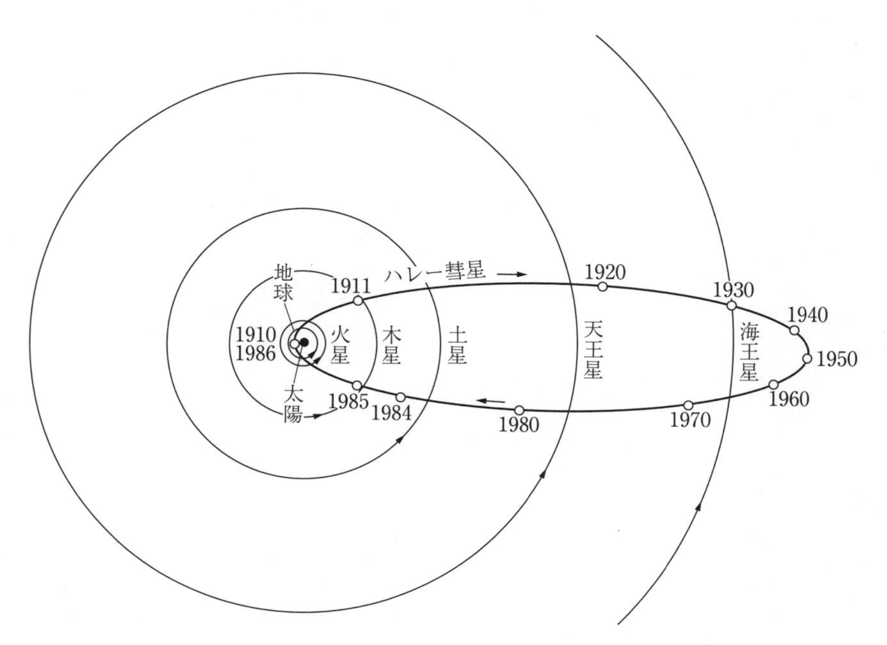

6.2-5 図　ハレー彗星の軌道(比較のため惑星の軌道を円軌道で示す)

---

* 原島鮮：「力学 I ― 質点・剛体の力学 ―」(裳華房，1984) 121 ページ．

を刊行したのは1687年であるが，Halleyは1682年に現われた彗星の運動をNewtonをたすけて計算した．ニュートンの運動法則と万有引力の法則の最初の適用例であった．Halleyはそれ以前1531年，1607年に現われた彗星が1682年のものと同一のものであること，さらに1759年，1835年，1910年にもまた現われることを予言し，過去にさかのぼって240 B.C.までのこの彗星の出現をたどった．6.2-5図は例として，1910年に現われてから1986年に現われるまでの軌道と数年ごとの位置を描いたものである．天体力学の最初の成果といってよいであろう．

Newtonの「プリンキピア」第III編，命題40，定理20を書いておこう.*

> 彗星は太陽の中心にその焦点を持ち，かつ太陽に向かってひかれた動径によって時間に比例する面積を描くような，ある円錐曲線を動くこと．

$\varepsilon > 1$のときには軌道は太陽を焦点とする双曲線軌道となる．このときは，$\cos\theta = -1/\varepsilon$になると$r$は無限大となり，漸近線に近づく．公式は楕円の場合と似ているので列挙するだけにする．6.2-6図をみよ．

$$\frac{l}{\varepsilon^2 - 1} = a \tag{6.2-13}$$

$$\overline{\mathrm{FO}} = \overline{\mathrm{F'O}} = a\varepsilon$$

$$\overline{\mathrm{OA}} = \overline{\mathrm{OB}} = a$$

$$\overline{\mathrm{PF'}} - \overline{\mathrm{PF}} = r' - r = 2a$$

$$b^2 = a^2(\varepsilon^2 - 1), \qquad b^2 = al \tag{6.2-14}$$

となる．漸近線の方向は図のψで表す．

$$\tan\psi = \frac{b}{a}$$

である．

$\varepsilon = 1$の場合には，$\theta = \pi$で$r = \infty$になり，この場合には漸近線はない．曲

---

* Sir Isaac Newton：*PRINCIPIA*, A. Motte's translation revised by F. Cajori（University of California Press, 1973）Vol. II, 498ページ（中野猿人訳：「プリンシピア ― 自然哲学の数学的原理」（講談社，1977）594ページ）．Flamstedが観測し，後に彼によって計算され，Halleyによって訂正されたデータは，Motte訳：Vol. II，508ページ以下，中野訳：606ページ以下．

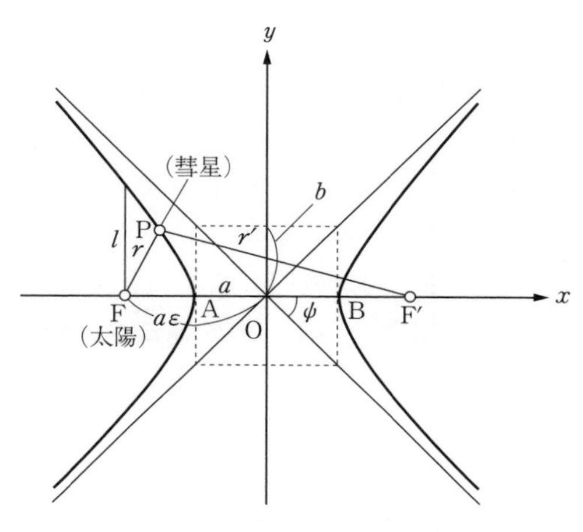

6.2-6図　双曲線の諸量

線は放物線である．

さて，(6.2-8) に帰ろう．離心率によって曲線の名称がちがうが，(6.2-7) を

余 談

英国王立協会 (Royal Society, London)

英国の王立協会の設立は1660年とされており，Newton, Halley はその初期の頃の会員であった．今日まで続いており，その発行する学術雑誌は全世界の大学，研究所になくてはならないものである．

標語は

Nullius in Verba　　言葉の中には何もない

である．

> 批判的で懐疑的な科学を育て，それに従事すること，すべての点で実験的事実に基礎をおき，人間が任意につくった権威または独断にはどんな場合にも従わないこと

を主張している．Newton の時代にこのような考えが確立していたことは注目に値する．David K. C. MacDonald 著，原島鮮訳：「ファラデー，マクスウェル，ケルビン ― 電磁気学のパイオニア」(河出書房新社，1974) 48 ページより．

みると

$$E<0 \quad \text{ならば} \quad \varepsilon<1 \quad \text{で楕円}$$
$$E=0 \quad \text{ならば} \quad \varepsilon=1 \quad \text{で放物線}$$
$$E>0 \quad \text{ならば} \quad \varepsilon>1 \quad \text{で双曲線}$$

であることがわかる.* それぞれの場合を考えよう.

（i）　$\varepsilon<1$, すなわち, $E<0$ で楕円の場合

6.2-3 図で A ($\theta=0$) を**近日点**, C ($\theta=\pi$) を**遠日点**, $\theta=\varphi-\alpha$ を**真近点離角**とよぶ. (6.2-10) の a の式に (6.2-6) の l の値, (6.2-7) の ε の値を入れれば

$$a=-\frac{GmM}{2E} \tag{6.2-15}$$

したがって, 長半径 a はエネルギー E によってきまる. また, (6.2-12) により

$$b^2=-\frac{mh^2}{2E} \tag{6.2-16}$$

面積速度は $h/2$ であるが, 惑星が太陽のまわりを 1 周する間に動径 FP は楕円の全面積 πab をおおうのであるから, 公転周期 T は

$$T=\frac{\pi ab}{h/2}$$

で与えられる. (6.2-12) から $b=\sqrt{la}$ であるからこれを入れる. さらにまた (6.2-6) を使えば

$$T=\frac{2\pi a^{3/2}}{\sqrt{GM}} \quad \text{または} \quad T^2=\frac{4\pi^2a^3}{GM} \tag{6.2-17}$$

となる. これはケプラーの第 3 法則である. ケプラーの法則は, Newton が万有引力の法則を発見する以前に Kepler によって観測結果として見出されていたものであるが **, これをまとめれば

(a)　惑星は太陽を焦点の 1 つとする楕円軌道を描く.

---

*　Johann Bernoulli（ヨーハン・ベルヌイ, 1667-1748. §10.4 の最降下曲線のところに出てくる人と同じ）は万有引力の下での運動は楕円, 放物線, 双曲線, つまり円錐曲線の 3 種類に限られることを最初（1710 年）に示した.

**　トレミー（Ptolemy）の天動説, コペルニクスの地動説, ケプラーの法則, 特に Kepler が火星についてその楕円軌道を見出した経緯については, たとえば, 原島鮮：「質点の力学（改訂版）」（基礎物理学選書 1, 裳華房, 1984）170 ページ以下にくわしい.

(b)　惑星の太陽のまわりの面積速度は時間にかかわらず一定である.

(c)　惑星の周期の2乗は長半径の3乗に比例する.

これらは運動の法則と万有引力の法則とから全部導き出されたわけである.

つぎに惑星の位置と時刻との関係を求めよう. それにはエネルギー保存の式（6.2-1）と面積の原理の式（6.2-2）にかえって,（6.2-1）の運動エネルギーの項の第2項に（6.2-2）を入れて, dr と dt との関係を求めればよい.

$$\frac{dr}{dt} = \pm\sqrt{\frac{2}{m}\left(E + \frac{GMm}{r} - \frac{mh^2}{2r^2}\right)} \qquad (6.2\text{-}18)$$

となる. この根号の中が0になるのは $dr/dt = 0$ になるところで, それは r が極小, 極大のところであるから, 近日点と遠日点を与える. これらの点では6.2-3図から

$$\text{近日点} \qquad r = a(1 - \varepsilon)$$

$$\text{遠日点} \qquad r = a(1 + \varepsilon)$$

であるから

$$\frac{dr}{dt} = \pm\frac{\sqrt{-\dfrac{2E}{m}}}{r}\sqrt{\{r - a(1-\varepsilon)\}\{a(1+\varepsilon) - r\}}$$

$$= \pm\frac{\sqrt{-\dfrac{2E}{m}}}{r}\sqrt{a^2\varepsilon^2 - (a-r)^2}$$

となる. ここで, 通常の方法にしたがって

$$a - r = a\varepsilon\cos u \quad \text{または} \quad r = a(1 - \varepsilon\cos u) \qquad (6.2\text{-}19)$$

とおけば,

$$dt = \pm\sqrt{-\frac{m}{2E}}\,a(1 - \varepsilon\cos u)du$$

となる. 近日点では $r = a(1-\varepsilon)$ であるから,（6.2-19）によって $u = 0$ ととってよい. このときから t を測ることにすれば, 遠日点に着くまでの任意の時刻では $dr/dt > 0$ であるから

$$t = \sqrt{-\frac{m}{2E}}\,a\int_0^u (1 - \varepsilon\cos u)du = \sqrt{-\frac{m}{2E}}\,a(u - \varepsilon\sin u)$$

となる.（6.2-15）を使えば右辺の $u - \varepsilon\sin u$ の係数は $a^{3/2}/\sqrt{GM}$ となり, こ

れは（6.2-17）によって $T/2\pi$ である．

$$\frac{2\pi}{T} = n \tag{6.2-20}$$

とおこう．n は平均の角速度で，天文学では**平均運動**とよばれる．そうすると，惑星の位置と時刻との関係は

$$\left.\begin{aligned} nt &= u - \varepsilon \sin u \\ r &= a(1 - \varepsilon \cos u) \end{aligned}\right\} \tag{6.2-21}$$

となる．第1の式を**ケプラーの方程式**とよぶ．（6.2-21）は r, t の関係を u をパラメターとして与えるものである．nt は近日点から平均の角速度 n で動いたらどこまでくるかを与えるもので，これを**平均近点離角**とよぶ．

（ii）$\varepsilon = 1$，すなわち，$E = 0$ で放物線の場合

軌道の方程式は

$$r = \frac{l}{1 + \cos\theta}, \qquad l = \frac{h^2}{GM} \tag{6.2-22}$$

で，$\theta = 0$ が近日点でこのとき $r = l/2$ である．

時刻と位置との関係は一般に E の値がどんなものでも成り立つ．（6.2-18）で $E = 0$ とおいて，

$$\frac{dr}{dt} = \pm\sqrt{\frac{2GM}{r} - \frac{h^2}{r^2}} = \pm\sqrt{2GM}\,\frac{\sqrt{r - l/2}}{r}$$

したがって

$$dt = \pm\frac{1}{\sqrt{2GM}}\frac{r\,dr}{\sqrt{r - l/2}}$$

となる．近日点を通るとき $t = 0$ とすれば $dr/dt > 0$ である．したがって，上の式の正号をとり積分すれば

$$t = \sqrt{\frac{2}{GM}}\left\{\frac{l}{2}\sqrt{r - \frac{l}{2}} + \frac{1}{3}\left(r - \frac{l}{2}\right)^{3/2}\right\} \tag{6.2-23}$$

（iii）$\varepsilon > 1$，すなわち，$E > 0$ で双曲線の場合

（6.2-13），（6.2-14）を使って a, b を求めれば

$$a = \frac{GmM}{2E}, \qquad b^2 = \frac{mh^2}{2E} \tag{6.2-24}$$

となる．双曲線軌道の場合には，太陽系ではもちろん彗星で，無限に遠いとこ

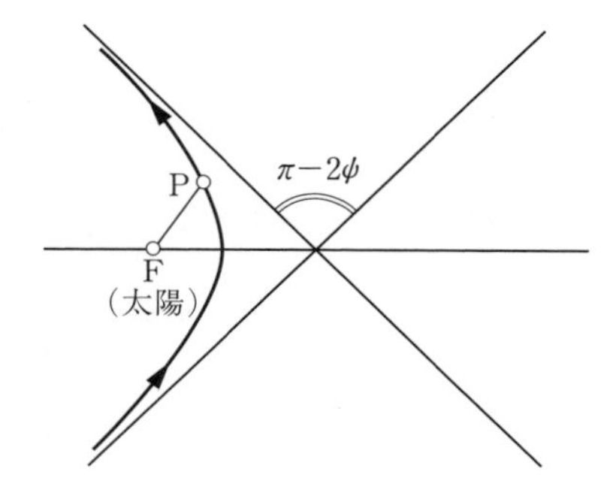

6.2-7 図　双曲線軌道

ろから飛んできて，太陽に近寄り，近日点を過ぎてまた無限の遠方に飛んでいくのであるが，彗星がその角をどれだけ変えるかが問題である．そのため 6.2-6 図，6.2-7 図をくらべると，この角は $\pi-2\psi$ であることがわかる．ψ は

$$\tan\psi=\frac{b}{a}=\sqrt{\frac{2E}{m}}\frac{h}{GM} \qquad (6.2\text{-}25)$$

この式で，h は面積速度の 2 倍で，速度のモーメントである．$r=\infty$ での速さを v_∞ とし，太陽から漸近線に下した垂線の長さを p とすれば，$h=pv_\infty$ である．p を**衝突パラメター**とよぶ．

$r=\infty$ では位置エネルギーは 0 であるから，$E=(1/2)mv_\infty{}^2$，したがって

$$\tan\psi=\frac{pv_\infty{}^2}{GM} \qquad (6.2\text{-}26)$$

§6.3　中心力による運動

万有引力による運動は中心力のあるときの運動の特別な場合である．ここでは一般の中心力による運動の取扱い方の 1 つを示しておこう．§6.2 で述べた，力学的エネルギー保存の法則と面積の原理を使う方法は一般の場合にも使うことができるが，ここでは運動方程式から出発し，エネルギーを経ないで積分する方法を示そう（面積速度のほうは§6.2 と同じように使う）．

運動方程式としては（4.2-6）の両式を使う．中心力であるから $F_\varphi=0$ である．F_r を r の関数としてこれを $f(r)$ とする．r 方向の運動方程式は

$$m\left\{\frac{d^2r}{dt^2}-r\left(\frac{d\varphi}{dt}\right)^2\right\}=f(r) \qquad (6.3\text{-}1)$$

φ 方向の運動方程式は

$$m\frac{1}{r}\frac{d}{dt}\left(r^2\frac{d\varphi}{dt}\right)=0 \tag{6.3-2}$$

である．(6.3-2) から，何度も行ったように

$$r^2\frac{d\varphi}{dt}=h, \qquad h：定数 \tag{6.3-3}$$

(6.3-3) を (6.3-1) に代入して，

$$\frac{d^2r}{dt^2}-\frac{h^2}{r^3}=\frac{f(r)}{m} \tag{6.3-4}$$

ところで

$$\frac{d}{dt}=\frac{d\varphi}{dt}\frac{d}{d\varphi}=\frac{h}{r^2}\frac{d}{d\varphi}$$

であるから，(6.3-4) は

$$\frac{h}{r^2}\frac{d}{d\varphi}\left(\frac{h}{r^2}\frac{dr}{d\varphi}\right)-\frac{h^2}{r^3}=\frac{f(r)}{m}$$

となる．$\dfrac{1}{r}=z$ とおくと，$-\dfrac{1}{r^2}\dfrac{dr}{d\varphi}=\dfrac{dz}{d\varphi}$ であるから，

$$\frac{d^2z}{d\varphi^2}+z=-\frac{f(1/z)}{mh^2z^2} \tag{6.3-5}$$

となる．$f(r)$ が与えられていればこの式は z と φ，したがって r と φ との関係を求める微分方程式となる．

万有引力では

$$f\left(\frac{1}{z}\right)=-GMmz^2$$

となるので

$$\frac{d^2z}{d\varphi^2}+z=\frac{GM}{h^2}$$

したがって，

$$z=\frac{GM}{h^2}+A\cos(\varphi-\alpha)$$

となり，

$$r = \frac{\dfrac{h^2}{GM}}{1 + \dfrac{h^2}{GM} A\cos(\varphi - \alpha)}$$

となる．この式ではエネルギーの値 E は使わないで，その代りに A という定数が入っている．

引力が距離の3乗に反比例するときには，(6.3-5) は

$$\frac{d^2 z}{d\varphi^2} + z = -kz, \qquad k：定数$$

となって，これも比較的に容易に軌道が求められる例となる．

§6.4　人工衛星の運動

人工衛星の運動は惑星の運動と同様に扱うことができる．太陽-惑星の代りに地球の中心-人工衛星を考えればよい．人工衛星の運動を論じるときには独特のデータ，力学量があるから挙げておこう．

地球の質量　$M = 5.974 \times 10^{24}\,\mathrm{kg}$

地球の半径　$R_0 = 6.38 \times 10^6\,\mathrm{m}$

地球表面にすれすれに等速円運動を行う人工衛星を考える．速度を V_1（第1宇宙速度）とすれば，運動方程式は

$$m\frac{{V_1}^2}{R_0} = G\frac{Mm}{{R_0}^2}$$

これから

$$V_1 = \sqrt{\frac{GM}{R_0}} = \sqrt{gR_0} = 7.91 \times 10^3\,\mathrm{m\,s^{-1}} \qquad \text{(第1宇宙速度)}$$

地球表面から投げ出されて永久に地球に帰ってこない場合の速度（第2宇宙速度）を V_2 とすれば

$$\frac{1}{2}m{V_2}^2 = G\frac{Mm}{R_0}$$

これから

$$V_2 = \sqrt{\frac{2GM}{R_0}} = \sqrt{2gR_0} = 11.2 \times 10^3\,\mathrm{m\,s^{-1}} \qquad \text{(第2宇宙速度)}$$

が得られる．

以下，コンピュータで描いたいくつかの場合を示す．運動方程式は極座標によらず直交座標軸を使ったほうが便利である．(x, y) 平面内の問題として考える．

$$m\frac{d^2x}{dt^2} = -\frac{GMm}{r^2}\frac{x}{r}, \qquad m\frac{d^2y}{dt^2} = -\frac{GMm}{r^2}\frac{y}{r}$$

で $GM = 1$ とおけば

$$\frac{dx}{dt} = u$$

$$\frac{dy}{dt} = v$$

$$\frac{du}{dt} = -\frac{x}{(x^2+y^2)^{3/2}}$$

$$\frac{dv}{dt} = -\frac{y}{(x^2+y^2)^{3/2}}$$

となるが，これを数値積分法によって解く．$GM = 1$ とおいた結果，コンピュータによる計算結果については

長さの単位 ＝ 地球の半径 $R_0 = 6.38 \times 10^6$ m

時間の単位 ＝ 地球表面すれすれの運動の周期の $1/2\pi = 8.07 \times 10^2$ s

速度の単位 ＝ 第 1 宇宙速度 $= 7.91 \times 10^3$ m s^{-1}

となっている．

6.4-1 図，6.4-2 図にコンピュータのディスプレーに映し出された映像を示す．

6.4-1 図では北極にあたる地点の高さ $0.05\,R_0 = 310$ km の高さのところから打ち出した人工衛星の軌道を示している．第 1 宇宙速度を V_0 (＝ 7.91 km s^{-1}) として，いくつかの速度で打ち出した場合の軌道の形は

$0.5\,V_0$, $0.8\,V_0$	楕円軌道，図にはっきりとはみえない（射出後地球表面に達する）
$0.9759\,V_0$	円軌道
$1.05\,V_0$, $1.10\,V_0$	楕円軌道

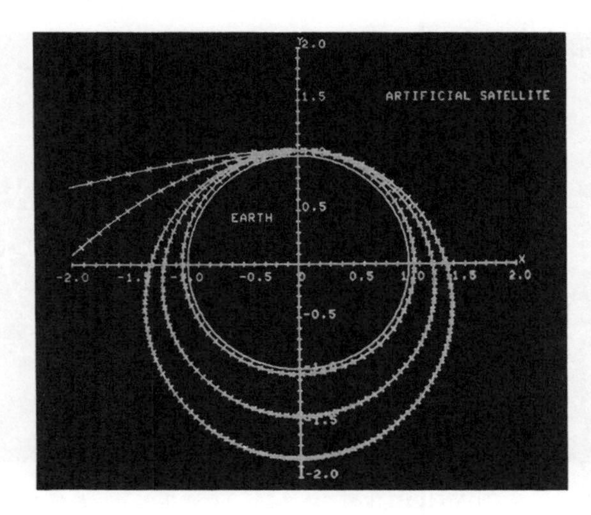

6.4-1図　人工衛星の軌道

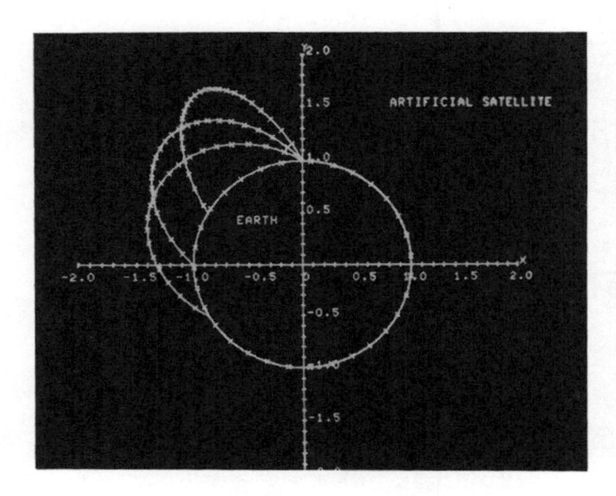

6.4-2図　地球上からの投射体

1.3801 V_0	放物線軌道
2.0 V_0	双曲線軌道

となる．2つのプロット × の間の時間は 80.7 s である．

6.4-2図では北極にあたる地表から V_0 の速度で 0°, 30°, 45°, 75° の射角で投げ出したときの運動を示す．45° の場合，赤道で地表に達することに注意してい

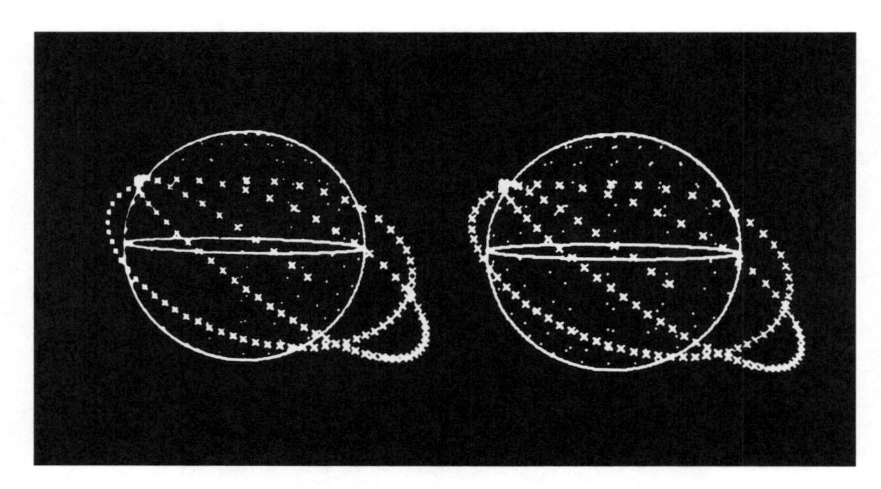

6.4-3 図　地球を回る人工衛星の立体図．北緯 35°，高度 319 km（地球の半径の 1/20）の点から真東に 7.91 km s^{-1} × 1.1 の速度で投げ出した場合．地球が自転しているため 1 まわりしてももとにもどらない．

ただきたい（第 6 章の問題 11）．

6.4-3 図は日本の九州あたりから打ち出した人工衛星の地球表面に対する運動をコンピュータにより立体視的に描いたものである．

§6.5　万有引力の法則の精度

運動の第 2 法則（2.4-1）の式

$$m\boldsymbol{A} = \boldsymbol{F} \tag{6.5-1}$$

慣性質量 × 慣性系に対する加速度 = 他の物体から質点に働く力

には，§2.4 で示したように経験的事実と定義が入っている．相対論以前の古典力学に関するかぎり，この法則は正確に正しいとして扱われるものである．このようにして力というものを考えた上で，

$$\text{万有引力} = G\frac{mm'}{r^2} \tag{6.5-2}$$

という法則が得られた．(6.5-1) が正確なものとしても，(6.5-2) は私たちの行う実験の精度の限界のため，ある種の誤差をともなってもよいと考えられよ

う.

万有引力が慣性質量に正確に比例しているかどうかの問題は，慣性質量と地上での重力が比例するかどうかの問題と同じであるが，今日までなされた実験の精度から判断して

$$10^{-12}$$

つまり，1兆分の1の精度まで正しいことが確かめられている.*

万有引力が距離の2乗に反比例するという法則については，過去では天体の運動の観測値と万有引力の法則による予想との間のずれを説明するために逆2乗の "2" という数字を修正しようという試みもあった．水星の近日点は100年に42″移動するが，これを万有引力の法則の修正によって説明しようとする試みがあった．しかしこの近日点の移動は相対論で説明され，万有引力の法則は修正を受けなかった.

現在では，人工衛星や宇宙船の運動についての計算と実測の結果がよく一致することが万有引力の法則の正しさのもっともよい裏づけと考えられている.

6.5-1図は

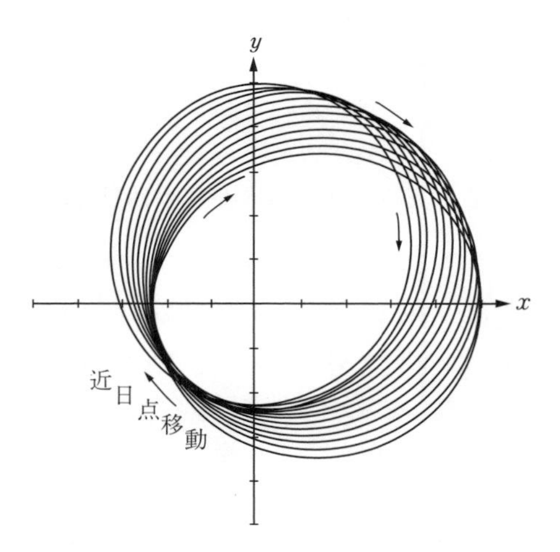

6.5-1図 万有引力 $\propto 1/r^{2.04}$ とした場合の近日点の移動

* Eötvös (1890), Dicke (1964), Braginsky and Panov (1972).

$$\text{万有引力} \propto \frac{1}{r^{2.04}}$$

としたときの軌道のずれ（近日点の移動）のありさまをコンピュータで描いたものである．

§6.6 ラザフォードの散乱公式

原子核は正の電気を帯びた粒子であるが，これに α 粒子などの正電気を帯びた粒子が飛んでくるときには，原子核と α 粒子の間に静電気学のクーロンの法則による斥力が働く．このような現象は量子力学で論じなければならないものであるが，古典力学で論じておくことは，量子力学で扱うときの基礎になるので，ここでこの運動をしらべておこう．原子核の持つ正電気量を $+Ze$ とする．e は電子の持っている電気量の絶対値で，Z はその原子核の原子番号とよばれる．飛んでくる帯電粒子の電気量を $+Z'e$ とする．α 粒子の場合は $Z'=2$ である．原子核のほうは質量が大きくて，静止しているものとしよう．飛んでくる α 粒子の速度を v_∞ とし，原子核から飛んでくる粒子の進む直線に下した垂線の長さ p を，万有引力下の双曲線軌道の場合と同様に，衝突パラメターとよぶ．

位置エネルギーは

$$\frac{ZZ'e^2}{4\pi\varepsilon_0 r}, \qquad \varepsilon_0：\text{真空の誘電率}\ 8.854\times10^{-12}\,\mathrm{N^{-1}\,C^2\,m^{-2}}$$

で，万有引力の GM の代りに，$-(ZZ'e^2/4\pi\varepsilon_0 m)$ がきていると考えればよい．あとは双曲線軌道の彗星の軌道の場合と同様である．α 粒子が原子核に向かってきて正面衝突（6.6-1 図の P → Q → P）して $(p=0)$ はね返るとき，原子核にもっとも近づく点での距離を a_0 としよう．

$$\frac{1}{2}mv_\infty{}^2 = \frac{ZZ'e^2}{4\pi\varepsilon_0 a_0}$$

であるから

$$a_0 = \frac{ZZ'e^2}{2\pi\varepsilon_0 m v_\infty{}^2} \qquad (6.6\text{-}1)$$

軌道のいろいろな量を表すのにこの a_0 を使うと簡単になる．

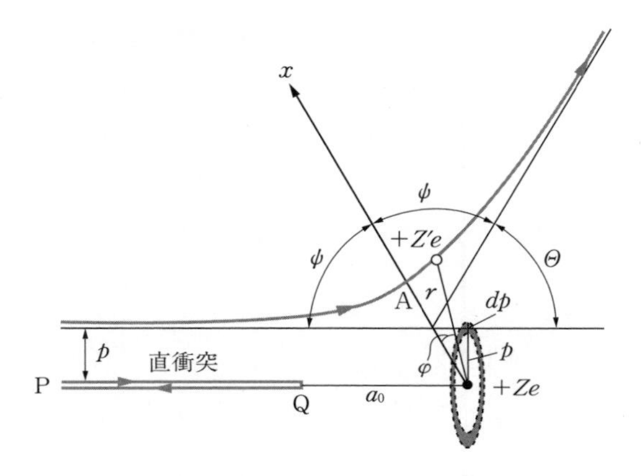

6.6-1 図 原子核による α 粒子の散乱

α 粒子が原子核にもっとも近づいた点 A（6.6-1 図）から角 φ を測ることにすれば

$$\left.\begin{aligned}&\text{軌道の式} \quad r = \frac{l}{-1+\varepsilon\cos\varphi}\\ &\text{半 直 弦} \quad l = \frac{4\pi\varepsilon_0 mh^2}{ZZ'e^2} = \frac{2p^2}{a_0}\\ &\text{離 心 率} \quad \varepsilon = \sqrt{1+\frac{4p^2}{{a_0}^2}}\end{aligned}\right\} \tag{6.6-2}$$

いまの場合 $\varepsilon > 0$ で双曲線軌道となる．α 粒子の運動の方向変化は $\pi - 2\phi$ で，(6.2-26) と同様にして

$$\tan\phi = \frac{2p}{a_0} \tag{6.6-3}$$

となる．

いま，散乱を引き起こす標的の粒子をめがけて，左のほうから $+Z'e$ の電荷を持つ被散乱粒子が飛んでくるものとする．入射粒子線が左のほうから単位面積あたり，単位時間に，I 個飛んでくるものとして，その速度は一様に v_∞ であるとする．これら飛んできた粒子線が Ze の電荷を持つ標的粒子によって Θ だけその方向を変えられたものとする．Θ を**散乱角**とよぶ．

$$\Theta = \pi - 2\phi \tag{6.6-4}$$

である．6.6-1 図は 6.2-7 図と同様のものであるが，原子物理学の通常の描き方によった．Θ は p によってちがう．力の中心 Ze を通って粒子線に直角な面を考える．力の中心から $p, p+dp$ の間にある面積は $2\pi p\,dp$ で，これをめがけて入射する粒子の数は $2\pi p\,dp \times I$ である．これらの粒子が Θ の散乱角で散乱される．(6.6-4) を使って (6.6-3) を書けば

$$\cot\frac{\Theta}{2} = \frac{2p}{a_0}$$

これから $p^2 = (a_0{}^2/4)\cot^2(\Theta/2)$．したがって

$$p\,dp = -\frac{a_0{}^2}{4}\cot\frac{\Theta}{2}\cdot\frac{1}{2}\operatorname{cosec}^2\frac{\Theta}{2}\,d\Theta$$

となる．$\Theta, \Theta + d\Theta$ の間の散乱角の方向の小立体角を $d\omega$ とすれば

$$d\omega = 2\pi\sin\Theta\,|d\Theta|$$

これらの式から，散乱角 Θ の小立体角 $d\omega$ 内に単位時間に散乱される粒子数は

$$2\pi p\,dp \times I = I\left(\frac{a_0}{4}\right)^2\operatorname{cosec}^4\frac{\Theta}{2}\,d\omega$$

これを I で割ったものを $\sigma(\Theta)d\omega$ とすれば

$$\sigma(\Theta) = \left(\frac{a_0}{4}\right)^2\frac{1}{\sin^4\dfrac{\Theta}{2}} \qquad (6.6\text{–}5)$$

となる．$\sigma(\Theta)$ のディメンションは $\sigma = 2\pi p\,dp$ からわかるように面積のディメンションである．$\sigma(\Theta)$ を**散乱の微分断面積**とよぶ．(6.6-5) はラザフォードの散乱公式とよばれるもので，偶然のようであるが，量子力学でも同じ結果を与える．はじめ Rutherford が α 粒子の散乱について古典力学を使って導き出したものである．(6.6-5) で (6.6-1) によって a_0 をもどしておけば

$$\sigma(\Theta) = \left(\frac{ZZ'e^2}{8\pi\varepsilon_0 m v_\infty{}^2}\right)^2\frac{1}{\sin^4\dfrac{\Theta}{2}} \quad \text{：SI 制の公式} \qquad (6.6\text{–}5)'$$

となる．量子力学，原子物理学では CGS 制で書かれることが多い．SI 制から CGS 制に移るのには，クーロンの法則で ε_0 を $1/4\pi$ とおいた形になるので，(6.6-5)′ は

$$\sigma(\Theta) = \frac{1}{4}\left(\frac{ZZ'e^2}{m{v_\infty}^2}\right)^2 \frac{1}{\sin^4\dfrac{\Theta}{2}} \quad \text{：CGS 制の公式} \qquad (6.6\text{-}5)''$$

となる.

第6章 問題

1 単振り子（長さ l, おもりの質量 m）をつるしている点が, 質量のないばねによって水平に左右に動くことができる. ばねの復元力の定数を c として, その小振動の周期が

$$2\pi\sqrt{\frac{l}{g}\left(1+\frac{mg}{cl}\right)}$$

で与えられることを示せ.

2 滑らかな球面の頂点に物体をのせ, 初速 V_0 で物体を滑らすとき, この物体はどこで球面を離れるか.

3 質量 m の質点が滑らかな放物線 $x^2 = 2ay$（x は水平, y は鉛直下方にとる）に束縛されていて, 最高点（頂点）から V_0 の速さで運動をはじめる. 任意の位置での束縛力を求めよ.

4 鉛直面内にある滑らかなサイクロイド

$$x = a(\theta + \sin\theta), \qquad y = a(1 - \cos\theta), \qquad x\text{：水平}, \qquad y\text{：鉛直上方}$$

の上に束縛されて重力の作用を受けながら運動する質点がある. この質点の往復運動の周期は振幅によらないこと（完全な等時性*）を示せ.

5 問題4の逆, すなわち, 質点を鉛直面内にある滑らかな曲線に束縛して, 重力の作用下で運動させるとき, どのような曲線を使ったら完全な等時性が保たれるであろうか.

6 地球表面で水平に初速 V_0 で質点を投げるとき, その後の質点の軌道は V_0 のいろいろな値に対してどう変わるか.

7 中心Oから万有引力を受ける質点を, O以外の与えられた点から等しい速度でいろいろな方向に投げるとき, 短半径の長さはOからこの投げる方向に下した垂線の長さに比例することを示せ.

8 万有引力によって起こる楕円運動で, 動径の時間平均は

$$a\left(1+\frac{1}{2}\varepsilon^2\right)$$

---

* tautochrone. tauto は等しい, chrone は時間の意.

であることを示せ.

9　ケプラーの方程式

$$nt = u - \varepsilon \sin u$$

と

$$r = a(1 - \varepsilon \cos u)$$

を使って逐次近似法によって，ε が小さいときには，太陽からの距離と真近点離角 θ は

$$r = a\left(1 - \varepsilon \cos nt + \frac{1}{2}\varepsilon^2 - \frac{1}{2}\varepsilon^2 \cos 2nt\right)$$

$$\theta = nt + 2\varepsilon \sin nt + \frac{5}{4}\varepsilon^2 \sin 2nt$$

で与えられることを示せ.

10　惑星の近日点距離，遠日点距離（人工衛星の近地点距離，遠地点距離．人工衛星の場合は地表から測る）を知れば，惑星（人工衛星）の運動が決定されることを示せ.

11　6.4–2 図をみると，北極にあたる点から地表と 45° の角をつくって，第 1 宇宙速度で投げ出された物体は，赤道に地表と 45° の角をつくって衝突するようにみえる（下図）．これを証明せよ.

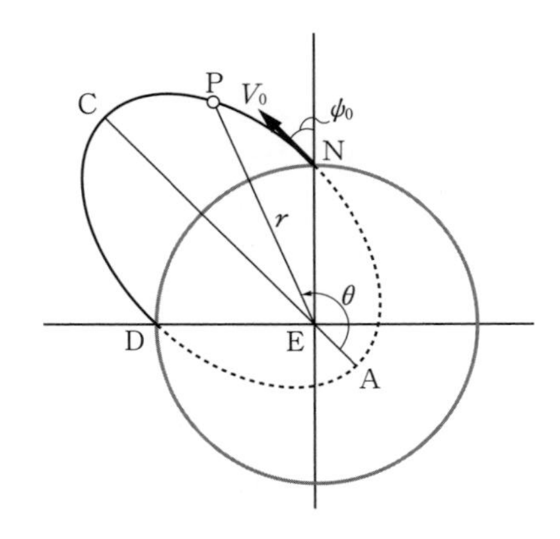

7 非慣性系に相対的な運動

§7.1 ガリレイの変換

いままで運動方程式を立てるのは，必ず慣性系からみた加速度を使って，運動の第2法則の式を基礎の式としてきた．§4.1で述べた運動方程式の接線成分，法線成分も，慣性系からみた加速度ベクトルを接線方向，法線方向に分解したものを使っており，§4.2の動径方向，方位角方向の運動方程式も，慣性系からみた加速度ベクトルを動径方向，方位角方向に分解してつくったものである．

しかし，質点の運動をしらべるのに，いつも慣性系からみた運動によるというのは必ずしも便利ではない．たとえば，ある加速度で上昇しているエレベーターの中で物体を投げたときの運動や振り子の運動をみるのには，もちろん慣性系と考えられる地上からみた運動一点張りで議論できないこともないが，取扱いはこみ入ってくる．地上でみられる運動を力学的に扱うとき，通常は地上に固定した座標系は慣性系とみなすのであるが，厳密にいうと，地球は自転しているので，地上に固定した座標系は，厳密な意味の慣性系に対して回転しているのである．事実，地上の運動のある種類のもの（砲弾のように速く運動するもの，フーコー振り子，傾度風*）では地球の回転の影響は無視できない．このような場合でも，もちろん厳密な慣性系からみた物体の運動一点張りでも通

---

* 大気の圧力の勾配によって起こる風（台風など）であるが，地球自転の影響で低気圧の中心のまわりに回る（北半球では時計と逆回り）風（§7.4参照）．

せないこともないが，私たちが観測するのは地上で行うのであるから，地上の運動を慣性系からみたらどうなるかをしらべ，つぎにこの運動から地上の座標の運動を差し引いて，地上に取りつけた座標からみた運動を求めなければならない．

それで，あらかじめ一般的に，慣性系に対し運動している任意の座標系で，それに相対的な座標，速度，加速度を使うとき，座標系の運動をどのように考察に入れたらよいかがわかっていればつごうがよいであろう．ここの章では，このような問題を扱うことにする．

まず，厳密な意味での慣性系 (O, x, y, z) があるものとし，これに対して等速直線運動をして回転はしない他の座標系 $(\mathrm{O}', x', y', z')$ があるものとしよう．この $(\mathrm{O}', x', y', z')$ 系も慣性系であることは§2.1でくわしく述べた．しかし，後に続く節の理解を助けるために，もう一度はっきりと確かめておこう．

慣性系 (O, x, y, z) に対する質量 m の質点Pの運動方程式は

$$m\frac{d^2x}{dt^2} = X, \quad m\frac{d^2y}{dt^2} = Y, \quad m\frac{d^2z}{dt^2} = Z \qquad (7.1\text{-}1)$$

X, Y, Z はもちろん，質点Pにばね，糸，万有引力などから働く力である．

座標系 $(\mathrm{O}', x', y', z')$ の原点 O' は (O, x, y, z) に対しては等速直線運動（速度成分 u_0, v_0, w_0）をしているものとし，座標軸 x', y', z' は x, y, z 軸に平行になっているものとする．

両方の座標系によるPの座標を $(x, y, z), (x', y', z')$ とすれば，7.1-1図からわ

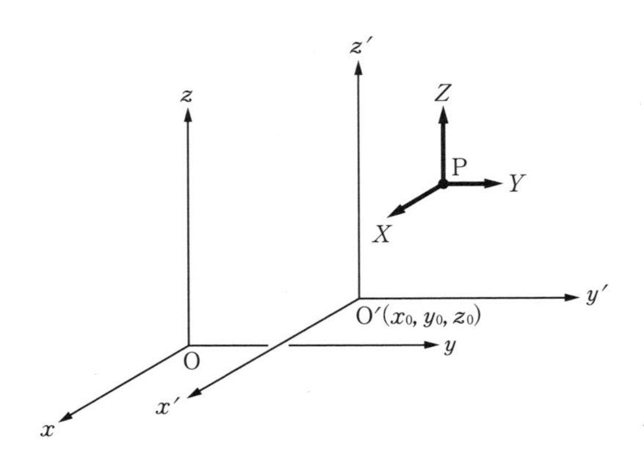

7.1-1図　ガリレイ変換

かるように，

$$x = x_0 + x', \quad y = y_0 + y', \quad z = z_0 + z' \tag{7.1-2}$$

の関係がある．

$$x_0 = u_0 t, \quad y_0 = v_0 t, \quad z_0 = w_0 t$$

と書くことができるから

$$x = u_0 t + x', \quad y = v_0 t + y', \quad z = w_0 t + z' \tag{7.1-3}$$

となる．この式による (x, y, z) から (x', y', z') への変換を**ガリレイ変換**とよぶ．x', y', z' 軸がそれぞれ x, y, z 軸に平行ならば，力（ばねからの力など）の成分 X', Y', Z' は $X' = X$，$Y' = Y$，$Z' = Z$ である．したがって，(7.1-1) は

$$m\frac{d^2x'}{dt^2} = X', \quad m\frac{d^2y'}{dt^2} = Y', \quad m\frac{d^2z'}{dt^2} = Z' \tag{7.1-4}$$

(7.1-4) でみると，力学に関するかぎり，両座標はまったく同等で，同じ基礎方程式を与えるということができる．

§7.2　慣性系に対して加速度を持つが回転していない座標系

(O, x, y, z) 系は慣性系とし，$(\mathrm{O}', x', y', z')$ 系は，各座標軸は慣性系の座標軸に平行であるが，慣性系に対して一定の加速度を持つものとする（7.2-1 図）．

運動方程式は

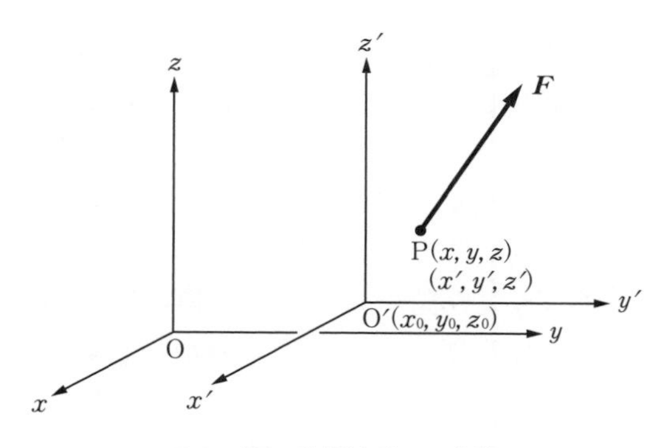

7.2-1 図　非慣性系への変換

$$m\frac{d^2x}{dt^2}=X,\qquad m\frac{d^2y}{dt^2}=Y,\qquad m\frac{d^2z}{dt^2}=Z \tag{7.2-1}$$

である．(x,y,z) と (x',y',z') との関係は

$$x=x_0+x',\qquad y=y_0+y',\qquad z=z_0+z' \tag{7.2-2}$$

であるが，これを（7.2-1）に入れると

$$\left.\begin{aligned} m\left(\frac{d^2x_0}{dt^2}+\frac{d^2x'}{dt^2}\right)&=X\\ m\left(\frac{d^2y_0}{dt^2}+\frac{d^2y'}{dt^2}\right)&=Y\\ m\left(\frac{d^2z_0}{dt^2}+\frac{d^2z'}{dt^2}\right)&=Z \end{aligned}\right\} \tag{7.2-3}$$

となる．

(O',x',y',z') 系は慣性系ではないから，これに対する加速度 d^2x'/dt^2, d^2y'/dt^2, d^2z'/dt^2 を使ったのでは運動の第2法則の 質量 × 加速度 = 力 という式にはならないのであるが，無理にそのようにしたい場合には，（7.2-3）を（x',y',z' は不便だから改めて x,y,z と書いて）

$$\left.\begin{aligned} m\frac{d^2x}{dt^2}&=X+\left(-m\frac{d^2x_0}{dt^2}\right)\\ m\frac{d^2y}{dt^2}&=Y+\left(-m\frac{d^2y_0}{dt^2}\right)\\ m\frac{d^2z}{dt^2}&=Z+\left(-m\frac{d^2z_0}{dt^2}\right) \end{aligned}\right\} \tag{7.2-4}$$

とすればよい．X,Y,Z はばねからの力，糸の張力，重力などで，座標系として (O,x,y,z) を使っても (O',x',y',z') を使っても同じもの（ばねの伸びぐあいなど，どの座標系から観測しているかにはよらない）であるが，これらの力の他に（7.2-4）の各式の右辺の第2項

$$-m\frac{d^2x_0}{dt^2},\qquad -m\frac{d^2y_0}{dt^2},\qquad -m\frac{d^2z_0}{dt^2}$$

も仮に力の仲間に入れると，（7.2-4）はちょうど慣性系の運動方程式と同じ形式になる．これを“**見かけの力**”とよぶ．これらがいままで使ってきた力とちがうことは観測する座標系によること，また実際の力のように，どの物体から質点にその力を作用するかということのいえないことからわかる．*

(7.2-4) をまとめてベクトルの式で書くのに，力を $\boldsymbol{F}$，$(\mathrm{O}', x', y', z')$ 系の加速度を $\boldsymbol{A}_0$ とし，この系からみた質点の加速度を $\boldsymbol{A}$ とすれば

$$m\boldsymbol{A} = \boldsymbol{F} + (-m\boldsymbol{A}_0) \tag{7.2-5}$$

となる．言葉でいえばつぎのようになる．

“実際に働く力” $\boldsymbol{F}(X, Y, Z)$ の他に，“見かけの力” $-m\boldsymbol{A}_0\left(-m\dfrac{d^2x_0}{dt^2}, -m\dfrac{d^2y_0}{dt^2}, -m\dfrac{d^2z_0}{dt^2}\right)$ も質点に働くと考えれば，慣性系に対して加速度 $\boldsymbol{A}_0$ を持つ運動座標系はちょうど慣性系であるかのように扱うことができる．

この法則は，運動方程式でいうと簡単な移項の問題でしかないのであるが，私たちは日常，慣性系に近い地上の座標系を基準としてこれによって力学的現象を考えることに慣れているので，たとえば加速度を持つ列車やエレベーターの中で物体の運動を観察する場合にも，これらの列車などに取りつけた慣性系でない座標系を，条件つきでもよいから慣性系のように考えることができればつごうがよいのである．いま述べた規則は実際にそのようなことができることを示すもので，条件というのが，“実際の力” の他に “見かけの力” を考えるということである．

例　一定の加速度 α で上昇するエレベーターの中で石を水平に投げるときの運動を考えよ（7.2-2 図）．

解　上に述べた規則を使わないで，慣性系（地上に取りつけた座標系）一点張りで考えよう．運動中，石に作用している力は重力 mg だけであるから，運動方程式は

* fictitious force, apparent force. 一般相対性理論では，この “見かけの力” は重力の一種とみなされ，運動座標に対して加速度を持つ恒星全体がこの力場をつくると考える．そして，恒星に対して加速度のない系もある系も同等に扱う．この本では，このような力と糸などによる力を一応区別して “見かけの力” といういい方をすることにしよう．たとえば，C. Møller：*The Theory of Relativity*（Oxford Univ. Press, 1952）219 ページ参照．

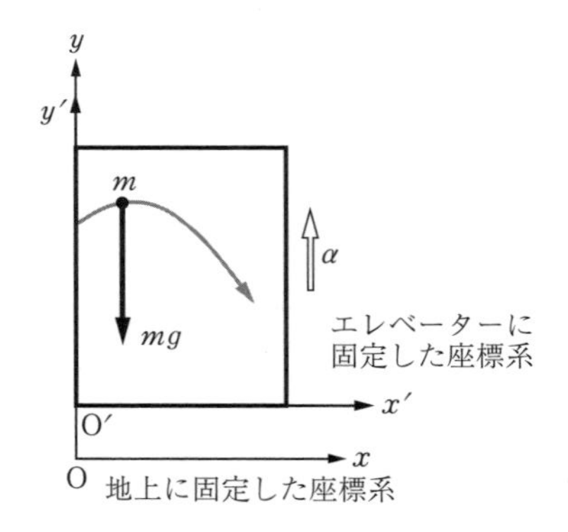

7.2-2 図

$$m\frac{d^2x}{dt^2} = 0, \qquad m\frac{d^2y}{dt^2} = -mg \tag{1}$$

である.

石を投げた瞬間のエレベーターの床の高さを h_0, 床から投げるところまでの高さを h とすれば, $t=0$ での石の高さ（慣性系の y 軸による高さ）は $h_0 + h$ である. また, エレベーターに対して水平に u_0 の水平速度で投げたとし, そのときのエレベーターの速度を v_0 とすれば, 初期条件は

$$t=0 \quad \text{で} \qquad x=0, \quad y=h_0+h, \quad \frac{dx}{dt}=u_0, \quad \frac{dy}{dt}=v_0$$

となる. この条件に対して, 運動方程式を解けば

$$x = u_0 t, \qquad y = h + h_0 + v_0 t - \frac{1}{2}gt^2 \tag{2}$$

となる.

一方, エレベーターの原点 O′ の位置は, $x_0 = 0$, $y_0 = h_0 + v_0 t + (1/2)\alpha t^2$ であるから, これを (2) から差し引けばエレベーターからみた運動が得られる.

$$x' = x - x_0 = u_0 t, \qquad y' = y - y_0 = h - \frac{1}{2}(g+\alpha)t^2 \tag{3}$$

となる.

つぎに, 見かけの力を使う方法にしたがって, 慣性系でないエレベーターに固定した座標系 (O', x', y') だけを使う方法によって同じ問題を考えよう.

質点に働く実際の力は重力 mg だけであるが, その他にエレベーターの加速度と逆に, すなわち, 下向きに $m\alpha$ という見かけの力を考える. そうすれば

(O', x', y') 系は慣性系であるかのように考えることができる．7.2–3 図でこの“見かけの力”は破線で表してある．石の運動方程式は

$$m\frac{d^2x'}{dt^2} = 0, \qquad m\frac{d^2y'}{dt^2} = -mg - m\alpha \tag{4}$$

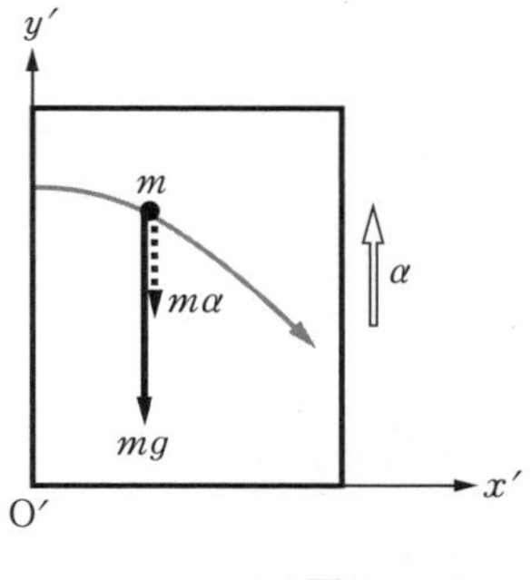

7.2–3 図

となる．初期条件は

$$t = 0 \quad \text{で} \qquad x' = 0, \quad y' = h,$$
$$\frac{dx'}{dt} = u_0, \quad \frac{dy'}{dt} = 0 \tag{5}$$

であるから，これにあうように (4) を解けば，

$$x' = u_0 t, \qquad y' = h - \frac{1}{2}(g + \alpha)t^2$$

となり，(3) に一致する．いまは2つの方法を比較するために (O, x, y) 座標系と (O', x', y') 座標系を使ったが，第2の方法を使うときには (O', x', y') 系を (O, x, y) と書いても混乱は起こらない．(4) でみると，加速度 α で上昇しつつあるエレベーターの内部で物体の運動をしらべるときには，ちょうど重力加速度 g が $g + \alpha$ になったとし，一方エレベーターは止まっているように考えればよいことがわかる．

エレベーターの内部で振り子の運動をしらべるときも同様で，いま述べたことによると，単振り子の周期は

$$T = 2\pi\sqrt{\frac{l}{g + \alpha}} \tag{6}$$

となる．◆

§7.3　慣性系に対し一定の角速度を持つ座標系

(O, x, y, z) 系を慣性系とし，$(\mathrm{O}', x', y', z')$ 系はこれと原点と z 軸を共通にし，z 軸のまわりに一定の角速度 ω で回るものとする．質量 m の質点Pに力 $\boldsymbol{F}$ が働くものとする．x', y' 軸は x, y 軸に平行ではないから，$\boldsymbol{F}$ の成分 (X, Y)，(X', Y') はちがうが，$\boldsymbol{F}$ そのものはどちらの座標系で運動をしらべていても同

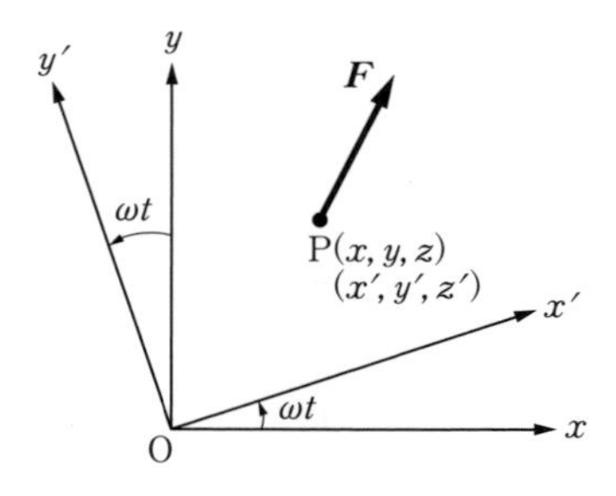

7.3-1 図　回る座標系

	x	y
x'	$\cos\varphi$	$\sin\varphi$
y'	$-\sin\varphi$	$\cos\varphi$

じである．7.3-1 図のように Ox, Ox' のつくる角を $\varphi = \omega t$ とすれば，右に示してある方向余弦の表をみながら

$$\left.\begin{aligned} X' &= X\cos\varphi + Y\sin\varphi \\ Y' &= -X\sin\varphi + Y\cos\varphi \end{aligned}\right\} \quad (7.3\text{-}1)$$

と書くことができる．

Pの運動方程式は，慣性系 (O, x, y, z) について書くと

$$m\frac{d^2x}{dt^2} = X, \quad m\frac{d^2y}{dt^2} = Y, \quad m\frac{d^2z}{dt^2} = Z \qquad (7.3\text{-}2)$$

である．もう一度方向余弦の表をみて

$$\left.\begin{aligned} x &= x'\cos\varphi - y'\sin\varphi \\ y &= x'\sin\varphi + y'\cos\varphi \\ \varphi &= \omega t \end{aligned}\right\} \qquad (7.3\text{-}3)$$

これを（7.3-2）に入れれば

$$\left.\begin{aligned} & m\left\{\frac{d^2x'}{dt^2}\cos\varphi - \frac{d^2y'}{dt^2}\sin\varphi - 2\left(\frac{dx'}{dt}\sin\varphi + \frac{dy'}{dt}\cos\varphi\right)\omega \right. \\ & \qquad\qquad \left. - (x'\cos\varphi - y'\sin\varphi)\omega^2\right\} = X \\ & m\left\{\frac{d^2x'}{dt^2}\sin\varphi + \frac{d^2y'}{dt^2}\cos\varphi + 2\left(\frac{dx'}{dt}\cos\varphi - \frac{dy'}{dt}\sin\varphi\right)\omega \right. \\ & \qquad\qquad \left. - (x'\sin\varphi + y'\cos\varphi)\omega^2\right\} = Y \\ & m\frac{d^2z'}{dt^2} = Z \end{aligned}\right\}$$

(7.3-4)

これらの式にそれぞれ $\cos\varphi, \sin\varphi$ を掛けて加えれば

$$m\frac{d^2x'}{dt^2} - 2m\frac{dy'}{dt}\omega - mx'\omega^2 = X\cos\varphi + Y\sin\varphi$$

$-\sin\varphi, \cos\varphi$ を掛けて加えれば，

$$m\frac{d^2y'}{dt^2} + 2m\frac{dx'}{dt}\omega - my'\omega^2 = -X\sin\varphi + Y\cos\varphi$$

(7.3-1) によるとこれらの式の右辺は力の x', y' 成分 X', Y' になっている．それで，改めて肩付の $'$ を取って上の式を書くと，z 方向の運動方程式も合わせて，回る座標系 (O, x, y, z) に対して，

$$\left.\begin{aligned} m\frac{d^2x}{dt^2} &= X + 2m\omega\frac{dy}{dt} + mx\omega^2 \\ m\frac{d^2y}{dt^2} &= Y + \left(-2m\omega\frac{dx}{dt}\right) + my\omega^2 \\ m\frac{d^2z}{dt^2} &= Z \end{aligned}\right\} \qquad (7.3\text{-}5)$$

が得られる．それでつぎのようにいうことができる．

座標系 (O, x, y, z) が，慣性系に対して z 軸のまわりに ω の角速度で回転するとき，“実際に働いている力” X, Y, Z の他に，成分が $\left(2m\omega\dfrac{dy}{dt}, -2m\omega\dfrac{dx}{dt}, 0\right)$ の “見かけの力” と，成分が $(mx\omega^2, my\omega^2, 0)$ の “見かけの力” とが質点に働くと考えれば，回転している座標系も慣性系であるかのように扱うことができる．

第1の “見かけの力” を**コリオリの力**とよぶ．その大きさは $2m\omega V$（V は運動座標系に相対的な質点の速さ）で，相対速度 $\boldsymbol{V}$ に直角で右手のほうに向いている．第2の “見かけの力” は**遠心力**とよばれるもので，大きさは $mr\omega^2$，方向は原点と質点を結ぶ直線を延長した方向に向いている．

上に述べたことを理解するため，例題を解いてみよう．

例1　水平面内で一端 O のまわりに一定の角速度 ω で回転する滑らかな直

▌線に束縛された質点の運動をしらべよ．

解　滑らかな棒に指輪でも通して，この棒をくるくる回すときの指輪の運動をしらべよという問題である．前の節でも行ったように，この節の方法を使わないで，慣性系一点張りで解く方法と，この節の考え方を使う方法とを述べよう．

棒から質点（指輪）P におよぼす力は棒に直角に向いている．その大きさを S とする（7.3-2 図）．水平方向に働く実際の力はこれだけである．したがって，慣性系に対する運動方程式は

$$m\frac{d^2x}{dt^2} = -S\sin\omega t \tag{1}$$

$$m\frac{d^2y}{dt^2} = S\cos\omega t \tag{2}$$

$\overline{\mathrm{OP}} = r$ とすれば

$$x = r\cos\omega t, \qquad y = r\sin\omega t \tag{3}$$

したがって

$$\frac{dx}{dt} = \frac{dr}{dt}\cos\omega t - r\omega\sin\omega t$$

$$\frac{dy}{dt} = \frac{dr}{dt}\sin\omega t + r\omega\cos\omega t$$

$$\frac{d^2x}{dt^2} = \frac{d^2r}{dt^2}\cos\omega t - 2\omega\frac{dr}{dt}\sin\omega t - r\omega^2\cos\omega t$$

$$\frac{d^2y}{dt^2} = \frac{d^2r}{dt^2}\sin\omega t + 2\omega\frac{dr}{dt}\cos\omega t - r\omega^2\sin\omega t$$

これらを（1），（2）に代入して

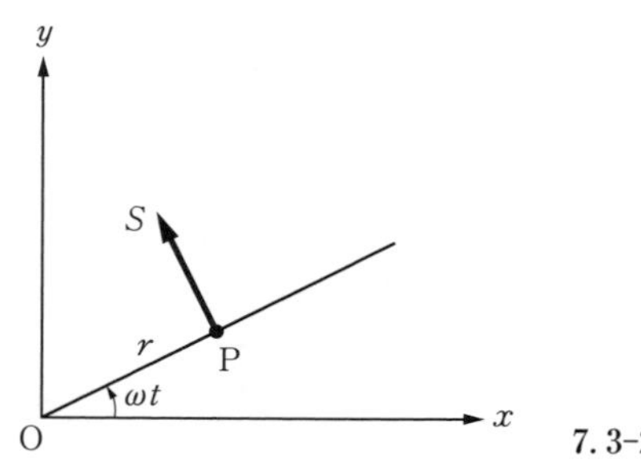

7.3-2 図

$$m\left(\frac{d^2r}{dt^2}\cos\omega t - 2\omega\frac{dr}{dt}\sin\omega t - r\omega^2\cos\omega t\right) = -S\sin\omega t \qquad (4)$$

$$m\left(\frac{d^2r}{dt^2}\sin\omega t + 2\omega\frac{dr}{dt}\cos\omega t - r\omega^2\sin\omega t\right) = S\cos\omega t \qquad (5)$$

(4) × $\cos\omega t$ + (5) × $\sin\omega t$ をつくれば

$$m\left(\frac{d^2r}{dt^2} - r\omega^2\right) = 0$$

したがって

$$\frac{d^2r}{dt^2} = \omega^2 r \qquad (6)$$

となる．(6) の一般解は

$$r = Ae^{\omega t} + Be^{-\omega t} \qquad (7)$$

であるが，初期条件として，はじめ $r = a$ のところから静かに放したとすれば，

$$t = 0 \quad \text{で} \quad r = a, \quad \frac{dr}{dt} = 0$$

であるから，

$$a = A + B, \qquad 0 = \omega(A - B)$$

したがって $A = B = a/2$．それゆえ

$$r = \frac{a}{2}(e^{\omega t} + e^{-\omega t}) = a\cosh\omega t \qquad (8)$$

となる．質点が水平面内で描く曲線は $\omega t = \varphi$ と書いて

$$r = a\cosh\varphi \qquad (9)$$

となり，らせんを表す．

束縛力 S は (4) × ($-\sin\omega t$) + (5) × $\cos\omega t$ をつくって，

$$S = 2m\omega\frac{dr}{dt} \qquad (10)$$

(8) を入れて，

$$S = 2ma\omega^2\sinh\omega t = 2ma\omega^2\sinh\varphi \qquad (11)$$

となる．

つぎにこの節で説明した方法を使おう．O から P までの距離を r とすれば，P の相対速度は dr/dt である．P に働く実際の力は S であるが，その他に遠心力 $mr\omega^2$，コリオリの力 $2m\omega(dr/dt)$ を 7.3-3 図のように考える．そうすると

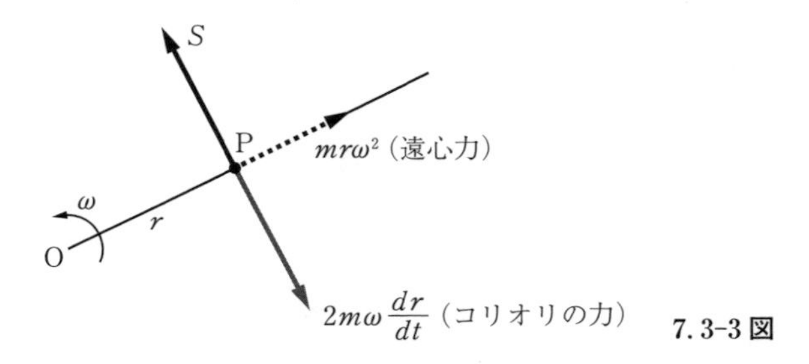

7.3-3 図

棒は慣性系であるかのように考えてよいことになるから，運動方程式として

$$m\frac{d^2r}{dt^2} = mr\omega^2, \qquad 0 = S - 2m\omega\frac{dr}{dt}$$

が得られる．これらの式は (6)，(10) と一致しているので，その先は上に述べたのとまったく同様である．◆

例 2　円錐振り子の問題を，この節の方法によってしらべよ．

解　長さ l の糸の一端を O に固定し，他端 P に質量 m のおもりをつけ，糸が鉛直下方と一定の角 θ を保つように，P を水平面内で一定の角速度 ω で回転させる．

P に働く力は重力 mg と糸の張力 S である（7.3-4 図参照）．慣性系に対する加速度は，P の円運動の半径を r として，円の中心に向かって $r\omega^2$ であるから，運動方程式は

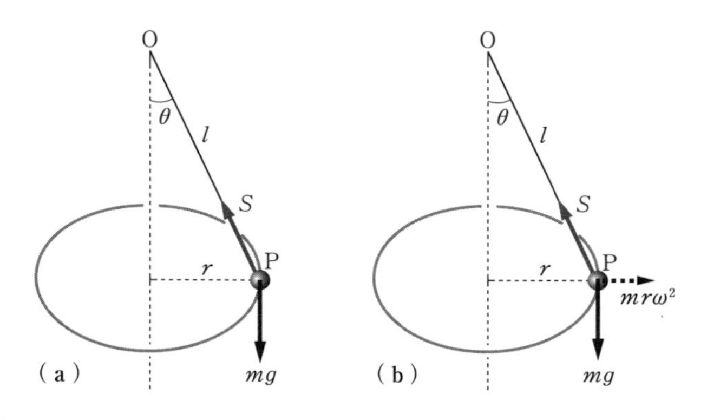

7.3-4 図

$$mr\omega^2 = S\sin\theta \qquad (1)$$

$$0 = S\cos\theta - mg \qquad (2)$$

$r = l\sin\theta$ を入れ，この両式から S を消去すれば

$$\omega = \sqrt{\frac{g}{l\cos\theta}}$$

となる．したがって1回転する時間，すなわち，周期は

$$T = \frac{2\pi}{\omega} = 2\pi\sqrt{\frac{l\cos\theta}{g}}$$

または，図（b）のように実際に働く力 mg, S の他に，遠心力 $mr\omega^2$ を考えれば，おもりとともに回転する座標系は慣性系のように考えることができる．これに対しておもりは静止しているのであるから，つりあいの条件式を書けば

水平方向のつりあい　$mr\omega^2 - S\sin\theta = 0$

鉛直方向のつりあい　$S\cos\theta - mg = 0$

となり，(1)，(2) と一致する．◆

§7.4　地球表面で観測する運動

地球表面上 O″ 付近で重力の作用の下に運動する質点について地球の自転を考えに入れて論ずる（7.4-1 図）．O″ では自転による遠心力があり，これが地球からの万有引力と合成して O″ での重力をつくる．7.4-2 図に示す．地球の中心 O と O″ を結ぶ方向 OO″ が赤道面とつくる角が**地心緯度**であるが，これを λ_0 とする．万有引力の作用する方向と一致する．O″ での重力の方向が赤道面と λ の角をつくるとすれば λ は**地理緯度**である．

O″ を原点とし水平（重力に直角）南に x''' 軸，水平（重力に直角）東に y''' 軸，鉛直上方（重力と反対の方向）に z''' をとり S‴ 座標系とする．S‴ 座標系が地上で手近に（重力の方向と南，東の方向をきめて）とることのできる座標系で，私たちはこの系に対する質点の運動をきめたいのである．

O″ を通る経線が赤道と交わる点を通り，地球中心 O から x 軸をとり，赤道面内に直角に y 軸，O から北極の方向に z 軸をとって S 座標系とする（7.4-1 図）．この座標系についての運動方程式は §7.3 によって与えられる．この S

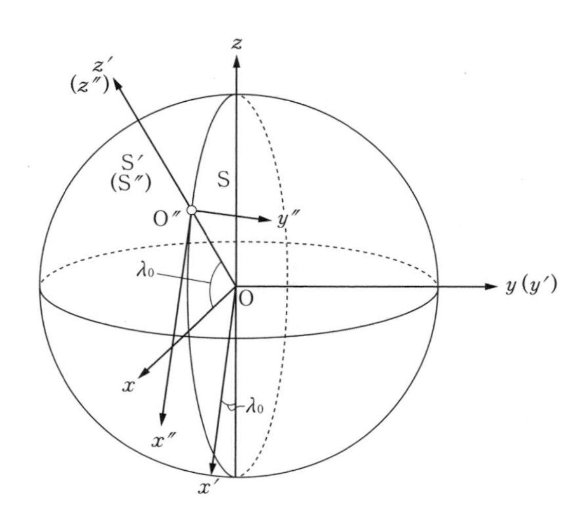

7.4-1 図　地球とともに回る座標系

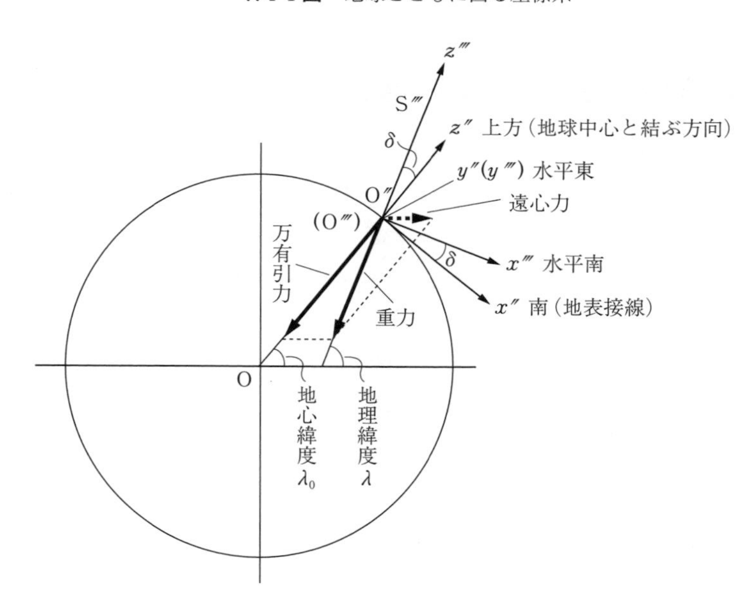

7.4-2 図　万有引力，遠心力，重力

系に対する運動方程式から S‴ 系に対する運動方程式への変換を考えよう．この変換は相対的に回転しない系の間の変換である．S, S‴ の間に 2 つの系 S′, S″ を考え，全体の変換を S → S′, S′ → S″, S″ → S‴ の 3 段階に分ける．

S′ 系：O を原点とし，OO″ 方向に Oz'，子午面内で Oz' に直角に Ox'，両方に直角に，つまり y 軸に平行に Oy.

S″ 系：平行移動により原点を O から O″ に移した系.

S‴ 系：z''' が鉛直上方に向くように S″ 系を $\delta = \lambda - \lambda_0$ だけ回す.

（i） S 系による運動方程式（7.3-5）により

$$\left.\begin{aligned} m\frac{d^2x}{dt^2} &= X + 2m\omega\frac{dy}{dt} + mx\omega^2 \\ m\frac{d^2y}{dt^2} &= Y - 2m\omega\frac{dx}{dt} + my\omega^2 \\ m\frac{d^2z}{dt^2} &= Z \end{aligned}\right\} \qquad (7.4\text{-}1)$$

（ii） S 系から S′ 系への変換

x, z 軸と x', z' 軸の関係は右の表に示すようである．

	x'	z'
x	$\sin\lambda_0$	$\cos\lambda_0$
z	$-\cos\lambda_0$	$\sin\lambda_0$

$$\left.\begin{aligned} x &= x'\sin\lambda_0 + z'\cos\lambda_0 \\ y &= y' \\ z &= -x'\cos\lambda_0 + z'\sin\lambda_0 \end{aligned}\right\} \qquad (7.4\text{-}2)$$

(7.4-2) を (7.4-1) のはじめと最後の 2 式に入れ，$\sin\lambda_0$, $-\cos\lambda_0$ を掛けて加え，また，$\cos\lambda_0$, $\sin\lambda_0$ を掛けて加えれば

$$\left.\begin{aligned} m\frac{d^2x'}{dt^2} &= X' + 2m\omega\sin\lambda_0\frac{dy'}{dt} + m(x'\sin\lambda_0 + z'\cos\lambda_0)\sin\lambda_0\,\omega^2 \\ m\frac{d^2y'}{dt^2} &= Y' - 2m\omega\left(\frac{dx'}{dt}\sin\lambda_0 + \frac{dz'}{dt}\cos\lambda_0\right) + my'\omega^2 \\ m\frac{d^2z'}{dt^2} &= Z' + 2m\omega\cos\lambda_0\frac{dy'}{dt} + m(x'\sin\lambda_0 + z'\cos\lambda_0)\cos\lambda_0\,\omega^2 \end{aligned}\right\} \qquad (7.4\text{-}3)$$

（iii） S′ 系から S″ 系への変換

つぎに，O″ を原点とし，x' に平行に x''，y' に平行に y'' の両軸をとれば，地

球の半径を R として

$$x' = x'', \quad y' = y'', \quad z' = R + z'' \tag{7.4-4}$$

であるから，(7.4-3) は

$$\left.\begin{aligned}
m\frac{d^2x''}{dt^2} &= X'' + 2m\omega\sin\lambda_0\frac{dy''}{dt} \\
&\qquad + m\{x''\sin\lambda_0 + (R+z'')\cos\lambda_0\}\sin\lambda_0\,\omega^2 \\
m\frac{d^2y''}{dt^2} &= Y'' - 2m\omega\left(\frac{dx''}{dt}\sin\lambda_0 + \frac{dz''}{dt}\cos\lambda_0\right) + my''\omega^2 \\
m\frac{d^2z''}{dt^2} &= Z'' + 2m\omega\cos\lambda_0\frac{dy''}{dt} \\
&\qquad + m\{x''\sin\lambda_0 + (R+z'')\cos\lambda_0\}\cos\lambda_0\,\omega^2
\end{aligned}\right\} \tag{7.4-5}$$

このS″系を使って地上付近での自由落下を考え，物体を落としはじめの瞬間について考える．このとき $dx''/dt = 0$，$dy''/dt = 0$ で，万有引力は地球中心に向かって働くから $X'' = 0$，$Y'' = 0$ である．万有引力の大きさを mg_0 とすれば $Z'' = -mg_0$ である．S″系に対する重力加速度を g とし，z'' と z''' の間の角を δ とする (7.4-3 図)．(7.4-5) の中央の式から $d^2y''/dt^2 = 0$ となるから，重力加速度は (x'', z'') 面内にあることがわかる．重力加速度は $-z'''$ の方向に向いているから

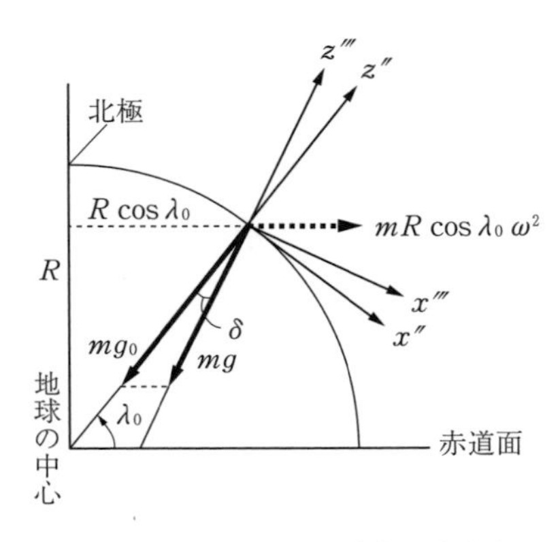

7.4-3 図　万有引力，重力，遠心力

$$\frac{d^2x''}{dt^2} = g\sin\delta, \qquad \frac{d^2z''}{dt^2} = -g\cos\delta$$

(7.4–5) は

$$\left.\begin{aligned} g\sin\delta &= R\sin\lambda_0\cos\lambda_0\,\omega^2 \\ -g\cos\delta &= -g_0 + R\cos^2\lambda_0\,\omega^2 \end{aligned}\right\} \qquad (7.4\text{–}6)$$

(7.4–6) から

$$g = \sqrt{g_0{}^2 - 2Rg_0\cos^2\lambda_0\,\omega^2 + R^2\cos^2\lambda_0\,\omega^4}$$

$\dfrac{R\cos^2\lambda_0}{g_0}\omega^2 = 3.4\times10^{-3}\cos^2\lambda_0$ であるから，その2次の項を省略して

$$g = g_0 - R\omega^2\cos^2\lambda_0 = 9.83 - 3.4\times10^{-2}\cos^2\lambda_0 \qquad (7.4\text{–}7)$$

となる．赤道面上では $g = 9.80\ \mathrm{m\,s^{-2}}$ となる．(7.4–6) でみると g と g_0 の差は遠心力によるものである．δ は

$$\tan\delta = \frac{R\sin\lambda_0\cos\lambda_0\,\omega^2}{g_0} \qquad (7.4\text{–}8)$$

(**iv**)　S″ 系から S‴ 系への変換

z'' と z''' の間の変換は次の表で与えられる．

	x'''	y'''	z'''
x''	$\cos\delta$	0	$-\sin\delta$
y''	0	1	0
z''	$\sin\delta$	0	$\cos\delta$

$$\left.\begin{aligned} m\frac{d^2x'''}{dt^2} &= X''' + 2m\omega\sin\lambda\frac{dy'''}{dt} \\ &\qquad + m(x'''\sin\lambda + z'''\cos\lambda + R\cos\lambda_0)\sin\lambda\,\omega^2 \\ m\frac{d^2y'''}{dt^2} &= Y''' - 2m\omega\left(\frac{dx'''}{dt}\sin\lambda + \frac{dz'''}{dt}\cos\lambda\right) + my'''\omega^2 \\ m\frac{d^2z'''}{dt^2} &= Z''' + 2m\omega\cos\lambda\frac{dy'''}{dt} \\ &\qquad + m(x'''\sin\lambda + z'''\cos\lambda + R\cos\lambda_0)\cos\lambda\,\omega^2 \end{aligned}\right\} \qquad (7.4\text{–}9)$$

S‴ は私たちの最後にめざした系であるから，ここで x''', y''', z''' を改めて x, y, z と書こう．

$$
\left.\begin{aligned}
m\frac{d^2x}{dt^2} &= X + 2m\omega\sin\lambda\frac{dy}{dt} + m\omega^2(x\sin\lambda + z\cos\lambda + R\cos\lambda_0)\sin\lambda \\
m\frac{d^2y}{dt^2} &= Y - 2m\omega\left(\frac{dx}{dt}\sin\lambda + \frac{dz}{dt}\cos\lambda\right) + my\omega^2 \\
m\frac{d^2z}{dt^2} &= Z + 2m\omega\cos\lambda\frac{dy}{dt} + m\omega^2(x\sin\lambda + z\cos\lambda + R\cos\lambda_0)\cos\lambda \\
&X, Y, Z：\text{地球からの万有引力を含め質点に働く力}
\end{aligned}\right\}
\tag{7.4-10}
$$

もう一度，地上付近の自由落下を考える．質点には万有引力 mg_0 だけが作用する．

$$X = -mg_0\sin\delta$$

$$Y = 0$$

$$Z = -mg_0\cos\delta$$

z 軸方向の加速度は $-g$ であるから，上の式は

$$0 = -mg_0\sin\delta + mR\cos\lambda_0\sin\lambda\,\omega^2$$

$$-mg = -mg_0\cos\delta + mR\cos\lambda_0\cos\lambda\,\omega^2$$

となる．（7.4-6）の両式に $\cos\delta, \sin\delta$；$\sin\delta, \cos\delta$ を掛けて加えても得られる．（7.4-10）で R のかかっている項を g_0, g のついている項でおきかえてつぎの3つの式が得られる．

$$m\frac{d^2x}{dt^2} = X + mg_0\sin\delta + 2m\omega\sin\lambda\frac{dy}{dt} + m\omega^2(x\sin\lambda + z\cos\lambda)\sin\lambda$$

$$m\frac{d^2y}{dt^2} = Y - 2m\omega\left(\frac{dx}{dt}\sin\lambda + \frac{dz}{dt}\cos\lambda\right) + my\omega^2$$

$$m\frac{d^2z}{dt^2} = Z + mg_0\cos\delta - mg + 2m\omega\cos\lambda\frac{dy}{dt} + m\omega^2(x\sin\lambda + z\cos\lambda)\cos\lambda$$

$X + mg_0\sin\delta$, $Z + mg_0\cos\delta$ は質点に働く力から万有引力を引き去ったものである．これらを改めて X, Z と書いて

$$
\left.
\begin{aligned}
&m\frac{d^2x}{dt^2} = X + 2m\omega\sin\lambda\frac{dy}{dt} + m\omega^2(x\sin\lambda + z\cos\lambda)\sin\lambda \\
&m\frac{d^2y}{dt^2} = Y - 2m\omega\left(\frac{dx}{dt}\sin\lambda + \frac{dz}{dt}\cos\lambda\right) + my\omega^2 \\
&m\frac{d^2z}{dt^2} = Z - mg + 2m\omega\cos\lambda\frac{dy}{dt} + m\omega^2(x\sin\lambda + z\cos\lambda)\cos\lambda \\
&X, Y, Z：\text{地球からの万有引力以外の力}
\end{aligned}
\right\}
\tag{7.4-11}
$$

これで一応目的を達したが，ω^2 は小さな量であるから ω^2 の項（こんどは R のかかっている項はない）を省略して

$$
\left.
\begin{aligned}
&m\frac{d^2x}{dt^2} = X + 2m\omega\sin\lambda\frac{dy}{dt} \\
&m\frac{d^2y}{dt^2} = Y - 2m\omega\left(\frac{dx}{dt}\sin\lambda + \frac{dz}{dt}\cos\lambda\right) \\
&m\frac{d^2z}{dt^2} = Z - mg + 2m\omega\cos\lambda\frac{dy}{dt} \\
&X, Y, Z：\text{地球からの万有引力以外の力}
\end{aligned}
\right\}
\tag{7.4-12}
$$

右辺の X, Y, Z 以外の項はコリオリの力である．この式が地表付近での質点の運動について地球の自転の影響も考えるときの基礎の式である．

応用の1つとして，高い塔から初速度なしに，物体を落とした場合を考えよう．(7.4-12）で $X=0$，$Y=0$，$Z=0$ とおけば，

$$
m\frac{d^2x}{dt^2} = 2m\omega\sin\lambda\frac{dy}{dt}
$$

$$
m\frac{d^2y}{dt^2} = -2m\omega\left(\frac{dx}{dt}\sin\lambda + \frac{dz}{dt}\cos\lambda\right)
$$

$$
m\frac{d^2z}{dt^2} = -mg + 2m\omega\cos\lambda\frac{dy}{dt}
$$

となるが，質点はだいたい z 軸に沿って落ちるので，$dx/dt, dy/dt$ の項は省略して，

$$
\frac{d^2x}{dt^2} = 0, \qquad \frac{d^2y}{dt^2} = -2\omega\frac{dz}{dt}\cos\lambda, \qquad \frac{d^2z}{dt^2} = -g
$$

と書いてよい．

初期条件 $t=0$ で $x=0$，$y=0$，$z=h$，$dx/dt=0$，$dy/dt=0$，$dz/dt=0$ を入れれば

$$
x = 0, \qquad z = h - \frac{1}{2}gt^2, \qquad y = \frac{1}{3}\omega g t^3\cos\lambda
$$

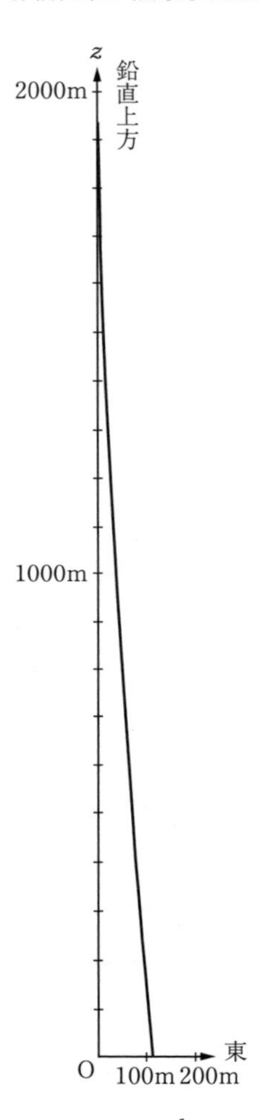

7. 4-4 図　ナイルの曲線($\lambda=45°$, $\omega=\dfrac{1}{9.8}\ \mathrm{s}^{-1}$, $g=300\ \mathrm{m\ s}^{-2}$ に誇張)

となる．y と z との関係は

$$y=\frac{1}{3}\omega g\cos\lambda\left\{\frac{2(h-z)}{g}\right\}^{3/2}$$

となる．これは**ナイルの曲線**とよばれるもので，$z=0$ とおけば

$$y=\frac{2^{3/2}}{3}\frac{1}{\sqrt{g}}\cos\lambda\, h^{3/2}\omega$$

となる．$\lambda=45°$, $h=100\ \mathrm{m}$ のときにはこの値は 1.5 cm である．7. 4-4 図は $\lambda=45°$,

$h = 2000\,\mathrm{m}$ の塔の上から放ったときの運動で，$\omega = (1/9.8)\,\mathrm{s}^{-1}$，$g = 300\,\mathrm{m\,s}^{-2}$ と誇張して描いたものである．放った後，塔は東に動くが塔上での水平速度（地球の自転による）が塔の根元よりも大きいので，結局，塔の根元よりも東の地点に達すると考えられる．

台風では風が大きな速度で吹くのでコリオリの力の影響がある．気圧の差によって高気圧のところから低気圧のところに向けて空気が流れようとするが，北半球では右に向ける方向にコリオリの力が働く．7.4-5 図（a）に示す．風は右にずれていくが，低気圧の中心 C をとりまく円運動になると，圧力差による力，コリオリの力，空気の円運動に対する遠心力がつりあい，図（b）のような運動となる．つまり，北半球では上からみて低気圧の中心を時計回りと逆に回る風となる．これを**傾度風**とよぶ．実際は地面，海面との摩擦により図（c）のような運動となっている．

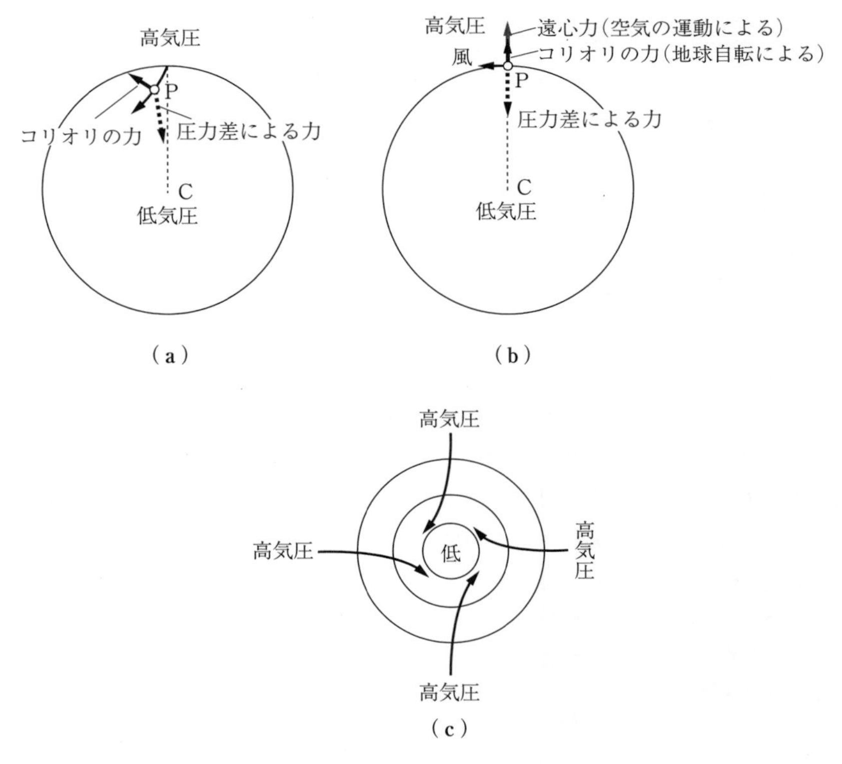

7.4-5 図 傾度風，台風

§7.5　フーコー振り子

Foucault（フーコー，1819-1868）は振り子の運動に地球の自転の影響を入れる研究をした．原点から長さ l の糸でおもりをつるす．(7.4-12) から，糸の張力を S として

$$m\ddot{x} = -S\frac{x}{l} + 2m\omega\dot{y}\sin\lambda \tag{7.5-1}$$

$$m\ddot{y} = -S\frac{y}{l} - 2m\omega(\dot{x}\sin\lambda + \dot{z}\cos\lambda) \tag{7.5-2}$$

小さい振動では，$\dot{z} = 0$ としてよいから，第2の式の右辺の $\dot{z}$ の入っている項は消える．第1の式に $-y$ を，第2の式に x を掛けて加えれば

$$x\ddot{y} - y\ddot{x} = -2\omega(x\dot{x} + y\dot{y})\sin\lambda$$

これは t について積分できるから，

$$x\dot{y} - y\dot{x} = -\omega(x^2 + y^2)\sin\lambda$$

おもりを (x, y) 平面に投影して，極座標を使えば，

$$x = r\cos\varphi, \qquad y = r\sin\varphi$$

を入れて，

$$r^2\dot{\varphi} = -\omega r^2\sin\lambda + c, \qquad c：定数$$

はじめ，最下点から運動をはじめさせたとすれば，$r = 0$ は上の式を満足しなければならないから $c = 0$．したがって

$$\dot{\varphi} = -\omega\sin\lambda \tag{7.5-3}$$

おもりは，だいたいは鉛直面内で振動するが，その面は $\omega\sin\lambda$ の角速度で少しずつ方向を変えていく．回る向きは上からみて時計の針の進む向きに一致する．このフーコー振り子の実験は Foucault が 1851 年に行ったものである．仮に空をみなくても，地下で実験するだけで地球の慣性系に対する自転を検出できるようにしたものとして有名である．

以上でフーコー振り子の振動面が回転することのだいたいの説明は終ったのであるが，もっとくわしく論じておこう．

運動方程式は，鉛直下方にとった z 軸方向の成分も含めて，

$$m\ddot{x} = -S\frac{x}{l} + 2m\omega\dot{y}\sin\lambda \tag{7.5-4}$$

$$m\ddot{y} = -S\frac{y}{l} - 2m\omega(\dot{x}\sin\lambda + \dot{z}\cos\lambda) \tag{7.5-5}$$

$$m\ddot{z} = -S\frac{z}{l} + mg - 2m\omega\dot{y}\cos\lambda \tag{7.5-6}$$

(7.5-6) で $z \fallingdotseq l$, $\dot{y}$ は微小であるから，(7.5-6) から

$$S = mg$$

とすることができる．(7.5-4)，(7.5-5) に入れて

$$\ddot{x} = -\frac{x}{l}g + 2\omega\dot{y}\sin\lambda \tag{7.5-4$'$}$$

$$\ddot{y} = -\frac{y}{l}g - 2\omega\dot{x}\sin\lambda \tag{7.5-5$'$}$$

(7.5-4)$'$ $+ i \times$ (7.5-5)$'$ をつくって

$$\zeta = x + iy \tag{7.5-7}$$

とおけば

$$\ddot{\zeta} = -\frac{g}{l}\zeta + 2\omega\sin\lambda(-i\dot{\zeta})$$

または

$$\ddot{\zeta} + 2\omega\sin\lambda\, i\dot{\zeta} + \frac{g}{l}\zeta = 0 \tag{7.5-8}$$

いま

$$\left.\begin{aligned} &\Omega_z = \omega\sin\lambda：\text{地球の自転の角速度の } z \text{ 方向の成分} \\ &\omega_0 = \sqrt{\frac{g}{l}}\quad：\text{振り子の角振動数} \end{aligned}\right\} \tag{7.5-9}$$

とおけば，(7.5-8) は

$$\ddot{\zeta} + 2i\Omega_z\dot{\zeta} + \omega_0{}^2\zeta = 0 \tag{7.5-10}$$

となる．これは減衰振動の方程式 (3.4-2) と同じ形をしている．$\dot{\zeta}$ の項の係数が虚数になっているが，(3.4-2) の k の代りに $i\Omega_z$ を入れて，(7.5-10) の解は

$$\zeta = e^{-i\Omega_z t}(Ae^{i\sqrt{\omega_0{}^2+\Omega_z{}^2}\,t} + Be^{-i\sqrt{\omega_0{}^2+\Omega_z{}^2}\,t})$$

となる．Ω_z は ω_0 にくらべて小さいから，$\omega_0{}^2$ に対して $\Omega_z{}^2$ を省略する．

$$\zeta = Ae^{i(\omega_0-\Omega_z)t} + Be^{-i(\omega_0+\Omega_z)t} \tag{7.5-11}$$

となる．

単振り子の場合には最下点からある速度で運動させる場合と，ある角傾けて静かに放つ場合とが考えられるが，いまの場合も2通りの初期条件を考える．

（i）$t = 0$ で $x = 0$, $y = 0$, $\dot{x} = u_0$, $\dot{y} = 0$：最下端から南向きに速度 u_0 で運動させる．

$$A = \frac{u_0}{2i\omega_0},\qquad B = -A$$

となり

$$\zeta = x + iy = \frac{u_0}{\omega_0} e^{-i\Omega_z t} \sin(\omega_0 t)$$

となる．これから

$$x = \frac{u_0}{\omega_0} \cos(\Omega_z t) \sin(\omega_0 t), \qquad y = -\frac{u_0}{\omega_0} \sin(\Omega_z t) \sin(\omega_0 t) \tag{7.5-12}$$

が得られる．x, y から極座標 r, φ に変換すれば

$$r = \frac{u_0}{\omega_0} \sin(\omega_0 t), \qquad \varphi = -\Omega_z t$$

となり，前に簡単な扱いをした場合に一致する．

（ii）　$t = 0$ で $x = x_0$, $y = 0$, $\dot{x} = 0$, $\dot{y} = 0$：南のほうに x_0 だけずらしてから静かに放す．

$$x = x_0 \left\{ \cos(\Omega_z t) \cos(\omega_0 t) + \frac{\Omega_z}{\omega_0} \sin(\Omega_z t) \sin(\omega_0 t) \right\}$$

$$y = x_0 \left\{ -\sin(\Omega_z t) \cos(\omega_0 t) + \frac{\Omega_z}{\omega_0} \cos(\Omega_z t) \sin(\omega_0 t) \right\}$$

Ω_z/ω_0 は小さいことを念頭におこう．

7.5-1 図（a）は（i）の場合，（b）は（ii）の場合を描いたものである．図（a）では振動の端が滑らかな曲線になっているのに対し，図（b）の場合では尖点になってい

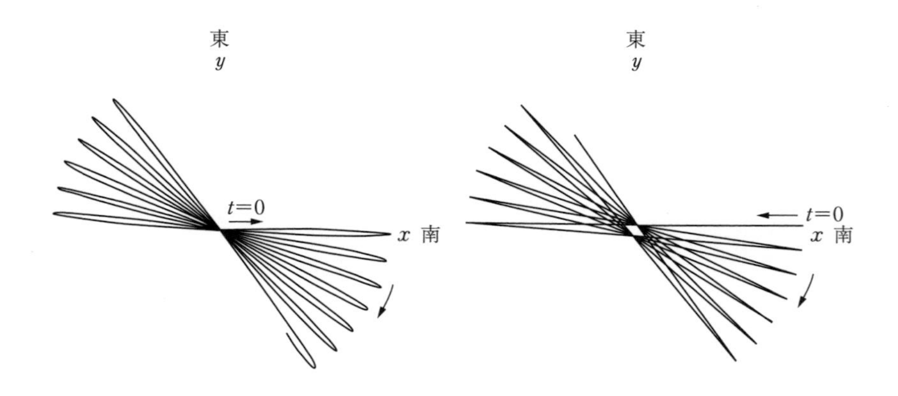

（a）最下点から南向きに，ある初速度で動かしはじめる　（b）最下点から南に，ある距離ずらして放す

7.5-1 図　フーコー振り子

る.* Ω_z/ω_0 が小さい場合，両方の運動はほとんど同様にみえる.

例　緯度 λ のところで，滑らかな水平面上を質点が滑る運動はどのようなものか.

解　(7.4-12) の第1，第2式で $X=0, Y=0$ とおけば，$dz/dt=0$ であるから

$$\ddot{x} = 2\omega\dot{y}\sin\lambda \tag{1}$$

$$\ddot{y} = -2\omega\dot{x}\sin\lambda \tag{2}$$

(1) から

$$\dot{x} = 2\omega y\sin\lambda + 定数$$

(2) に代入

$$\ddot{y} = -4\omega^2(\sin^2\lambda)y + 定数$$

$$\therefore\ y = y_0 + r\cos(2\omega t\sin\lambda + \alpha), \qquad y_0, r, \alpha：定数 \tag{3}$$

(3) を $\dot{x}$ の式に代入

$$\dot{x} = 2\omega r\sin\lambda\cos(2\omega t\sin\lambda + \alpha)$$

積分して，

$$x = x_0 + r\sin(2\omega t\sin\lambda + \alpha) \tag{4}$$

したがって，質点は x_0, y_0 を中心とし，半径 r の円

$$(x-x_0)^2 + (y-y_0)^2 = r^2 \tag{5}$$

を描く．r は $\dot{x}^2 + \dot{y}^2 = 4\omega^2 r^2\sin^2\lambda$ から

$$r = \frac{V}{2\omega\sin\lambda}$$

(3)，(4) をみると x の位相が $\pi/2$ だけおくれているから，質点は，北半球 ($\lambda > 0$) では，上からみて時計の針の回る向きと同じ向きに回ることがわかる. フーコー振り子の場合とくらべてみよ.　◆

§7.6　ラーマーの歳差運動

帯電粒子に電場，磁場が働いているとし，磁場は一定で z 軸の方向に向いているものとする．ローレンツ力を考えれば，運動方程式は

---

*　原島鮮：「質点の力学（改訂版）」(基礎物理学選書1，裳華房，1984) 217ページより転載.

$$\left.\begin{aligned} m\frac{d^2x}{dt^2} &= qE_x + q(\boldsymbol{v}\times\boldsymbol{B})_x = qE_x + q\frac{dy}{dt}B \\ m\frac{d^2y}{dt^2} &= qE_y + q(\boldsymbol{v}\times\boldsymbol{B})_y = qE_y - q\frac{dx}{dt}B \\ m\frac{d^2z}{dt^2} &= qE_z \end{aligned}\right\} \qquad (7.6\text{-}1)$$

z 軸のまわりに ω の角速度で回る座標系 (x', y', z') を考え，(7.3-3) の変換の式を使う．B, ω は小さいものとし，$\omega^2, B\omega$ の項を省略する．

$$m\frac{d^2x'}{dt^2} = qE_{x'} + (qB + 2m\omega)\frac{dy'}{dt}$$

$$m\frac{d^2y'}{dt^2} = qE_{y'} - (qB + 2m\omega)\frac{dx'}{dt}$$

$$m\frac{d^2z'}{dt^2} = qE_{z'}$$

いま

$$\omega = \omega_{\mathrm{L}} = -\frac{qB}{2m} \qquad (7.6\text{-}2)^*$$

としよう．$dy'/dt, dx'/dt$ の項は消して，

$$m\frac{d^2x'}{dt^2} = qE_{x'}, \quad m\frac{d^2y'}{dt^2} = qE_{y'}, \quad m\frac{d^2z'}{dt^2} = qE_{z'} \qquad (7.6\text{-}3)$$

となる．これは電場だけがあるとしたときの運動方程式である．それゆえ，

> 帯電粒子が電場の下に運動するとき，z 軸の方向に磁場 B が加わると，粒子の運動は磁場のないときの運動を，z 軸のまわりに $\omega_{\mathrm{L}} = -qB/2m$ の角速度で回したものになる．

これを**ラーマーの歳差運動**とよび，(7.6-2) の ω_{L} を**ラーマー周波数**とよぶ．この定理は原子に磁場が加わるときなどに使われる．

---

* 原子物理でよく使うガウス系では $\omega_{\mathrm{L}} = -\dfrac{qB}{2mc}$．

第7章 問題

1 一定の加速度 a で水平な軌道上を直線運動している列車の中で，天井から質量 m の物体を糸でつるすとき，糸の張力と糸が鉛直とつくる角とを求めよ．

2 一定の加速度 a で水平な軌道上を直線運動している列車の中で，物体を静かに放すとどんな運動を行うか．

3 加速度 a で水平に運動する滑らかな斜面（水平とつくる角 θ）の上にある質点（質量 m）の，斜面に相対的な加速度と斜面からの抗力はどれだけか．

4 頂点を下に向け，軸のまわりに一定の角速度 ω で回転する滑らかな放物線に束縛された質点の運動をしらべよ．

5 1つの滑らかな平面が，これとその上の点Oで交わる鉛直線（鉛直線と平面との角は任意）のまわりに一定の角速度 ω で回転している．この平面に束縛された質点がOから初速度0で動き出すとき，回転軸から r，Oから鉛直下方に測って h だけ低い高さにあるときの平面に相対的な速さは $V^2 = r^2\omega^2 + 2gh$ で与えられることを示せ．

6 地球表面上で鉛直な滑らかな直線に沿って V の速さで運動する質点が直線におよぼす力を求めよ．

7 北緯 λ のところで，1つの質点が真南から東に測って θ の角をつくる滑らかな水平直線に束縛されて一定の速さ V で運動している．質点から直線におよぼす水平方向の力を求めよ．（注意：これは，列車がレールを走っているとき，車輪からレールに水平におよぼす力を求める問題である．）

8 北緯 45° のところで，南方に向かって水平と θ の角をつくる方向に初速度 V_0 で物体を投げるとき，地面上，正南方からどれだけ離れたところに落ちるか．ただし，地球の角速度を ω とし，ω^2 の項は省略してよい．$\theta = 45^\circ$，$V_0 = 500\ \mathrm{m\,s^{-1}}$ のときはどうか．

8 質点系の運動量と角運動量

§8.1 運動量と力積

この章では質点系の運動量と原点のまわりの運動量のモーメント，すなわち角運動量，を主題としよう．

前に§5.6で1つの質点の運動量と角運動量について考えた．主として中心力と角運動量の関係を論じた．2つの球が衝突する場合は，もちろん質点系の問題であるが，互いに作用しあう力が非常に短い時間に働いて運動に有限な変化を生じるという特別な事情がある．まず1つの質点の場合にもどって説明することにしよう．

§5.6でも述べたが，質量 m の質点が速度ベクトル $\boldsymbol{V}$ で運動をするとき

$$\boldsymbol{p} = m\boldsymbol{V} \tag{8.1-1}$$

の**運動量**を持つとよぶ．質点の運動方程式（2.4-1）は

$$\frac{d\boldsymbol{p}}{dt} = \boldsymbol{F} \tag{8.1-2}$$

と書ける．すなわち

質点の運動量が時間的に変化する割合は質点に働いている力に等しい.

Newton が力と運動の関係を言い表したのはこの形によってであった．

いま，$\boldsymbol{F}$ を t の関数と考え，$t = t_1$ で $\boldsymbol{V} = \boldsymbol{V}_1$，$t = t_2$ で $\boldsymbol{V} = \boldsymbol{V}_2$ とすれば，

(8.1-2) を積分して,

$$m\boldsymbol{V}_2 - m\boldsymbol{V}_1 = \int_{t_1}^{t_2} \boldsymbol{F}\,dt = \overline{\boldsymbol{F}} \tag{8.1-3}$$

が得られる. $\overline{\boldsymbol{F}} = \int_{t_1}^{t_2} \boldsymbol{F}\,dt$ は, 成分が $\overline{X} = \int_{t_1}^{t_2} X\,dt$, $\overline{Y} = \int_{t_1}^{t_2} Y\,dt$, $\overline{Z} = \int_{t_1}^{t_2} Z\,dt$ であるようなベクトルで, **力積**とよばれる. (8.1-3) を言葉で言い表せば

> 質点のある時間内の運動量ベクトルの増し高は, 質点に働いている力のその時間内の力積に等しい.

球をバットでたたくときのように, 質点に働く力が非常に短い時間, 非常に大きな力である場合これを**撃力**とよぶ. 撃力では, その作用している短い時間内のおのおのの瞬間, どのような力が働くかは複雑であって, これをしらべるのはむずかしい問題であるが, 多くの場合, そのようなことをしらべる必要はなく, ただ撃力が働いたための運動の変化だけが問題となる. そのようなときに (8.1-3) の式が使われるのであって, 撃力の効果は $\overline{\boldsymbol{F}}$, つまり力積によって表される. 8.1-1 図は撃力の働くときの力の成分 X と t との関係を示すもので, $t=0$ から $t=\tau$ までの途中大きな力が働くことを示す. グレーの部分の面積が力積 $\overline{X}$ に等しい.

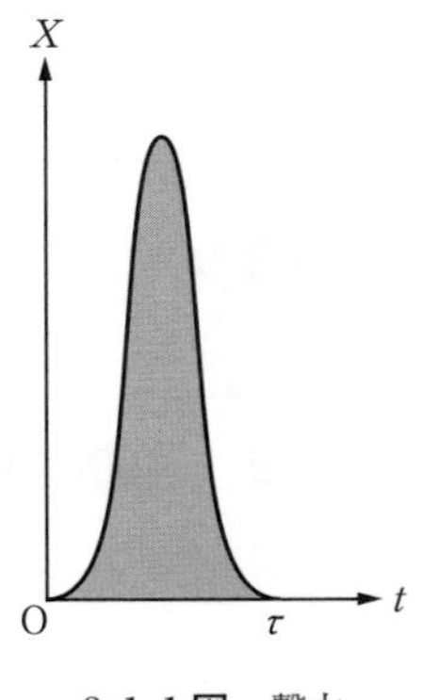

8.1-1 図　撃力

例 1　質量 m の球が壁に直角に V の速さで飛んできて V' の速さではねかえって飛び去った. 壁から球におよぼした撃力の力積はどれだけになるか (8.1-2 図).

解　衝突後は x 方向に mV', 衝突前は $-mV$ の運動量を持つから, 運動量の増加

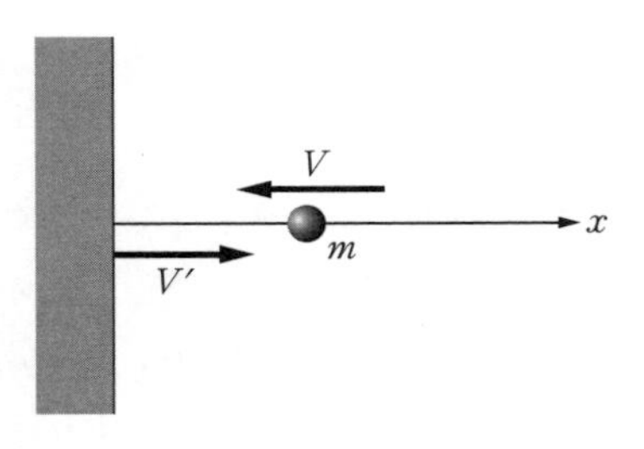

8.1-2 図　壁と球の衝突

量は

$$mV' - (-mV) = m(V + V')$$

これだけの力積の撃力が壁から球に働いたのである．$V' = V$ のときには $2mV$ となる．この場合には，球の運動エネルギーが衝突によって変わらないので**完全弾性衝突**とよぶ．◆

例 2　上の問題で，球の速度は $-V$ から，非常に短いが有限の時間かかって 0 となり，それからまた非常に短いが有限の時間かかって V' になると考えられる．後の部分（回復の部分）で球に働く力積と，前の部分での力積の比 e を出せ．

解　後の部分では，速度が 0 から V' となるので力積は mV'（x の方向に），前の部分では，$-V$ から 0 となるので力積は mV（x の方向に）である．したがって

$$e = \frac{V'}{V}$$

この e を**はねかえりの係数**，**回復係数**，**反発係数**とよぶ．◆

§8.2　運動量保存の法則

いくつかの質点から成り立っている体系を考え，その質量を $m_1, m_2, \cdots, m_i, \cdots$ とする．i 番目の質点の速度ベクトルを $\boldsymbol{V}_i$ とすれば，その運動量は $\boldsymbol{p}_i = m_i\boldsymbol{V}_i$ である．

$$\boldsymbol{P} = \sum_i \boldsymbol{p}_i = \sum_i m_i\boldsymbol{V}_i \qquad (8.2\text{-}1)$$

をこの質点系の運動量とよぶ．成分に分ければ，

$$P_x = \sum_i m_i\dot{x}_i, \qquad P_y = \sum_i m_i\dot{y}_i, \qquad P_z = \sum_i m_i\dot{z}_i \qquad (8.2\text{-}2)$$

である．

i 番目の質点に働く力のうちで，体系の外から働く力を $\boldsymbol{F}_i$，体系内の他の質点，たとえば k 番目の質点からの力を $\boldsymbol{F}_{ki}$ とする．$\boldsymbol{F}_i$ を**外力**，$\boldsymbol{F}_{ki}$ を**内力**とよぶ．i 番目の質点に働く内力は $\boldsymbol{F}_{1i}, \boldsymbol{F}_{2i}, \cdots, \boldsymbol{F}_{i-1.\,i}, \boldsymbol{F}_{i+1.\,i}, \cdots$ で，もちろん $\boldsymbol{F}_{ii}$ という力はない．i 番目の質点の運動方程式は，

$$m_i \frac{d\boldsymbol{V}_i}{dt} = \boldsymbol{F}_i + \sum_{k \neq i} \boldsymbol{F}_{ki} \tag{8.2-3}$$

であるが，これを $i = 1, 2, 3, \cdots$ について書き，すべてを加え合わせると

$$\frac{d}{dt}\left(\sum_i m_i \boldsymbol{V}_i\right) = \sum_i \boldsymbol{F}_i + \sum_i \sum_{k \neq i} \boldsymbol{F}_{ki} \tag{8.2-4}$$

となる．この式の右辺の最後の項をくわしく書けば，

$$\begin{aligned}\sum_i \sum_{k \neq i} \boldsymbol{F}_{ki} = \quad & \qquad\quad \boldsymbol{F}_{21} + \boldsymbol{F}_{31} + \boldsymbol{F}_{41} + \cdots \\ & + \boldsymbol{F}_{12} \qquad\quad + \boldsymbol{F}_{32} + \boldsymbol{F}_{42} + \cdots \\ & + \boldsymbol{F}_{13} + \boldsymbol{F}_{23} \qquad\quad + \boldsymbol{F}_{43} + \cdots\end{aligned}$$

となるが，$\boldsymbol{F}_{ik}$ という力があれば $\boldsymbol{F}_{ki}$ という力もあることに気がつく．運動の第3法則によって，

$$\boldsymbol{F}_{ik} + \boldsymbol{F}_{ki} = 0 \tag{8.2-5}$$

であるから，

$$\sum_i \sum_{k \neq i} \boldsymbol{F}_{ki} = 0 \tag{8.2-6}$$

となる．したがって（8.2-4）は

$$\frac{d}{dt}\left(\sum_i m_i \boldsymbol{V}_i\right) = \sum_i \boldsymbol{F}_i \tag{8.2-7}$$

となる．この式をみると，

> 質点系の運動量が時間に対して変わる割合は，これに働く外力の総和に等しく，内力とはまったく無関係である

ことがわかる．質点系が孤立しているときには $\boldsymbol{F}_i = 0\ (i = 1, 2, \cdots)$ であるから，（8.2-7）の右辺は0となる．したがって，$\sum_i m_i \boldsymbol{V}_i =$ 一定となる．すなわち，

> 質点系が孤立していて，外から力を受けないときには，その運動量は一定に保たれる.*

これを**運動量保存の法則**とよぶ．式で書くと，

* 孤立していなくても，とにかく $\sum \boldsymbol{F}_i = 0$ ならばよい．

$$\sum_i m_i \boldsymbol{V}_i = 一定 \tag{8.2-8}$$

または,

$$\sum_i m_i u_i = 一定, \quad \sum_i m_i v_i = 一定, \quad \sum_i m_i w_i = 一定 \tag{8.2-9}$$

運動量は，それが孤立系で保存されることからわかるように，エネルギーなど保存される量と並んで，力学またはもっと一般に，物理の根本的な量であると考えられる．一般に物理学では保存される量に基礎的な意味が与えられる．その点で，力よりも運動量のほうが根本的な量であるとさえいえる．この節では，運動の第3法則から運動量保存の法則を導いたが，電磁場のように質点以外の要素が入っている，運動の第3法則の適用範囲よりも広い領域でも，運動量保存の法則は成り立つ．

例1　一直線上を運動する2つの球A, Bがある．質量はそれぞれm, Mである．はじめBが静止していて，これにAが速度uで衝突するものとする．衝突が完全に弾性的であるとして，球Aから球Bに移したエネルギーを求めよ．

解　衝突後のAの速度をU，Bの速度をVとする．運動量保存の法則を適用して，

$$mU + MV = mu \tag{1}$$

完全に弾性的*であるから

---

*　完全に弾性的であることは運動エネルギーの損失がないことで表してもよい．そのときに成り立つ条件は

$$\frac{1}{2}mU^2 + \frac{1}{2}MV^2 = \frac{1}{2}mu^2$$

すなわち

$$mU^2 + MV^2 = mu^2$$

となる．(1) とこの式を

$$m(u - U) = MV, \quad m(u^2 - U^2) = MV^2$$

と並べておいて割算をすると

$$u + U = V$$

となり，(2) に一致する．

この場合，反発係数は

$$e = \frac{衝突後の相対速度の絶対値}{衝突前の相対速度の絶対値} = \frac{V - U}{u}$$

であるから，この式で$e = 1$とおいたものが (2) である．

$$V - U = u \tag{2}$$

(1)，(2) から U, V を解けば

$$U = \frac{m - M}{m + M} u, \qquad V = \frac{2m}{m + M} u \tag{3}$$

したがって，A から B に移ったエネルギーは

$$\frac{1}{2} MV^2 = \frac{2Mm^2}{(M + m)^2} u^2 = 2M \frac{1}{\left(\dfrac{M}{m} + 1\right)^2} u^2$$

B の質量 M に対して，A の質量 m をいろいろ変えると，m が大きいほど，エネルギーの移る量が大きくなる．しかし，$2Mu^2$ を超えることはない．◆

例 2　雨滴が空から落ちるとき，途中で空気中に浮かんでいる小さな水の粒子をともなってしだいに大きくなりながら落ちていく．このときの運動について，雨滴に働く力が重力だけであるとすれば

$$\frac{d}{dt}(mv) = mg, \qquad m：雨滴の質量, \qquad v：下向きの速度$$

であることを示せ．

解　時刻 t で質量 m になっている雨滴が dt 時間に dm の質量を増加するものとする．m の部分と dm の部分を全体で質点系とみなす．t で速度 v，$t + dt$ で $v + dv$ とする．外力は $(m + dm)g$．したがって

$$(m + dm)(v + dv) - mv = (m + dm)g \cdot dt$$

高次の微小量を省略して

$$m\,dv + v\,dm = mg\,dt$$

それゆえ

$$\frac{d}{dt}(mv) = mg$$

となり，雨滴を質量が変化する質点と考えて，(8.2-7) をそのまま使うことができることを示している．◆

例 3　ロケット運動　最初 m_0 の質量を持つ物体が，静止の位置から，後方にいつでも自分に相対的に U という速度で連続的に物体を投げながら前進するとき，その後，任意の時刻での速度と進んだ距離を求めよ．

解　時刻 t で質量が m とし，dt 時間に $-dm$ だけの質量を後ろに投げるもの

とする．

　t：質量 m，速度 v.

　$t+dt$：質量 $m+dm$ の部分が速度 $v+dv$，質量 $-dm$ の部分が速度 $v-U$.

したがって，運動量保存の法則によって，

$$mv=(m+dm)(v+dv)-dm(v-U)$$

これから

$$m\frac{dv}{dt}=-U\frac{dm}{dt}$$

$$m\,dv=-U\,dm$$

$$\therefore\ dv=-U\frac{dm}{m}$$

$$v=-U\log m+C$$

$t=0$ で $v=0$ とし，$m=m_0$ とすれば

$$C=U\log m_0$$

$$\therefore\ v=U\log\frac{m_0}{m}$$

これはロケットの質量が m になったときの速度を与えるもので，放出率が一定でなくても成り立つ．

　単位時間に一定量 a の質量を放出するものとすれば

$$v=U\log\frac{m_0}{m_0-at}$$

$t=0$ で $x=0$ の条件で積分すれば，

$$x=U\left\{t+\left(\frac{m_0}{a}-t\right)\log\frac{m_0-at}{m_0}\right\}$$ ◆

§8.3　重心の運動保存の法則

　質点系の各質点の位置ベクトルを $\boldsymbol{r}_i(x_i, y_i, z_i)$ とし，質量を m_i とすれば

$$\boldsymbol{r}_G=\frac{\sum m_i\boldsymbol{r}_i}{M},\qquad M=\sum m_i \tag{8.3-1}$$

$$x_G=\frac{\sum m_ix_i}{M},\qquad y_G=\frac{\sum m_iy_i}{M},\qquad z_G=\frac{\sum m_iz_i}{M} \qquad (8.3\text{-}1)'$$

で与えられる点を質点系の**重心**，または**質量の中心**とよぶ．

質点系の配置が与えられれば，座標系のとり方にかかわらず（8.3-1）の形の式で与えられる点は一致することを示すために，位置ベクトルを引く原点をOからO′に移してみる．新しい原点O′から引いた位置ベクトル $\boldsymbol{r}_i'$ により，（8.3-1）と同じ形の式で与えられる点をG′とすれば

$$\boldsymbol{r}_{G'} = \frac{\sum m_i \boldsymbol{r}_i'}{M}$$

OからみたO′の位置ベクトルを $\boldsymbol{r}_0$ とすれば

$$\boldsymbol{r}_i = \boldsymbol{r}_0 + \boldsymbol{r}_i'$$

これを（8.3-1）に入れて

$$\boldsymbol{r}_G = \frac{\sum m_i(\boldsymbol{r}_0 + \boldsymbol{r}_i')}{M} = \boldsymbol{r}_0 + \frac{\sum m_i \boldsymbol{r}_i'}{M} = \boldsymbol{r}_0 + \boldsymbol{r}_{G'}$$

となる．したがって，$\boldsymbol{r}_G$ と $\boldsymbol{r}_{G'}$ の関係は $\boldsymbol{r}_i$ と $\boldsymbol{r}_i'$ の関係と同じになるからGとG′とは同一の点でなければならない．

重心に原点をおけば，（8.3-1）による重心の位置は当然0となるはずであるから，このときの位置ベクトルを $\boldsymbol{r}_i'$ とすれば，

$$\sum m_i \boldsymbol{r}_i' = 0, \quad \text{または} \quad \sum m_i x_i' = 0, \quad \sum m_i y_i' = 0, \quad \sum m_i z_i' = 0 \tag{8.3-2}$$

これは後にいくども使われる式である．

さて，（8.3-1）から

$$M\ddot{\boldsymbol{r}}_G = \sum m_i \ddot{\boldsymbol{r}}_i = \frac{d}{dt}(\sum m_i \boldsymbol{V}_i)$$

それゆえ，運動量についての式（8.2-7）によって

$$M\ddot{\boldsymbol{r}}_G = \sum_i \boldsymbol{F}_i \tag{8.3-3}$$

となる．これは，1つの質点の運動方程式とまったく同じであるから，

> 質点系の重心の運動は，ちょうどこの点に全質量が集まり，またすべての外力がこれに集中して作用すると考えるときの運動に等しい．

また，孤立系を考えると

> 孤立系では，その重心ははじめ慣性系に対して運動していれば，いつまでもその速度で等速直線運動を行い，はじめ静止していれば，いつまでも静止する

ことがわかる．これを，**重心の運動保存の法則**とよぶ．それゆえに，孤立系の重心に固定され，しかも恒星に対して回転しないような座標系は慣性系である．

§8.4　角運動量保存の法則

1つの質点の原点（慣性系の原点）のまわりの角運動量 $\boldsymbol{l}$ は，(5.5-9) により位置ベクトル $\boldsymbol{r}$ と運動量ベクトル $\boldsymbol{p}$ を使って

$$\boldsymbol{l} = \boldsymbol{r} \times \boldsymbol{p} \tag{8.4-1}$$

によって与えられること，その成分 l_x, l_y, l_z は (5.5-11)

$$l_x = m(y\dot{z} - z\dot{y})$$
$$l_y = m(z\dot{x} - x\dot{z})$$
$$l_z = m(x\dot{y} - y\dot{x})$$

により与えられることは§5.5で学んだ．また，その時間的変化は

$$\frac{d\boldsymbol{l}}{dt} = \boldsymbol{r} \times \boldsymbol{F} = \boldsymbol{N}, \qquad \boldsymbol{F}：\text{質点に働く力} \tag{8.4-2}$$

で与えられることも§5.6で学んだ．

多くの質点から成り立つ質点系を考える．おのおのの質点は互いに作用をおよぼしあったり，また外部からも力を受けて運動しているものとする．§8.2と同様に m_i に働く外力を $\boldsymbol{F}_i$，k 番目の質点から i 番目の質点に働く力（内力）を $\boldsymbol{F}_{ki}$ と書く．

慣性系の原点Oのまわりの各質点の角運動量の和（もちろんベクトル的の）を，この**質点系の角運動量**とよぶ．これを $\boldsymbol{L}$ で表せば

$$\boldsymbol{L} = \sum \boldsymbol{l}_i = \sum m_i(\boldsymbol{r}_i \times \boldsymbol{V}_i) \tag{8.4-3}$$

おのおのの質点の角運動量の時間的に変わる割合が，この質点に働いている力のモーメントに等しいのであるから，

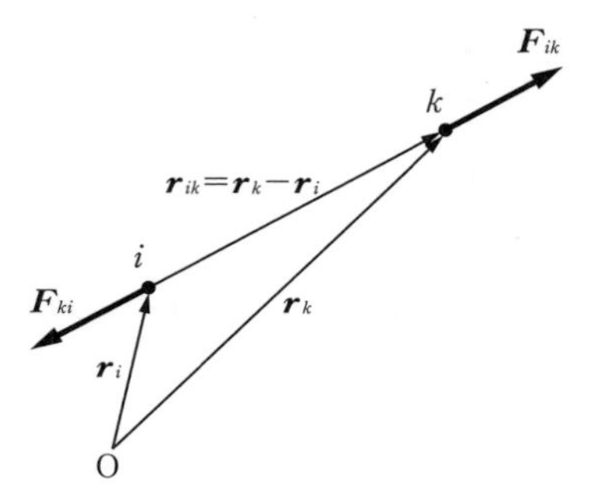

8.4-1 図　第 3 法則

$$\frac{d\boldsymbol{L}}{dt}=\sum_i \boldsymbol{r}_i\times\left(\boldsymbol{F}_i+\sum_{k\neq i}\boldsymbol{F}_{ki}\right)$$

$\sum_i \boldsymbol{r}_i\times\left(\sum_{k\neq i}\boldsymbol{F}_{ki}\right)=\sum_i\sum_{k\neq i}(\boldsymbol{r}_i\times\boldsymbol{F}_{ki})$ であるが，この和には

$$\boldsymbol{r}_i\times\boldsymbol{F}_{ki}+\boldsymbol{r}_k\times\boldsymbol{F}_{ik}$$

の形の項が 1 対ずつある．第 3 法則によって $\boldsymbol{F}_{ik}=-\boldsymbol{F}_{ki}$ であるから，

$$(\boldsymbol{r}_k-\boldsymbol{r}_i)\times\boldsymbol{F}_{ik}$$

$\boldsymbol{r}_k-\boldsymbol{r}_i$ は m_i から m_k へ引いた位置ベクトルであるが，第 3 法則によって $\boldsymbol{r}_k-\boldsymbol{r}_i$ と $\boldsymbol{F}_{ik}$ とは一直線になっているから（8.4-1 図），この積は 0 である．ゆえに

$$\boldsymbol{r}_i\times\boldsymbol{F}_{ki}+\boldsymbol{r}_k\times\boldsymbol{F}_{ik}=0$$

で，したがって

$$\frac{d\boldsymbol{L}}{dt}=\sum(\boldsymbol{r}_i\times\boldsymbol{F}_i)=\boldsymbol{N} \tag{8.4-4}$$

となり，内力の項は全部消えてしまう．つまり

> 慣性系の定点のまわりにとった質点系の角運動量が時間とともに変わる割合は，この質点系に働いている外力の定点のまわりのモーメントの和に等しく，内力は無関係である．

孤立系では外力のモーメントは 0 であるから

$$\frac{d\boldsymbol{L}}{dt}=0,\qquad \text{したがって}\qquad \boldsymbol{L}=\text{一定} \tag{8.4-5}$$

である．孤立系でなくても $\boldsymbol{N}=0$ でさえあれば $\boldsymbol{L}$ は一定である．それでつぎのようにいうことができる．

> 慣性系の定点のまわりにとった孤立系の角運動量は保存される．孤立系でなくても外力のモーメントの和が0であれば角運動量は保存される．

これを**角運動量保存の法則**とよぶ．

たとえば，太陽系全体は他の天体からの作用に対して孤立系と考えることができるからその角運動量は保存される．すなわち，その方向も大きさも保存されるのである．この不変の方向を**不変線**，それに直角な平面を**不変面**とよぶ．

原子は原子核とそのまわりを回っている電子とから成り立っている．原子核，電子はそれぞれ角運動量（スピン）を持ち，また電子が核のまわりを回る運動によっても角運動量を持っているが，これらの角運動量の総和は原子が孤立しているかぎり保存される．原子などに関係する粒子の持つ角運動量は原子物理学では大切な役目を持つ．

角運動量の単位は $\mathrm{m^2\,kg\,s^{-1}}$ であるが，原子物理学では $\hbar$ ($=h/2\pi$, $h=$ プランクの定数 $=6.6261\times10^{-34}\,\mathrm{J\,s}$, $\hbar=1.05457\times10^{-34}\,\mathrm{J\,s}$)が使われる．原子核や原子内の電子の持つ角運動量は $\hbar$ の程度である．半径 1 cm の鋼球が 1 s に 1 回まわる程度の運動では $10^{29}\hbar$ の程度，太陽のまわりの地球の運動では $10^{64}\hbar$ の程度である．

§8.5 重心のまわりの角運動量

質点系の力学では重心または質量の中心がいろいろな場合，重要な役割を持っている．§8.3 では，質点系の重心が外力に対しては，1つの質点のしたがうのと同じ運動方程式にしたがうのをみた．また，その特別な場合として，孤立系では重心の運動は変化しないことも学んだ．このように，重心の運動は比較的に簡単に求められたり，はじめからわかっていたりするので，質点系の運動を論じるとき，その運動を重心の運動とこれに相対的な運動とに分けて考えることが多い．角運動量についても重心の運動とこれに相対的な運動，つまり，重心のまわりの運動に分けて考えることが多い．

慣性系内の一定点Oのまわりの1つの質点系の角運動量は，(8.4-3) の式

$$\boldsymbol{L} = \sum m_i(\boldsymbol{r}_i \times \boldsymbol{V}_i) \tag{8.5-1}$$

によって与えられる．質点系の重心の位置を $\boldsymbol{r}_G$ とし，重心から i 番目の質点までの位置ベクトルを $\boldsymbol{r}_i'$ とする．

$$\boldsymbol{r}_i = \boldsymbol{r}_G + \boldsymbol{r}_i' \tag{8.5-2}$$

これを t で微分すれば，速度ベクトルの関係

$$\boldsymbol{V}_i = \boldsymbol{V}_G + \boldsymbol{V}_i' \tag{8.5-3}$$

が得られる．(8.5-2)，(8.5-3) を (8.5-1) に代入すれば，$M = \sum m_i$ として

$$\begin{aligned}\boldsymbol{L} &= \sum m_i\{(\boldsymbol{r}_G + \boldsymbol{r}_i') \times (\boldsymbol{V}_G + \boldsymbol{V}_i')\} \\ &= M(\boldsymbol{r}_G \times \boldsymbol{V}_G) + \sum(m_i\boldsymbol{r}_i' \times \boldsymbol{V}_i') + \boldsymbol{r}_G \times \sum m_i\boldsymbol{V}_i' + (\sum m_i\boldsymbol{r}_i') \times \boldsymbol{V}_G\end{aligned}$$

となる．この式の中にある $\sum m_i\boldsymbol{r}_i'$ は，重心を原点として質点系の各質点の位置を表したときの重心の位置を求める公式の分子にあたるものであるから0である（(8.3-2) 参照）．したがって，これを t で微分して得る $\sum m_i\boldsymbol{V}_i'$ も0である．それゆえ，

$$\boldsymbol{L} = \boldsymbol{r}_G \times M\boldsymbol{V}_G + \boldsymbol{L}_{(G)} \tag{8.5-4}$$

となる．右辺第1項は，体系の質量がすべて重心に集まったと考えたときの原点（慣性系の定点）のまわりの角運動量，$\boldsymbol{L}_{(G)}$ は

$$\boldsymbol{L}_{(G)} = \sum \boldsymbol{r}_i' \times (m_i\boldsymbol{V}_i') \tag{8.5-5}$$

で，重心のまわりの角運動量である．つぎに，この $\boldsymbol{L}_{(G)}$ が時間とともにどう変わるかしらべよう．そのために $\boldsymbol{L}$ の式 (8.5-4) を t で微分する．$d\boldsymbol{L}/dt$ は (8.4-4) で与えられているから，これから $\boldsymbol{L}_{(G)}$ を t で微分したものが出てくる．(8.5-4) を t で微分して，

$$\frac{d\boldsymbol{L}}{dt} = \boldsymbol{V}_G \times M\boldsymbol{V}_G + \boldsymbol{r}_G \times M\boldsymbol{A}_G + \frac{d\boldsymbol{L}_{(G)}}{dt}, \qquad \boldsymbol{A}_G\text{：重心の加速度}$$

$\boldsymbol{V}_G \times \boldsymbol{V}_G = 0$，$M\boldsymbol{A}_G = \sum \boldsymbol{F}_i$（$\boldsymbol{F}_i$ は外力）であるから

$$\frac{d\boldsymbol{L}}{dt} = \boldsymbol{r}_G \times \sum \boldsymbol{F}_i + \frac{d\boldsymbol{L}_{(G)}}{dt}$$

(8.4-4) の右辺の外力のモーメントは

$$\boldsymbol{N} = \sum(\boldsymbol{r}_i \times \boldsymbol{F}_i) = \sum(\boldsymbol{r}_G + \boldsymbol{r}_i') \times \boldsymbol{F}_i = \boldsymbol{r}_G \times \sum \boldsymbol{F}_i + \sum(\boldsymbol{r}_i' \times \boldsymbol{F}_i)$$

となる．したがって，(8.4-4) によって

$$\frac{d\boldsymbol{L}_{(\mathrm{G})}}{dt} = \sum(\boldsymbol{r}_i' \times \boldsymbol{F}_i) = \boldsymbol{N}_{(\mathrm{G})} \qquad (8.5\text{-}6)$$

となる．この式は (8.4-4) と同じ形をしている．つまり，慣性系の定点のまわりの角運動量も，重心のまわりの角運動量もその時間的変化はそれぞれの点のまわりの外力のモーメントに等しい．

(8.5-6) で $\boldsymbol{N}_{(\mathrm{G})}$ が 0 であるときには $\boldsymbol{L}_{(\mathrm{G})}$ = 一定，つまり重心のまわりの角運動量が保存される．すなわち，

> 質点系に働く外力の重心のまわりのモーメントが 0 であるときには，重心のまわりの角運動量は保存される．

問　(8.5-1) から (8.5-6) までの計算を，直交座標 (x, y, z) の方向の成分を使って実行して，同じ結果を導いてみよ．

§8.6　質点系のエネルギー

質点系の各質点の持つ運動エネルギーの和をこの質点系の運動エネルギーとよぶ．

$$T = \sum_i \frac{1}{2} m_i V_i^2 \qquad (8.6\text{-}1)$$

各質点の運動エネルギーの変化はこれに働いている力の行う仕事に等しいことは§5.1の (5.1-6) で学んだ．質点系内の 1 つの質点に働く力としては外力もあれば内力もあるが，一般にどちらも仕事を行うのであって，運動量の変化や，角運動量の変化を考えた場合のように，内力が消えてしまうとは限らない．質点系の運動エネルギーが T_1 から T_2 に変わったとすれば

$$\begin{aligned} T_2 - T_1 &= \text{外力の行った仕事} + \text{内力の行った仕事} \\ &= \int_{(1)}^{(2)} \sum_i \boldsymbol{F}_i \cdot d\boldsymbol{r}_i + \int_{(1)}^{(2)} \sum_i \sum_{k \neq i} \boldsymbol{F}_{ki} \cdot d\boldsymbol{r}_i \end{aligned} \qquad (8.6\text{-}2)$$

上に述べたように，(8.6-2) の第 2 項は一般には 0 にはならないが，特別な束縛条件のある場合には 0 となる．つぎにこれをあげよう．

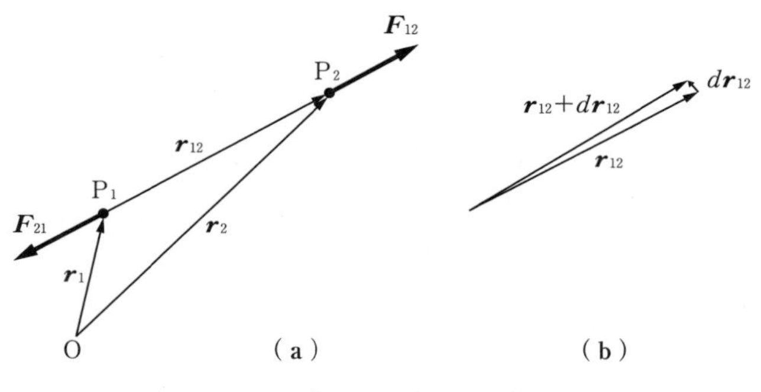

8.6-1 図 第3法則と仕事

(a) 2つの質点間の距離が変わらないように束縛されているとき，互いに作用しあう力の行う仕事

質点を P_1, P_2 とし，その距離 $\overline{P_1P_2}$ が変わらないように束縛されているとする．P_1 から P_2，P_2 から P_1 におよぼす力を $\boldsymbol{F}_{12}, \boldsymbol{F}_{21}$ とする．P_1 が $d\boldsymbol{r}_1$，P_2 が $d\boldsymbol{r}_2$ だけ動く間にこれらの力の行う仕事は

$$\begin{aligned}\boldsymbol{F}_{21}\cdot d\boldsymbol{r}_1 + \boldsymbol{F}_{12}\cdot d\boldsymbol{r}_2 &= \boldsymbol{F}_{12}\cdot(d\boldsymbol{r}_2 - d\boldsymbol{r}_1)\\ &= \boldsymbol{F}_{12}\cdot d(\boldsymbol{r}_2 - \boldsymbol{r}_1) = \boldsymbol{F}_{12}\cdot d\boldsymbol{r}_{12} \qquad (\text{第3法則を使って})\end{aligned}$$

$\boldsymbol{r}_{12}$ の大きさが一定であるときには，8.6-1 図の (b) が示すように $d\boldsymbol{r}_{12}$ は $\boldsymbol{r}_{12}$ に直角である．したがって，$\boldsymbol{F}_{12}\cdot d\boldsymbol{r}_{12} = 0$ で $\boldsymbol{F}_{12}$ と $\boldsymbol{F}_{21}$ の行う仕事は 0 となる．たとえば，剛体ではこれをつくっている各質点間の距離が変わることがないから，剛体が運動してもその内力によって運動エネルギーが変化するということはない．

(b) 2つの質点が滑らかな釘や輪にかけた糸で結ばれていて，糸がたるむことなく運動するとき，糸の張力の行う仕事

糸の張力を S とし，釘を原点にとって (8.6-2 図)，両質点の座標を $(x_1, y_1, z_1), (x_2, y_2, z_2)$ とする．P_1, P_2 が小さな変位を行ったときの仕事は

$$\begin{aligned}d'W &= -\left(S\frac{x_1}{r_1}dx_1 + S\frac{y_1}{r_1}dy_1 + S\frac{z_1}{r_1}dz_1\right) - \left(S\frac{x_2}{r_2}dx_2 + S\frac{y_2}{r_2}dy_2 + S\frac{z_2}{r_2}dz_2\right)\\ &= -S\left\{\frac{1}{r_1}(x_1dx_1 + y_1dy_1 + z_1dz_1) + \frac{1}{r_2}(x_2dx_2 + y_2dy_2 + z_2dz_2)\right\}\end{aligned}$$

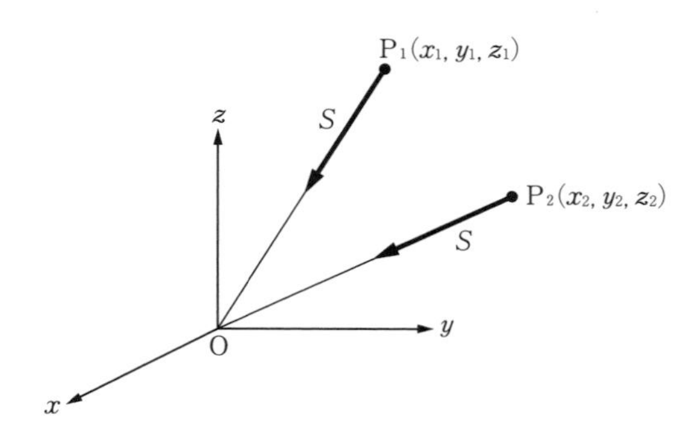

8. 6-2 図 糸の張力と仕事

である．糸の長さは一定であるから，

$$dr_1 + dr_2 = 0$$

$r_1 = \sqrt{x_1{}^2 + y_1{}^2 + z_1{}^2}$，$r_2 = \sqrt{x_2{}^2 + y_2{}^2 + z_2{}^2}$ であるから

$$dr_1 = \frac{x_1 dx_1 + y_1 dy_1 + z_1 dz_1}{r_1}, \qquad dr_2 = \frac{x_2 dx_2 + y_2 dy_2 + z_2 dz_2}{r_2}$$

である．したがって，$d'W$ の式の右辺の括弧の中は 0 となる．それゆえ $d'W = 0$ である．

(c) 質点系の一部に滑らかな面の触れあいがあるとき，この触れあいの点で互いに作用しあう力の行う仕事

8.6-3 図のように，2 つの滑らかな面が触れあっているとき，上の面に属する接触点を P_1，下の面に属する接触点を P_2 とし，P_2 から P_1 に働く束縛力を $\boldsymbol{S}_1$，P_1 から P_2 に働く束縛力を $\boldsymbol{S}_2$ とすれば，これらの力は接触面に垂直で大きさは等しく，方向は反対である．P_1 の変位を $d\boldsymbol{r}_1$，P_2 の変位を $d\boldsymbol{r}_2$ とすれば，仕事は

8. 6-3 図 面の接触と仕事

$$d'W = \boldsymbol{S}_1 \cdot d\boldsymbol{r}_1 + \boldsymbol{S}_2 \cdot d\boldsymbol{r}_2 = \boldsymbol{S}_1 \cdot (d\boldsymbol{r}_1 - d\boldsymbol{r}_2)$$

である．$d\boldsymbol{r}_1 - d\boldsymbol{r}_2$ は P_2 に相対的な P_1 の変位で，P_2 からみれば P_1 は接平面の方向に動くのであるから $d\boldsymbol{r}_1 - d\boldsymbol{r}_2$ は接触面の法線方向に直角で，$\boldsymbol{S}_1$ に直角となる．したがって $d'W = 0$．この場合 P_1 と P_2 とが一致しているからとい

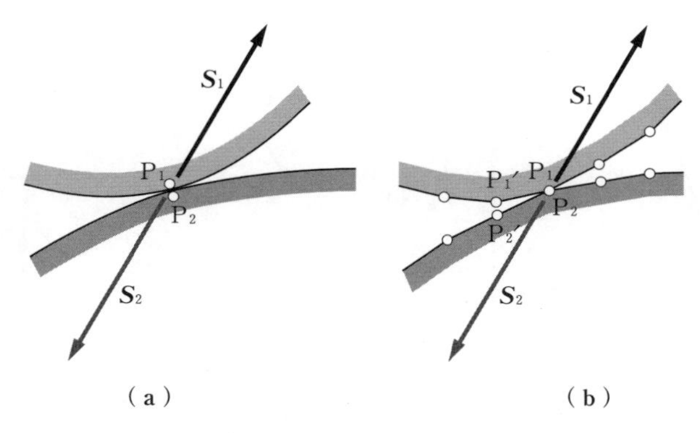

8.6-4 図　滑らずに転がる接触の仕事

う理由で $d\boldsymbol{r}_1 = d\boldsymbol{r}_2$ であるとしてはいけない．一方は他方に対して滑ってずれていくのである．

(d)　質点系の一部に粗い面の触れあいがあって滑らずに転がるとき，触れあいの面が互いに作用しあう力の行う仕事

8.6-4 図のように，2 つの粗い面が触れあうものとし，おのおのに属する触れあいの点を $\mathrm{P}_1, \mathrm{P}_2$ とする．束縛力を $\boldsymbol{S}_1, \boldsymbol{S}_2$ とすれば，

$$\boldsymbol{S}_1 + \boldsymbol{S}_2 = 0$$

であるが，その方向は一般に面に垂直ではない．いま，面に角をつけた図 (b) を考えると，P_1 と P_2 とが接触している間は $\mathrm{P}_1, \mathrm{P}_2$ は離れず面は回転し，$\mathrm{P}_1', \mathrm{P}_2'$ が接触してはじめて $\mathrm{P}_1, \mathrm{P}_2$ が離れ，今度は $\mathrm{P}_1', \mathrm{P}_2'$ が接触してこれらのまわりに両面が互いに動くというように運動していく．このように，$\mathrm{P}_1, \mathrm{P}_2$ が接触している間は，離れずに動くのであるから $d\boldsymbol{r}_1 = d\boldsymbol{r}_2$ である．したがって $\boldsymbol{S}_1, \boldsymbol{S}_2$ の行う仕事は

$$d'W = \boldsymbol{S}_1 \cdot d\boldsymbol{r}_1 + \boldsymbol{S}_2 \cdot d\boldsymbol{r}_2 = (\boldsymbol{S}_1 + \boldsymbol{S}_2) \cdot d\boldsymbol{r}_1 = 0$$

となる．摩擦があって滑りながら転がるときには $\boldsymbol{S}_1 + \boldsymbol{S}_2 = 0$ であるが，$d\boldsymbol{r}_1$ と $d\boldsymbol{r}_2$ とは等しくないから，摩擦力は仕事を行うことになる．

(e)　糸が滑車にかかっていて，滑車との接触が粗く糸は滑車面に対して滑らないとき，束縛力の行う仕事

(d) の場合と同様に滑車に角をつけてみると考えやすい (8.6-5 図)．図 (b)

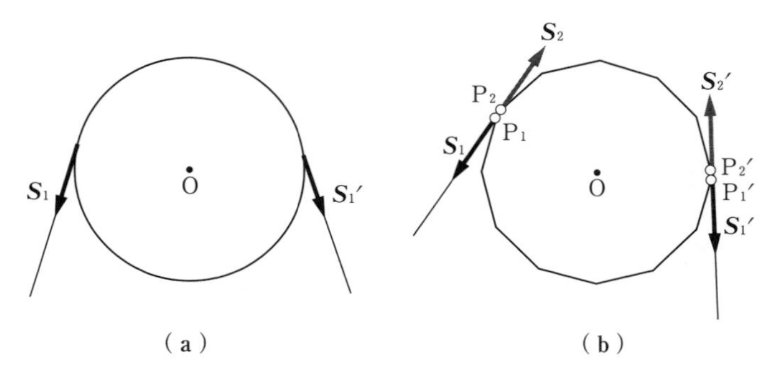

8.6-5 図　滑車に糸がかかっているときの仕事

で糸と滑車が離れる点の滑車上の点を P_1, P_1'，糸の上の点を P_2, P_2' とする．P_1, P_1' に糸から働く力を $\boldsymbol{S}_1, \boldsymbol{S}_1'$ とし，P_2, P_2' に滑車から働く力を $\boldsymbol{S}_2, \boldsymbol{S}_2'$ とする．

$$\boldsymbol{S}_1 = -\boldsymbol{S}_2, \qquad \boldsymbol{S}_1' = -\boldsymbol{S}_2'$$

である．滑車が回転するときには，P_1, P_2, P_1', P_2' は動くが P_1 と P_2，P_1' と P_2' はそれぞれ等しい変位を行うので，仕事は 0 となる．

以上述べたいろいろな場合，すなわち，束縛力が仕事をしないとき，場合場合に応じて**滑らかな束縛**とか**固い束縛**とかよぶ．または一まとめにして**滑らかな束縛**とよぶこともある．このような場合はよく出てくるのであるが，そのときには質点系の運動エネルギーの増加は外力の行う仕事に等しい．

つぎに内力が仕事を行う場合の特別な場合として，内力がポテンシャルを持つときを考えよう．i 番目と k 番目の質点間に働く力がポテンシャル U_{ki}, U_{ik} から導かれるものとする．

$$\boldsymbol{F}_{ki} = -\mathrm{grad}_i\, U_{ki}, \qquad \boldsymbol{F}_{ik} = -\mathrm{grad}_k\, U_{ik}$$

grad の記号に i, k を添えてあるのは，それぞれ $\boldsymbol{r}_i, \boldsymbol{r}_k$ につき勾配をとるという意味である．x 成分を書けば，

$$X_{ki} = -\frac{\partial U_{ki}}{\partial x_i}, \qquad X_{ik} = -\frac{\partial U_{ik}}{\partial x_k}$$

U_{ki}, U_{ik} が両質点間の距離 r_{ik} だけの関数とすれば，

$$X_{ki} = -\frac{dU_{ki}}{dr_{ik}}\frac{\partial r_{ik}}{\partial x_i} = -\frac{dU_{ki}}{dr_{ik}}\frac{x_i - x_k}{r_{ik}}, \qquad X_{ik} = -\frac{dU_{ik}}{dr_{ik}}\frac{x_k - x_i}{r_{ik}}$$

第3法則によって

$$X_{ik} + X_{ki} = 0$$

であるから

$$\frac{dU_{ik}}{dr_{ik}} = \frac{dU_{ki}}{dr_{ik}}$$

したがって，定数を除いて，

$$U_{ik} = U_{ki}$$

となる．いま

$$U = \sum_{i<k} U_{ik} \tag{8.6-3}$$

とおく．ここで $i<k$ としたのは，たとえば，第1，第2の質点についていうと，U_{12} という項をとって U_{21} はとらないという意味である．つまり，質点の対（pair）に対して総和をとるという意味である．m_i に働く内力は

$$-\mathrm{grad}_i U, \qquad \text{成分は} \qquad \left(-\frac{\partial U}{\partial x_i}, -\frac{\partial U}{\partial y_i}, -\frac{\partial U}{\partial z_i}\right)$$

で与えられる．

質点系が，ある配置から他の配置に移るまでに内力が行う仕事は，

$$W = -\int_{(1)}^{(2)} \sum \left(\frac{\partial U}{\partial x_i}dx_i + \frac{\partial U}{\partial y_i}dy_i + \frac{\partial U}{\partial z_i}dz_i\right)$$
$$= -\int_{(1)}^{(2)} dU = U_1 - U_2$$

U が質点の配置によって一義的にきまるならば，この W の値は途中の道筋にはよらない．そのとき，たとえば (2) の状態を基準にとって W を (1) の状態にある質点系の位置エネルギーとよぶ．(1) を任意の状態Pとし (2) をOと書き，$U_1 = U$，$U_2 = 0$ とおけば

$$U = -\int_{\mathrm{P}}^{\mathrm{O}} \sum \left(\frac{\partial U}{\partial x_i}dx_i + \frac{\partial U}{\partial y_i}dy_i + \frac{\partial U}{\partial z_i}dz_i\right) \tag{8.6-4}$$

質点系内の1つ，たとえば i 番目を選んで，これに働くすべての内力の和に対する位置エネルギーを考えれば，

$$U_i = \sum_{k \neq i} U_{ki} \tag{8.6-5}$$

くわしくは，

$$
\begin{aligned}
U_1 &= \qquad\quad U_{21} + U_{31} + U_{41} + \cdots \\
U_2 &= U_{12} \qquad\quad + U_{32} + U_{42} + \cdots \\
U_3 &= U_{13} + U_{23} \qquad\quad + U_{43} + \cdots \\
&\cdots\cdots
\end{aligned}
$$

であって，$U_{ik} = U_{ki}$ であるから

$$\sum_i U_i = 2\sum_{i<k} U_{ik}$$

したがって，(8.6-3) によって

$$U = \frac{1}{2}\sum_i U_i \tag{8.6-6}$$

となる．たとえば，3個の質点が万有引力を作用しあっているとき，第1の質点に作用する力のポテンシャルは

$$U_1 = -G\frac{m_1 m_2}{r_{12}} - G\frac{m_1 m_3}{r_{13}}$$

第2の質点については

$$U_2 = -G\frac{m_1 m_2}{r_{12}} - G\frac{m_2 m_3}{r_{23}}$$

第3の質点については

$$U_3 = -G\frac{m_3 m_1}{r_{13}} - G\frac{m_3 m_2}{r_{23}}$$

であるが，全体系の位置エネルギーは

$$U = -G\frac{m_1 m_2}{r_{12}} - G\frac{m_2 m_3}{r_{23}} - G\frac{m_1 m_3}{r_{13}}$$

で U_1, U_2, U_3 の和の 1/2 に等しい．

内力が上に述べたような位置エネルギーを持つときには，これを $U^{(\mathrm{i})}$ とすれば (8.6-2) の右辺の第2項は

$$\int_{(1)}^{(2)}\sum_i\sum_{k\neq i}\boldsymbol{F}_{ki}\cdot d\boldsymbol{r}_i = U_1{}^{(\mathrm{i})} - U_2{}^{(\mathrm{i})}$$

となるから，(8.6-2) は

$$(T_2 + U_2{}^{(\mathrm{i})}) - (T_1 + U_1{}^{(\mathrm{i})}) = \int_{(1)}^{(2)}\sum_i \boldsymbol{F}_i\cdot d\boldsymbol{r}_i \tag{8.6-7}$$

となる．つまり，

> 質点系の運動エネルギーと内力に対する位置エネルギーの和の増し高は，外力の行う仕事に等しい．

孤立している系や，外力が働いても仕事をしないときには，

$$T + U^{(i)} = 一定 \tag{8.6-8}$$

となる．外力も位置エネルギー $U^{(a)}$ を持つときには，(8.6-7) の右辺は $U_1{}^{(a)} - U_2{}^{(a)}$ となるので，

$$T + U^{(i)} + U^{(a)} = 一定 \tag{8.6-9}$$

となる．(8.6-8)，(8.6-9) が質点系に対する力学的エネルギー保存の法則である．質点系に働くいろいろな力について位置エネルギーを求めておこう．

（i）　重力場

i 番目の質点の高さを z_i とすれば，その位置エネルギーは $m_i g z_i$．したがって，全体の位置エネルギーは

$$U = \sum m_i g z_i = \left(\sum m_i z_i\right) g = Mgz_G, \qquad z_G：重心の高さ \tag{8.6-10}$$

である．すなわち，仮にその質点系のすべての質量が重心に集まったと考えたときの位置エネルギーに等しい．

（ii）　互いにばねで結ばれているとき

ばねの自然の長さを r_0 とし，力の定数を c とすれば，i 番目の質点と k 番目の質点を結ぶばねによる i 番目の質点に作用する力は

$$c(r_{ik} - r_0)\frac{x_k - x_i}{r_{ik}}, \qquad c(r_{ik} - r_0)\frac{y_k - y_i}{r_{ik}}, \qquad c(r_{ik} - r_0)\frac{z_k - z_i}{r_{ik}}$$

これらは，

$$-c(r_{ik} - r_0)\frac{\partial r_{ik}}{\partial x_i}, \qquad -c(r_{ik} - r_0)\frac{\partial r_{ik}}{\partial y_i}, \qquad -c(r_{ik} - r_0)\frac{\partial r_{ik}}{\partial z_i}$$

と書くことができる．それゆえ，i 番目の質点に働く力のポテンシャルは

$$U_i = \sum_{k \neq i} \frac{1}{2} c(r_{ik} - r_0)^2$$

で，全位置エネルギー U は

$$U = \frac{1}{2}\sum_i U_i = \sum_{i<k} \frac{1}{2} c(r_{ik} - r_0)^2 \tag{8.6-11}$$

となる．ばねの種類がいろいろあっても同様である．

（iii）　万有引力を互いに作用しあうとき

$$U_{ik} = -G\frac{m_i m_k}{r_{ik}}$$

であるから，

$$U = -G\sum_{i<k}\frac{m_i m_k}{r_{ik}} \tag{8.6-12}$$

（iv）　静電気のクーロン力を互いに作用しあうとき

互いに r_{ik} 離れている 2 つの荷電 e_i, e_k の間の位置エネルギーは，SI 系を使って表せば，

$$U_{ik} = \frac{e_i e_k}{4\pi\varepsilon_0 r_{ik}}\ ^{*}, \qquad e_i, e_k：\text{荷電量}, \qquad \varepsilon_0：\text{真空の誘電率}^{**}$$

したがって

$$U = \sum_{i<k}\frac{e_i e_k}{4\pi\varepsilon_0 r_{ik}} \tag{8.6-13}$$

質点系の運動を，重心の運動とこれに相対的な運動とに分けて考えることがよくあることは前の節で述べたが，運動エネルギーについても同様なことがある．質点系の運動エネルギー

$$T = \sum\frac{1}{2}m_i V_i^2$$

で $V_i^2 = \boldsymbol{V}_i\cdot\boldsymbol{V}_i$ とし，これを重心の速度 $\boldsymbol{V}_\mathrm{G}$，重心に相対的な速度 $\boldsymbol{V}_i'$ を使って書けば

$$V_i^2 = (\boldsymbol{V}_\mathrm{G} + \boldsymbol{V}_i')^2 = V_\mathrm{G}^2 + V_i'^2 + 2\boldsymbol{V}_\mathrm{G}\cdot\boldsymbol{V}_i'$$

となる．したがって

$$T = \frac{1}{2}MV_\mathrm{G}^2 + \sum\frac{1}{2}m_i V_i'^2 + \boldsymbol{V}_\mathrm{G}\cdot\sum m_i\boldsymbol{V}_i'$$

となるが，$\sum m_i\boldsymbol{V}_i' = 0$ であるから

$$T = \frac{1}{2}MV_\mathrm{G}^2 + \sum\frac{1}{2}m_i V_i'^2 \tag{8.6-14}$$

---

* CGS esu を使えば $U_{ik} = \dfrac{e_i e_k}{r_{ik}}$.

** $\varepsilon_0 = 8.854 \times 10^{-12}$ farad m^{-1}.

つまり

> 質点系の運動エネルギーは，全質量が重心に集まったと考えたときの運動エネルギーと，重心に相対的な運動による運動エネルギーの和に等しい．

§8.7 二体問題

いま，2個の質点P, Q（質量 m, M）が中心力 $f(r)$ をおよぼしあいながら運動しているものとする（8.7-1図）．両質点には他からは力が働かないとする．そうすれば，両質点の重心は慣性系からみて等速直線運動を行うので，これに固定した座標系はやはり慣性系である．この座標系からみた m, M の座標を (x_1, y_1, z_1)，(x_2, y_2, z_2) とする．

Pについての x 方向の運動方程式

$$m\frac{d^2x_1}{dt^2} = f(r)\frac{x_1 - x_2}{r} \tag{8.7-1}$$

Qについての x 方向の運動方程式

$$M\frac{d^2x_2}{dt^2} = f(r)\frac{x_2 - x_1}{r} \tag{8.7-2}$$

いま，質点Qに対するPの相対的な運動を求めるため

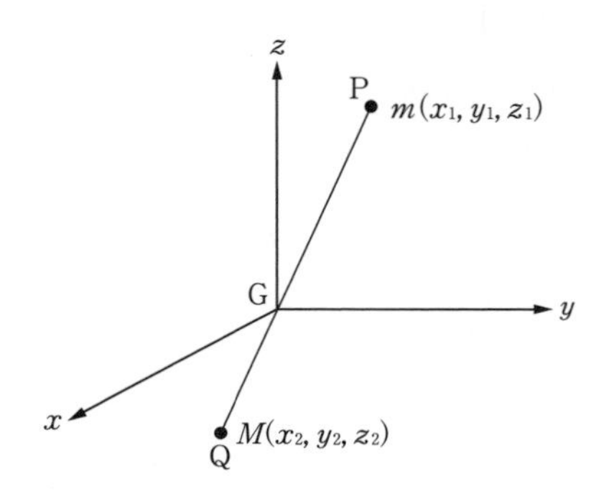

8.7-1 図　2つの質点から成る系

$$x_1 - x_2 = x, \quad y_1 - y_2 = y, \quad z_1 - z_2 = z$$

とおく．(8.7-1)/m，(8.7-2)/M の差をつくれば

$$\frac{d^2x}{dt^2} = f(r)\left(\frac{1}{m} + \frac{1}{M}\right)\frac{x}{r}$$

したがって

$$\frac{1}{\mu} = \frac{1}{m} + \frac{1}{M} \tag{8.7-3}$$

とおけば，上の式は

$$\mu\frac{d^2x}{dt^2} = f(r)\,\frac{x}{r} \tag{8.7-4}$$

となって，ちょうど質量 M の質点が固定されていて，質量 m の質点の質量が μ になったと考えたときの運動に等しいことになる．μ を**換算質量**とよぶ．y, z 方向についても同様である．

たとえば，両質点が電気量 E, e を帯びていて

$$f(r) = \frac{Ee}{4\pi\varepsilon_0 r^2}$$

のときには，Q に対する P の運動は

$$\mu\frac{d^2x}{dt^2} = \frac{Ee}{4\pi\varepsilon_0 r^2}\frac{x}{r}, \quad \mu\frac{d^2y}{dt^2} = \frac{Ee}{4\pi\varepsilon_0 r^2}\frac{y}{r}, \quad \mu\frac{d^2z}{dt^2} = \frac{Ee}{4\pi\varepsilon_0 r^2}\frac{z}{r} \tag{8.7-5}$$

となる．つまり，Q が静止して，P の質量が μ であるときの運動に等しい．

両方の質点が互いに万有引力を作用しあうときには，力が質量自身に比例しているので上のままでは少しまぎらわしい．P の質量を m から μ にしても，万有引力の大きさをこれにつられて変えることをしなければ，上に述べたままのことが成り立つ．(8.7-4) は

$$\mu\frac{d^2x}{dt^2} = -G\frac{Mm}{r^2}\frac{x}{r}$$

となるが，μ の値を入れれば

$$m\frac{d^2x}{dt^2} = -G\frac{(M+m)m}{r^2}\frac{x}{r}$$

となるから，つぎのようにいってもよい．

惑星の太陽に相対的な運動は，太陽が固定され，その質量が $M+m$ になったと考えたときの運動に等しい．

それゆえ（6.2–17）で与えられた惑星の周期の式は，太陽も動くことを考えると

$$T=\frac{2\pi a^{3/2}}{\sqrt{G(M+m)}} \tag{8.7–6}$$

と書きかえなければならない．

二体問題を一体問題に直すもう1つの方法には，重心に相対的な両質点の運動をしらべる方法がある．それには（8.7–1）の r と x_1-x_2 を重心に相対的な位置を使って表せばよい．重心からPまでの距離を r_1 とし，重心を原点とするときのPの x 座標を改めて x_1 とすれば

$$r=\frac{M+m}{M}r_1, \qquad \frac{x_1-x_2}{r}\ \text{の代りに}\ \frac{x_1}{r_1}$$

となる．重心に固定した座標系は慣性系であることを考えて，（8.7–1）は

$$m\frac{d^2x_1}{dt^2}=f\left(\frac{M+m}{M}r_1\right)\frac{x_1}{r_1} \tag{8.7–7}$$

となり，同様にQについても

$$M\frac{d^2x_2}{dt^2}=f\left(\frac{M+m}{m}r_2\right)\frac{x_2}{r_2} \tag{8.7–8}$$

となる．

いま，はじめ静止している原子核（質量 M，電気量 Ze）に帯電粒子（質量 m，電気量 $Z'e$）が u の速さで飛んでくるとする．実験室に固定した座標系（**実験室系**）からみたありさまは8.7–2図（a）のようになり，重心（**重心系**）からみたありさまは図（b）のようになる．重心に相対的な運動は（8.7–7），（8.7–8）で求められるが，飛んできた粒子が $\theta_{(G)}$ だけ曲げられたとすれば，実験室からみての曲った角 $\theta_{(L)}$ はつぎのようにして求められる．

Gに相対的な粒子の速さは衝突の前も後も $Mu/(M+m)$ である．原子核の近くを通って軌道が曲げられたのちには，$\theta_{(G)}$ の方向に同じ速度で飛び去る．重心Gの実験室に対する速度は $mu/(M+m)$ である．図（c）から

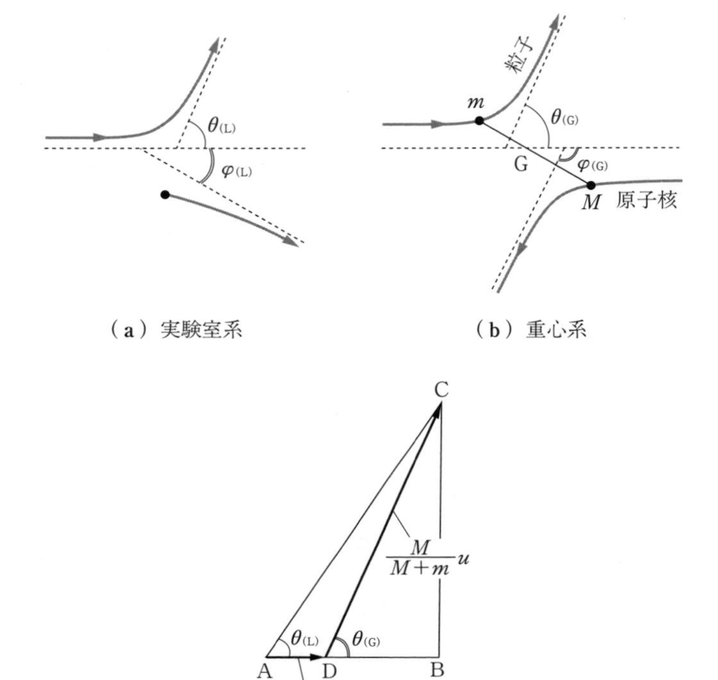

8.7-2 図　実験室系と重心系

$$\overline{BC} = (\overline{AD} + \overline{DB}) \tan\theta_{(L)} = \overline{DC} \sin\theta_{(G)}$$

したがって

$$\tan\theta_{(L)} = \frac{M \sin\theta_{(G)}}{m + M \cos\theta_{(G)}} \tag{8.7-9}$$

によって $\theta_{(L)}, \theta_{(G)}$ の関係が与えられる．また，両方の系からみた運動のエネルギーについては，原子核と粒子が遠く離れているときの運動エネルギーをくらべて，

$$E_{(L)} = \frac{m}{2} u^2, \qquad E_{(G)} = \frac{1}{2} \frac{mM}{M+m} u^2$$

$$\therefore\ E_{(G)} = E_{(L)} \frac{M}{M+m}$$

静止している陽子に中性子を当てる実験がある．それらの質量は陽子 1.67263×10^{-27} kg，中性子 1.67493×10^{-27} kg でほとんど等しい．8.7-2 図 (c) をみると，この場合には $\overline{\mathrm{AD}} = \overline{\mathrm{DC}} = u/2$ となる．したがって

$$\theta_{(G)} = 2\theta_{(L)}$$

である．

第8章　問題

1　壁に向かって直角に飛んでくる多くの球がある．球の質量はどれも m kg で，速度は v m s^{-1} であるとする．1 s に壁に当たる球の数を n とし，球が壁に入り込んで止められる場合と，完全弾性的にはね返っていく場合とで，壁は平均どれだけの力を受けることになるか．

2　線密度 λ の鎖を机の上にとぐろをまかせておき，1つの端を手に持って一定の速さ v で水平に引き，鎖の各部をつぎつぎに運動状態に入らせるとき，手から鎖におよぼす力はどれだけか．

3　床の上にかたまっている鎖（線密度 λ）の1つの端を手に持って，一定の速さ v で鉛直上方に引き上げる．鉛直の部分が x になっているとき，鎖の端におよぼさなければならない力を求めよ．

4　前問で，上に引張る力 F が一定であるとすれば，x だけ引き上げたときの速度はどれだけであるか．

5　長さ l，重さ W の一様な鎖の上端を固定し，鉛直にたらして下端が手に触れるようにしてある．上端を放して手で鎖を受け止めるとき，長さ x だけ受け止めたときの手の受ける力を求めよ．

6　机の端のところにかたまっている鎖の一端が机の端から少したれている．静止の状態から動き出して，x だけたれ下がったときの速度を求めよ．また，そのときの時刻はどうか．また，力学的エネルギーの増減はどれだけか．

7　雨滴が落ちていくにしたがい，静止している水滴を合わせていくとき，落ちはじめの質量を m_0 とし，単位時間についての質量増加を a とすれば，t だけ時間がたったときどれだけ落ちているか．

8　はじめ質量 m_0 を持つ物体が，後ろのほうに単位時間について質量 a を連続的に投げ出しながら進んでいく．この投げ出された部分の速度が0になるように投げ出

すとすれば，物体の運動はどのようなものか．初速度を v_0 とする．

9　ロケットが鉛直上方に運動するとき，$t=0$ で速度が 0 として，その運動を論じよ．

10　1つの平面内を運動する物体が，いつも自分の進む方向と直角の方向に，相対的に U の速さで単位時間について質量 a を連続的に投げ出しながら運動している．どのような運動になるか．

11　アトウッドの器械の運動を角運動量についての法則を使って扱ってみよ．

12　3つの等しい球 A, B, C の A, B と B, C をそれぞれ等しい長さの糸でつないでおき，滑らかな水平面上に A, B, C の順に一直線に並べておく．B を糸の方向に直角に V の速さで動かすとすれば，A と C が衝突するときの両球の相対速度はどうなるか．

13　質量 m_1 の滑らかな球が，他の質量 m_2 の滑らかな球に衝突し，速度の方向が衝突前の方向から θ だけ変わり，質量 m_2 の球は m_1 の衝突前の方向と φ の角をつくる方向に動き出した．両方の球が完全弾性体であるとして，

$$\tan\theta = \frac{m_2 \sin 2\varphi}{m_1 - m_2 \cos 2\varphi}$$

であることを証明せよ．

14　静止している陽子に中性子が v_0 の速度で衝突するときの両粒子の衝突前後の重心に対する速度ベクトルの図を描け．

9 剛体のつりあいと運動

§9.1 剛体のつりあい

質点系で，それをつくっている任意の2つの質点の距離が変わらないものを**剛体**とよぶ.* 通常の固体は弾性変形をするので剛体ではないが，その変形を無視することができるときには剛体として取り扱う.

剛体の位置を指定するのには6個の変数が必要である．まず，剛体内にこれに対してきまっている1つの点Cをとる．その位置をきめるのには，Cの座標(x_C, y_C, z_C)が必要である．Cを通る直線を剛体内にきめておくと，この直線の方向をきめるのには2個の変数が必要である．その2個としては，たとえば，直線の方位角と直線がz軸とつくる角を使えばよい．これでその直線の位置がきまったが，そのまわりに剛体を回すとまだいろいろな位置が可能であることがわかる．それゆえ最後に，この直線のまわりに回したときの位置を与える変数がもう1つ必要で，全部で6個となる．このことを，剛体の**自由度**は6であるという．それゆえ，剛体の運動をしらべるのには6個の独立な式があればよいことになる．剛体は質点系の一種であるから，質点系の力学の範囲でこれを求めると，重心の運動方程式 (8.3-3)

$$M\ddot{\boldsymbol{r}}_G = \sum_i \boldsymbol{F}_i, \qquad \boldsymbol{F}_i : 外力 \tag{9.1-1}$$

と，角運動量の式 (8.4-4)

---

* §1.1の基準体にも剛体をとった.

$$\frac{d\boldsymbol{L}}{dt} = \sum_i (\boldsymbol{r}_i \times \boldsymbol{F}_i) = \boldsymbol{N} \tag{9.1-2}$$

がその6個の役目をつとめることがわかる．これらの式を座標軸の方向の成分で書けば

$$M\frac{d^2x_G}{dt^2} = \sum_i X_i, \quad M\frac{d^2y_G}{dt^2} = \sum_i Y_i, \quad M\frac{d^2z_G}{dt^2} = \sum_i Z_i \tag{9.1-1$'$}$$

$$\left.\begin{aligned} \frac{d}{dt}\sum m_i\left(y_i\frac{dz_i}{dt} - z_i\frac{dy_i}{dt}\right) &= \sum(y_iZ_i - z_iY_i) \\ \frac{d}{dt}\sum m_i\left(z_i\frac{dx_i}{dt} - x_i\frac{dz_i}{dt}\right) &= \sum(z_iX_i - x_iZ_i) \\ \frac{d}{dt}\sum m_i\left(x_i\frac{dy_i}{dt} - y_i\frac{dx_i}{dt}\right) &= \sum(x_iY_i - y_iX_i) \end{aligned}\right\} \tag{9.1-2$'$}$$

となる．

この式でみると，剛体に働く外力の作用は

$$\left.\begin{aligned} &X = \sum X_i, \quad Y = \sum Y_i, \quad Z = \sum Z_i \\ &N_x = \sum(y_iZ_i - z_iY_i) \\ &N_y = \sum(z_iX_i - x_iZ_i) \\ &N_z = \sum(x_iY_i - y_iX_i) \end{aligned}\right\} \tag{9.1-3}$$

の6個の量によってきまり，1つ1つの力の働き方がちがっても，これら6個の量，つまり，外力をベクトル的に合成したものと，原点（慣性系に対する定点）のまわりのモーメントさえ等しければ作用は等しい．

たとえば，剛体に働く1つの力の作用は，その着力点を作用線の方向に移動させても力のベクトル和やモーメントに影響をおよぼさないから，作用は変わらない．

9.1-1図のように剛体内の2点A, Bに，大きさが等しく方向が反対の2つの力 $-\boldsymbol{F}, \boldsymbol{F}$ が作用するとき，これを**偶力**とよぶ．偶力では（9.1-1）で

$$\sum \boldsymbol{F}_i = 0, \quad \text{すなわち}, \quad \sum X_i = 0, \quad \sum Y_i = 0, \quad \sum Z_i = 0$$

であり，また（9.1-2）で

$$\begin{aligned} \boldsymbol{N} = \sum(\boldsymbol{r}_i \times \boldsymbol{F}_i) &= \boldsymbol{r}_1 \times (-\boldsymbol{F}) + \boldsymbol{r}_2 \times \boldsymbol{F} \\ &= (\boldsymbol{r}_2 - \boldsymbol{r}_1) \times \boldsymbol{F} = \boldsymbol{r}_{12} \times \boldsymbol{F} \end{aligned}$$

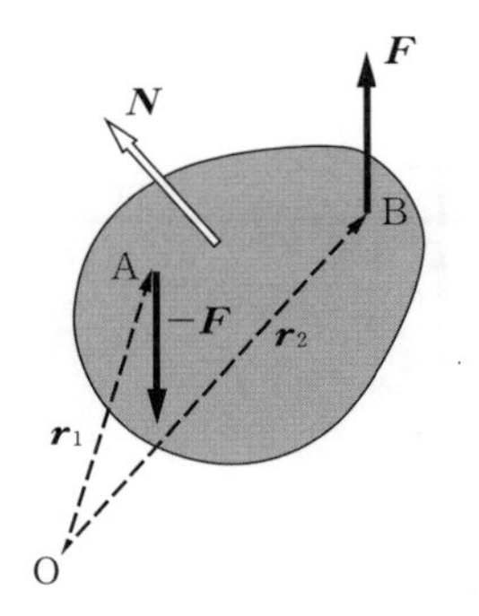

9.1-1図　偶力

となり，モーメントを求める中心の点に無関係で，$\overrightarrow{\mathrm{AB}} = \boldsymbol{r}_2 - \boldsymbol{r}_1$ と $\boldsymbol{F}$ とのベクトル積になっていることがわかる．したがって，B に働く力 $\boldsymbol{F}$ に A から垂線 p を下せば偶力のモーメントの大きさは pF に等しく，方向は2つの力が決定する平面に垂直で，剛体を A のまわりに $\boldsymbol{F}$ の示す向きに回る右回しのねじの進む向きになっている．それでつぎのようにいうことができる．

> 剛体に働く1つの偶力の作用は，その2つの力の存在する平面の方向，モーメントの大きさ，剛体を回そうとする向きが与えられればきまってしまい，2つの力のある平面の位置，1つ1つの力の位置，大きさによらない．

剛体がつりあっているときには，(9.1-1)，(9.1-2) で $\ddot{\boldsymbol{r}}_\mathrm{G} = 0$，$d\boldsymbol{L}/dt = 0$ であるから

$$\sum_i \boldsymbol{F}_i = 0 \tag{9.1-4}$$

$$\sum_i (\boldsymbol{r}_i \times \boldsymbol{F}_i) = 0 \tag{9.1-5}$$

でなければならない．座標軸の方向の成分で書くと，

$$\sum_i X_i = 0, \qquad \sum_i Y_i = 0, \qquad \sum_i Z_i = 0 \tag{9.1-6}$$

$$\sum_i (y_i Z_i - z_i Y_i) = 0, \qquad \sum_i (z_i X_i - x_i Z_i) = 0, \qquad \sum_i (x_i Y_i - y_i X_i) = 0 \tag{9.1-7}$$

力が一平面内にあるときには，この平面内に (x, y) 平面をとれば，(9.1-6)

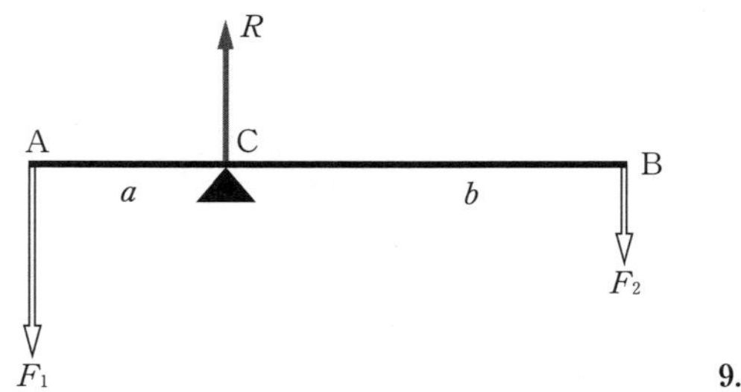

9.1-2 図

のはじめの2式，(9.1-7) の最後の式がつりあいの条件となり，

$$\sum X_i = 0, \quad \sum Y_i = 0, \quad \sum(x_i Y_i - y_i X_i) = 0 \qquad (9.1\text{-}8)$$

となる．この最後の式の代りには，むしろ (9.1-5) をそのまま書いた

$$\sum_i (\pm p_i F_i) = 0 \qquad (9.1\text{-}8)'$$

がよく使われる．p_i は原点から $\boldsymbol{F}_i$ に下した垂線，“±”の記号は，モーメントが正ならば正号，モーメントが負ならば負号をとる．

例 1　てこのつりあいをしらべよ．

解　9.1-2 図で C を支点とし，$\overline{\mathrm{AC}} = a$，$\overline{\mathrm{BC}} = b$ とする．C での抗力を R とすれば，明らかに R は F_1, F_2 と平行で逆向きである．(9.1-8)(最後の式の代りに (9.1-8)′ を使って) を書く．

$$R - F_1 - F_2 = 0 \qquad (1)$$

C のまわりのモーメントをとって

$$aF_1 - bF_2 = 0 \qquad (2)$$

(1) から $R = F_1 + F_2$．これが支点 C での抗力である．

(2) から $aF_1 = bF_2$．これがつりあうための条件である．◆

例 2　一様なまっすぐな棒をその両端につけた糸でぶらさげておくとき，糸の水平とつくる角が $\alpha, \beta\ (\beta > \alpha)$ である．棒の水平とつくる角が

$$\tan\theta = \frac{1}{2}(\tan\beta - \tan\alpha)$$

であることを証明せよ．

解　まず図を描こう (9.1-3 図)．棒に働く力は，重力 W が重心に，糸の張力 S_1, S_2 が両端 A, B でそれぞれ糸の方向に働く．S_1 と S_2 との交点を C とすれば，

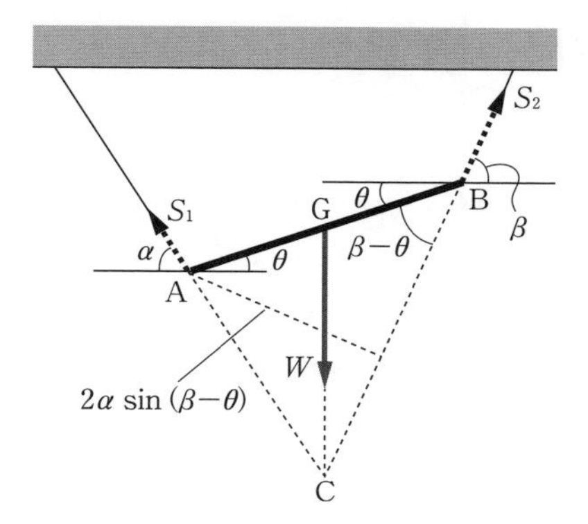

9.1-3 図

重力もそこを通らなければならない．なぜならば，もしそうでないとCのまわりのモーメントの和が0にならないからである．*

Bのほうが A よりも高いとすれば，CB の傾きのほうが CA の傾きより大きいから，A についている糸の傾きを α，B についている糸の傾きを β とする．

$$\text{水平方向の平衡条件}\qquad S_1\cos\alpha - S_2\cos\beta = 0 \tag{1}$$

$$\text{鉛直方向の平衡条件}\qquad S_1\sin\alpha + S_2\sin\beta = W \tag{2}$$

A のまわりのモーメントについて，棒の長さを $2a$ とする．

$$S_2\cdot 2a\sin(\beta-\theta) - Wa\cos\theta = 0 \tag{3}$$

$-(1)\times\sin\alpha + (2)\times\cos\alpha$ より

$$S_2 = \frac{W\cos\alpha}{\sin(\alpha+\beta)}$$

(3) に代入して分母を払えば，

$$2\cos\alpha\cos\beta\sin\theta = (\sin\beta\cos\alpha - \sin\alpha\cos\beta)\cos\theta$$

$$\therefore\ \tan\theta = \frac{1}{2}(\tan\beta - \tan\alpha)$$ ◆

例 3　一様な棒（重さ W）を水平な床の上から鉛直な壁に立てかける．棒を傾けていくとき，水平とつくる角がどれだけになると滑り出すか．棒と床，壁の間の摩擦係数をそれぞれ μ_1, μ_2 とする．

*　剛体に 3 個の力が働いてつりあうときには，それらの力の作用線は 1 点を通らなければならない．このことは式を立てるのに必ずしも必要ではないが，図を描くのには助けとなる．

解　棒の長さを $2a$ とする．棒が滑りはじめようとするときには，棒の両端 A でも B でも最大摩擦の状態になっている．* したがって，摩擦力 F_1, F_2 は垂直抗力 N_1, N_2 に対して

$$F_1 = \mu_1 N_1, \qquad F_2 = \mu_2 N_2$$

になっている（9.1-4 図）．

水平方向の平衡条件　　$N_2 - \mu_1 N_1 = 0$　　(1)

鉛直方向の平衡条件　　$N_1 + \mu_2 N_2 = W$　　(2)

B のまわりのモーメント

$$N_2 \cdot 2a\sin\theta + \mu_2 N_2 \cdot 2a\cos\theta = Wa\cos\theta \qquad (3)$$

これら 3 式から N_1, N_2 を消去して $\tan\theta$ を求めることができる．答は

$$\theta = \tan^{-1}\frac{1 - \mu_1\mu_2}{2\mu_1}$$

◆

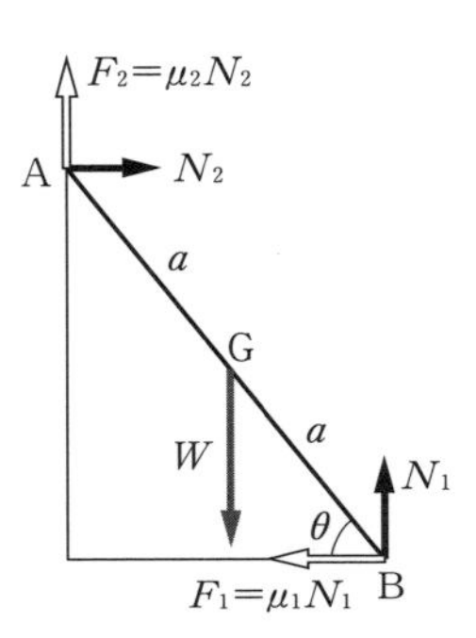

9.1-4 図

§9.2　固定軸を持つ剛体の運動

剛体が一直線のまわりに運動するように固定されている場合の運動を考える．剛体をこのように固定するのには，9.2-1 図（a）のように剛体の一部を軸にしてこれを軸受けでとめればよい．軸を z 軸とする．この場合には剛体が固定軸のまわりに標準の位置からどれだけ回ったかを示せば剛体の位置はきまるのであるから，自由度は 1 である．したがって，ただ 1 つの式で運動がきまるはずである．それには角運動量の式（9.1-2）の z 方向の成分

$$\frac{dL_z}{dt} = \sum_i (x_i Y_i - y_i X_i) = N_z \qquad (9.2\text{-}1)$$

を使う．

$$L_z = \sum_i m_i \left(x_i \frac{dy_i}{dt} - y_i \frac{dx_i}{dt} \right)$$

---

*　棒を鉛直から傾けていくと，はじめのうちは摩擦力 F_1, F_2 は垂直抗力 N_1, N_2 に対して $F_1 < \mu_1 N_1$，$F_2 < \mu_2 N_2$ であるが，傾けていくとこのうちどちらかが等号になり，最大摩擦の状態になる．もっと傾けていくと他のほうも最大摩擦の状態となり，それ以上傾けると滑り出してしまう．

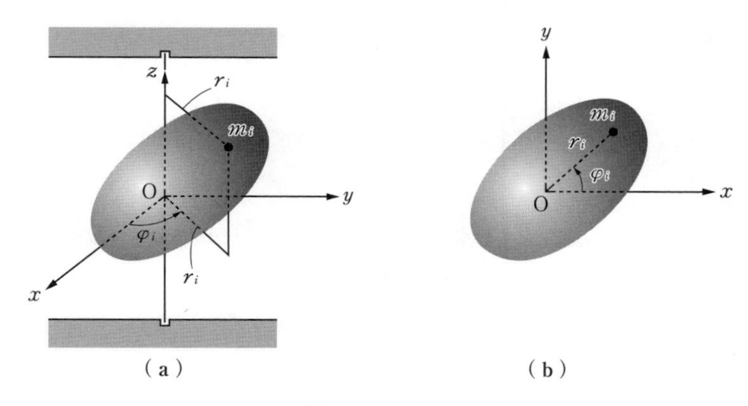

9.2-1 図　固定軸を持つ剛体

であるが，円柱座標 (r_i, φ_i) を使えば，この式をもっと簡単な形にすることができる．

$$x_i = r_i \cos\varphi_i, \qquad y_i = r_i \sin\varphi_i$$

であるが，これを t で微分すれば，r_i は時間に対して変わらないから，

$$\frac{dx_i}{dt} = -r_i \sin\varphi_i \frac{d\varphi_i}{dt}, \qquad \frac{dy_i}{dt} = r_i \cos\varphi_i \frac{d\varphi_i}{dt}$$

剛体であるから，これを組み立てているどの質点についても $d\varphi_i/dt$ は一定で，この剛体の固定軸のまわりの角速度 ω に等しい．したがって，

$$\frac{dx_i}{dt} = -r_i\omega \sin\varphi_i, \qquad \frac{dy_i}{dt} = r_i\omega \cos\varphi_i$$

これらの式を L_z の中に入れれば，

$$L_z = \left(\sum_i m_i r_i^2\right)\omega \tag{9.2-2}$$

となる．この

$$I = \sum_i m_i r_i^2 \tag{9.2-3}$$

という量は，剛体の力学ではいつも出てくる量で，これを考えている剛体の固定軸のまわりの**慣性モーメント**とよぶ．(9.2-3) を (9.2-2) に，これをまた (9.2-1) に入れる．N_z は N と書くことにする．

$$L_z = I\omega \tag{9.2-4}$$

$$I\frac{d\omega}{dt} = N \tag{9.2-5}$$

剛体が標準にとった位置から回った角を φ とすれば，$\omega = d\varphi/dt$ であるから，(9.2-5) は

$$I\frac{d^2\varphi}{dt^2} = N \qquad (9.2\text{-}5)'$$

と書くこともできる．

慣性モーメント I は剛体の回転についての慣性の大小を示すもので，力のモーメント N を与えるとき，I が大きければ角速度の変わり方が小さいことは (9.2-5)（または (9.2-5)′）からわかる．また (9.2-3) によれば，剛体の質量が同じでも軸から遠くのほうに質量が分布しているほど慣性モーメントが大きいことがわかる．慣性モーメントは剛体の質量分布と軸が与えられればきまるものであるが，いろいろな形の剛体の慣性モーメントの値はつぎの節でしらべることにしよう．

例 1　アトウッドの装置で，滑車の慣性モーメントを I として運動をしらべよ．

解　糸でつるす両質点の質量を m_1, m_2 とし，糸の張力を S_1, S_2 とする（9.2-2 図）．m_1 の下向き，m_2 の上向きの速度を v とし，滑車の角速度を v の向きに一致する向きを正にとって ω とする．滑車の半径を a とする．

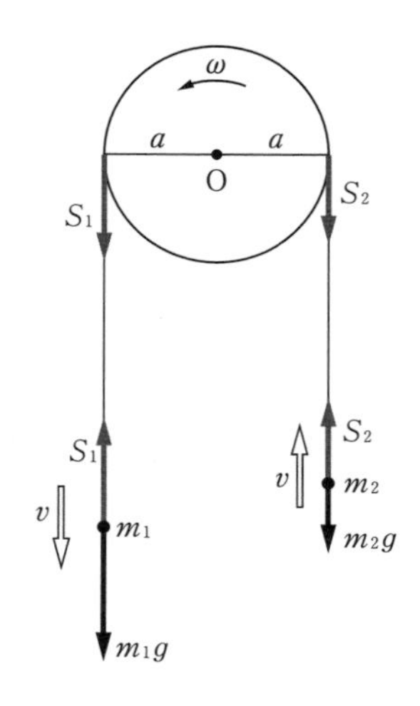

9.2-2 図

$$m_1 \text{の運動方程式} \qquad m_1 \frac{dv}{dt} = m_1 g - S_1 \tag{1}$$

$$m_2 \text{の運動方程式} \qquad m_2 \frac{dv}{dt} = S_2 - m_2 g \tag{2}$$

$$\text{滑車の運動方程式} \qquad I \frac{d\omega}{dt} = S_1 a - S_2 a \tag{3}$$

滑車の縁の速度は $a\omega$ で，これは m_1, m_2 の速度にも等しくなければならないから，

$$v = a\omega \tag{4}$$

これを t で微分して

$$\frac{dv}{dt} = a \frac{d\omega}{dt} \tag{4$'$}$$

S_1, S_2 を消去するために，(1) × a + (2) × a + (3) をつくる．

$$(m_1 a + m_2 a) \frac{dv}{dt} + I \frac{d\omega}{dt} = (m_1 - m_2) a g$$

これに a を掛けて，(4)′ を使って dv/dt で統一する．

$$\{I + (m_1 + m_2) a^2\} \frac{dv}{dt} = (m_1 - m_2) a^2 g$$

したがって，

$$\frac{dv}{dt} = \frac{(m_1 - m_2) a^2}{I + (m_1 + m_2) a^2} g$$

これを (1)，(2) に代入すれば S_1, S_2 が得られる．

$$S_1 = \frac{I + 2m_2 a^2}{I + (m_1 + m_2) a^2} m_1 g, \qquad S_2 = \frac{I + 2m_1 a^2}{I + (m_1 + m_2) a^2} m_2 g$$ ◆

例 2　実体振り子，すなわち，水平な直線を固定軸とし，重力の作用を受けて運動する剛体の振動をしらべよ．

解　O を水平軸，G を重心とし，$\overline{\mathrm{OG}} = h$ とする (9.2-3 図)．重力 Mg の O のまわりのモーメントを考えて，

$$I \frac{d^2\varphi}{dt^2} = -Mgh \sin\varphi \tag{1}$$

これと単振り子の運動方程式 (6.1-4) とをくらべると，もしも

$$l = \frac{I}{Mh} \tag{2}$$

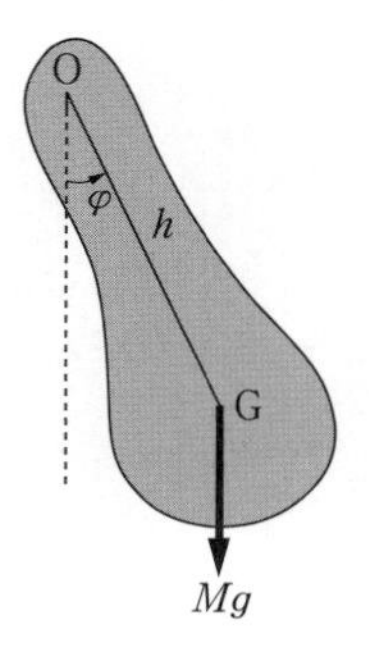

9.2-3 図

ならば，この (1) と (6.1-4) とは一致することがわかる．つまり，与えられた実体振り子は長さが (2) で与えられる単振り子とまったく等しい運動を行うことになる．このような単振り子を**相等単振り子**，l を**相等単振り子の長さ**とよぶ．小振動のときの周期も単振り子の場合から出すことができるが，直接 (1) の中で $\sin\varphi = \varphi$ とおいて，

$$T = 2\pi\sqrt{\frac{I}{Mgh}} = 2\pi\sqrt{\frac{l}{g}} \tag{3}$$

となる.* ◆

剛体の運動エネルギーを求めておこう (9.2-4 図)．固定軸のまわりの回転の角速度を ω とすれば，m_i の速さは $r_i\omega$ であって，その運動エネルギーは $\dfrac{1}{2}m_i(r_i\omega)^2 = \dfrac{1}{2}m_ir_i^2\omega^2$ である．したがって，剛体の運動エネルギーは

$$T = \frac{1}{2}I\omega^2 \tag{9.2-6}$$

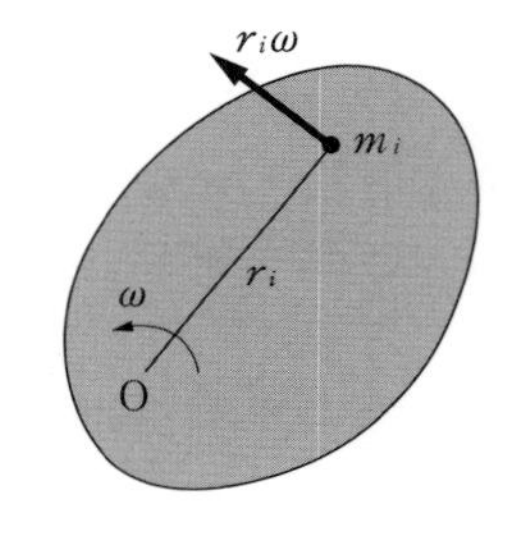

9.2-4 図　剛体の運動エネルギー

となる．剛体が保存力の作用を受けているとし，
その位置エネルギーを U とすれば，力学的エネルギー保存の法則として

$$\frac{1}{2}I\omega^2 + U = 一定 \tag{9.2-7}$$

となる．

アトウッドの器械では，全運動エネルギーは $\dfrac{1}{2}I\omega^2 + \dfrac{1}{2}(m_1 + m_2)v^2$ となる

＊　この実体振り子の問題を最初に扱ったのは Huygens（ホイヘンス）で，「振り子時計」(*Horologium Oscillatorium*, 1673) にその理論を発表した．その当時，長さ，おもりの質量が l_1, m_1；l_2, m_2；… の多くの単振り子を互いに固く連結するとき，この全体系はどのような長さの単振り子と等しい周期の振動を行うかということが運動力学の大きな問題で，多くの学者を悩ましたものであるが，(2) によれば

$$l = \frac{I}{Mh} = \frac{\sum m_il_i^2}{\sum m_il_i}$$

であることがわかる．それで実体振り子は多くの単振り子を集めてつくったものと考えられるので**複振り子**という名もある．

が，位置エネルギーは，両質点の高さを y_1, y_2 として，$m_1gy_1 + m_2gy_2$ である．したがって，力学的エネルギー保存の法則は

$$\frac{1}{2}I\omega^2 + \frac{1}{2}(m_1 + m_2)v^2 + m_1gy_1 + m_2gy_2 = 一定$$

となる．ここで

$$v = a\omega$$

を使い，また $dy_1/dt = -v$，$dy_2/dt = v$ であることを考えに入れて，上の式を t で微分すれば

$$\frac{dv}{dt} = \frac{(m_1 - m_2)a^2}{I + (m_1 + m_2)a^2}g$$

が得られる．エネルギーだけを使ったのでは，束縛力である糸の張力 S_1, S_2 は出てこない．

剛体に働く力の行う仕事を計算しておこう．9.2–5 図で P_i に (X_i, Y_i) が作用していて，剛体が $d\varphi$ だけ回るとしよう．P_i の座標 (x_i, y_i) は

$$x_i = r_i\cos\varphi_i, \qquad y_i = r_i\sin\varphi_i$$

で与えられるから，$d\varphi_i = d\varphi$ の回転に対して x_i, y_i は

$$dx_i = -r_i\sin\varphi_i\,d\varphi = -y_i d\varphi$$
$$dy_i = r_i\cos\varphi_i\,d\varphi = x_i d\varphi$$

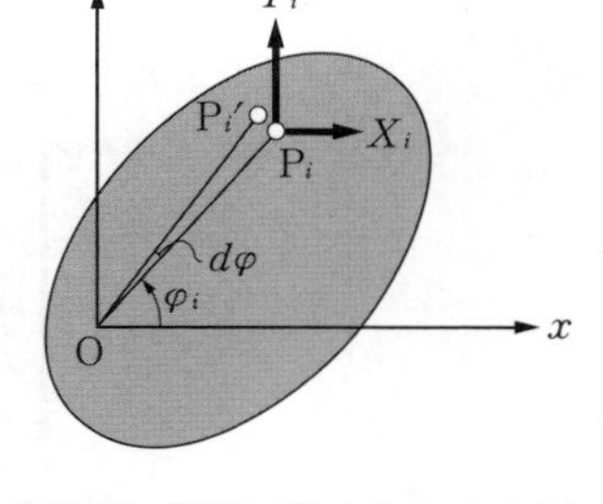

9.2–5 図　剛体に働く力のモーメント

だけ変位する．したがって，(X_i, Y_i) の行った仕事は

$$X_idx_i + Y_idy_i = (x_iY_i - y_iX_i)d\varphi$$

となる．この $d\varphi$ の係数はちょうど力のモーメント N_i になっている．それゆえ，全体の力の行った仕事は

$$d'W = \left\{\sum_i(x_iY_i - y_iX_i)\right\}d\varphi = N\,d\varphi \qquad (9.2\text{–}8)$$

となる．

§9.3　剛体の慣性モーメント

剛体の質量分布と軸とが与えられれば，この軸についての（またはこの軸のまわりの）慣性モーメントは（9.2-3）

$$I = \sum_i m_i r_i^2 \tag{9.3-1}$$

で与えられる．剛体の全質量を M とするとき，

$$I = M\kappa^2 \tag{9.3-2}$$

で与えられる量 κ を**回転半径**とよぶ．κ は長さのディメンションを持つ．

剛体では連続的な質量分布をしていることが多いが，そのときには密度を ρ とすれば，(9.3-1) は

$$I = \int r^2\,dm = \iiint r^2 \rho\,dxdydz \tag{9.3-3}$$

となる．慣性モーメントの一般的な性質を考えるのにはむしろ (9.3-1) のほうが都合がよいから，これからこの節ではこの式を使うことにしよう．

9.3-1 図のような 1 つの剛体の z 軸についての慣性モーメントを考える．これをつくっている質点 m_i の x, y 座標を x_i, y_i とすれば

$$I = \sum_i m_i(x_i^2 + y_i^2) \tag{9.3-4}$$

剛体の重心 $\mathrm{G}(x_\mathrm{G}, y_\mathrm{G}, z_\mathrm{G})$ を通り，x, y, z 軸に平行に x', y', z' 軸をとる．z' 軸のまわりの慣性モーメントは

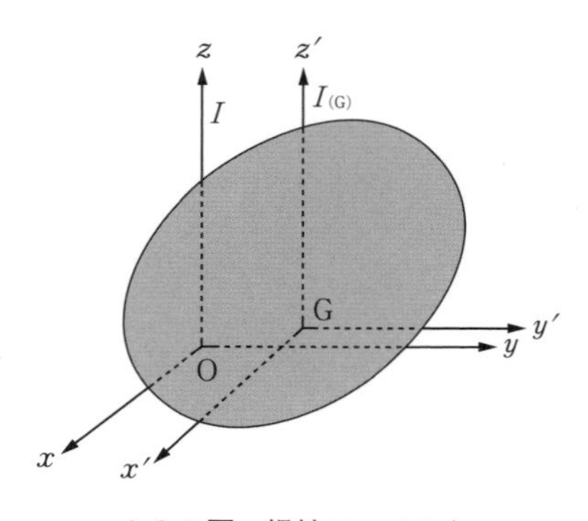

9.3-1 図　慣性モーメント

$$I_{(G)} = \sum_i m_i(x_i'^2 + y_i'^2) \tag{9.3-5}$$

(9.3-4) で

$$x_i = x_G + x_i', \qquad y_i = y_G + y_i'$$

とおいて,

$$I = M(x_G^2 + y_G^2) + \sum m_i(x_i'^2 + y_i'^2) + 2x_G\sum m_i x_i' + 2y_G\sum m_i y_i'$$

いくども出てきたように, $\sum m_i x_i' = 0$, $\sum m_i y_i' = 0$ であるから, この式の最後の2項は0である. (9.3-5) を考えに入れ, $x_G^2 + y_G^2 = h^2$ とおいて (h は z, z' 軸の距離),

$$I = I_{(G)} + Mh^2 \tag{9.3-6}$$

M で割って,

$$\kappa^2 = \kappa_{(G)}{}^2 + h^2 \tag{9.3-6$'$}$$

となる. この式は重心を通る軸のまわりの慣性モーメントが知れているときに, この軸に平行で h だけ離れている他の軸のまわりの慣性モーメントを知るのによく使われる.

つぎに, 非常に薄い板の場合について成り立つ定理を述べよう. 9.3-2図のようにこの板の上に原点Oをとり, その平面内に (x, y) 平面をとり, Oを通り板の面に垂直に z 軸をとる.

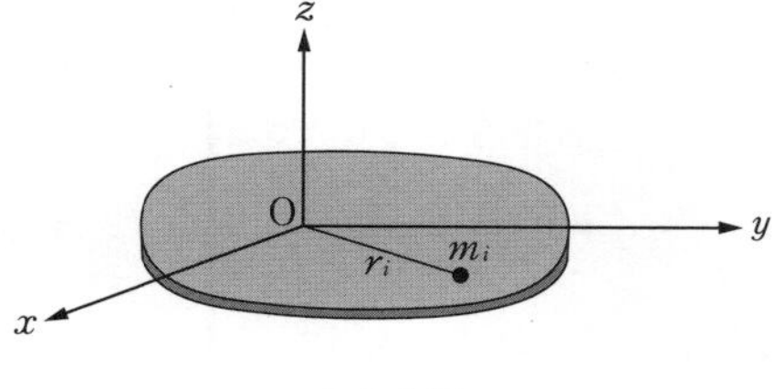

9.3-2 図

$$I_x = \sum_i m_i y_i^2, \qquad I_y = \sum_i m_i x_i^2, \qquad I_z = \sum_i m_i(x_i^2 + y_i^2)$$

であるから, すぐに

$$I_z = I_x + I_y \tag{9.3-7}$$

M で割って,

$$\kappa_z^2 = \kappa_x^2 + \kappa_y^2 \tag{9.3-7$'$}$$

簡単な形の剛体の慣性モーメントを求めておこう. いくつかのものの慣性モーメントは記憶しておいたほうがよいが, つぎに説明する順序でおぼえるとおぼえやすいであろう. 密度はすべて一様なものとし, 細い剛体では単位長さの質量, すなわち線密度を, 薄い面では面密度を使うことにする.

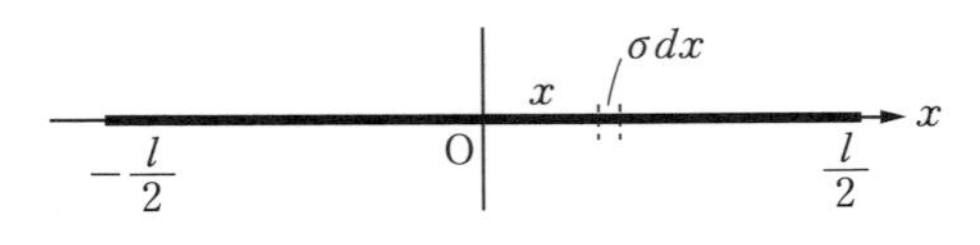

9.3-3 図　慣性モーメント

(a$_1$) 長さ l の棒（9.3-3 図）．軸は中心を通って棒に垂直な線．

$$I = \int_{-l/2}^{l/2} x^2 \sigma\, dx, \qquad \sigma：線密度\ \sigma = \frac{M}{l}$$

これから

$$I = \frac{1}{12} Ml^2, \qquad \kappa = \frac{l}{2\sqrt{3}} \tag{9.3-8}$$

(a$_2$) 辺の長さ a, b の長方形の板（9.3-4 図）．中点を原点に，長さ a の辺に平行に x 軸，b の辺に平行に y 軸，これに直角に z 軸をとる．x 軸についての慣性モーメントは，板を y 軸に平行な多くの棒に分け，これを合わせたと考える．その1つの質量を dm とすれば（9.3-8）から

$$dI_x = \frac{1}{12} b^2\, dm. \qquad \therefore\ I_x = \frac{1}{12} Mb^2$$

同様に

$$I_y = \frac{1}{12} Ma^2$$

（9.3-7）により

$$I_z = I_x + I_y = M\frac{a^2 + b^2}{12} \tag{9.3-9}$$

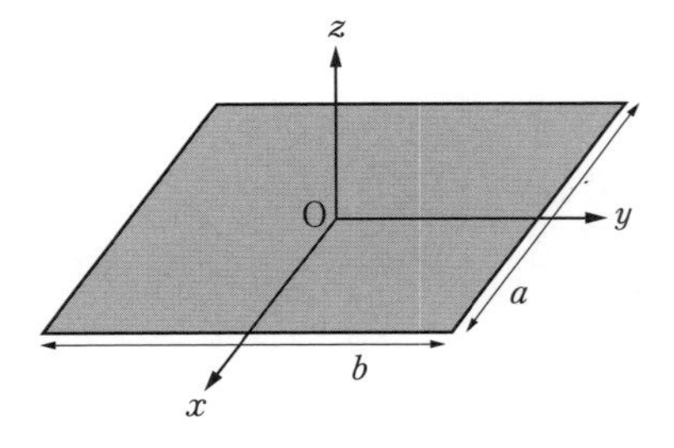

9.3-4 図　慣性モーメント

(a$_3$) 稜の長さ a, b, c の長方体（9.3-5 図）．中点を通り図のように x, y, z 軸をとる．x 軸についての慣性モーメントを考えるのには，長方体をこれに垂直な多くの薄い板に分けると考える．おのおのについて（9.3-9）を使うことができるから

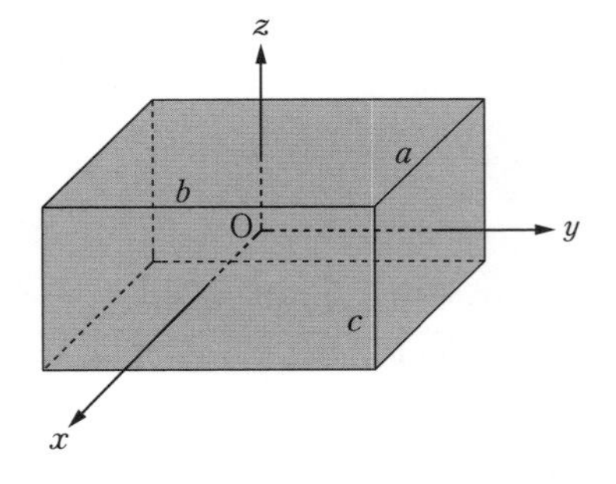

9.3-5 図　慣性モーメント

$$
\left.
\begin{aligned}
&dI_x = \frac{b^2 + c^2}{12}\,dm. \qquad \therefore\ I_x = M\,\frac{b^2 + c^2}{12} \\
&\text{同様に} \\
&I_y = M\,\frac{c^2 + a^2}{12}, \qquad I_z = M\,\frac{a^2 + b^2}{12}
\end{aligned}
\right\} \qquad (9.3\text{-}10)
$$

(b$_1$) 半径 a の細い輪（9.3-6 図）．中心を通り輪の面内に x, y 軸，これに垂直に z 軸をとる．I_z がもっとも簡単である．輪の小部分を dm とすれば

$$
\left.
\begin{aligned}
&dI_z = a^2\,dm. \qquad \therefore\ I_z = Ma^2 \\
&(9.3\text{-}7)\ \text{を使って} \\
&I_x = I_y = \frac{1}{2}I_z = M\,\frac{a^2}{2}
\end{aligned}
\right\} \qquad (9.3\text{-}11)
$$

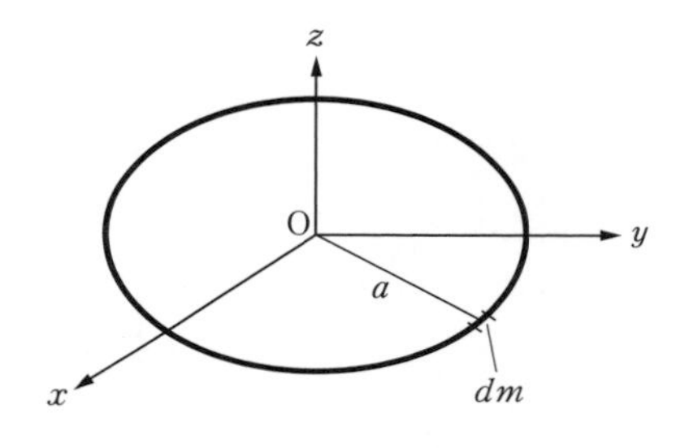

9.3-6 図　慣性モーメント

(b$_2$) 半径 a の薄い円板（9.3-7 図）．中心を通り円板の面内に x, y 軸，これに垂直に z 軸をとる．O から $r, r + dr$ の間にある輪の部分を考えれば，その z 軸のまわりの慣性モーメントは

$$dI_z = r^2 \cdot 2\pi r\sigma\,dr, \qquad \sigma：\text{面密度}$$

$$\therefore\ I_z = 2\pi\sigma \int_0^a r^3\,dr = \frac{\pi\sigma}{2}a^4$$

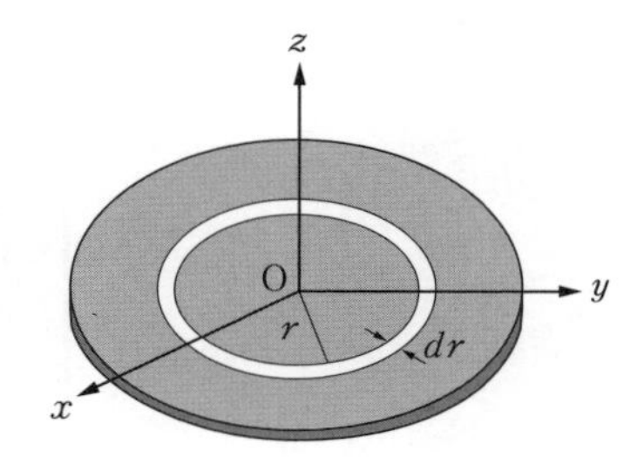

9.3-7 図　慣性モーメント

円板の質量は

$$M = \sigma\pi a^2$$

であるから

$$
\left.
\begin{aligned}
&I_z = M\,\frac{a^2}{2} \\
&(9.3\text{-}7)\ \text{を使って} \\
&I_x = I_y = M\,\frac{a^2}{4}
\end{aligned}
\right\} \qquad (9.3\text{-}12)
$$

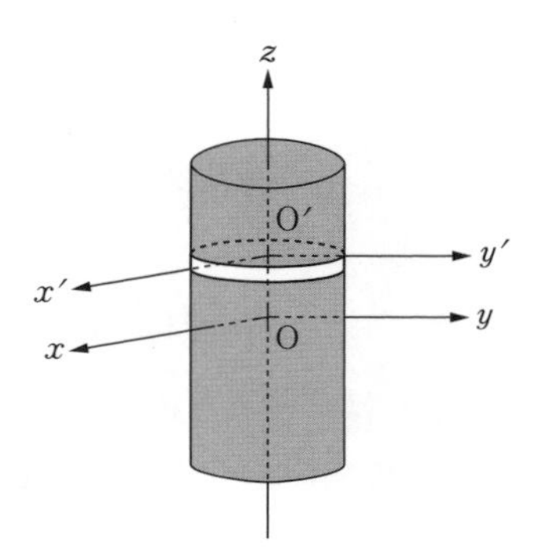

9.3-8 図　慣性モーメント

(b$_3$) 半径 a，高さ l の直円柱（9.3-8 図）．軸

を z 軸に，中点を通り軸に直角に x 軸をとる．I_z を求めるのには，円柱を多くの薄い円板に輪切りにしたものを考える．その 1 つの質量を dm とすれば

$$dI_z = \frac{a^2}{2}\,dm$$

したがって

$$I_z = M\,\frac{a^2}{2} \tag{9.3-13}$$

(x, y) 面から z の距離にある円板の x 軸のまわりの慣性モーメントをまず求める．この円板の中心を通り x 軸に平行な x' 軸のまわりの慣性モーメントは，(9.3-12) によって

$$dI_{x'} = \frac{a^2}{4}\,dm$$

したがって，(9.3-6) によって

$$dI_x = \left(\frac{a^2}{4} + z^2\right)dm$$

$dm = \rho\pi a^2\,dz$ であるから

$$I_x = \int_{-l/2}^{l/2}\left(\frac{a^2}{4} + z^2\right)\rho\pi a^2\,dz$$

全質量は $\rho\pi a^2 l$ であるから，

$$I_x = M\left(\frac{a^2}{4} + \frac{l^2}{12}\right) \tag{9.3-14}$$

(c_1) 半径 a の薄い球殻（9.3-9 図）．中味のない球殻の中心 O を通って x, y, z 軸をとる．

$$I_x = \int(y^2 + z^2)dm$$

$$I_y = \int(z^2 + x^2)dm$$

$$I_z = \int(x^2 + y^2)dm$$

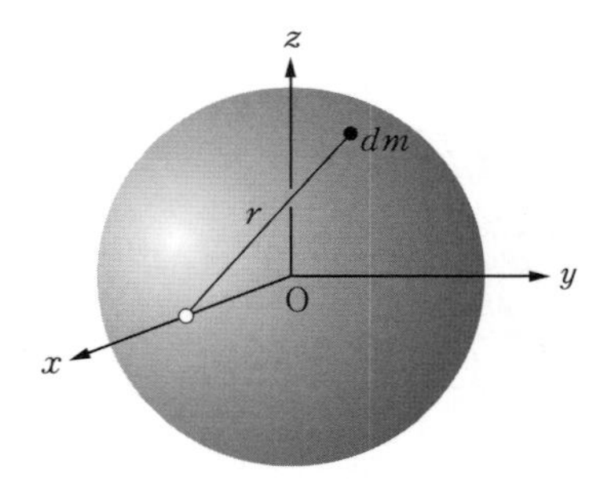

9.3-9 図　慣性モーメント

I_x, I_y, I_z は，どれも直径のまわりの慣性モーメントであるから，等しい値をもつ．これを I とすれば，上の 3 式を加え合わせて，

$$3I = 2\int(x^2 + y^2 + z^2)dm = 2a^2\int dm = M\cdot 2a^2$$

したがって

$$I = M\frac{2}{3}a^2 \tag{9.3-15}$$

(**c**₂) 半径 a の一様な球（9.3-10 図）．1つの直径のまわりの慣性モーメントを求めるのに，まず半径 $r, r + dr$ の間にある球殻の慣性モーメントを考える．

$$dI = \frac{2}{3}r^2 dm$$

$dm = \rho\cdot 4\pi r^2 dr$ であるから

$$I = \int_0^a \frac{2}{3}r^2\cdot\rho\cdot 4\pi r^2 dr = \rho\cdot\frac{8}{15}\pi a^5$$

これと，$M = \rho\cdot\frac{4}{3}\pi a^3$ とから

$$I = M\frac{2}{5}a^2 \tag{9.3-16}$$

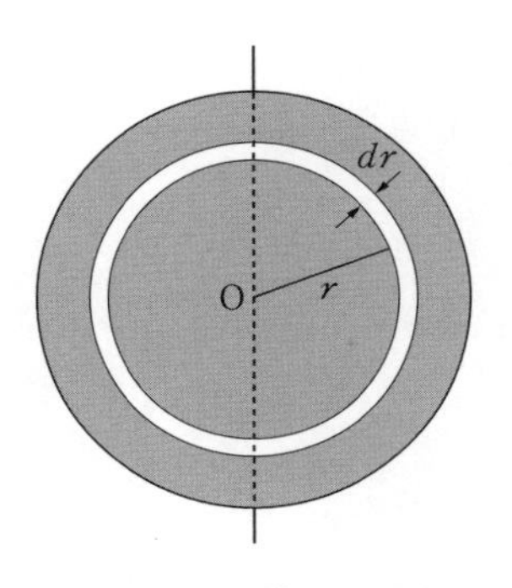

9.3-10 図　慣性モーメント

§9.4　剛体の平面運動

剛体の各点が，いつも定平面に平行に運動するものを**平面運動**とよぶ．剛体の位置は，剛体中に定めた1つの点Cの位置 (x, y) と，Cを通り定平面に平行な剛体中の直線が，空間に対して一定の方向とつくる角 φ によってきめられる．通常このCとしては剛体の重心Gが選ばれる．そうすると，剛体の位置は x_G, y_G, φ の3変数によって与えられることになる（9.4-1 図）．Gの運動は，(9.1-1)′ によって，

$$M\ddot{x}_G = \sum X_i, \qquad M\ddot{y}_G = \sum Y_i \tag{9.4-1}$$

の2つの方程式にしたがう．また，Gのまわ

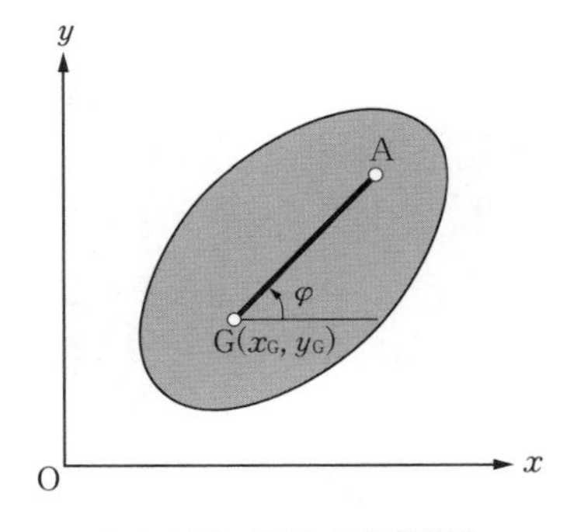

9.4-1 図　剛体の平面運動

りの運動については，(8.5-6) によって

$$\frac{dL_{(G)z}}{dt} = N_{(G)z} = \sum(x_i'Y_i - y_i'X_i)$$

となるが，これは，固定軸のまわりの剛体の運動の場合と同様であるから，

$$L_{(G)z} = I_{(G)}\omega = I_{(G)}\frac{d\varphi}{dt} \tag{9.4-2}$$

であり，上の式は

$$I_{(G)}\frac{d\omega}{dt} = N_{(G)z} \tag{9.4-3}$$

または

$$I_{(G)}\frac{d^2\varphi}{dt^2} = N_{(G)z} \tag{9.4-3$'$}$$

となる．

場合によると，重心のまわりの角運動量を使うよりも，空間に固定された点 O についての角運動量を使ったほうが便利なこともある．そのときは，剛体の運動を重心の運動と重心のまわりの運動とに分ければ，O のまわりの角運動量 L_z は，(8.5-4) の z 成分をとって

$$\left.\begin{aligned} L_z &= M(x_G\dot{y}_G - y_G\dot{x}_G) + I_{(G)}\omega \\ &= \pm pMV_G + I_{(G)}\omega \end{aligned}\right\} \tag{9.4-4}$$

となる．p は重心の速度ベクトルに原点から下した垂線の長さで，“±” の符号は運動量のモーメントが正か負かによってきめられる．

L_z の変化を与えるのが (8.4-4) で

$$\frac{dL_z}{dt} = \sum_i(x_iY_i - y_iX_i) = N_z \tag{9.4-5}$$

である．(9.4-4)，(9.4-5) は未知の外力の O についてのモーメントが 0 であることがわかっているときよく使われる．固定軸のあるときの運動もそのような場合で，これは§9.2 でしらべた．平面運動を行っている剛体が，その上の一点で急にとめられるような場合にも，そのとき生じる撃力は O を通るから，そのモーメントは 0 となり，とめる前後で O のまわりの角運動量が等しい．

つぎに運動エネルギーを考えよう．これも (8.6-14) で示したように，重心の運動と，そのまわりの運動に分けて考えるのが便利である．後者は固定軸の

まわりの運動のときの（9.2-6）とまったく同様に $(1/2)I_{(G)}\omega^2$ となる．したがって，運動エネルギーは

$$T = \frac{1}{2}MV_G{}^2 + \frac{1}{2}I_{(G)}\omega^2 \tag{9.4-6}$$

である．位置エネルギー U の保存力を受けて運動するときには，力学的エネルギー保存の法則

$$\frac{1}{2}MV_G{}^2 + \frac{1}{2}I_{(G)}\omega^2 + U = 一定 \tag{9.4-7}$$

が得られる．

最後に，剛体の重心の位置が dx_G, dy_G だけ移動し，そのまわりに $d\varphi$ だけ回転を行ったとき，これに働いている力の行う仕事は，

$$d'W = \sum_i (X_i dx_i + Y_i dy_i)$$

であるが，重心の座標 x_G, y_G とこれに相対的な座標 x_i', y_i' を使えば，$x_i = x_G + x_i'$，$y_i = y_G + y_i'$ であるから，

$$d'W = (\sum X_i)dx_G + (\sum Y_i)dy_G + \sum(X_i dx_i' + Y_i dy_i')$$

となる．この第3項は（9.2-8）と同様にして $N_{(G)}d\varphi$ となる．そうすると，

$$d'W = (\sum X_i)dx_G + (\sum Y_i)dy_G + N_{(G)}d\varphi \tag{9.4-8}$$

となる．

例1　一様な円柱が粗い斜面の上を滑らずに転がる運動をしらべよ．

解　9.4-2図に示すように，円柱に働く力は重心Gに重力 Mg，接触点 A_1 で垂

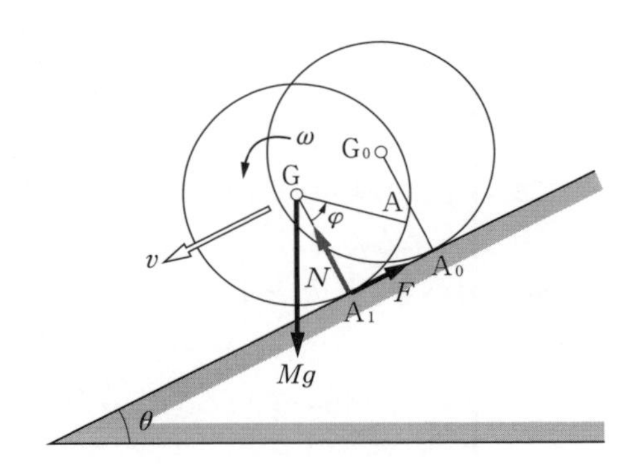

9.4-2図

直抗力 N，摩擦力 F の3つである．重心の速度を斜面に平行に，下向きに正に測って v とし，円柱の角速度を，円柱が v の正の方向に転がるときの回転の向きに測って ω とする．

重心の運動方程式：

$$M\frac{dv}{dt} = Mg\sin\theta - F \tag{1}$$

$$0 = N - Mg\cos\theta \tag{2}$$

重心のまわりの回転運動の運動方程式：

$$I_{(G)}\frac{d\omega}{dt} = aF \tag{3}$$

適当な標準の位置での重心を G_0，斜面と接する円柱上の点を A_0 とすれば，任意の時刻では G_0 は G に，A_0 は A にきているが，滑らずに転がるのであるから，$\overline{A_0A_1} = \widehat{A_1A}$．また G_0A_0 の位置にあった半径は GA の位置にきているから，その回転角は $\angle A_1GA$ であり，これを φ とすれば $\widehat{A_1A} = a\varphi$．また，$\overline{A_0A_1} = x$ とすれば

$$x = a\varphi. \qquad \therefore\ v = a\omega. \qquad \text{したがって} \qquad \frac{dv}{dt} = a\frac{d\omega}{dt} \tag{4}$$

となる．(1) から (4) までの4つの式から，未知量 $dv/dt, d\omega/dt, F, N$ を解けば ($I_{(G)} = (1/2)Ma^2$ を入れて)，

$$\left.\begin{array}{ll} \dfrac{dv}{dt} = \dfrac{2}{3}g\sin\theta, & \dfrac{d\omega}{dt} = \dfrac{2}{3}\dfrac{g}{a}\sin\theta \\ F = \dfrac{1}{3}Mg\sin\theta, & N = Mg\cos\theta \end{array}\right\} \tag{5}$$

となる．

F は静止摩擦力である．そのことは円柱に少し角(かど)をつけて多角形の柱と考え，滑らずに転がる ありさま を考えればすぐに理解される．

9.4-3 図で，円柱と斜面とは A で接触しているが，この瞬間，円柱は A のまわりに回転しているのである．この運動の結果，A_1' が A_1 まで降りてくれば，今度はその点を中心として回転するのであって，接触している点は少しも滑らない．図で，F は A に働いているが，A は少しも滑らない．A_1' が A_1 に降りてくると，いままでの摩擦力は消えて，A_1 であらたに摩擦力が現われると考えればよいのである．このように F が働いている間，着力点は動かないのであ

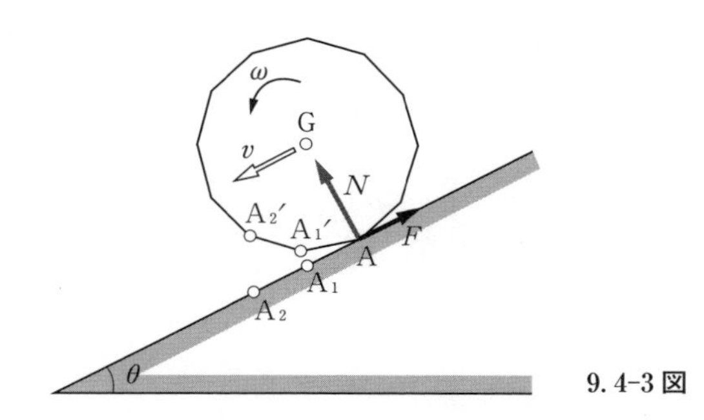

9.4-3 図

るから，F は静止摩擦力である．摩擦の法則によれば，静止摩擦係数を μ として，滑らないためには，

$$\frac{F}{N} \leqq \mu$$

したがって，いまの問題では，(5) から

$$\frac{1}{3}\tan\theta \leqq \mu$$

となる．つまり，滑らないためには静止摩擦係数が適当に大きいか，斜面の傾きが適当に小さくなければならない．◆

例 2　長さ l の糸の先に，半径 a の一様な球をつけて鉛直面内で小さい振動を行わせるときの運動をしらべよ（9.4-4 図）．

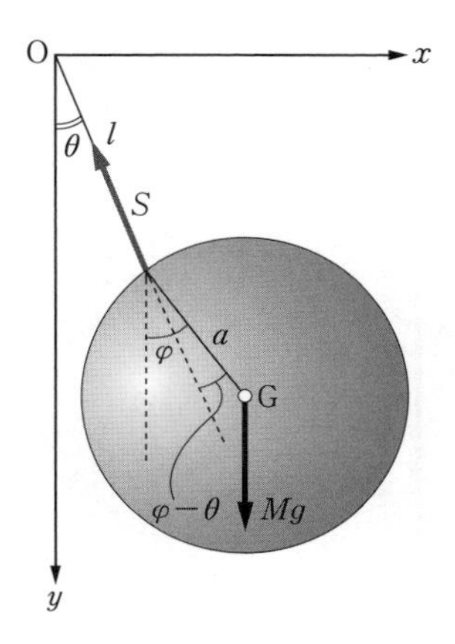

9.4-4 図

解　糸の固定点をOとし，これから水平に x 軸，鉛直下方に y 軸をとる．糸の張力を S とする．

重心の運動方程式：

$$M\frac{d^2x_G}{dt^2} = -S\sin\theta \tag{1}$$

$$M\frac{d^2y_G}{dt^2} = -S\cos\theta + Mg \tag{2}$$

重心のまわりの回転の運動方程式：

$$M\kappa^2\frac{d^2\varphi}{dt^2} = -Sa\sin(\varphi - \theta) \tag{3}$$

また，

$$x_G = l\sin\theta + a\sin\varphi, \qquad y_G = l\cos\theta + a\cos\varphi \tag{4}$$

θ, φ が小さいとして，θ, φ；$\dot{\theta}, \dot{\varphi}$；$\ddot{\theta}, \ddot{\varphi}$ の1次の項だけをとり，他の項は省略しよう．(4) から

$$x_G = l\theta + a\varphi, \qquad y_G = l + a$$

(1), (2), (3) は

$$M(l\ddot{\theta} + a\ddot{\varphi}) = -S\theta \tag{5}$$

$$0 = -S + Mg \tag{6}$$

$$M\kappa^2\ddot{\varphi} = -Sa(\varphi - \theta) \tag{7}$$

となる．(6) から $S = Mg$．したがって (5), (7) は

$$l\ddot{\theta} + a\ddot{\varphi} = -g\theta \tag{8}$$

$$\kappa^2\ddot{\varphi} = -ag(\varphi - \theta) \tag{9}$$

(8), (9) の2つの方程式から，θ, φ が時間の関数として求められる．これを解くために，

$$\theta = A\cos(\omega t + \alpha), \qquad \varphi = B\cos(\omega t + \alpha) \tag{10}$$

とおく．(8), (9) に代入して，

$$\left(\omega^2 - \frac{g}{l}\right)A + \frac{a}{l}\omega^2 B = 0 \tag{11}$$

$$\frac{ga}{\kappa^2}A + \left(\omega^2 - \frac{ga}{\kappa^2}\right)B = 0 \tag{12}$$

これから A, B を消去すれば（A, B の係数の行列式を0とおく），

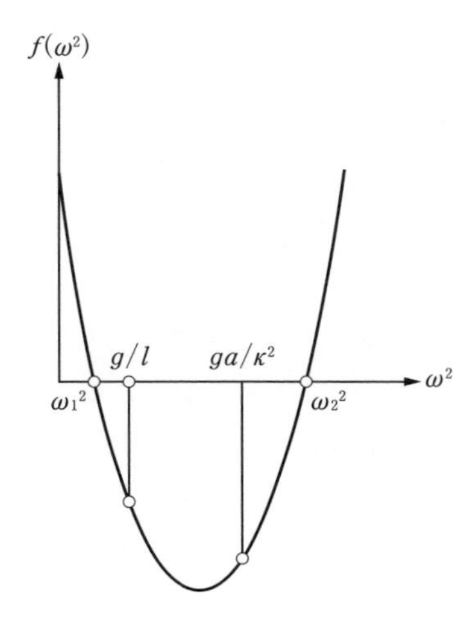

9.4-5 図

$$f(\omega^2) \equiv \left(\omega^2 - \frac{g}{l}\right)\left(\omega^2 - \frac{ga}{\kappa^2}\right) - \frac{a^2}{\kappa^2 l} g\omega^2 = 0 \tag{13}$$

$f(\omega^2)$ を ω^2 の関数としてグラフを描けば（9.4-5 図），$f(g/l) < 0$，$f(ga/\kappa^2) < 0$，$f(0) > 0$，$f(\infty) > 0$ であるから，$0 < \omega^2 < g/l$ の間に 1 つの根 ${\omega_1}^2$，ga/κ^2 より大きいところに ${\omega_2}^2$ の根がある．(13) を解く代りに，これを周期 T についての式に直しておけば $\omega = 2\pi/T$ であるから，$\kappa^2 = (2/5)a^2$ を代入して，

$$\frac{5}{2}\frac{g^2}{al}\left(\frac{T}{2\pi}\right)^4 - \left(\frac{7}{2}\frac{1}{l} + \frac{5}{2}\frac{1}{a}\right)g\left(\frac{T}{2\pi}\right)^2 + 1 = 0$$

これから

$$\left(\frac{T}{2\pi}\right)^2 = \frac{al}{5g}\left\{\frac{7}{2}\frac{1}{l} + \frac{5}{2}\frac{1}{a} \pm \sqrt{\left(\frac{7}{2}\frac{1}{l} + \frac{5}{2}\frac{1}{a}\right)^2 - \frac{10}{al}}\right\}$$

ω_1 に対する T の値を T_1 とすれば，T_1 はこの式の正号にあたっている．

$$\left(\frac{T_1}{2\pi}\right)^2 = \frac{l}{2g}\left\{1 + \frac{7}{5}\frac{a}{l} + \sqrt{\left(1 + \frac{7}{5}\frac{a}{l}\right)^2 - \frac{8}{5}\frac{a}{l}}\right\}$$

球の半径 a が糸の長さ l にくらべて小さいとき（通常の振り子ではそうなっている）には，上の式を a/l で展開する．また，$a/l \ll 1$ のとき，これを長さが $l + a$ の単振り子とみなすことがよくなされるので，これを比較するのに便利な式をつくれば

$$T_1 = 2\pi\sqrt{\frac{l+a}{g}}\left(1 + \frac{1}{5}\frac{a^2}{l^2} - \frac{8}{25}\frac{a^3}{l^3} + \cdots\right) \tag{14}$$

となる．また，もう1つのほうの周期は

$$T_2 = 2\pi\sqrt{\frac{l+a}{g}}\sqrt{\frac{2}{5}\frac{a}{l}} \tag{15}$$

で非常に小さい．

（11）によれば $\omega = \omega_1$，つまり $T = T_1$ のときには $A/B > 0$．また $\omega = \omega_2$，つまり $T = T_2$ のときには $A/B < 0$ となる．これらの運動は**規準振動**とよばれるもので，θ も φ も（10）で与えられる単振動的変化をしている．一般の運動はこれらを合成したもので

$$\theta = A_1\cos(\omega_1 t + \alpha_1) + A_2\cos(\omega_2 t + \alpha_2)$$
$$\varphi = B_1\cos(\omega_1 t + \alpha_1) + B_2\cos(\omega_2 t + \alpha_2)$$

ただし，A, B の比は（11）から

$$\frac{B_i}{A_i} = \frac{\dfrac{g}{l} - {\omega_i}^2}{\dfrac{a}{l}{\omega_i}^2} \qquad (i = 1, 2)$$

となる．ω_2 の運動のほうは周期が小さく，各点の速度は大きいので，実際ははやく減衰し，運動の初期では明らかにみられるが，まもなく減衰してしまい，あとは ω_1 の運動だけが残る．

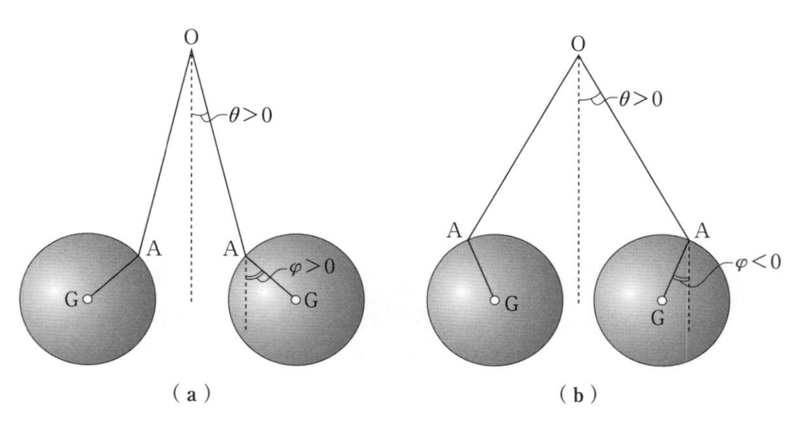

9. 4-6 図

lにくらべてaが小さいとき，振り子は長さが$l+a$の単振り子として扱われることが多い．その周期は

$$T_{\mathrm{s}} = 2\pi\sqrt{\frac{l+a}{g}} \;{}^{*}$$

である．もっとよい近似では，この装置を糸と球全体で１つの剛体と考え，実体振り子とみなす．そのときはOのまわりの慣性モーメントは

$$I = M(l+a)^2 + \frac{2}{5}Ma^2$$

であるから，周期は

$$T_{\mathrm{p}} = 2\pi\sqrt{\frac{(l+a)^2 + \frac{2}{5}a^2}{g(l+a)}} \;{}^{**}$$

となる．$a \ll l$の条件でこの式を展開すれば

$$T_{\mathrm{p}} = 2\pi\sqrt{\frac{l+a}{g}}\left(1 + \frac{1}{5}\frac{a^2}{l^2} - \frac{10}{25}\frac{a^3}{l^3} + \cdots\right)$$

となる．$T_1, T_{\mathrm{s}}, T_{\mathrm{p}}$をくらべると，$T_1$と$T_{\mathrm{s}}$とは$(a/l)^2$の程度のちがいであるが，$T_1$と$T_{\mathrm{p}}$は$(a/l)^2$の項まで一致し，$(a/l)^3$の項になってはじめてずれてくることがわかる．◆

§9.5　撃力が働く場合

質点に撃力が働くときのことは§8.1で説明したが，平面運動を行う剛体に撃力が働く場合を考えよう．剛体に働く撃力をX_i, Y_iとし，同時に働いている重力のような撃力でない力を$X_k{}^0, Y_k{}^0$とする．

剛体の平面運動の方程式は，重心の速度を$u_{\mathrm{G}}, v_{\mathrm{G}}$として，

$$M\frac{du_{\mathrm{G}}}{dt} = \sum_i X_i + \sum_k X_k{}^0 \qquad (9.5\text{-}1)$$

$$M\frac{dv_{\mathrm{G}}}{dt} = \sum_i Y_i + \sum_k Y_k{}^0 \qquad (9.5\text{-}2)$$

＊　添字 s は simple pendulum の s.

＊＊　添字 p は physical pendulum の p.

$$I_{(G)}\frac{d\omega}{dt}=\sum_i(x_i'Y_i-y_i'X_i)+\sum_k(x_k'Y_k{}^0-y_k'X_k{}^0) \qquad (9.5\text{-}3)$$

ここで，x_i', y_i'；x_k', y_k' は重心を座標原点とするときの着力点の座標である．

撃力の作用する非常に短い時間を τ とし，この間に u_G, v_G, ω が u_{G1}, v_{G1}, ω_1 から u_{G2}, v_{G2}, ω_2 に変化するものとする．(9.5-1), (9.5-2), (9.5-3) を t について 0 から τ まで積分する．(9.5-1) の左辺は

$$\int_0^\tau M\frac{du_G}{dt}dt=Mu_{G2}-Mu_{G1}$$

となる．右辺で $\int_0^\tau X_i dt=\overline{X_i}$ にくらべて $\int_0^\tau X_k{}^0 dt$ は小さいから，これを省略する．したがって，(9.5-1), (9.5-2) を t につき 0 から τ まで積分すれば

$$Mu_{G2}-Mu_{G1}=\sum_i\overline{X_i} \qquad (9.5\text{-}4)$$

$$Mv_{G2}-Mv_{G1}=\sum_i\overline{Y_i} \qquad (9.5\text{-}5)$$

となる．(9.5-3) の左辺の積分は $I_{(G)}\omega_2-I_{(G)}\omega_1$ となる．右辺の通常の力のほうの積分は省略できて，撃力による力はこれが働いている時間 (τ) 中 x_i', y_i' は変化しないとみてよいから

$$I_{(G)}\omega_2-I_{(G)}\omega_1=\sum_i(x_i'\overline{Y_i}-y_i'\overline{X_i}) \qquad (9.5\text{-}6)$$

となる．

例　静止している剛体上の一点 A に撃力を加えるとき，剛体はどのような運動をはじめるか．

解　9.5-1 図のように撃力 $\overline{F}$ が働くものとして，重心 G からこの力の作用線に垂線 GO を下す．$\overline{GO}=h$ とする．G は $\overline{F}$ の方向に u の速度で動くとする．

$$Mu=\overline{F} \qquad (1)$$

また，剛体が ω の角速度で動き出すとすれば

$$I_{(G)}\omega=\overline{F}h \qquad (2)$$

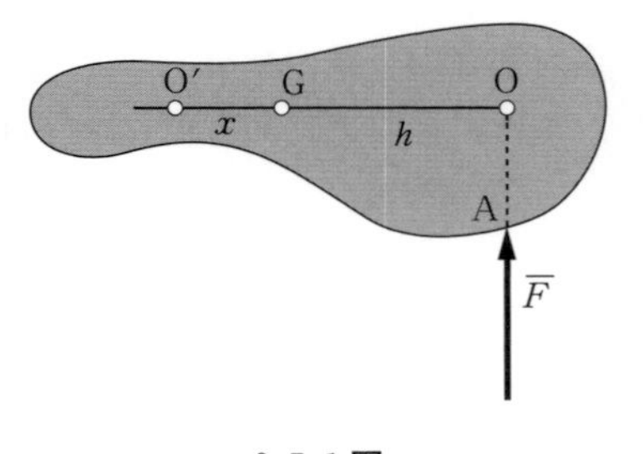

9.5-1 図

つまり重心は$\overline{F}/M$の速度で動き出し，またそのまわりに$\overline{F}h/I_{(G)}$の角速度で回り出す．OGの延長上Gからxの距離にO′をとれば，O′の動き出す速度は

$$u_{O'} = u - x\omega$$

である．これは

$$u_{O'} = \frac{\overline{F}}{M}\left(1 - x\frac{Mh}{I_{(G)}}\right)$$

となる．したがって

$$x = \frac{I_{(G)}}{Mh}$$

ならば$u_{O'} = 0$となる．そのような点O′は撃力の働いた直後，速度は0で，剛体は最初の瞬間O′のまわりに回ると考えてよい．OからO′までの距離は

$$\overline{OO'} = h + x = \frac{I_{(G)} + Mh^2}{Mh}$$

である．(9.3-6) によって，右辺の分子はOのまわりの慣性モーメントIに等しい．したがって

$$\overline{OO'} = \frac{I}{Mh}$$

となる．これは§9.2の例2の (2) によって，剛体をOを水平軸とする実体振り子と考えるときの相等単振り子の長さに等しい．O′をOに対する**衝撃の中心**とよぶ．つまり，O′を手に持って，Oに撃力を加えても手にはショックを感じない．◆

§9.6　慣性楕円体

剛体内の点Oを原点とし，x, y, z軸をとる．これらの軸のまわりの慣性モーメントI_x, I_y, I_zをA, B, Cと書けば

$$\left.\begin{aligned} A &= \sum_i m_i({y_i}^2 + {z_i}^2) \\ B &= \sum_i m_i({z_i}^2 + {x_i}^2) \\ C &= \sum_i m_i({x_i}^2 + {y_i}^2) \end{aligned}\right\} \qquad (9.6\text{-}1)$$

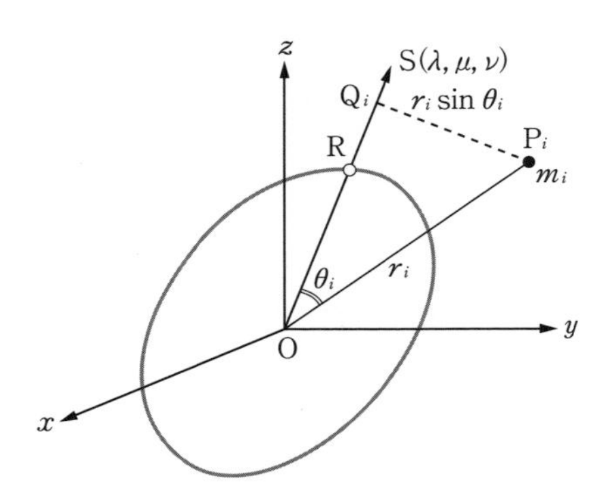

9.6-1 図　慣性楕円体

O を通る任意の直線を OS とし，その方向余弦を (λ, μ, ν) とする（9.6-1 図）．この直線のまわりの慣性モーメントを求めよう．m_i から垂線 $\mathrm{P}_i\mathrm{Q}_i$ を下す．$\overline{\mathrm{OP}_i} = r_i$ とすれば

$$\overline{\mathrm{P}_i\mathrm{Q}_i}^2 = r_i^2 \sin^2\theta_i = r_i^2(1 - \cos^2\theta_i)$$

$$\cos\theta_i = \lambda\frac{x_i}{r_i} + \mu\frac{y_i}{r_i} + \nu\frac{z_i}{r_i}$$

であるから

$$\overline{\mathrm{P}_i\mathrm{Q}_i}^2 = r_i^2 - (\lambda x_i + \mu y_i + \nu z_i)^2$$

$r_i^2 = x_i^2 + y_i^2 + z_i^2$，$\lambda^2 + \mu^2 + \nu^2 = 1$ を使えば

$$\begin{aligned}\overline{\mathrm{P}_i\mathrm{Q}_i}^2 &= (x_i^2 + y_i^2 + z_i^2)(\lambda^2 + \mu^2 + \nu^2) - (\lambda x_i + \mu y_i + \nu z_i)^2 \\ &= (y_i^2 + z_i^2)\lambda^2 + (z_i^2 + x_i^2)\mu^2 + (x_i^2 + y_i^2)\nu^2 \\ &\qquad - 2\mu\nu y_i z_i - 2\nu\lambda z_i x_i - 2\lambda\mu x_i y_i\end{aligned}$$

となる．したがって，OS のまわりの慣性モーメントは

$$\begin{aligned}I &= \sum_i m_i \overline{\mathrm{P}_i\mathrm{Q}_i}^2 \\ &= \left\{\sum_i m_i(y_i^2 + z_i^2)\right\}\lambda^2 + \left\{\sum_i m_i(z_i^2 + x_i^2)\right\}\mu^2 + \left\{\sum_i m_i(x_i^2 + y_i^2)\right\}\nu^2 \\ &\qquad - 2\mu\nu\sum_i m_i y_i z_i - 2\nu\lambda\sum_i m_i z_i x_i - 2\lambda\mu\sum_i m_i x_i y_i\end{aligned}$$

この式の λ^2, μ^2, ν^2 の係数は（9.6-1）によって A, B, C と書くことができるが，他に

$$F = \sum_i m_i y_i z_i, \quad G = \sum_i m_i z_i x_i, \quad H = \sum_i m_i x_i y_i \tag{9.6-2}$$

という量が出ていることがわかる．そうすると，

$$I = A\lambda^2 + B\mu^2 + C\nu^2 - 2F\mu\nu - 2G\nu\lambda - 2H\lambda\mu \tag{9.6-3}$$

と書くことができる．つまり，1つの剛体の一点を通る任意の直線のまわりの慣性モーメントを知るためには，x, y, z 軸のまわりの慣性モーメントの他に (9.6-2) で定義される F, G, H の3量も必要であることがわかる．F, G, H をそれぞれ x, y, z 軸についての**慣性乗積**とよぶ．つまり，剛体内の一点Oを通る3つの直交軸 x, y, z 軸についての慣性モーメントと慣性乗積がわかっていれば，Oを通る任意の直線のまわりの慣性モーメントは (9.6-3) によって与えられる．

いま，OSの方向に，Oから ρ という距離をとって，ORとし

$$\overline{\mathrm{OR}} = \rho = \frac{1}{\sqrt{I}} \tag{9.6-4}$$

とする．これを (9.6-3) に入れ，Rの座標を (x, y, z) とすれば，$x = \rho\lambda$，$y = \rho\mu$，$z = \rho\nu$ であるから，Rの軌跡は

$$Ax^2 + By^2 + Cz^2 - 2Fyz - 2Gzx - 2Hxy = 1 \tag{9.6-5}$$

すなわち，1つの楕円体面であることがわかる．このような面を持つ楕円体を考え，これを**慣性楕円体**とよぶ．このように，慣性楕円体は，その任意の半径の2乗の逆数がその半径の方向にとった直線のまわりの慣性モーメントに等しいようなものである．

さて，ここまでくると，上の楕円体面の方程式はもちろん，はじめにえらんだ座標軸によるのであるが，楕円体自身は，剛体の質量の分布と原点Oだけによるものであることがわかる．

ところで，私たちはどのような楕円体にも主軸というものがあることを知っている．いま x, y, z 軸を改めてこの主軸にとれば，(9.6-5) は標準の形

$$Ax^2 + By^2 + Cz^2 = 1 \tag{9.6-6}$$

となり，この座標系に対しては

$$F = 0, \quad G = 0, \quad H = 0 \tag{9.6-7}$$

であることがわかる．それゆえ，これらの主軸に対して方向余弦が λ, μ, ν であ

るような方向の直線のまわりの慣性モーメントは，(9.6-3) で $F=0$, $G=0$, $H=0$ とおいて

$$I = A\lambda^2 + B\mu^2 + C\nu^2 \tag{9.6-8}$$

で与えられることがわかる．主軸に対する慣性モーメントを**主慣性モーメント**とよぶ．

主軸は慣性乗積が0になるような軸ということもできるから，対称な形をした一様な剛体では，その対称の中心を通って，全体の形に対称な関係にある方向をとると主軸になる．前の節で求めた慣性モーメントはどれも主慣性モーメントである．

§9.7　固定点を持つ剛体の運動

1つの剛体が一点Oを固定点としてそのまわりに自由に回ることができる場合を考えよう．剛体内にOを中心とする球面（半径はどうとってもよい）を考え，その球面上にとった1つの大円の弧 $\overset{\frown}{\mathrm{AB}}$ (9.7-1図) を考える．$\overset{\frown}{\mathrm{AB}}$ の運動をしらべればそれで剛体の運動はわかってしまうのであるから，しばらくこの $\overset{\frown}{\mathrm{AB}}$ の運動を考えて剛体の運動をしらべることにしよう．非常に短い時間 dt の間に，$\overset{\frown}{\mathrm{AB}}$ が $\overset{\frown}{\mathrm{A'B'}}$ の位置にくるものとする．

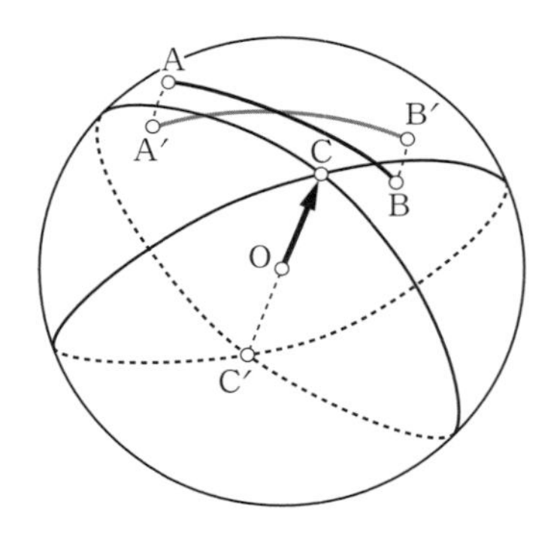

9.7-1図　固定点を持つ剛体の運動

$\overset{\frown}{\mathrm{AA'}}$ を垂直に二等分する大円と，$\overset{\frown}{\mathrm{BB'}}$ を垂直に二等分する大円との交点をCとすれば，直線OCのまわりに剛体を回せば $\overset{\frown}{\mathrm{AB}}$ から $\overset{\frown}{\mathrm{A'B'}}$ に移すことができるから，非常に短い時間内の剛体の回転は1つの軸OCのまわりの小さな回転であることがわかる．上の2つの大円の交点としてはCの反対側にC′もあるが，剛体の回る方向に回る右回しのねじの進む方向が $\overrightarrow{\mathrm{OC}}$ の方向に一致するようにCをえらぶものと約束する．OCのまわりの回転角を $d\varphi$ とすれば，角速度は $\omega = d\varphi/dt$ である．それで $\overrightarrow{\mathrm{OC}}$ の方向に大きさ ω のベクトル $\boldsymbol{\omega}$ をとって，こ

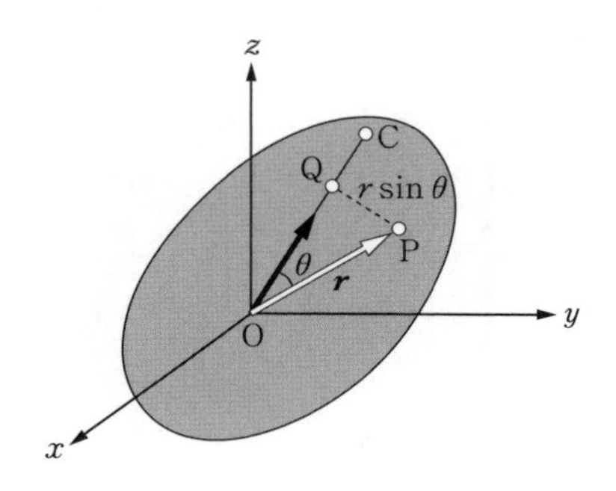

9.7-2 図　角速度ベクトル

れを**角速度ベクトル**と名づける．

剛体内の任意の点をＰとし，その速度ベクトルを $\boldsymbol{V}_{\mathrm{P}}$ とする．Ｐから角速度ベクトルに垂線 PQ を下す（9.7-2 図）．ＰはＱを中心とする円を描いているから，$\boldsymbol{V}_{\mathrm{P}}$ は △OPQ に直角で，大きさは OP $= r$，∠POQ $= \theta$ として

$$V_{\mathrm{P}} = \omega r \sin\theta$$

である．それゆえ，ちょうど

$$\boldsymbol{V}_{\mathrm{P}} = \boldsymbol{\omega} \times \boldsymbol{r} \qquad (9.7\text{-}1)$$

になっている．いま，$\boldsymbol{\omega}$ をベクトルの平行四辺形の方法で $\boldsymbol{\omega}_1$ と $\boldsymbol{\omega}_2$ に分解して，この $\boldsymbol{\omega}_1, \boldsymbol{\omega}_2$ によるＰ点の速度を考えれば

$$\boldsymbol{V}_{\mathrm{P1}} = \boldsymbol{\omega}_1 \times \boldsymbol{r}, \qquad \boldsymbol{V}_{\mathrm{P2}} = \boldsymbol{\omega}_2 \times \boldsymbol{r} \qquad (9.7\text{-}2)$$

となる．

$$\boldsymbol{\omega} = \boldsymbol{\omega}_1 + \boldsymbol{\omega}_2 \qquad (9.7\text{-}3)$$

であるから

$$\boldsymbol{V}_{\mathrm{P}} = \boldsymbol{V}_{\mathrm{P1}} + \boldsymbol{V}_{\mathrm{P2}} \qquad (9.7\text{-}4)$$

である．つまり，$\boldsymbol{\omega}_1$ による速度と $\boldsymbol{\omega}_2$ による速度とを合成したものが $\boldsymbol{\omega}$ による速度となるのであって，このことが任意のＰについて成り立つのであるから，剛体の角速度は平行四辺形の方法によって合成できることがわかる．

角速度 $\boldsymbol{\omega}$ を x, y, z 方向に分解したものを $\omega_x, \omega_y, \omega_z$ とする．（9.7-1）を座標軸の成分で書けば

$$V_x = \omega_y z - \omega_z y, \qquad V_y = \omega_z x - \omega_x z, \qquad V_z = \omega_x y - \omega_y x \qquad (9.7\text{-}5)$$

となる．

剛体が固定点Oのまわりに角速度 $\boldsymbol{\omega}$ で回転しているときの角運動量ベクトル $\boldsymbol{L}$ を求めよう．$\boldsymbol{L}$ は（8.4-3）によって与えられているので，その成分は

$$\left.\begin{aligned} L_x &= \sum m_i(y_i V_{iz} - z_i V_{iy}) \\ L_y &= \sum m_i(z_i V_{ix} - x_i V_{iz}) \\ L_z &= \sum m_i(x_i V_{iy} - y_i V_{ix}) \end{aligned}\right\} \tag{9.7-6}$$

である．（9.7-5）をこれらの式に入れると，

$$L_x = \{\sum m_i(y_i^2 + z_i^2)\}\omega_x - (\sum m_i x_i y_i)\omega_y - (\sum m_i z_i x_i)\omega_z$$

などとなる．$\omega_x, \omega_y, \omega_z$ の係数は§9.6で定義した慣性モーメント，慣性乗積であるから

$$\left.\begin{aligned} L_x &= A\omega_x - H\omega_y - G\omega_z \\ L_y &= -H\omega_x + B\omega_y - F\omega_z \\ L_z &= -G\omega_x - F\omega_y + C\omega_z \end{aligned}\right\} \tag{9.7-7}$$

となる．これは1つのベクトル量 $\boldsymbol{L}$ ともう1つのベクトル量 $\boldsymbol{\omega}$ との関係を示すもので，$\boldsymbol{L}$ の成分が $\boldsymbol{\omega}$ の成分によって線形に表されることを示す．もし，x, y, z 軸として慣性主軸をとり，そのとき特に x, y, z の代りに $1, 2, 3$ を使うことにするならば

$$L_1 = A\omega_1, \qquad L_2 = B\omega_2, \qquad L_3 = C\omega_3 \tag{9.7-8}$$

となる．

さて，（9.7-7）によって与えられた $\boldsymbol{L}$ と $\boldsymbol{\omega}$ との関係をもう少しくわしく考えよう．$\omega_x, \omega_y, \omega_z$ の係数である慣性モーメントと乗積によってできるマトリックス（行列）

$$\mathbf{I} = \begin{pmatrix} A & -H & -G \\ -H & B & -F \\ -G & -F & C \end{pmatrix} \tag{9.7-9}$$

を考え，ベクトルも縦のマトリックスで書くことにすると，（9.7-7）は

$$\begin{pmatrix} L_x \\ L_y \\ L_z \end{pmatrix} = \begin{pmatrix} A & -H & -G \\ -H & B & -F \\ -G & -F & C \end{pmatrix}\begin{pmatrix} \omega_x \\ \omega_y \\ \omega_z \end{pmatrix} \tag{9.7-10}$$

と書くことができる．これをもっと簡単に書けば

$$\boldsymbol{L} = \mathbf{I}\cdot\boldsymbol{\omega} \tag{9.7-11}$$

と書かれる．

(9.7-9) のマトリックス $\mathbf{I}$ の各要素 $A, B, C, -F, -G, -H$ は座標軸のえらび方によるものであるが，§9.6 で述べたように，これらのものは慣性楕円体面をいま使っている座標系で表したときの 2 次式の係数である．この慣性楕円体は座標系によらないから，任意の座標系をとるときの要素が $A, B, C, -F, -G, -H$ ではあるが，慣性楕円体自体は座標系のえらび方にはよらない物理量と考えることができよう．これはスカラーでも，ベクトルでもないもので**テンソル**と名づけられるものである．これを $\mathbf{I}$ で表し（便宜上マトリックスの記号と同じものを使う）**慣性テンソル**とよぶ．マトリックスとして (9.7-9) のように書けば座標系による表し方になるが，これは，もともと座標系によらないものをたまたまある座標系に基づいて書き表したものと考えればよい．これと同様のことはベクトルの場合にも行ってきているので，たとえば速度ベクトルを成分 (u, v, w) で書けば，これらの u, v, w は座標系のえらび方（原点を共通にするいろいろな直交座標系を考えるとき）によるのであるが，これは座標系のえらび方とは無関係な速度ベクトル $\boldsymbol{V}$ の成分である．ベクトルのときは矢で表される量を考え，その座標軸の方向の成分を考えたので理解に困難なことはないのであるが，慣性テンソルのときはもともと座標軸を考えて導いた慣性楕円体というものを根拠として座標系に無関係な 1 つの物理的量に到達したのであるから，理解に困難を感ずるであろう．

(9.7-7) によって，固定点を持つ剛体の角運動量を任意の方向に分解したときの成分が得られる．$\omega_x, \omega_y, \omega_z$ は剛体の角速度ベクトル（慣性系に対する角速度）をそれらの方向に分解したもの，つまり，正射影をとったものである．x, y, z 軸としては，慣性系に対して固定されている方向をとってもよいし（§9.8 参照），また，時間がたつにつれて動く座標系の軸をとってもよい（§9.10 参照）．(9.7-8) で考えている慣性の主軸は剛体に対して固定されているもので，もちろん時間がたつにつれて空間に対して動く．

$\boldsymbol{L}$ の時間に対する変化をみるには (8.4-4) を使うのであるが，その x, y, z 成分はもしもこれらの座標軸が時間とともに変わらないならば

$$\frac{dL_x}{dt} = N_x, \qquad \frac{dL_y}{dt} = N_y, \qquad \frac{dL_z}{dt} = N_z \tag{9.7-12}$$

と書くことができる．(9.7-7) を代入すれば

$$\left.\begin{aligned}\frac{d}{dt}(A\omega_x - H\omega_y - G\omega_z) = N_x\\ \frac{d}{dt}(-H\omega_x + B\omega_y - F\omega_z) = N_y\\ \frac{d}{dt}(-G\omega_x - F\omega_y + C\omega_z) = N_z\end{aligned}\right\}\qquad(9.7\text{-}13)$$

となる．剛体は慣性系に対して回るのであるから，この式で $A, B, C, \cdots$ は時間とともに変わらなければならない．したがって，(9.7-13) は便利な式とはいえない．また，(9.7-8) を使おうとすると，角運動量と角速度との関係は簡単になるのであるが，L_1, L_2, L_3 は剛体とともに慣性系に対して回る座標系の方向の角運動量成分であるから，うっかり

$$\frac{dL_1}{dt} = A\frac{d\omega_1}{dt}$$

などとすることはできない．ベクトルを時間で微分したものの座標軸の方向の成分が，ベクトルの成分の時間についての微係数に等しいのは，この座標軸が時とともに変わらないときだけである.* それゆえ，(9.7-8) を使おうとするならばベクトルの時間微分というものを注意して扱わなければならない．

§9.8　オイラーの運動方程式，運動エネルギー

いま (x, y, z) 座標を慣性系に固定された座標系であるとし，$\boldsymbol{A}$ を原点 O から引いたベクトルで時間とともに大きさも方向も変わるものとする．$\boldsymbol{A}$ の成分を A_x, A_y, A_z とすれば

$$\left.\begin{aligned}\left(\frac{d\boldsymbol{A}}{dt}\right)_x = \frac{dA_x}{dt}\\ \left(\frac{d\boldsymbol{A}}{dt}\right)_y = \frac{dA_y}{dt}\\ \left(\frac{d\boldsymbol{A}}{dt}\right)_z = \frac{dA_z}{dt}\end{aligned}\right\}\qquad(9.8\text{-}1)$$

であるが，これはつぎのようにしても知ることができる．

O から，x, y, z 方向の単位ベクトル $\boldsymbol{i}, \boldsymbol{j}, \boldsymbol{k}$ を引く（9.8-1 図）．そうすれば，

＊　§4.2 の半ばごろ（71 ページ）にある注意をみよ．

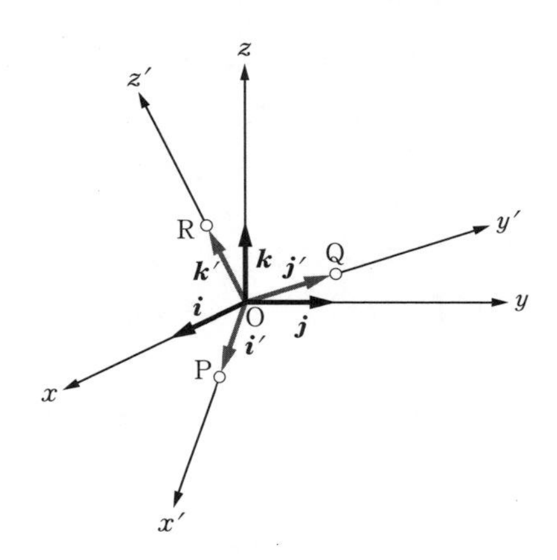

9.8-1 図　回転する座標系

$$\boldsymbol{A} = A_x \boldsymbol{i} + A_y \boldsymbol{j} + A_z \boldsymbol{k} \tag{9.8-2}$$

である．これを t で微分すれば，$\boldsymbol{i}, \boldsymbol{j}, \boldsymbol{k}$ は大きさも方向も変わらないから

$$\frac{d\boldsymbol{A}}{dt} = \frac{dA_x}{dt}\boldsymbol{i} + \frac{dA_y}{dt}\boldsymbol{j} + \frac{dA_z}{dt}\boldsymbol{k} \tag{9.8-3}$$

である．このことは $d\boldsymbol{A}/dt$ の x 成分が dA_x/dt であることを意味する．

つぎに，O を原点とする他の直交軸 (x', y', z') を考え，これらは (x, y, z) 系に対し，すなわち慣性系に対し，回転しているものとする．(x', y', z') 系は 1 つの剛体に取りつけられた座標系またはその剛体自身の一部と考えられるから，前の節で述べたことによって角速度 $\boldsymbol{\omega}$ を考えることができる．

上に考えたのと同じベクトル $\boldsymbol{A}$ は，新しい座標系の x', y', z' 方向に向いた単位ベクトル $\boldsymbol{i}', \boldsymbol{j}', \boldsymbol{k}'$ を使って

$$\boldsymbol{A} = A_{x'} \boldsymbol{i}' + A_{y'} \boldsymbol{j}' + A_{z'} \boldsymbol{k}' \tag{9.8-4}$$

と書くことができることは (9.8-2) と同様である．この式を t で微分する．今度は $\boldsymbol{i}', \boldsymbol{j}', \boldsymbol{k}'$ が時間とともに変わることも考えに入れなければならない．

$$\frac{d\boldsymbol{A}}{dt} = \frac{dA_{x'}}{dt}\boldsymbol{i}' + \frac{dA_{y'}}{dt}\boldsymbol{j}' + \frac{dA_{z'}}{dt}\boldsymbol{k}' + A_{x'}\frac{d\boldsymbol{i}'}{dt} + A_{y'}\frac{d\boldsymbol{j}'}{dt} + A_{z'}\frac{d\boldsymbol{k}'}{dt} \tag{9.8-5}$$

(9.8-3) とくらべると形の上で右辺の 3 項が余分についている．$\boldsymbol{i}'$ の先端の点

をＰとすれば $\boldsymbol{i}'$ はＰの位置ベクトルであるから，$d\boldsymbol{i}'/dt$ はＰ点の速度にほかならない．そうすれば，(9.7-1) によって

$$\frac{d\boldsymbol{i}'}{dt} = \boldsymbol{V}_{\mathrm{P}} = \boldsymbol{\omega} \times \boldsymbol{i}'$$

となる．$\boldsymbol{\omega}$ の x', y', z' 成分，すなわち，慣性系に対する (x', y', z') 系の角速度ベクトルの x', y', z' 方向の成分（正射影）を $\omega_{x'}, \omega_{y'}, \omega_{z'}$ * とすれば，$\boldsymbol{i}'$ の成分は $(1, 0, 0)$ であるから

$$(\boldsymbol{\omega} \times \boldsymbol{i}')_{x'} = 0, \qquad (\boldsymbol{\omega} \times \boldsymbol{i}')_{y'} = \omega_{z'}, \qquad (\boldsymbol{\omega} \times \boldsymbol{i}')_{z'} = -\omega_{y'}$$

それゆえ，

$$\frac{d\boldsymbol{i}'}{dt} = \qquad \omega_{z'}\boldsymbol{j}' - \omega_{y'}\boldsymbol{k}'$$

同様に

$$\left.\begin{aligned} \frac{d\boldsymbol{j}'}{dt} &= -\omega_{z'}\boldsymbol{i}' \qquad + \omega_{x'}\boldsymbol{k}' \\ \frac{d\boldsymbol{k}'}{dt} &= \omega_{y'}\boldsymbol{i}' - \omega_{x'}\boldsymbol{j}' \end{aligned}\right\} \qquad (9.8\text{-}6)$$

となる．これらを (9.8-5) に入れて，

$$\frac{d\boldsymbol{A}}{dt} = \left(\frac{dA_{x'}}{dt} + \omega_{y'}A_{z'} - \omega_{z'}A_{y'}\right)\boldsymbol{i}' + \left(\frac{dA_{y'}}{dt} + \omega_{z'}A_{x'} - \omega_{x'}A_{z'}\right)\boldsymbol{j}' + \left(\frac{dA_{z'}}{dt} + \omega_{x'}A_{y'} - \omega_{y'}A_{x'}\right)\boldsymbol{k}'$$

このようにしてみると，右辺はどれも x', y', z' に関する項ばかりになっている．それで肩符（′）をとり去って書くと，つぎのようになる．

慣性系に対して $\boldsymbol{\omega}$ の角速度で回る座標系でベクトル $\boldsymbol{A}$ を表すとき，$\boldsymbol{A}$ の時間微分（$\boldsymbol{A}$ の方向変化は慣性系に対する方向変化）の成分は

$$\left.\begin{aligned} \left(\frac{d\boldsymbol{A}}{dt}\right)_x &= \frac{dA_x}{dt} + \omega_y A_z - \omega_z A_y \\ \left(\frac{d\boldsymbol{A}}{dt}\right)_y &= \frac{dA_y}{dt} + \omega_z A_x - \omega_x A_z \\ \left(\frac{d\boldsymbol{A}}{dt}\right)_z &= \frac{dA_z}{dt} + \omega_x A_y - \omega_y A_x \end{aligned}\right\} \qquad (9.8\text{-}7)$$

これらは，

$$\left.\begin{aligned}\left(\frac{d\boldsymbol{A}}{dt}\right)_x &= \frac{dA_x}{dt} + (\boldsymbol{\omega}\times\boldsymbol{A})_x \\ \left(\frac{d\boldsymbol{A}}{dt}\right)_y &= \frac{dA_y}{dt} + (\boldsymbol{\omega}\times\boldsymbol{A})_y \\ \left(\frac{d\boldsymbol{A}}{dt}\right)_z &= \frac{dA_z}{dt} + (\boldsymbol{\omega}\times\boldsymbol{A})_z\end{aligned}\right\} \tag{9.8-8}$$

と書いてもよい．

これだけの用意をして，角運動量の式（8.4-4）

$$\frac{d\boldsymbol{L}}{dt} = \boldsymbol{N} \tag{9.8-9}$$

を書き直そう．慣性主軸を ξ, η, ζ 軸とし，この方向の（9.8-9）の成分を求める．慣性系に対する角速度 $\boldsymbol{\omega}$ の ξ, η, ζ 成分（それらの方向への正射影）を前の節のように $\omega_1, \omega_2, \omega_3$ とする．（9.8-8）によって

$$\left(\frac{d\boldsymbol{L}}{dt}\right)_1 = \frac{dL_1}{dt} + \omega_2 L_3 - \omega_3 L_2$$

（9.7-8）を入れて

$$\left(\frac{d\boldsymbol{L}}{dt}\right)_1 = A\frac{d\omega_1}{dt} - (B-C)\omega_2\omega_3$$

$(d\boldsymbol{L}/dt)_2, (d\boldsymbol{L}/dt)_3$ も同様である．また $\boldsymbol{N}$ の ξ, η, ζ 方向の成分を N_1, N_2, N_3 とすれば，

$$\left.\begin{aligned}A\frac{d\omega_1}{dt} - (B-C)\omega_2\omega_3 &= N_1 \\ B\frac{d\omega_2}{dt} - (C-A)\omega_3\omega_1 &= N_2 \\ C\frac{d\omega_3}{dt} - (A-B)\omega_1\omega_2 &= N_3\end{aligned}\right\} \tag{9.8-10}$$

（9.8-10）を**オイラーの運動方程式**とよぶ．

---

* $\omega_{x'}, \omega_{y'}, \omega_{z'}$ を x', y', z' 軸のまわりの角速度という言葉がよく使われるが，この言葉はいくらかあいまいでわかりにくい．$\boldsymbol{\omega}$ が慣性系に対する角速度で，$\omega_{x'}$ などはこの角速度の x' 方向の成分，すなわち，正射影であることをはっきり述べた本文のような言葉使いのほうが望ましい．

オイラーの方程式はこの剛体上を角速度ベクトルがどう動くかを与えるものである．たとえば，私たちの地球の自転軸について考えるのに，この回転は何度もいうように慣性系に対する角速度によって考えるのであるから，恒星をみて自転軸をきめなければならない．そこで，北半球で恒星をみてそれが天頂を中心として円運動を行っているようにみえるならば，その場所が北極で，地球の中心とこの地点を結ぶ直線が角速度ベクトルの方向である．この場所（北極）は地球表面上位置を変えていくが，その変わり方をしらべるもとになる方程式がオイラーの方程式で，自転軸が慣性系に対してどう変わるか，つまり，北極の真上にみえる星がどうつぎつぎに変わっていくか，などという問題は $\omega_1, \omega_2, \omega_3$ を求めただけでは解けない．これについては§9.9をみよ．

剛体の運動方程式を出したついでに，エネルギーのことを述べておこう．剛体の角速度ベクトルを $\boldsymbol{\omega}$ とすれば，剛体をつくる各質点の速度は $\boldsymbol{V}_i = \boldsymbol{\omega} \times \boldsymbol{r}_i$ で与えられる．したがって，剛体の運動エネルギーは（添字 i はしばらく省略する）

$$
\begin{aligned}
T &= \sum \frac{1}{2} m (V_x{}^2 + V_y{}^2 + V_z{}^2) \\
&= \sum \frac{1}{2} m \{(\omega_y z - \omega_z y)^2 + (\omega_z x - \omega_x z)^2 + (\omega_x y - \omega_y x)^2\} \\
&= \frac{1}{2}\{\sum m(y^2 + z^2)\}\omega_x{}^2 + \frac{1}{2}\{\sum m(z^2 + x^2)\}\omega_y{}^2 + \frac{1}{2}\{\sum m(x^2 + y^2)\}\omega_z{}^2 \\
&\qquad - (\sum myz)\omega_y\omega_z - (\sum mzx)\omega_z\omega_x - (\sum mxy)\omega_x\omega_y
\end{aligned}
$$

したがって，

$$
T = \frac{1}{2}(A\omega_x{}^2 + B\omega_y{}^2 + C\omega_z{}^2 - 2F\omega_y\omega_z - 2G\omega_z\omega_x - 2H\omega_x\omega_y) \tag{9.8-11}
$$

となる．慣性主軸を使っているのならば $F = 0$，$G = 0$，$H = 0$ であるから，

$$
T = \frac{1}{2}(A\omega_1{}^2 + B\omega_2{}^2 + C\omega_3{}^2) \tag{9.8-12}
$$

である．また，角速度ベクトルの方向余弦を主軸に対して (λ, μ, ν) とすれば

$$
T = \frac{1}{2}\{A(\lambda\omega)^2 + B(\mu\omega)^2 + C(\nu\omega)^2\}
$$

$$= \frac{1}{2}(A\lambda^2 + B\mu^2 + C\nu^2)\omega^2$$

であるから，(9.6-8) によって，

$$T = \frac{1}{2}I\omega^2 \tag{9.8-13}$$

となる．I はその瞬間の回転軸のまわりの慣性モーメントである．

§9.9 ポアンソーによる幾何学的解釈

Poinsot (ポアンソー，1834) は一点を固定された剛体が他から力を受けない場合について，これを幾何学的に解釈する方法を考えた．当時，力学で解析的方法が盛んに使われていたことに対して，直感的とも思われる幾何学的方法を提唱したことになる．

まず，固定点 O を中心とする慣性楕円体の主軸 ξ, η, ζ に対する記述をしよう (9.9-1 図)．楕円体の方程式は

$$A\xi^2 + B\eta^2 + C\zeta^2 = 1 \tag{9.9-1}$$

である．この楕円体は剛体とともに動くから，剛体の運動は楕円体の運動によって代表される．

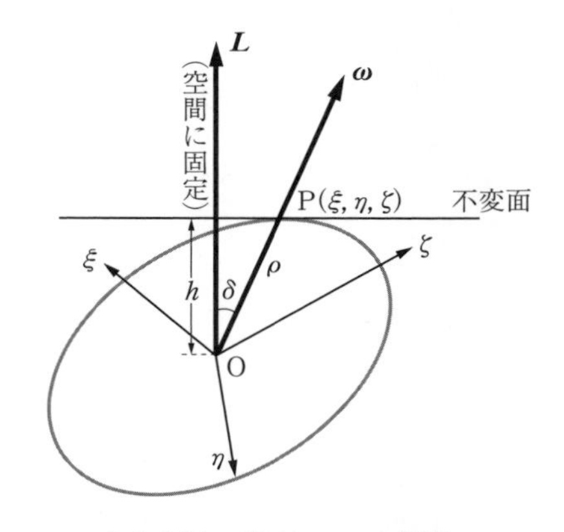

9.9-1 図 ポアンソーの解釈

ある瞬間の角速度ベクトルを $\boldsymbol{\omega}$ とし，O からこのベクトルを引く．楕円体面との交点を P とし

$$\overline{\mathrm{OP}} = \rho$$

とする．

まず，剛体の運動エネルギーが一定であることを書く．(9.8-12) によって

$$T = \frac{1}{2}(A\omega_1{}^2 + B\omega_2{}^2 + C\omega_3{}^2) = 一定$$

つまり

$$A\omega_1{}^2 + B\omega_2{}^2 + C\omega_3{}^2 = c^2, \quad c：定数 \tag{9.9-2}$$

が得られる．また，角運動量ベクトルの成分は (9.7-8) により

$$L_1 = A\omega_1, \quad L_2 = B\omega_2, \quad L_3 = C\omega_3$$

で $\boldsymbol{L}$ は一定であるから

$$A^2\omega_1{}^2 + B^2\omega_2{}^2 + C^2\omega_3{}^2 = L^2 = \text{一定} \tag{9.9-3}$$

$\overrightarrow{\mathrm{OP}}$ の方向余弦は $\omega_1/\omega, \omega_2/\omega, \omega_3/\omega$ であるから

$$\xi = \rho\frac{\omega_1}{\omega}, \quad \eta = \rho\frac{\omega_2}{\omega}, \quad \zeta = \rho\frac{\omega_3}{\omega}$$

これらを（9.9-1）に入れて

$$\rho^2\frac{A\omega_1{}^2 + B\omega_2{}^2 + C\omega_3{}^2}{\omega^2} = 1$$

（9.9-2）により

$$\omega = c\rho \tag{9.9-4}$$

ω は ρ に比例している．

$\boldsymbol{\omega}$ と $\boldsymbol{L}$ とのつくる角 δ は

$$\cos\delta = \frac{A\omega_1}{L}\frac{\omega_1}{\omega} + \frac{B\omega_2}{L}\frac{\omega_2}{\omega} + \frac{C\omega_3}{L}\frac{\omega_3}{\omega} = \frac{c^2}{L\omega} \tag{9.9-5}$$

で与えられる．それゆえ O から P での接平面への距離 h は

$$h = \rho\cos\delta = \frac{\rho c^2}{L\omega}$$

（9.9-4）により

$$h = \frac{c}{L} = \text{一定} \tag{9.9-6}$$

したがって，$\mathrm{P}(\xi, \eta, \zeta)$ が慣性楕円体面上にあれば，P での接平面は角運動量ベクトルに垂直で，しかも一定の平面である．

いままでは慣性主軸 ξ, η, ζ に対する議論であったが，$\boldsymbol{L}$ が固定空間に対して一定の方向を向いていることから，接平面は空間に固定した平面であることがわかる．この平面を**不変面**とよぶ．それで，つぎのようにいうことができる．

> ポアンソーの解釈：剛体が一点を固定されて外から力を受けずに運動するとき，慣性楕円体は固定平面（不変面）に沿って滑らずに転がる運動になっており，角速度は固定点から接点までの距離に比例している．

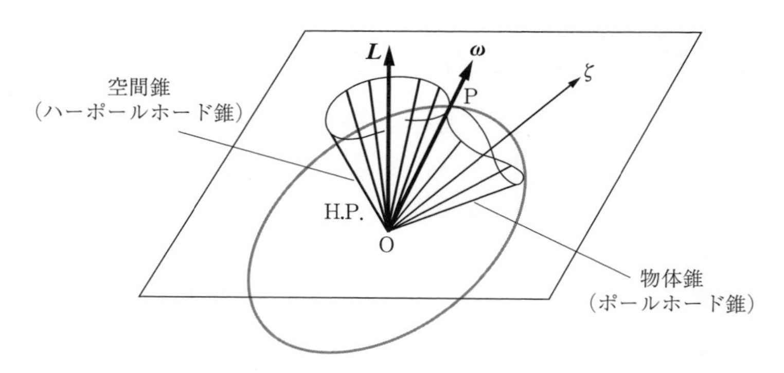

9.9-2 図　ポアンソーの解釈($A \neq B \neq C$)

9.9-2 図は 9.9-1 図をもう少し立体的に描いたものである．角速度ベクトル $\boldsymbol{\omega}$ は大きさも方向も慣性系に対して変わっていく．大きさのほうはさておいて，方向の変わり方を示すと，O を中心とする慣性楕円体が定平面に接して滑らずに転がる運動になっているが，この平面上の接触点の軌跡（9.9-2 図）を**ハーポールホード**（herpolhode）とよぶ．O からこの曲線上の各点に引いた直線のつくる錐を**ハーポールホード錐**とよぶ．

つぎに，$\boldsymbol{\omega}$ を表す直線上にある剛体内の点を考えよう．これらの点の形成している直線がいまの瞬間の回転軸であるが，これも時間がたつにつれて変わっていく．すなわち，回転軸になる剛体内の直線は変わっていく．その軌跡を**ポールホード錐**とよび，これが O を中心とする慣性楕円体面を切る点の軌跡を**ポールホード**とよぶ．各瞬間の $\boldsymbol{\omega}$ はハーポールホード錐とポールホード錐の共通の母線になっているのであるが，時間がたつにつれて，慣性系に固定されているハーポールホード錐の上を剛体に固定しているポールホード錐が滑らずに転がる運動をしているのである．そのありさまは，ちょうどすりばちの内側または外側に円錐を接触させてこれを滑らずに転がすときの運動と同様である．9.9-2 図の太線で描き H. P. と書いてあるのがハーポールホード錐で，これに接するポールホード錐が滑らずに転がっていくのである．ポールホードのほうは閉じるが，ハーポールホードのほうは一般には閉じない．一般の場合は複雑であるから，つぎの節で $A = B$ の場合を考えよう．

§9.10 外力を受けない対称的な剛体

前の節で扱った1つの剛体が一点で固定されていて，そのまわりに自由に運動できて，固定点からの束縛力以外には他から力を受けない場合を解析的に扱おう．剛体が固定点も持たず運動するとき，重心のまわりの外力のモーメントが0であるならば，重心のまわりの運動については同様な問題となる．

私たちの問題では2つのことがらが問題になる．第1に，前の節で述べたように剛体の各瞬間での回転軸，すなわち，角速度ベクトルの方向と大きさが剛体上をどう動き回るかということである．第2の問題は，固定した空間（慣性系）に対して剛体がどう動くかである．この第2の問題は，剛体に固定されてこれとともに動く慣性主軸の方向が空間に対してどう変わるかがわかれば解かれたことになる．

第1の問題を解くのには，前の節のオイラーの運動方程式が適している．力のモーメントが0であるから，

$$\left.\begin{aligned} A\frac{d\omega_1}{dt} &= (B-C)\omega_2\omega_3 \\ B\frac{d\omega_2}{dt} &= (C-A)\omega_3\omega_1 \\ C\frac{d\omega_3}{dt} &= (A-B)\omega_1\omega_2 \end{aligned}\right\} \tag{9.10-1}$$

主慣性モーメント A, B, C のうち，2つが等しい場合は取扱いも簡単で，しかもよく出てくるのであるから（地球もこれである），この場合をしらべよう．

$A=B$ とする．（9.10-1）の第3の式から

$$\omega_3 = 一定 = n \tag{9.10-2}$$

（慣性系に対する角速度ベクトルの ζ 軸方向の成分が一定という意味）

これを第1，第2の式に入れて，

$$\frac{d\omega_1}{dt} = \frac{A-C}{A}n\omega_2 \tag{9.10-3}$$

$$\frac{d\omega_2}{dt} = \frac{C-A}{A}n\omega_1 \tag{9.10-4}$$

（9.10-3）を t で微分して（9.10-4）を代入，

$$\frac{d^2\omega_1}{dt^2} = -\left(\frac{A-C}{A}n\right)^2\omega_1$$

したがって，

$$\left.\begin{aligned}
&C > A \text{ ならば，} && \omega_1 = a\cos\left(\frac{C-A}{A}nt + \alpha\right) \\
&\text{(9.10-3) に代入して，} && \\
& && \omega_2 = a\sin\left(\frac{C-A}{A}nt + \alpha\right) \\
&C < A \text{ ならば，} && \omega_1 = a\cos\left(\frac{A-C}{A}nt + \alpha\right) \\
&\text{(9.10-3) に代入して，} && \\
& && \omega_2 = -a\sin\left(\frac{A-C}{A}nt + \alpha\right)
\end{aligned}\right\} \quad (9.10\text{-}5)$$

これで角速度ベクトルがどう変わっていくかが求められたわけである．主軸 ξ, η, ζ に対して $\boldsymbol{\omega}$ を描けば9.10-1図のようになる．(9.10-2)，(9.10-5) から

$$\sqrt{{\omega_1}^2 + {\omega_2}^2} = a, \qquad \omega_3 = n$$

であるから，$\boldsymbol{\omega}$ と ζ 軸との間の角 θ は一定であって

$$\tan\theta = \frac{a}{n} \qquad (9.10\text{-}6)$$

である．$\boldsymbol{\omega}$ の方位角 φ は $C > A$ ならば $\dfrac{C-A}{A}n$，$C < A$ ならば $\dfrac{A-C}{A}n$ の割合で，前者では $\xi \to \eta$ の向きに，後者では $\eta \to \xi$ の向きに回る．

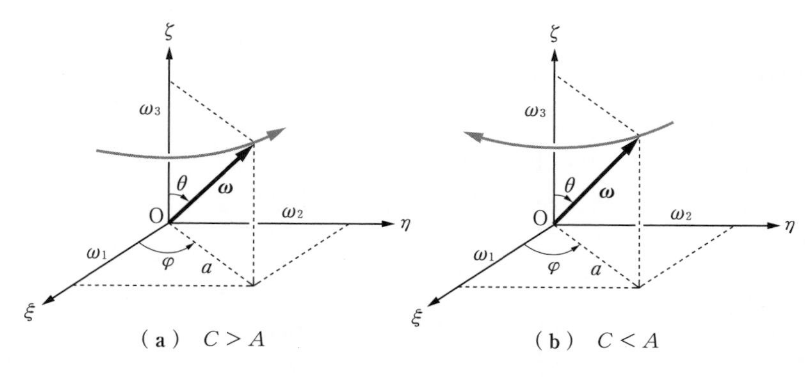

9.10-1図　角速度ベクトルの運動

地球では，$C > A$ であるから図（a）の場合で，自転の軸は

$$T = \frac{2\pi}{n}\frac{A}{C-A} = \frac{A}{C-A}T_0, \qquad T_0：自転の周期（恒星日）$$

(9.10-7)

の周期で変化する．地球の質量を E，赤道半径を R とすれば

$$C = 0.3307\,ER^2, \qquad A = 0.3296\,ER^2 \ *$$

であるから，

$$T = 300\,T_0 \fallingdotseq 10\,月^{**}$$

実際，地球の回転軸はその対称軸と一致しておらず，自転軸は地球内で変化していくのであるが，それは緯度が周期的に変化することに現われる.*** 観測される周期は 427 日で**チャンドラー周期****** とよばれ，上の値とちがうが，これは地球表面の水や大気の流動，地球が完全に剛体でないことによるものとされる．

つぎに，剛体が空間に対して（慣性系に対して）どう動くかという問題に移ろう．それにはまず剛体の位置の表し方について述べておく．主軸 ξ, η, ζ の方向が与えられればよいのである．固定点を O とし，慣性系に対して固定された座標軸を x, y, z とする．O を中心として任意の半径の球面を描いておく（9.10-2 図）．O を通る二直線のつくる角はこれらの直線と球面が交わる点を通る大円の弧で表される．まず，ζ の方向をきめる極座標を θ, φ とする．z 軸を地球の北極のほうと見たてれば，(x, y) 平面は赤道面である．(ξ, η) 平面の ζ 軸に対する関係は (x, y) 平面の z 軸に対する関係と同じである．つぎに，z と ζ のつくる平面を赤道面と見たてると，(x, y) 平面，(ξ, η) 平面はこれに直角な平面であるから，球面との交線 NK, MK は経線にあたっている．したがって，両平面の交線 OK は (z, ζ) 平面に直角で，図の $\widehat{\mathrm{NK}}, \widehat{\mathrm{MK}}$ は $\pi/2$ である．また，ξ, η 軸の方向は $\angle \mathrm{MO}\xi = \psi$ によってきまる．

以上述べた 3 つの角 θ, φ, ψ によって剛体の位置がきまる．これらの角を**オ**

---

* 東京天文台編：「理科年表」（丸善，1985）地学部 1 ページ．

** これを**オイラーの章動**とよぶことがある．

*** 緯度変化はわずかで ±0.3″（地表の距離に直して 10 m）以下．

**** このほか 1 年を周期とする変化も観測されるが，これは気象の変化が観測におよぼす影響によるものとされている．

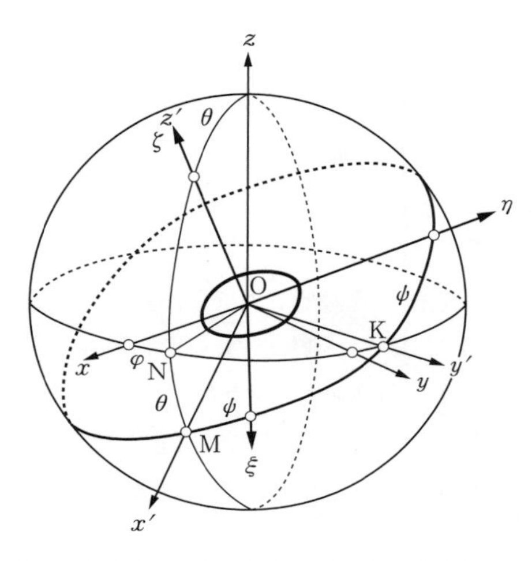

9.10-2 図　オイラーの角．剛体は太い環で代表されている．

	x	y	z
ξ	$\cos\theta\cos\varphi\cos\psi-\sin\varphi\sin\psi$	$\cos\theta\sin\varphi\cos\psi+\cos\varphi\sin\psi$	$-\sin\theta\cos\psi$
η	$-\cos\theta\cos\varphi\sin\psi-\sin\varphi\cos\psi$	$-\cos\theta\sin\varphi\sin\psi+\cos\varphi\cos\psi$	$\sin\theta\sin\psi$
ζ	$\sin\theta\cos\varphi$	$\sin\theta\sin\varphi$	$\cos\theta$

イラーの角とよぶ．ξ,η,ζ 方向と x,y,z 方向のつくる角の cos は上の表に示すとおりである．たとえば，ξ 方向の方向余弦を知るのには，この方向の単位ベクトルを考えてその x,y,z 方向の成分をとればよい．まずこれを OM, OK 方向に分解すれば $\cos\psi,\sin\psi$ となる．前者は Ox 方向に分解すれば $\cos\theta\cos\varphi\times\cos\psi$ となるし，後者は Ox 方向に $-\sin\varphi\sin\psi$ の成分を持つ．したがって，ξ 方向の単位ベクトルの x 方向の成分，すなわち，ξ 方向の方向余弦は $\cos\theta\cos\varphi\cos\psi-\sin\varphi\sin\psi$ となる．他についても同様である．

つぎに，剛体の角速度ベクトル $\boldsymbol{\omega}$ の ξ,η,ζ 成分を求めよう．そのためにまず，$\dot\varphi\neq0$，$\dot\theta=\dot\psi=0$ の場合を考える．剛体の角速度は Oz の向きに $\dot\varphi$ であるから，その ξ,η,ζ 成分は表をみながら，$-\dot\varphi\sin\theta\cos\psi,\dot\varphi\sin\theta\sin\psi,\dot\varphi\cos\theta$ である．$\dot\theta\neq0$，$\dot\varphi=\dot\psi=0$ のときも同様にして（$\boldsymbol{\omega}$ は OK の方向に $\dot\theta$），成分は $\dot\theta\sin\psi,\dot\theta\cos\psi,0$．$\dot\psi\neq0$，$\dot\theta=\dot\varphi=0$ のときには $\boldsymbol{\omega}$ は ζ の方向に向かっているから $0,0,\dot\psi$ となる．一般に $\dot\varphi,\dot\theta,\dot\psi$ のどれもが 0 でないときには，これらの

角速度を合成したものであって,

$$\left.\begin{aligned}\omega_1 &= \dot{\theta}\sin\psi - \dot{\varphi}\sin\theta\cos\psi \\ \omega_2 &= \dot{\theta}\cos\psi + \dot{\varphi}\sin\theta\sin\psi \\ \omega_3 &= \dot{\varphi}\cos\theta + \dot{\psi}\end{aligned}\right\} \tag{9.10-8}$$

である.

さて,慣性系に対する剛体の運動をきめる問題に立ちかえり,$A=B$ で他から力が働かない場合を考えよう.剛体に働く力の O についてのモーメントは 0 であるから,O のまわりの角運動量 $\boldsymbol{L}$ は大きさも方向も一定である.これを z 軸にとり,これに直角に x, y 軸を慣性系に固定してとることにしよう.これに対して剛体がどう動くかをしらべればよい.$\boldsymbol{L}$ の ξ 方向の成分は方向余弦の表から $-L\sin\theta\cos\psi$ であることがわかるし,一方,これは主軸の方向の角運動量成分であるから $A\omega_1$ に等しい.ω_1 は(9.10-8)で与えられているから,

$$\omega_1 = \dot{\theta}\sin\psi - \dot{\varphi}\sin\theta\cos\psi = -\frac{L}{A}\sin\theta\cos\psi \tag{9.10-9}$$

同様に

$$\omega_2 = \dot{\theta}\cos\psi + \dot{\varphi}\sin\theta\sin\psi = \frac{L}{A}\sin\theta\sin\psi \tag{9.10-10}$$

$$\omega_3 = \dot{\psi} + \dot{\varphi}\cos\theta = \frac{L}{C}\cos\theta \tag{9.10-11}$$

(9.10-9) $\times \sin\psi +$ (9.10-10) $\times \cos\psi$ をつくれば

$$\dot{\theta} = 0. \quad \therefore\ \theta = \text{一定} \tag{9.10-12}$$

したがって,(9.10-11) から $\omega_3 = \text{一定} = n$ となるが,これはオイラーの方程式からも出てきた結果である.

また,$-$(9.10-9) $\times \cos\psi +$ (9.10-10) $\times \sin\psi$ をつくれば

$$\dot{\varphi}\sin\theta = \frac{L}{A}\sin\theta. \quad \therefore\ \dot{\varphi} = \frac{L}{A} \tag{9.10-13}$$

$$L = \sqrt{(A\omega_1)^2 + (A\omega_2)^2 + (C\omega_3)^2}$$

であるから

$$L = \sqrt{A^2a^2 + C^2n^2}$$

したがって

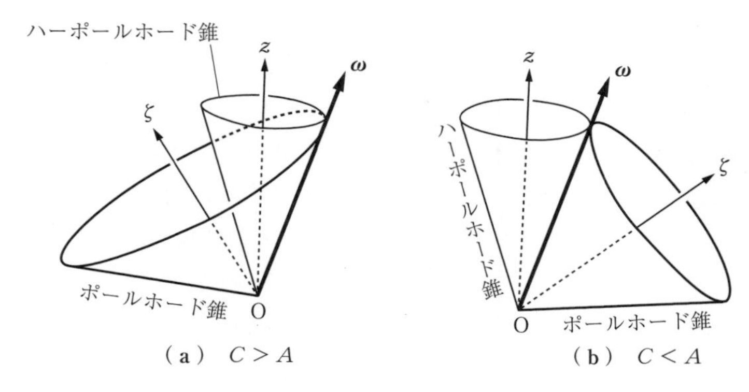

9.10-3 図　ポールホード錐の運動

また，(9.10-11) から

$$\left.\begin{aligned}\dot{\varphi} &= \sqrt{a^2 + \frac{C^2}{A^2}n^2} \\ \dot{\psi} &= L\left(\frac{1}{C} - \frac{1}{A}\right)\cos\theta = \frac{A-C}{A}n\end{aligned}\right\} \qquad (9.10\text{-}14)$$

$C > A$ のときには $\dot{\psi} < 0$ であって，9.10-3 図 (a) に示されている．$L_1 = A\omega_1$，$L_2 = A\omega_2$，$L_3 = C\omega_3$ であるから，$\boldsymbol{L}, \boldsymbol{\omega}$ の 2 つのベクトルは ζ と同一平面内にあり，また $C > A$ から $\boldsymbol{L}$ (z 軸) は ζ と $\boldsymbol{\omega}$ の間にあることがわかる．$A > C$ の場合は $\dot{\psi} > 0$ であるが，$\boldsymbol{\omega}$ が z と ζ の間にある．これらの図と 9.9-2 図とをくらべよ．ことに ζ 軸に対する $\boldsymbol{\omega}$ の変わり方をみよ．

§9.11　こまの運動

こまが完全に粗い水平面の上で回っていて，心棒の下端が固定点 O になっているものとする．O を通って上方に z 軸，また，O を通る水平面内に固定した方向を x, y 軸とする．O のまわりの慣性主軸を ξ, η, ζ とする．主慣性モーメントは，ξ, η のまわりに A，ζ のまわりに C とする．ξ, η, ζ の位置をオイラーの角 θ, φ, ψ で表す．

基礎になる運動方程式は

$$\frac{d\boldsymbol{L}}{dt} = \boldsymbol{N} \qquad (9.11\text{-}1)$$

であるが，§9.8では，これをξ, η, ζ方向に分解して，オイラーの運動方程式を導いた．こまの場合にはつぎの三方向に分解するのが便利である．こまの位置で，ψのちがいを無視すれば，すなわち軸の傾きと方位角だけに注目すれば，ζ（こまの軸）を通る鉛直面と(ξ, η)平面の交線OMの方向，水平にONと直角の方向OKを考え，OMの方向をx'方向，OKの方向をy'方向，ζの方向をz'方向として，この三方向に（9.11-1）を分解する．(x', y', z')座標系はθ, φによって与えられるが，この座標系は空間に固定されているものでもなければ，剛体に固定されているものでもない．こまの運動では$\dot{\psi}$は非常に大きいが，$\dot{\theta}, \dot{\varphi}$は比較的小さいので，$x', y', z'$系はゆるやかに運動している座標系である．その角速度は

$$\omega'_{x'} = -\dot{\varphi}\sin\theta, \quad \omega'_{y'} = \dot{\theta}, \quad \omega'_{z'} = \dot{\varphi}\cos\theta \qquad (9.11\text{-}2)$$

剛体の角速度ωのx', y', z'方向の成分は

$$\omega_{x'} = -\dot{\varphi}\sin\theta, \quad \omega_{y'} = \dot{\theta}, \quad \omega_{z'} = \dot{\varphi}\cos\theta + \dot{\psi}$$

で$\omega_{z'}$が$\omega'_{z'}$とちがう．

剛体の角運動量のξ, η, ζ方向の成分をとれば$A\omega_1, A\omega_2, C\omega_3$であるから，9.11-1図をみながら，$x', y', z'$成分をつくれば，$(\xi, \eta, \zeta)$系とのちがいは$\psi$だけであるから，

$$L_{x'} = A\omega_1\cos\psi - A\omega_2\sin\psi$$
$$L_{y'} = A\omega_1\sin\psi + A\omega_2\cos\psi$$
$$L_{z'} = C\omega_3$$

となる．$\omega_1, \omega_2, \omega_3$に（9.10-8）を代入すれば，

$$L_{x'} = -A\dot{\varphi}\sin\theta, \quad L_{y'} = A\dot{\theta}, \quad L_{z'} = C(\dot{\varphi}\cos\theta + \dot{\psi}) \qquad (9.11\text{-}3)$$

(x', y', z')系は慣性系に対して回転するのであるから，$d\boldsymbol{L}/dt$のx', y', z'成分を求めるのには（9.11-3）をtで微分しただけでは求められない．（9.8-8）を使わなければならない．

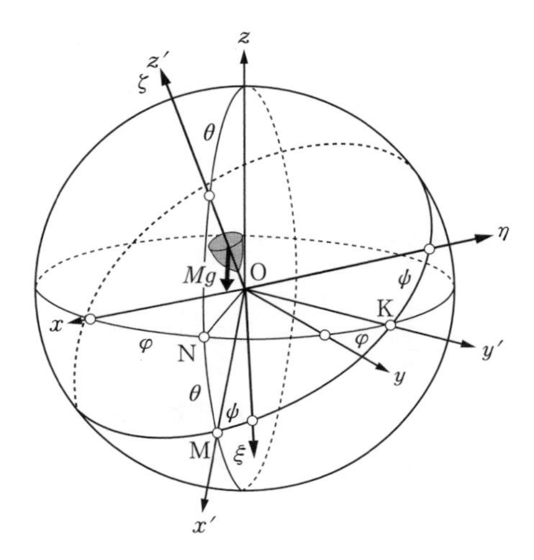

9.11-1 図　こまの軸の方向

$$\left(\frac{d\boldsymbol{L}}{dt}\right)_{x'} = \frac{dL_{x'}}{dt} + (\boldsymbol{\omega}' \times \boldsymbol{L})_{x'} = \frac{dL_{x'}}{dt} + \omega'_{y'} L_{z'} - \omega'_{z'} L_{y'}$$

$$= -A\frac{d}{dt}(\dot{\varphi}\sin\theta) + \dot{\theta}C(\dot{\varphi}\cos\theta + \dot{\psi}) - \dot{\varphi}\cos\theta\, A\dot{\theta}$$

同様に,

$$\left(\frac{d\boldsymbol{L}}{dt}\right)_{y'} = A\ddot{\theta} + \dot{\varphi}\cos\theta\,(-A\dot{\varphi}\sin\theta) - (-\dot{\varphi}\sin\theta)C(\dot{\varphi}\cos\theta + \dot{\psi})$$

$$\left(\frac{d\boldsymbol{L}}{dt}\right)_{z'} = C\frac{d}{dt}(\dot{\varphi}\cos\theta + \dot{\psi}) + (-\dot{\varphi}\sin\theta)A\dot{\theta} - \dot{\theta}(-A\dot{\varphi}\sin\theta)$$

となる．一方，$N_{x'} = 0$，$N_{y'} = Mgh\sin\theta$（M：こまの質量，h：O から重心までの距離），$N_{z'} = 0$ であるから，こまの運動をきめる基礎の方程式として，

$$\dot{\varphi}\cos\theta + \dot{\psi} = \text{一定} = n \qquad (9.11\text{-}4)$$

$$-A\frac{d}{dt}(\dot{\varphi}\sin\theta) + nC\dot{\theta} - A\dot{\theta}\dot{\varphi}\cos\theta = 0 \qquad (9.11\text{-}5)$$

$$A\ddot{\theta} - A\dot{\varphi}^2\sin\theta\cos\theta + Cn\dot{\varphi}\sin\theta = Mgh\sin\theta \qquad (9.11\text{-}6)$$

の 3 式が得られる．(9.11-4) は剛体の角速度 $\boldsymbol{\omega}$ の ζ 成分が一定であることを示している．(9.11-5)，(9.11-6) から θ, φ の時間的変化が求められる．

(9.11-4) ～ (9.11-6) のもっとも簡単な場合として，θ が一定値 θ_0 をとる場合を考えよう．(9.11-5) で $\dot{\theta}=0$，$\theta=\theta_0$ とおいて，

$$A\ddot{\varphi}\sin\theta_0=0. \qquad \therefore\ \dot{\varphi}=\text{一定}=\Omega$$

(9.11-6) から

$$A\Omega^2\cos\theta_0-Cn\Omega+Mgh=0 \tag{9.11-7}$$

したがって

$$\Omega=\frac{Cn\pm\sqrt{C^2n^2-4AMgh\cos\theta_0}}{2A\cos\theta_0}$$

でなければならない．このような運動を**定常歳差運動**とよぶ．(9.11-4) からは $\dot{\psi}=$ 一定 が出てくる．こまの運動では通常 n が非常に大きくて，$C^2n^2\gg 4AMgh\cos\theta_0$ であることが多い．そのときには

$$\Omega=\frac{Mgh}{Cn} \qquad \text{または} \qquad \frac{Cn}{A\cos\theta_0} \tag{9.11-8}$$

となって，第 1 の値はこまが軸を一定の角に傾けてその方位角がゆっくり回る運動（これはよくみられる）を表し，第 2 の値は非常に速い方位角の変化のある場合を示す．実際のこまの運動ではこのほうの運動は摩擦のためはやく減衰してしまう．重力加速度 $g=0$ のときには Mgh/Cn の運動は存在しなくなり，$Cn/A\cos\theta_0$ だけが存在する．

つぎに，(9.11-5) に $\sin\theta$ を掛ける．

$$-A\ddot{\varphi}\sin^2\theta-2A\dot{\theta}\dot{\varphi}\sin\theta\cos\theta+nC\dot{\theta}\sin\theta=0$$

これを積分すれば

$$A\dot{\varphi}\sin^2\theta+nC\cos\theta=\text{一定}=a \tag{9.11-9}$$

この左辺は $-L_{x'}\sin\theta+L_{z'}\cos\theta$ で L_z に等しい．これが一定であるというのは，重力 Mg のモーメントの z 軸のまわりのモーメントが 0 であるからである．

つぎに，(9.11-5) $\times\ \dot{\varphi}\sin\theta$ をつくる．

$$-A\dot{\varphi}\ddot{\varphi}\sin^2\theta-A\dot{\varphi}^2\sin\theta\cos\theta\,\dot{\theta}+Cn\dot{\varphi}\dot{\theta}\sin\theta-A\dot{\theta}\dot{\varphi}^2\sin\theta\cos\theta=0$$

(9.11-6) $\times\ \dot{\theta}$ をつくれば

$$A\dot{\theta}\ddot{\theta}-A\dot{\varphi}^2\dot{\theta}\sin\theta\cos\theta+Cn\dot{\varphi}\dot{\theta}\sin\theta=Mgh\sin\theta\,\dot{\theta}$$

上の式とくらべて，

$$A\dot{\theta}\ddot{\theta}+A\dot{\varphi}\ddot{\varphi}\sin^2\theta+A\dot{\varphi}^2\sin\theta\cos\theta\,\dot{\theta}=Mgh\sin\theta\,\dot{\theta}$$

これは積分できて

$$\frac{1}{2}A\dot{\theta}^2 + \frac{1}{2}A\dot{\varphi}^2\sin^2\theta = -Mgh\cos\theta + E \qquad (9.11\text{-}10)$$

これが力学的エネルギー保存の法則であることは $T = (1/2)(A\omega_1{}^2 + A\omega_2{}^2 + C\omega_3{}^2)$ をつくってみるとわかる．

(9.11-9) と (9.11-10) とから $\dot{\varphi}$ を消去しよう．

$$\frac{1}{2}A\dot{\theta}^2 + \frac{1}{2}\frac{(a - nC\cos\theta)^2}{A\sin^2\theta} = -Mgh\cos\theta + E$$

$\cos\theta = u$, $-\sin\theta\,\dot{\theta} = \dot{u}$ とおけば

$$A^2\dot{u}^2 = -(a - nCu)^2 + 2A(1 - u^2)(E - Mghu) \equiv f(u) \qquad (9.11\text{-}11)$$

これから $u = \cos\theta$ の変化する範囲が出てくる．この範囲は $\dot{u} = 0$ になるような u の根 ($|u| < 1$) にはさまれた部分になっている．$f(u)$ を u の関数としてグラフを描けば，$f(\pm 1) < 0$, $f(+\infty) = \infty$, $f(-\infty) = -\infty$ であることを考えて，9.11-2 図のようになる．$-1 \leqq u \leqq +1$ の範囲内に $f(u) = 0$ の根 u_1, u_2 があるが，u の変化する範囲は $u_1 \leqq u \leqq u_2$ である．こまを回すとき心棒の傾きが変わる範囲はこれで与えられる．

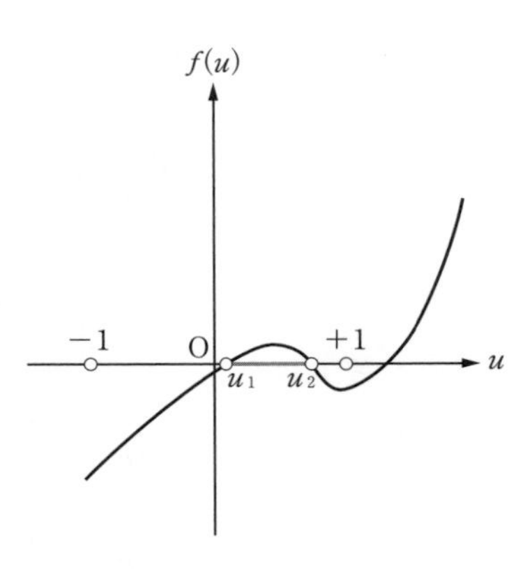

9.11-2 図　u-$f(u)$の関係

こまの軸が鉛直に立っているときは，ちょっとみるとじいっと止まっているようにみえる．これを**眠りごま**とよぶ．このとき u_1 と u_2，または u_2 と u_3，または u_1, u_2, u_3 が $+1$ に等しくなっているので，9.11-2 図に相当するグラフは 9.11-3 図の (a), (b) または (c) のようになっている．(a), (c) の場合には，少し乱しても，$u_1 = u_2 = 1$ の付近で破線で示されているような非常に小さい範囲が現われるのに対し，(b) の場合には，広い範囲 $u_1 \leqq u \leqq u_2 \fallingdotseq 1$ が現われ，こまは心棒の傾きを大きく変える．(9.11-9) から $a = nC$, (9.11-10) から $E = Mgh$. したがって，(9.11-11) の $f(u)$ は

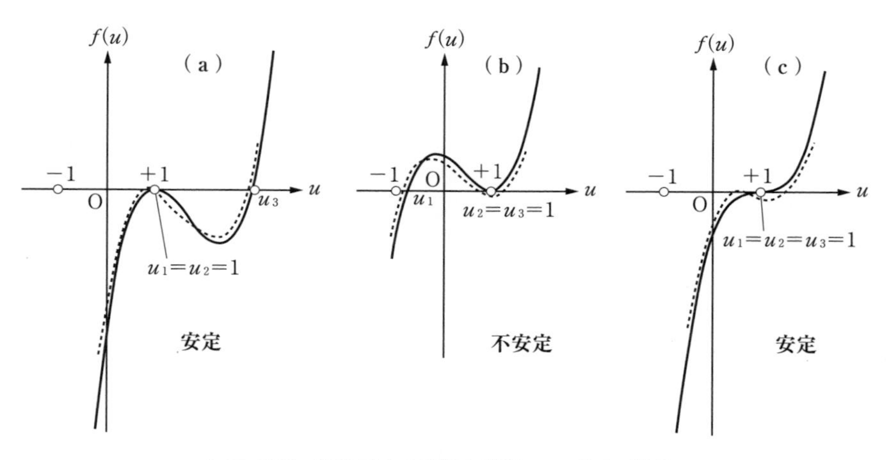

9.11-3 図　眠りごまの状態と付近の u-$f(u)$の関係

$$f(u) = 2AMgh(1-u)^2\left\{u - \left(\frac{C^2n^2}{2AMgh} - 1\right)\right\}$$

となる．したがって

$$\frac{C^2n^2}{2AMgh} - 1 > 1 \quad \text{ならば　図 (a) で安定}$$
$$< 1 \quad \text{ならば　図 (b) で不安定}$$
$$= 1 \quad \text{ならば　図 (c) で安定}$$

となる．それゆえ

$$n^2 \geqq \frac{4AMgh}{C^2} \quad \text{ならば　安定}$$

$$n^2 < \frac{4AMgh}{C^2} \quad \text{ならば　不安定}$$

となる．こまが眠りごまの状態で回っていて，摩擦のためしだいに角速度が小さくなって，ある角速度になると心棒が急に大きく変化するのはこのためである．

第9章　問題

1　一様なまっすぐな棒（重さ W）が，その一端を滑らかな斜面（水平とつくる角 30°）につけ，他の端を糸でつられてつりあっている．棒と斜面の間の角は 30° である．糸と鉛直線のつくる角，糸の張力を求めよ．

2　1つの端 A が粗い地面についている一様でまっすぐな棒 AB（長さ $2l$）が，高さ h の横木 C に立てかけてある．A が地面に沿ってちょうど滑りだそうとしているとき，棒が地面とつくる角を α とすれば，A での摩擦係数はどれだけか．C は滑らかで，棒は横木に直角な鉛直面内にあるとする．

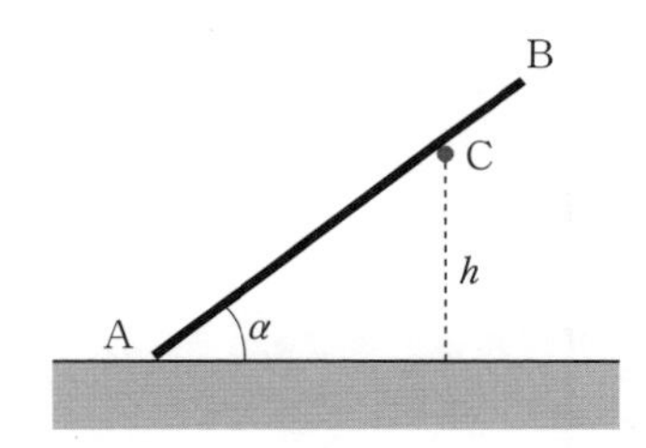

3　一様な棒 AB の B 端を粗い水平面上にのせ，A 端に糸をつけてつるし，水平面に対する棒の傾きを α にする．糸が水平面とつくる角はどのような範囲になければならないか．

4　自然の長さ l_0 のばねの一方の端を床に固定し，他の端に糸をつけてこれを定滑車（半径 r，慣性モーメント I）にかける．糸の先に質量 m のおもりをつるしたところ，ばねの長さが l となってつりあった．このおもりを上下に振動させるときの運動をしらべよ．

5　一様な球を実体振り子として振動させるとき，固定軸をどこにつければ周期が最小となるか．

6　細い棒（質量は無視する）の先に半径 r の一様な球をつけて振り子をつくり，小振動を行わせる．固定点から球の中心までの距離を l とし，l が r にくらべてずっと大きければ，この振り子を長さ l の単振り子とみなしたときの周期 T_0 と実際の周期 T との間には，近似的に

$$\frac{T}{T_0} = 1 + \frac{1}{5}\left(\frac{r}{l}\right)^2$$

の関係があることを示せ．

7　一様な薄い長方形板の中心のまわりの慣性楕円体面の方程式を求めよ．

8　一様な円錐の慣性楕円体面が球面であるための条件を求めよ．

9　一様な球が1つの直径のまわりを一定の角速度で回っている．この球が冷えて半径がはじめの値の $1/n$ になると，運動エネルギーは何倍になるか．運動エネルギーの増加はどこからきているのか．

10　中心を通る鉛直軸のまわりに自由に回ることのできる水平な一様な円板（質量 M，半径 r）の周上に人（質量 m）がいて，静止の状態から周囲に沿って歩きだしたとすれば，人の板に対する相対的の速さが v のとき板の角速度はどれだけか．

11　共通の軸のまわりに角速度 ω_1, ω_2 で回転している2つの剛体（慣性モーメント I_1, I_2）が急に連結されて1つの剛体になるとすれば，運動エネルギーの損失は

$$\frac{1}{2}\frac{I_1 I_2}{I_1 + I_2}(\omega_1 - \omega_2)^2$$

であることを示せ．

12　2つの輪（半径 a_1, a_2；慣性モーメント I_1, I_2）が軸を平行にして並んでいて角速度 ω_1, ω_2 で回っている．これらの輪が急にそのまわりについている歯でかみあわされるとすれば，その後の角速度はどうなるか．

13　粗い斜面（水平とつくる角 θ）を一様な球が転がり上がる．球が滑らないとすればどこまで上がるか．初速度を v_0 とする．

14　一様な球が角速度 ω_0 で水平な直径のまわりに回っている．これをそのまま静かに水平な粗い平面の上におくとき，その後の運動はどうなるか．

15　半径 a の輪が水平面に対して一定の傾きを保って転がり，輪の中心は半径 c の円を描いている．この運動のポールホード錐，ハーポールホード錐を求めよ．

16　輪がその重心を通る軸のまわりを回転しているが，軸は輪に垂直についていないで角 α だけ傾いている．軸の角速度を ω とすれば，軸受けは

$$(C - A)\omega^2 \sin\alpha \cos\alpha$$

だけのモーメントの偶力を受けることを示せ．C, A は主慣性モーメントである．

17　薄い一様な円板がその中心を通り，法線と β の角をつくる軸のまわりに回転している．この円板の軸は円錐を描き，その半頂角 α は

$$\tan\alpha = \frac{1}{2}\tan\beta$$

で与えられることを示せ．また，角速度を ω とすれば，上の円錐は

$$\frac{2\pi}{\omega\sqrt{1 + 3\cos^2\beta}}$$

の周期で1周されることを示せ．

18　最大主慣性モーメントの軸のまわりに力学的対称な物体が，瞬間回転軸のまわりに角速度に比例するモーメントを持つ抵抗を受けている．回転軸は漸近的に対称軸に近づくことを示せ．

10 仮想変位の原理

§10.1 仮想変位

この章から解析力学に入るのであるが，まず**仮想変位（仕事）の原理**というものを説明する．それには仮想変位という言葉の意味と，なぜそのようなものを考えるかということを説明しなければならない．力学的体系のうちでもっとも簡単なのは，空間内を自由に動くことのできる１つの質点の場合であるが，これはあまり簡単すぎて，仮想変位の意味をつかまえるのにかえって不便である．それでもっと複雑な，滑らかな，または固い束縛条件にしたがう体系について述べることにしよう．

一体，力学的体系の構造を述べるのにどれだけのことをいえばよいかということから考えよう．もちろん，その体系の各部分の形，質量（または重さ），接触している部分の状態をすべて述べれば，それでその体系のつりあいなり，運動なりを議論するのに必要な材料が与えられるわけであるが，これらの材料が全部必要であるとは必ずしもいえない．体系の運動（つりあいはその特別な場合である）をしらべるのに最小限の知識があればよいのである．たとえば，体系の一部がねじになっている場合，ねじを切ってあるところの形がどうであるとか，どことどことが触れあってどのような力をおよぼしあっているかということは通常必要ではなく，ただねじを１回転させると，どれだけ進むかということ，すなわち，ねじの歩み（ピッチ）がどれだけかということが重要なことである．

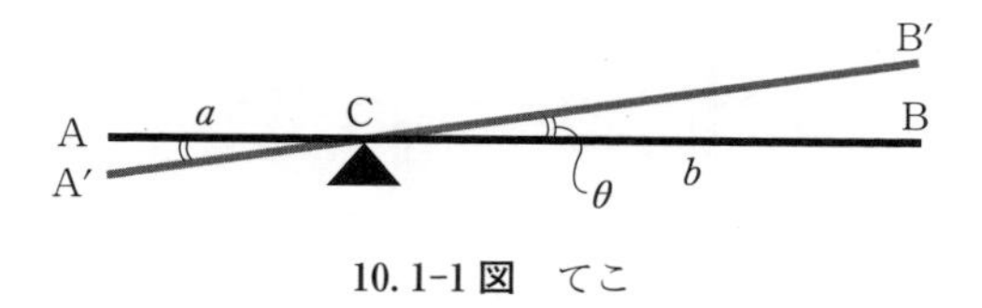

10.1-1図 てこ

一般に，力学的体系は束縛条件を受けながら，その各部分が動くことができるようになっているのであるが，同時に，その体系はそのいろいろな点で外からの力の作用を受けている．その各部分が動く自由さは，剛体の力学のところでも使った自由度という言葉で表される．たとえば，球面上に束縛されている質点は，極座標 θ, φ（地球面上の緯度の余角と経度に相当する）によってその位置がきめられるから，自由度は2である．てこでは支点が固定されて，そのまわりに回ることができるだけであるから自由度は1，糸の上端を固定して下端に球をつるしてつくった振り子（§9.4の例2）では，糸の傾き θ と球の定まった半径（たとえば，球の中心と糸のついている点を結ぶ半径）の傾き φ が与えられればきまるから自由度は2である．もっとも簡単なのは，束縛を受けずに空間内を自由に運動することのできる質点の場合で，自由度は3である．

自由度が1の体系はどんなに複雑であっても，その中の1つの点を束縛条件を破らないように動かせば，他のすべての点はそれにしたがって動く．たとえば，てこの場合，10.1-1図で，左の端Aが下に動くように棒が傾けば，それにしたがって右の端B点は上に上がり，その他の点もそれぞれこの構造によってきまる変位をする．$\overline{\mathrm{CA}} = a$，$\overline{\mathrm{CB}} = b$ とし，このときの傾き θ を小さくとれば，Aは $a\theta$ だけ下に，Bは $b\theta$ だけ上に変位する．10.1-2図は，動滑車Cと定滑車C′に糸をかけてつくったものであるが，動滑車Cが h だけ下に移動すると，Cにかかっている両方の糸の鉛直の部分がおのおの h だけ長くなるので，一番右の糸から $2h$ だけの長さがくり出されなければならない．そのため糸の端Aは $2h$ だけ上に移動する．

つぎの節または後の節で示すように，一般に体系の力学的構造は，その体系のつりあいまたは運動に関するかぎり，その各部分が微小な変位を行うとき，これらの変位が互いに独立であるか，またはどのような比率になっているかが与えられればよいので，それ以上のくわしいことはいらない．それで，このよ

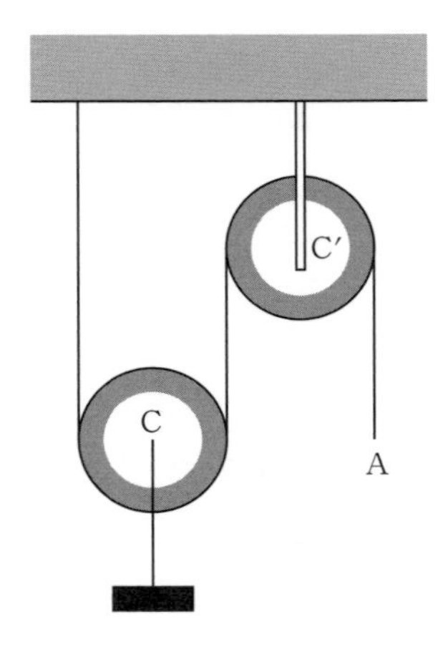

10.1-2 図　動滑車と定滑車

うな変位のことを**仮想変位**とよぶ．体系が時間とともに運動していれば，その各点は体系の構造上許される変位のうち１つをたどっていく．つりあっていれば時間につれての変位はない．仮想変位というのは，この時間の経過にしたがっての変位とは別に，考えている体系の構造を示すのに体系の各部分が互いにどのような変位をすることが可能であるかということで示そうとするものである．それで仮想変位という名がある．それゆえ，仮想変位というのは体系の力学的構造を述べているだけで，つりあっているか，運動しているかという話の出る以前のことである．てこの場合には，腕の長さが $\overline{\mathrm{CA}}=a$，$\overline{\mathrm{CB}}=b$ と述べればその力学的構造を述べたことになるが，その代りに A が $a\theta$（θ：微小）だけ下に変位すれば，B が $b\theta$ だけ上に変位するような構造になっているといってもよい．このとき，$a\theta$ と $b\theta$ とが仮想変位＊である．これから仮想変位を表すのに，位置を表す変数の前に δ をつけることにする．たとえば，てこの場合には，10.1-1 図の θ の代りに $\delta\theta$ というように書く．実際の運動による変位は $d\theta$ というように d をつけることはいままでと同様である．仮想変位は比だけが重要である．

§10.2　仮想変位の原理

質点系をつくっている各質点が一般にある束縛条件にしたがって動くことが

できるとき，これが質点系外からの力，質点間の力，束縛力の作用を受けてつりあっているものとする．前に質点系の力学で力を内力と外力とに分けたが，これからの議論ではそのように分類せず，束縛力と束縛力でない力とに分ける．束縛力でない力のほうは，重力のようにはじめからわかっている力で，これをこれから**加えられた力**，または**既知力**と名づけよう．束縛力は，この加えられた力と束縛条件とからつりあいの式を通してはじめてきまるもので，通常，未知量である．i 番目の質点に加えられた力を $\boldsymbol{F}_i(X_i, Y_i, Z_i)$ とし，束縛力を $\boldsymbol{S}_i(S_{xi}, S_{yi}, S_{zi})$ とする．つりあっているのであるから明らかに，

$$X_i + S_{xi} = 0, \qquad Y_i + S_{yi} = 0, \qquad Z_i + S_{zi} = 0 \qquad (10.2\text{-}1)$$

である．

いま，つりあいの位置から各質点について束縛条件を破らない範囲の小さな変位，すなわち仮想変位を考え，これを $\delta x_i, \delta y_i, \delta z_i$ としよう．$\delta x_i, \delta y_i, \delta z_i$ は体系の構造上許される変位をとるのであり，またどのような変位が可能かということが体系の力学的構造の表現でもあるのであるが，いまこれらの仮想変位に対して，それと力とのスカラー乗積，すなわち仕事の形の式をつくってみる．そのときの加えられた力と束縛力との行う仕事は

$$\delta' W = \sum\{(X_i + S_{xi})\delta x_i + (Y_i + S_{yi})\delta y_i + (Z_i + S_{zi})\delta z_i\} = 0 \qquad (10.2\text{-}2)$$

質点系の力学のところで述べたように，質点の移動に対して束縛力が仕事をしないことがよくある．そのときは，(10.2-2) の束縛力に関する項は消えて

---

* 仮想変位に対する英語は virtual displacement であるが，上に説明したところによると，体系の**可能な変位**といったほうがわかりやすい．事実 virtual という言葉には可能という意味もあるようである．時間の経過にともなう実際の変位とは別に考えるという意味では仮想という意味にとってもよいし，またこの意味を強調してある本も多くある（たとえば，Appel はこの意味に解釈している）．一方，可能という意味であると説明してある本もある（たとえば，Lothar Nordheim: *Handbuch der Physik*, V, 47 ページ）．可能だからこそ仮想できるわけであるから，どちらでも結局は同じことかもしれないが，体系の行うことのできる可能な変位という心持ちでこの言葉を使ったほうが理解しやすいことが多い．この本ではそのつもりで考えていくことにするが，用語としては習慣にしたがって仮想という言葉を使う．もしも読者がこの本，または他の本を読むとき，仮想という言葉が，仮の変位というのではつかみどころがないように思われる場合には，仮想という字の代りに可能という字を入れて考えると案外理解が深まることと思われる．

$$\sum(X_i\delta x_i + Y_i\delta y_i + Z_i\delta z_i) = 0 \qquad (10.2\text{-}3)$$

となる．すなわち，質点系について考える任意の仮想変位 $\delta x_i, \delta y_i, \delta z_i$ に対して**加えられた力**の行う仕事は 0 である．このときの仕事 $\delta' W$ を**仮想仕事**とよぶ．

逆に任意の仮想変位に対して，束縛力が仕事をしないような体系の場合（10.2-3）が成り立つときには，その質点系はつりあっていることを証明できる．なぜならば，もしつりあわないとすると，各質点は実際に動き出すはずであるが，i 番目の質点の加速度を $d^2x_i/dt^2, d^2y_i/dt^2, d^2z_i/dt^2$ * とすれば

$$m_i\frac{d^2x_i}{dt^2} = X_i + S_{xi}, \quad m_i\frac{d^2y_i}{dt^2} = Y_i + S_{yi}, \quad m_i\frac{d^2z_i}{dt^2} = Z_i + S_{zi} \qquad (10.2\text{-}4)$$

となる．これらの式に $\delta x_i, \delta y_i, \delta z_i$ をそれぞれ掛けて加え，そのうえ i について加え合わせると，

$$\sum_i m_i\left(\frac{d^2x_i}{dt^2}\delta x_i + \frac{d^2y_i}{dt^2}\delta y_i + \frac{d^2z_i}{dt^2}\delta z_i\right) = \sum_i(X_i\delta x_i + Y_i\delta y_i + Z_i\delta z_i) + \sum_i(S_{xi}\delta x_i + S_{yi}\delta y_i + S_{zi}\delta z_i) \qquad (10.2\text{-}5)$$

となる．仮定によって，

$$\sum(S_{xi}\delta x_i + S_{yi}\delta y_i + S_{zi}\delta z_i) = 0 \qquad (10.2\text{-}6)$$

つぎに，仮想変位は束縛条件に矛盾しないかぎりまったく任意なのであるから，その特別な場合として，各質点の動き出す方向（この方向が束縛条件を満足していることは，実際にその方向に動くから明らかである）を $\delta x_i, \delta y_i, \delta z_i$ にとったとすれば，静止の状態から動き出す方向と加速度の方向とは一致しているから，そのスカラー乗積は正である．すなわち，

$$\frac{d^2x_i}{dt^2}\delta x_i + \frac{d^2y_i}{dt^2}\delta y_i + \frac{d^2z_i}{dt^2}\delta z_i > 0 \qquad (10.2\text{-}7)$$

したがって，（10.2-5），（10.2-6）から

$$\sum(X_i\delta x_i + Y_i\delta y_i + Z_i\delta z_i) > 0$$

となり，（10.2-3）が成立するという仮定に反する．したがって，質点系はつり

---

* いま，実際に動き出すときの時間的経過を考えているのであるから “δ” でなく “d” を使う．

あっていなければならない．以上まとめると，

> 束縛力が仕事を行わないような体系で，これがつりあうのに必要で十分な条件は，この体系が束縛条件を破らない範囲でその構造上許されている任意の変位（仮想変位）を考えて，これに対する**加えられた力**（**既知力**）の行う仕事を考えるとき，その和が0になることである．**

これを**仮想変位の原理**または**仮想仕事の原理**とよぶ．

てこの場合について説明しよう．10.1–1図と同様な図をもう一度描く（10.2–1図）．てこの両端A, Bで鉛直下方に大きさP, Qの力が働いているものとする．そのつりあい条件は剛体のつりあい条件から

$$Pa = Qb \qquad (10.2\text{–}8)$$

であることはもちろんであるが，この関係式を仮想変位の原理から求めてみよう．

この場合，Cで支えられているということが束縛条件であるから，これを破らないように小さく動かすとき，A, B両端（力の作用する点）がどれだけ動くかを考える．微小な角$\delta\theta$だけCのまわりに回したとすれば，Aは$a\delta\theta$だけ下に移動し，Bは$b\delta\theta$だけ上に移動する．したがって，Pの行う仕事は$Pa\delta\theta$，Qの行う仕事は$-Qb\delta\theta$である．それゆえ，全体の仮想仕事は

$$\delta' W = Pa\delta\theta + (-Qb\delta\theta) = (Pa - Qb)\delta\theta$$

となる．つりあいの条件は任意の$\delta\theta$に対して$\delta' W = 0$というのであるから，

$$Pa = Qb$$

すなわち，(10.2–8)と一致する結果が得られる．

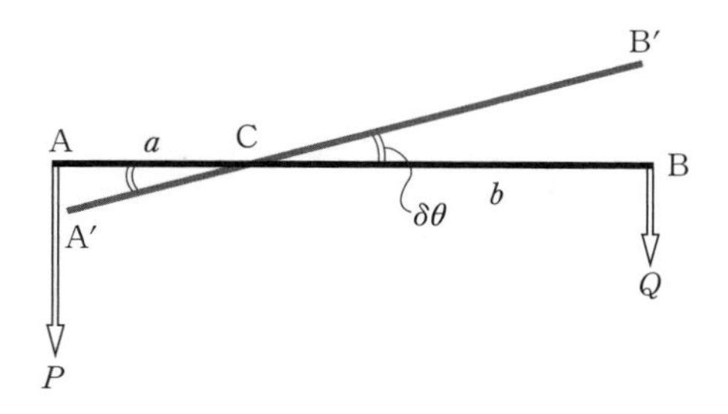

10.2–1図　てこ

** 仮想変位は束縛条件を破らないようにとるのであるから，仮想変位の原理の式には束縛力は入ってこない．束縛力も求めたいときには，その束縛力の関係している束縛条件を破るような仮想変位を考える．この節の例2をみよ．

(10.2-3) のつりあいの条件式の出し方からも，また上のてこの場合の扱い方からもわかるように，私たちは，体系のあらゆる点の動き方を知る必要はなく，加えられた力の着力点の動き方だけを知ればよい．つまり，仮想変位の原理は，加えられた力と体系の構造上許される着力点の変位との関係としてのつりあいの条件を与えるものということができる．仮に動かして仕事をさせてみるといってもよいが，これでは言葉が少し足りない感じがする．動かしてみるというのは，つりあっているかどうかには無関係にその体系の構造をみるためだけのものである．てこの場合についていうと，$\overline{\mathrm{CA}}=a$，$\overline{\mathrm{CB}}=b$ であるというのと，A が $a\delta\theta$ だけ下に移動すれば B は $b\delta\theta$ だけ上に移動するというのとは同じことで，もっと複雑な体系の場合は後のいい方のほうが理論を簡単にするのである．この仮想変位と加えられた力とのスカラー乗積をつくるとつりあいの条件式が出てくるのであるが，スカラー乗積が偶然にエネルギーと関係のある仕事の表現と一致するから**仕事**とよんでおり，またそのほうがつごうがよいというだけの話である．仕事ということばにあまり意味を持たせず，加えられた力と体系の構造との関係式というほうに重点をおいたほうが，この原理の意味をよくとらえることができよう．

質点系の各質点に働く加えられた力が保存力だけの場合には，これに対する位置エネルギーを U とすれば，

$$\delta' W = \sum(X_i\delta x_i + Y_i\delta y_i + Z_i\delta z_i)$$
$$= -\sum_i\left(\frac{\partial U}{\partial x_i}\delta x_i + \frac{\partial U}{\partial y_i}\delta y_i + \frac{\partial U}{\partial z_i}\delta z_i\right) = -\delta U$$

したがって，つりあうための条件は

$$\delta U = 0 \qquad (10.2\text{–}9)$$

である．すなわち，

> 質点系の束縛条件を満足する任意の微小仮想変位に対し，位置エネルギーの変化は 0（高次の微小量）でなければならない．

一様な重力場の場合はよく出てくるものであるが，そのときには

$$U = \sum_i m_i g z_i = g\sum_i m_i z_i$$

ただし，z_i は各質点の高さを表す．重心の高さを z_G とすれば，

$$U = Mgz_G \tag{10.2-10}$$

すなわち，つりあいの条件は

$$\delta z_G = 0 \tag{10.2-11}$$

で，重心が仮想微小変位に対して高さを変えないところでつりあう．質点が滑らかな凸凹な氷の上にいるものとしよう．つりあいの位置は（安定か不安定かは別として）山の頂上，凹みの底，峠の点である．そこでは（10.2-11）の $\delta z = 0$ が成り立つ．ところで，この δz は小さな仮想変位を考えたときの位置エネルギーの変化 δU を与える．山にいるときには通常，私たちは仮想変位をとるのにあたりを見まわすであろう．そして自分の現在いるところからどのような変位が可能か，そしてその結果 δU が 0 になるかどうかをみるのである．これが仮想変位をとることである．暗夜ならば棒でさぐるか，または足や手でさぐるであろう．時間的に実際に行われる変位を考えるのとは意味がちがうところに注意せよ．

例 1 10.2-2 図のように 3 個の動滑車（重さは無視する）と 1 個の定滑車とから成っている体系を考え，w, W の重さのおもりをつるしたときつりあう条件を求めよ．

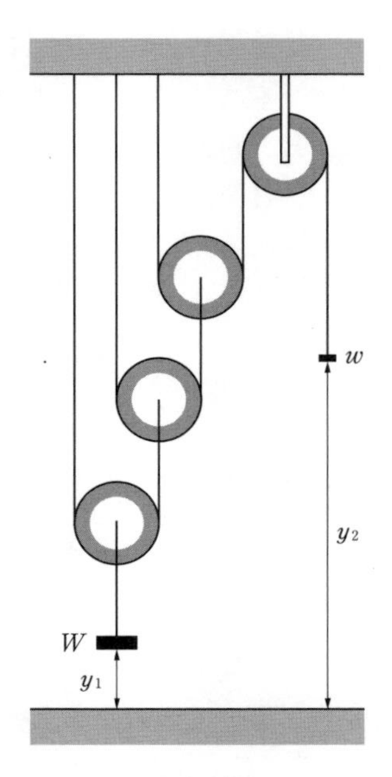

10.2-2 図

解 任意にきめた水平面から W と w までの高さを y_1, y_2 とすれば，重心の高さは

$$y_G = \frac{Wy_1 + wy_2}{W + w}$$

w が h だけ下に変位するような仮想変位を行わせれば，W のほうは $h/8$ だけ上に変位する．したがって，重心の位置は

$$y_{G'} = \frac{W(y_1 + h/8) + w(y_2 - h)}{W + w}$$

$$= y_G + \frac{Wh/8 - wh}{W + w}$$

となる．つりあっているためには位置エネルギー

の変化がない．したがって，重心が上下しないのであるから，$y_{G'} = y_G$．それゆえ，

$$W\frac{h}{8} - wh = 0 \qquad \text{すなわち} \qquad w = \frac{W}{8}$$

◆

例 2　10.2-3 図のように一様な等しい棒 AB, BC, CD, DA をちょうつがいで滑らかに連結し，AB を鉛直に保って固定する．全体で正方形を形成させるために AD の中点 E と CD の中点 F とを糸でつなぐ．各棒の重さを W とするとき，糸の張力を求めよ．

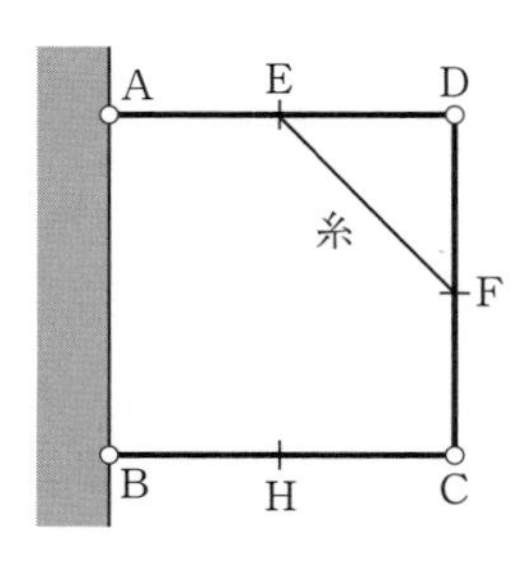

10. 2-3 図

解　糸の張力を求めたいのであるが，これはもともと束縛力である．しかし，仮想変位の原理では束縛力は式に入ってこないから，ここでは未知量なので言葉は不適当であるが，**加えられた力**のような取扱いをしよう．それには，糸を切って，その代りに，糸の張力と等しい外力，たとえば，切れた糸の端を手に持って，いままでと等しい力 S で同じ方向に引張ることにしても全体のつりあいには無関係である．そのようにしておいて，全体に仮想変位を行わせてみる．AD, BC が $\delta\theta$ だけ傾くような変位を考えると，E 点は $a\,\delta\theta$ だけ，F 点は $2a\,\delta\theta$ だけ，H 点は $a\,\delta\theta$ だけ鉛直下方に変位する．水平方向の変位は $(\delta\theta)^2$ の程度であるから考えに入れなくてよい．

重力の行う仕事　　$2Wa\,\delta\theta + W\cdot 2a\,\delta\theta = 4Wa\,\delta\theta$

E に働く S の行う仕事　　$\dfrac{Sa}{\sqrt{2}}\,\delta\theta$

F に働く S の行う仕事　　$-\sqrt{2}\,Sa\,\delta\theta$

したがって，全体の仮想仕事は

$$\delta' W = 4Wa\,\delta\theta + \frac{Sa}{\sqrt{2}}\,\delta\theta - \sqrt{2}\,Sa\,\delta\theta = 0$$

$$\therefore \ S = 4\sqrt{2}\,W$$

この問題で仮想変位の原理を使わないで，棒 AD, CD, BC のつりあい条件を別々に書いてから S を求めてもよい．

AD, DC, CB を 10. 2-4 図のように別々に書き，固定点 A, B で AD, BC に働

く力，ちょうつがいで棒が互いにおよぼしあう力，糸の張力を書き込む．$X_1, \cdots, X_4, Y_1, \cdots, Y_4, S$ は未知量である．これに対して，剛体のつりあいの方程式（9.1-8）を3個ずつ，全部で9個書いて，$X_1, \cdots, Y_4$ の8個を消去して S を求める．◆

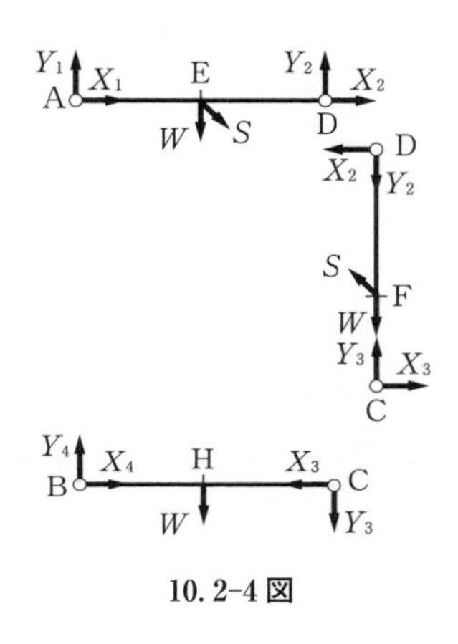

10.2-4 図

このように仮想変位を使わないと，結局は消去する必要のある束縛力を一応使わなければならないので，計算はこみ入ってくる．仮想変位の原理の特長の1つは不要な束縛力を使わなくてすむこと，他の1つは仕事がスカラーであるため，加えるのに代数的に加えるだけでよいことである．

§10.3　つりあいの安定と不安定

質点系に加えられた力が保存力である場合に，つりあいが安定であるか，不安定であるかがいろいろな場合問題になる．加えられた力に対する位置エネルギーを U とするとき，つりあいの条件は

$$\delta U = 0 \tag{10.3-1}$$

である．

U が極小値をとる場合を考える．質点系を少しずらして，初速度0で放すとき動き出すわけであるが，そのとき i 番目の座標 (x_i, y_i, z_i) の微小時間の変位を dx_i, dy_i, dz_i とし，これに加えられた力を (X_i, Y_i, Z_i)，束縛力を (S_{xi}, S_{yi}, S_{zi}) とすれば，i 番目の質点は加えられた力と束縛力とを合成した方向に動き出すから，その仕事は正である．すなわち，

$$(X_i + S_{xi})dx_i + (Y_i + S_{yi})dy_i + (Z_i + S_{zi})dz_i > 0$$

各質点についての同様な式を加え合わせれば，

$$\sum_i \{(X_i + S_{xi})dx_i + (Y_i + S_{yi})dy_i + (Z_i + S_{zi})dz_i\} > 0$$

前の節で述べたように束縛力のする仕事は0であるから，この式は

$$\sum_i (X_i dx_i + Y_i dy_i + Z_i dz_i) > 0$$

となる．この左辺は加えられた力のした仕事で $-dU$ に等しい．ゆえに，

$$dU < 0$$

となる．このように U が極小値をとるような位置から質点系を少しずらして静かに放すと U が減少するように動き出すのであるから，結局つりあいの状態に向かう方向に動くことになる．このようなとき質点系は**安定**なつりあいの状態にあるとよぶ．

U が極大値をとる場合にも同様に考えることができる．少しずらして静かに放せば，U が減少するように動き出すのであるから，極大の位置からますます遠ざかるように動く．このようなとき質点系は**不安定**なつりあいにあるとよぶ．

U がまったく変わらないときには，この質点系をずらしてもやはり新しい位置をもとにして $\delta U = 0$ の関係が成り立つから，やはりつりあいの状態にある．このようなつりあいは**中立**であるとよぶ．一様な球を床の上においたときなどがこの場合に属する．

$\delta U = 0$ ではあるが，峠の点のように質点系をずらす方向によって U が増したり減ったりするときには，減る方向に少しずらしてから静かに放せば U がもっと減る方向に動き出す．元にはもどらないからこの場合，不安定である．

§10.4　変分法

これからの説明では変分法を使うことが多いので，ここで簡単に変分法の説明をしておこう．一般的な説明や厳密な条件はここでは省いて，それらは専門の書物に譲ることにする.*

いま，x を独立変数，y をその関数とし，$x, y, y' = dy/dx$ の関数 $f(x, y, y')$ を x についてある変域に積分したものを考える．

$$I = \int_a^b f(x, y, y')dx \tag{10.4-1}$$

$y = y(x)$ という関数の形を変えればこの積分の値 I は変わる．そこで y の関数形を少し変えても I の値が停滞するような $y(x)$ はどのような関数形である

* 押田勇雄：「物理数学」(基礎物理学選書 14，裳華房，1973) 217 ページ以下．

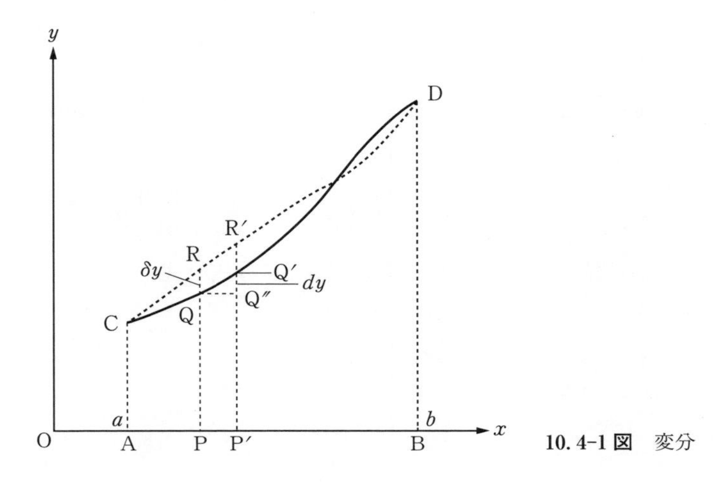

10.4-1 図　変分

かという問題を考えよう．ただし，$x=a$ と $x=b$ では y の値は変えないで，その間の x に対する y の値をいろいろと変えるものとする．そのような関数形が求められたものとし，これを $y=y(x)$ とし，それからのずれを δy と書くことにする．10.4-1 図で $\overline{\mathrm{PQ}}=y$，$\overline{\mathrm{QR}}=\delta y$ である．δ を使ったのは，x の増し高 dx ($\overline{\mathrm{PP'}}$) に対する y の増し高 dy ($\overline{\mathrm{Q''Q'}}$) と区別するためで**変分**とよばれる．各点で δy をとれば，δy は x の関数である．(10.4-1) の I の値の変化を求めれば

$$\delta I=\int_a^b\left(\frac{\partial f}{\partial y}\,\delta y+\frac{\partial f}{\partial y'}\,\delta y'\right)dx \tag{10.4-2}$$

となる．x での y の変分は δy であるが，これは x の関数であるから，$x+dx$ での変分（図の $\overline{\mathrm{Q'R'}}$）は

$$\overline{\mathrm{Q'R'}}=\delta y+\frac{d(\delta y)}{dx}\,dx$$

であり，また一方，Q での微係数は y'，R では $y'+\delta y'$ であるから $\overline{\mathrm{P'Q'}}=y+y'dx$，$\overline{\mathrm{P'R'}}=y+\delta y+(y'+\delta y')dx$，したがって

$$\overline{\mathrm{Q'R'}}=\delta y+\delta\left(\frac{dy}{dx}\right)dx$$

と書くこともできる．2 つの式をくらべて，

$$\frac{d(\delta y)}{dx}=\delta\frac{dy}{dx} \tag{10.4-3}$$

となる．つまり，d/dx という演算と δ という演算とは交換することができる．(10.4-2) は

$$\delta I=\int_a^b\left\{\frac{\partial f}{\partial y}\delta y+\frac{\partial f}{\partial y'}\frac{d(\delta y)}{dx}\right\}dx$$

となる．第2項を積分する場合，部分積分法を使えば

$$\delta I=\int_a^b\frac{\partial f}{\partial y}\delta y\,dx+\left|\frac{\partial f}{\partial y'}\delta y\right|_a^b-\int_a^b\frac{d}{dx}\left(\frac{\partial f}{\partial y'}\right)\delta y\,dx$$

仮定によって $x=a,b$ で δy は0であるから，

$$\delta I=\int_a^b\left\{\frac{\partial f}{\partial y}-\frac{d}{dx}\left(\frac{\partial f}{\partial y'}\right)\right\}\delta y\,dx$$

となる．I が停滞するのには $\delta I=0$ でなければならない．δy は任意にとってよいのであるから，このことがいつも成り立つためには，

$$\frac{d}{dx}\left(\frac{\partial f}{\partial y'}\right)-\frac{\partial f}{\partial y}=0 \tag{10.4-4}$$

でなければならない．もしもそうでないとしよう．そうすると，x のある値で(10.4-4) の左辺が0でないことがあり，そしてそれは十分小さな範囲で正だけ，または負だけの値をとるはずであるから，δy をとるのに，この範囲で δy が一定の符号を持ち，他の範囲では0になるようにとれば δI は0にはならなくなる．したがって (10.4-4) が成り立たなければならない．

(10.4-4) は y についての微分方程式になっており，与えられた変分の問題はこのようにして微分方程式の問題に帰せられる．(10.4-4) を，与えられた変分法の問題についての**オイラーの微分方程式**とよぶ．

例1　一平面内 ((x,y) 平面) に2つの定点 A, B があるとき，これを結ぶ曲線の長さを極小にせよ．

解　答は A, B を通る直線であることは明らかであるが，変分法で解いてみよう．A, B の x 座標を a,b とすれば，A と B とを結ぶ任意の曲線の長さは

$$I=\int_a^b\sqrt{1+y'^2}\,dx$$

で与えられる．この場合 (10.4-1) の $f(x,y,y')$ は $\sqrt{1+y'^2}$ である．オイラー

の方程式は

$$\frac{d}{dx}\left(\frac{y'}{\sqrt{1+y'^2}}\right)=0$$

したがって

$$\frac{y'}{\sqrt{1+y'^2}}=\text{一定}. \qquad \therefore\ y'=\text{一定}$$

となる．これを積分すれば

$$y=Cx+D$$

C, D は積分定数で，この直線が A, B を通るという条件からきめられる． ◆

例 2 円柱面上にある A, B 2 点を結ぶ円柱面上の曲線で，長さが極小であるものを求めよ．

解 この場合も円柱面を平面に展開してみれば，その平面上で直線になるようなものであることは明らかである．円柱座標を r, θ, z（r は円柱の半径）とする．

$$I=\int_{\theta_\mathrm{A}}^{\theta_\mathrm{B}}\sqrt{(r\,d\theta)^2+(dz)^2}=\int_{\theta_\mathrm{A}}^{\theta_\mathrm{B}}\sqrt{r^2+z'^2}\,d\theta, \qquad z'=\frac{dz}{d\theta}$$

これからオイラーの微分方程式をつくり，解けば

$$z=C\theta+D$$

となり，これは円柱面を展開したとき直線となることを示している．ただし，10.4-2 図 (a) を展開した図 (b) で A といろいろな B（展開した面を並べたおのおのの面上の B 点）とを結ぶ直線に応じて，円柱面上 A から B に円柱をいく回りもして達する曲線や，逆向きに回って達する曲線がある． ◆

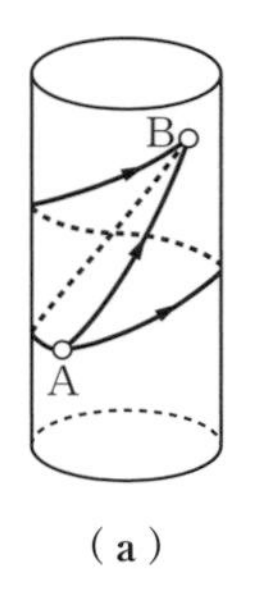

(a)

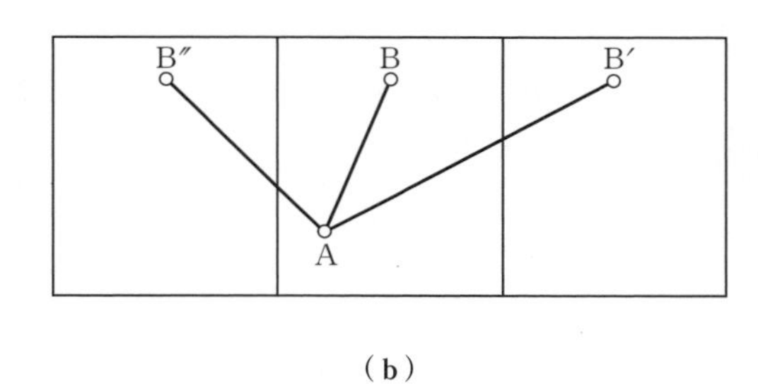

(b)

10.4-2 図

例 3 鉛直面内にある 2 つの定点 $(0,0), (x_1, y_1)$ を滑らかな針金で結び，重力の作用の下に，$(0,0)$ から初速度 0 で滑らせるとき，(x_1, y_1) に達するまでに必要な時間が最小になるようにこの針金の曲線をきめよ．

解 これは変分法の初期の発展に大切な役割を持っていた有名な問題で，Johann Bernoulli の研究した（1696）**最速降下線**（brachistochrone *)の問題である．

鉛直下方に y 軸をとれば，質点の座標が (x, y) であるときの速さは，力学的エネルギー保存の法則により $\sqrt{2gy}$ である．したがって，曲線上 ds を進むのに必要な時間は

$$\frac{ds}{\sqrt{2gy}} = \frac{\sqrt{1+y'^2}}{\sqrt{2gy}}\,dx$$

したがって

$$I = \int_0^{x_1} \frac{\sqrt{1+y'^2}}{\sqrt{y}}\,dx$$

を極小にするような曲線 $y = y(x)$ を求めればよいことになる．オイラーの微分方程式をつくれば

$$\frac{d}{dx}\left(\frac{y'}{\sqrt{y}\sqrt{1+y'^2}}\right) + \frac{\sqrt{1+y'^2}}{2y^{3/2}} = 0$$

これを整理すれば

$$2yy'' + (1+y'^2) = 0$$

$y' = p,\ \ y'' = p\dfrac{dp}{dy}$ とおいて

$$\frac{2p\,dp}{1+p^2} + \frac{dy}{y} = 0$$

したがって

$$y(1+y'^2) = \text{一定} = a, \qquad a：\text{定数}$$

これから

$$\sqrt{\frac{y}{a-y}}\,dy = dx$$

これを解くために，

---

* brachist は最短，chrone は時間の意．

$$y = a\sin^2\frac{\theta}{2} = \frac{a}{2}(1-\cos\theta)$$

とおけば

$$\frac{a}{2}(1-\cos\theta)d\theta = dx$$

となり，これを積分するのに，$y=0$，すなわち，$\theta=0$ で $x=0$ の条件を使えば

$$x = \frac{a}{2}(\theta - \sin\theta)$$

となる．これを上の y の式とで，求める曲線を θ をパラメターとして表したものが得られる．これはよく知られているようにサイクロイドである．◆

以上は未知関数が y だけである場合を考えたが，2つまたはそれ以上の未知関数があるときも同様で，$y=y(x),\ z=z(x),\cdots$ とし，

$$I = \int_a^b f(x, y(x), z(x), \cdots, y'(x), z'(x), \cdots)dx \tag{10.4-5}$$

を極小にするような $y(x), z(x), \cdots$（ただし $x=a, b$ で $y, z, \cdots$ は与えられた値

余 談

ベルヌーイ家の人びと

本書でも Bernoulli（ベルヌーイ）の名は数か所に出ているが，数学，流体力学でもおなじみな名前である．まぎらわしくもあるので，家系と本書の内容に関係のある業績といくらかの他の業績を挙げておこう．スイスの家族である．

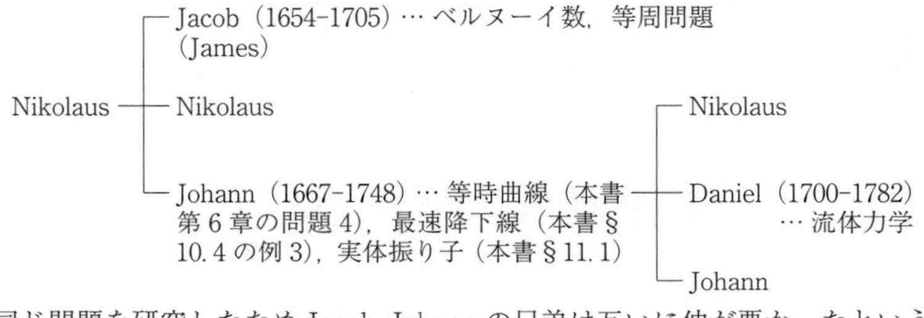

同じ問題を研究したため Jacob, Johann の兄弟は互いに仲が悪かったという．

をとるものとする）を求めるのには，オイラーの微分方程式

$$\left.\begin{aligned}\frac{d}{dx}\left(\frac{\partial f}{\partial y'}\right)-\frac{\partial f}{\partial y}=0\\ \frac{d}{dx}\left(\frac{\partial f}{\partial z'}\right)-\frac{\partial f}{\partial z}=0\\ \cdots\cdots\end{aligned}\right\}\qquad(10.4\text{-}6)$$

を解けばよいことになる．

（10.4-1）または（10.4-5）の積分が極値をとる問題で，関数が他の条件を満足しなければならないことがある．たとえば，曲線の全長が一定であるように制限されている場合である．すなわち，

積分

$$I=\int_a^b f(x,y,y')dx$$

を

$$\int_a^b g(x,y,y')dx=\text{与えられた値}=l\qquad(10.4\text{-}7)$$

を満足する範囲内で極大または極小にするような $y=y(x)$ を求める

という問題である．この場合には**ラグランジュの未定乗数**の方法を使う．つまり，(10.4-7) の変分をとって

$$\delta\int_a^b f(x,y,y')dx=0$$

$$\delta\int_a^b g(x,y,y')dx=0$$

とし，第1の式に1，第2の式に λ を掛けて加える．λ はこの段階ではまだきめておかないが（このために**未定**の名がある），λ が何であってもつぎの式は成り立つ．

$$\delta\int_a^b\{f(x,y,y')+\lambda g(x,y,y')\}dx=0\qquad(10.4\text{-}8)$$

これを条件のない場合と同様にして解けば，$y=y(x,\lambda)$ として y を x の関数として求めることができる．ただし，その中に乗数 λ があるので，これは（10.

4-7) の第 2 の式

$$\int_a^b g(x, y, y')dx = l \qquad (10.4\text{-}9)$$

からきめる．結局，(10.4-8)，(10.4-9) の両方から，$y = y(x)$ と，はじめ未定にしておいて使った乗数 λ がきまることになる．

例 4　糸の両端を固定し，これを重力場でつるすとき，つりあいにある糸の形を求めよ．

解　§10.2 で示したように，糸全体の位置エネルギーが極小になる形をとったときつりあう．糸を支える点を $(x_0, y_0), (-x_0, y_0)$ とする．糸の微小な長さを ds とすれば

$$\delta\int_{(-x_0)}^{(x_0)} y\,ds = 0 \; ^{*}$$

書きかえれば

$$\delta\int_{-x_0}^{x_0} y\sqrt{1+y'^2}\,dx = 0 \qquad (1)$$

糸の長さは一定であるから，これを l とすれば

$$\int_{-x_0}^{x_0} \sqrt{1+y'^2}\,dx = l \qquad (2)$$

ラグランジュの未定乗数の方法により，$(1) + \lambda \times (2)$ をつくれば

$$\delta\int_{-x_0}^{x_0} (y+\lambda)\sqrt{1+y'^2}\,dx = 0$$

となる．この変分の式についてのオイラーの微分方程式を書けば

$$\frac{d}{dx}\frac{(y+\lambda)y'}{\sqrt{1+y'^2}} - \sqrt{1+y'^2} = 0$$

$y' = \dfrac{dy}{dx} = p$ とおいて $\dfrac{d}{dx} = p\dfrac{d}{dy}$ を使えば，

$$\frac{dy}{y+\lambda} = \frac{p\,dp}{1+p^2}$$

積分して

$$y + \lambda = c_1\sqrt{1+p^2}, \qquad c_1：定数$$

これから

＊　$(x_0), (-x_0)$ と括弧をつけたのは，積分変数が x でなく s であるから．

$$\frac{dy}{\sqrt{\left(\frac{y+\lambda}{c_1}\right)^2-1}}=\pm dx$$

$\dfrac{y+\lambda}{c_1}=u$ とおいて積分すれば

$$u=\frac{1}{2}\{e^{(x+c_2)/c_1}+e^{-(x+c_2)/c_1}\}$$

ゆえに，

$$y=\frac{c_1}{2}\{e^{(x+c_2)/c_1}+e^{-(x+c_2)/c_1}\}-\lambda \qquad \text{懸垂線}$$

$x=\pm x_0$ で $y=y_0$ であることから

$$c_2=0$$

$$\therefore\ y=\frac{c_1}{2}\{e^{x/c_1}+e^{-x/c_1}\}-\lambda=c_1\cosh\frac{x}{c_1}-\lambda$$

糸の長さを求めるために $\int_{-x_0}^{x_0}\sqrt{1+y'^2}\,dx$ を求めれば $2c_1\sinh\dfrac{x_0}{c_1}$ となるから，(2) は

$$2\sinh\frac{x_0}{c_1}=\frac{l}{c_1}$$

となる．$\dfrac{x_0}{c_1}=\xi$ とおけば

$$\sinh\xi=\frac{l}{2x_0}\xi$$

となるから，l, x_0 が与えられているので，これから ξ，したがって c_1 がきまる．◆

第10章　問題

1　鉛直面内にある滑らかな円形の輪に2つの小さな環が通してあって，これらの環は円輪の直径よりも短い糸で結ばれている．両方の環と円輪の中心を結ぶ2つの直径が 2α の角をつくっているとして，つりあいの位置での糸が水平とつくる角 θ を求めよ．

2　1つの質点が力の中心 $O_1, O_2, O_3, \cdots$ から距離に比例する引力 $\mu_1 r_1, \mu_2 r_2, \cdots$ を受けている．つりあいの位置を見出せ．

3 下図のように，重さのない棒（長さ l）の下端を鉛直な滑らかな壁につけ，これを壁から c の距離にある滑らかな釘にかけ，上の端に重さ W のおもりをつるす．つりあいの状態での棒と鉛直のつくる角を求めよ．

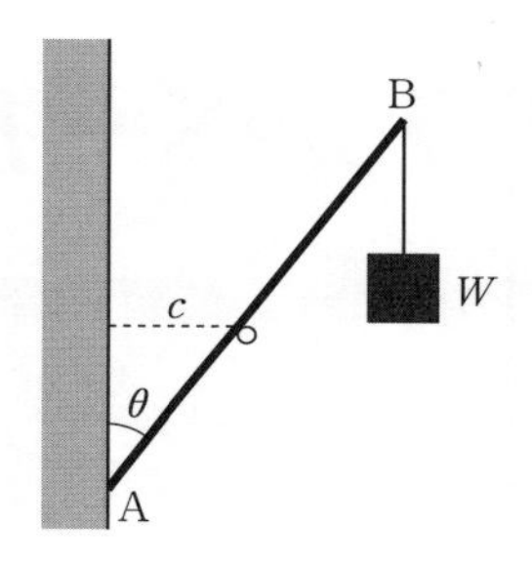

4 6本の等しい棒が滑らかに連結されて，正6角形 ABCDEF をつくり，A でつるされている．ここで，BF, CE 間には水平な重さのない棒を差し渡して形を保っている．両方の棒の中に存在する圧力の比は 5：1 であることを示せ．

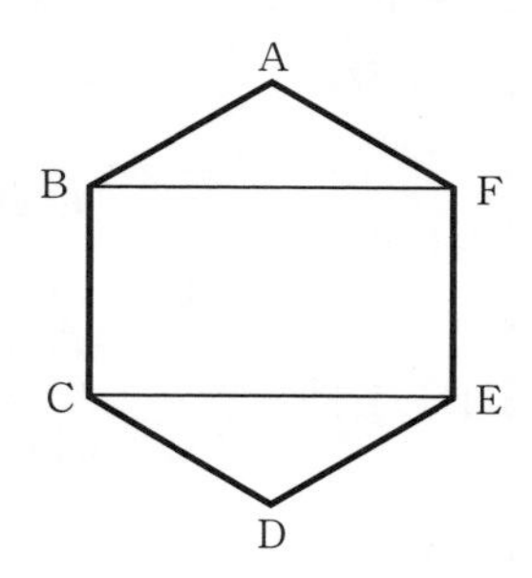

5 互いに直角に交わる滑らかな斜面（水平とつくる角 $= \alpha, (\pi/2) - \alpha$）の上に，一様な棒がかけてある．つりあいの状態での棒の傾きを求め，つりあいが安定か不安定かを考えよ．

6 半径 R の固定球の頂点に半径 r の球をおく．上の球の重心が両球の接触点の真上 h のところにあるとき，このつりあいは安定か不安定か．両球の面は粗くて滑らないものとする．

11 ダランベールの原理

§11.1 ダランベールの原理

質量 m の質点に $\boldsymbol{F}_1, \boldsymbol{F}_2, \cdots, \boldsymbol{F}_n$ の n 個の力が働き，その結果この質点が $\boldsymbol{A}$ という加速度で運動しているとしよう．運動の第2法則によって，

$$m\boldsymbol{A} = \boldsymbol{F}_1 + \boldsymbol{F}_2 + \cdots + \boldsymbol{F}_n \tag{11.1-1}$$

である．$\boldsymbol{F}_1 + \boldsymbol{F}_2 + \cdots + \boldsymbol{F}_n$ は一般に0ではなく，これらの力をつぎつぎに接続させれば $\boldsymbol{F}_n$ の先は $\boldsymbol{F}_1$ の後端にくることはなく，つまり，開いた力の多角形をつくっている（11.1-1 図(b)）．(11.1-1) を

$$\boldsymbol{F}_1 + \boldsymbol{F}_2 + \cdots + \boldsymbol{F}_n + (-m\boldsymbol{A}) = 0 \tag{11.1-2}$$

と書いてみると，もし力 $\boldsymbol{F}_1, \cdots, \boldsymbol{F}_n$ の他に $-m\boldsymbol{A}$ というベクトルを考え（図 (c)），力の多角形で，$\boldsymbol{F}_n$ の矢の先から $-m\boldsymbol{A}$ というベクトルを引くと図 (d) にみるように $-m\boldsymbol{A}$ の矢の先は $\boldsymbol{F}_1$ の後端に接続し，力の多角形は閉じることになる．そこで，この

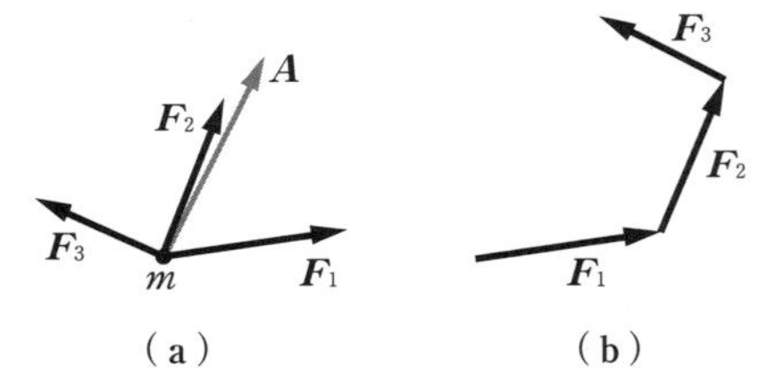

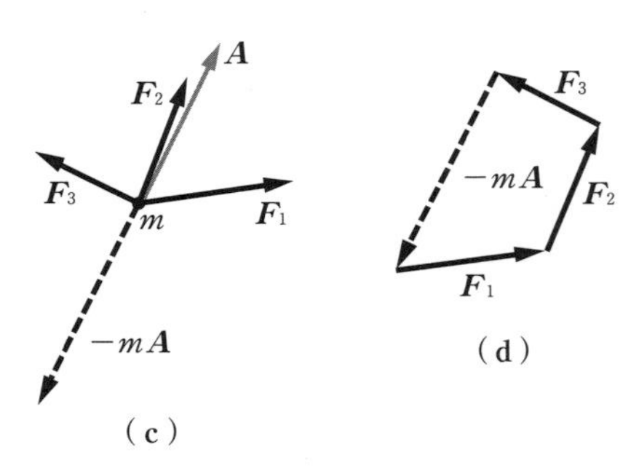

11.1-1 図　慣性抵抗とダランベールの原理

$-m\boldsymbol{A}$ というベクトルを仮に力のように考え，これを**慣性抵抗**と名づける．このように $-m\boldsymbol{A}$ を力の仲間に入れれば，(11.1-2) は力のつりあいの式と同じ形になるからつぎのようにいうことができる．

> 質点に働く実際の力と慣性抵抗とを合わせたものはつりあいにある力の系を形づくっている．

これを**ダランベールの原理**(1743) とよぶ．(11.1-1) と (11.1-2) の両方の式をくらべてみると，前の式の $m\boldsymbol{A}$ という項を移項したものが後の式であって，式の上からはほとんどちがうところがないが，$-m\boldsymbol{A}$ を仮に力のように考え，実際に働く力といっしょにすれば静力学の問題を考えるのと同じことになるところにその意味がある．たとえば，等速円運動を行っている質点を考える場合，この質点は加速度を持っていてつりあいにないことはもちろんであるが，実際に働く力の他に加速度 (中心に向かって $r\omega^2$) と逆の方向，すなわち外向きに $mr\omega^2$ という大きさを持つ仮想的な* 力を考えるとつりあいにある力の系となる．

(11.1-2) を座標軸の方向の成分で書けば，

$$\left.\begin{aligned} X_1 + X_2 + \cdots + X_n + (-m\ddot{x}) = 0 \\ Y_1 + Y_2 + \cdots + Y_n + (-m\ddot{y}) = 0 \\ Z_1 + Z_2 + \cdots + Z_n + (-m\ddot{z}) = 0 \end{aligned}\right\} \qquad (11.1\text{-}3)$$

となる．

質点がある軌道を描いて運動するときを考える．その法線方向の加速度の成分は曲率の中心に向かって V^2/ρ である．したがって，慣性抵抗 $-m\boldsymbol{A}$ の法線成分は曲率の中心のある方向とは逆向きに (つまり，軌道の外側に向けて) mV^2/ρ である．これを特に**遠心力**とよぶことがある．それゆえ，

---

* ここでも§7.2の場合と同様に“仮想的な力”とか“見かけの力”とかいう言葉を使う．人によるとこれらの言葉は不適当であるという意見を持っているが，慣性系に対する加速度の原因となる意味での力とはちがうので，ここでもこれらの言葉を使うことにする．

質点に働く実際の力の法線成分と，（仮想的な力である）遠心力 mV^2/ρ とはつりあう

ということになる．遠心力という言葉は前に§7.3の回転座標系に対する相対的な運動のところで使ったものであるが，両方の定義は一致することもあるが，一般には一致しない.* 等速円運動（半径 r，角速度 ω）の場合の遠心力はどちらの考え方によっても mV^2/r または $mr\omega^2$ となる．

質点が束縛条件にしたがいながら他から加えられた力を受けて運動しているときには，質点に働く力 $\boldsymbol{F}_1 + \cdots + \boldsymbol{F}_n$ を，§10.2の静力学の仮想変位の議論のときのように，加えられた力 $\boldsymbol{F}$ と束縛による力 —— 束縛力 —— $\boldsymbol{S}$ とに分けて，(11.1-2) を

$$\boldsymbol{F} + \boldsymbol{S} - m\boldsymbol{A} = 0 \tag{11.1-2$'$}$$

と書くことができる．$m\boldsymbol{A}$ を**有効力**とよぶ．なぜこのようなよび方をするかというと，(11.1-2)′ を

$$\boldsymbol{F} = m\boldsymbol{A} + (-\boldsymbol{S}) \tag{11.1-2$''$}$$

と書いてみると理解できる．つまり，

加えられた力は実際の運動を起こすために有効に役立った力と，束縛力に対する反作用に分けられる

と解釈される．これが有効力という名前の起こりである．$-m\boldsymbol{A}$ は**有効力の逆の力**または**慣性抵抗**とよばれる．どれも今日あまりぴったりした言葉ではないので，慣性抵抗という名前だけを便宜上残して他はあまりこだわらないほうがよいであろう．

いま，ダランベールの原理をなかだちとして，運動力学と静力学とを結びつけ，したがって，運動力学の場合にも静力学の仮想変位の原理を使うことができることを示すのにつごうのよい簡単な例として円錐振り子の問題をとりあげてみよう．これは前

* 本書ではその場合によって混同の心配もないので，読者が他の本を読まれるときの便宜を考え，特に一方だけに遠心力という名前を与えることはひかえ，どちらも使うことにする．

余 談

ダランベール（Jean-Baptiste le Rond d'Alembert）

1717年の秋 Madame de Tencin の正式の婚姻関係外の子としてパリに生まれる．小さな教会堂の階段に捨てられたが，その場所の名をとって Jean-Baptiste le Rond という名を名乗った．弱かったので捨て子養育院には収容されず近くの村で養育された．このような生まれであったが，成長するにしたがって才能を現わした．

Traité de Dynamique は1743年に刊行された．運動力学を静力学的に扱う今日のダランベールの原理は後に Lagrange によって解析力学の基礎として発展され，ニュートン力学の発展に大きな寄与をはたした．

静止している完全流体の中を一定の速度で運動する物体には，流体からの抵抗が働かないとするダランベールのパラドックスは有名である．今井功：「流体力学（前編）」（物理学選書14，裳華房，1973）124，132ページを参照．

また「百科全書」（*Encyclopédie*）の執筆者の一人で，啓蒙運動に参加した．

以上，d'Alembert の *Traité de Dynamique* の Arthur Korn によるドイツ語訳 *Abhandlung Über Dynamik*（Ostwald's Klassiker, 1899）181ページの"あとがき"による．

に§7.3の例2で説明した問題である．便宜上，図をもう一度ここに描いておこう（11.1-2図）．

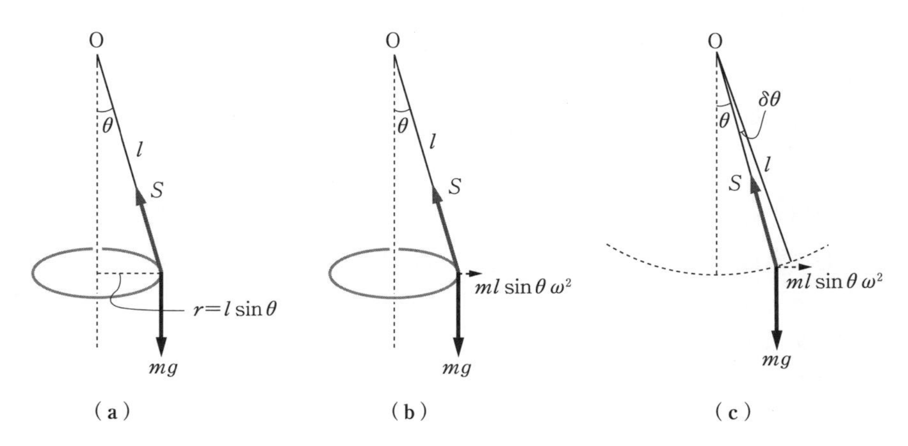

11.1-2図　円錐振り子

運動の第2法則をそのまま書けば，

$$\text{水平方向の運動方程式}\qquad ml\sin\theta\,\omega^2 = S\sin\theta$$

$$\text{鉛直方向の運動方程式}\qquad 0 = S\cos\theta - mg$$

これらから S を消去し，ω したがって周期 T を出せば，

$$T = 2\pi\sqrt{\frac{l\cos\theta}{g}}$$

となる．

つぎに，ダランベールの原理を使ってみよう．図（b）のように，実際に働く力 mg，S の他に仮想的な力 $m(l\sin\theta)\omega^2$ を書き入れる（破線）．この仮想的な力（ここでは遠心力）を仲間に入れれば，S と mg と，この $ml\sin\theta\,\omega^2$ の3つの力はつりあいにある力の系をつくっている．ちょうど糸で質点をつるして，この質点に水平に力を加えてつりあわせた場合とまったく同じことになる．したがって，つりあいの条件を書けば，

$$\text{水平方向のつりあい条件}\qquad ml\sin\theta\,\omega^2 - S\sin\theta = 0$$

$$\text{鉛直方向のつりあい条件}\qquad S\cos\theta - mg = 0$$

となり，上の第2法則をそのまま書いたものと同一のものが得られる．

さて，一度静力学の問題に直してしまえば，静力学で使われる方法は自由に使うことができるはずである．そこで仮想変位の原理を使ってみよう．11.1-2図（c）のように，糸の傾きを θ から $\theta + \delta\theta$ に変えるときのおのおのの力の行う仕事を計算すればよい．

$ml\sin\theta\,\omega^2$ のする仕事　　$ml\sin\theta\,\omega^2(l\,\delta\theta)\cos\theta$

mg のする仕事　　$-mg\sin\theta\,(l\,\delta\theta)$

S の行う仕事　　0

したがって，仮想変位の原理により

$$ml\sin\theta\,\omega^2 l\,\delta\theta\cos\theta - mg\sin\theta\, l\,\delta\theta = 0$$

これから

$$\omega^2 = \frac{g}{l\cos\theta}$$

となる．

この例でわかるように，ダランベールの原理でつけ加える慣性抵抗は**加えられた力**（**既知力**）の仲間に入れられる．このことはつぎに説明する一般の場合にもいえることである．

ダランベールの原理の意味をもっとよく理解するてだてとして，2つの例を考えよう．この原理は，質点あるいは質点系について束縛条件が与えられて，これにしたがうように運動する場合について適用すると一般的な力学理論の発

展に関係が深い．したがって，例となる運動も束縛された運動からとることにしよう．

第1の例は前に§3.1で扱ったもので3.1-2図に示す滑らかな斜面上の運動である．斜面に沿って下向きの加速度を $\boldsymbol{A}$ とする．11.1-3図に加えられた力 $\boldsymbol{F}$（下方に mg），斜面からの束縛力 ($\boldsymbol{S}$)，有効力（$m\boldsymbol{A}, \boldsymbol{A}$：斜面に沿って $g\sin\theta$ となる），慣性抵抗 ($-m\boldsymbol{A}$) を示す．11.1-4図は11.1-3図の解釈の方法3種類を示す．

図（a)：加えられた力 $\boldsymbol{F}$，束縛力 $\boldsymbol{S}$，慣性抵抗 $-m\boldsymbol{A}$ はつりあいにある力

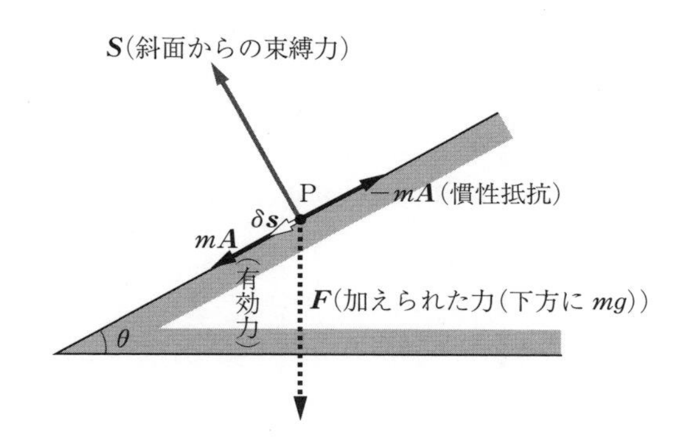

11.1-3図　ダランベールの原理

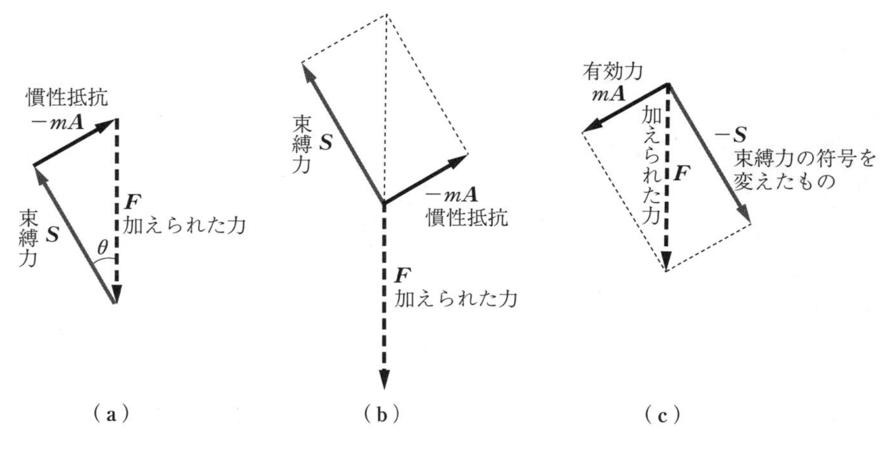

11.1-4図　ダランベールの原理

の系となっている（$(\boldsymbol{F}, \boldsymbol{S}, -m\boldsymbol{A})$ は閉じた三角形をつくる）.

図（b）：加えられた力 $\boldsymbol{F}$，束縛力 $\boldsymbol{S}$，慣性抵抗 $-m\boldsymbol{A}$ はつりあいにある力の系となっている（（a）の解釈とほぼ同じ）.

図（c）：加えられた力 $\boldsymbol{F}$ は有効力 $m\boldsymbol{A}$ と束縛力の符号を変えた $-\boldsymbol{S}$ とに分解される．この解釈はあまり使わないほうがよい.

それで質点 P に，束縛条件に合うように斜面に沿っての仮想変位 $\delta\boldsymbol{s}$ を考えれば

$$\{\boldsymbol{F} + \boldsymbol{S} + (-m\boldsymbol{A})\}\cdot\delta\boldsymbol{s} = 0$$

斜面からの束縛力 $\boldsymbol{S}$ は $\delta\boldsymbol{s}$ に直角であるから

$$\boldsymbol{S}\cdot\delta\boldsymbol{s} = 0$$

したがって

$$\{\boldsymbol{F} + (-m\boldsymbol{A})\}\cdot\delta\boldsymbol{s} = 0$$

$$\therefore\ \boldsymbol{F} + (-m\boldsymbol{A}) = 0$$

斜面の方向の成分をとって

$$mg\sin\theta + (-m\boldsymbol{A}) = 0$$

となる.

第 2 の例として，d'Alembert がその基礎の原理を説明するために考えた例をとろう．d'Alembert の原著 *Traité de Dynamique*（1743）を Arthur Korn がドイツ語に訳した *Abhandlung Über Dynamik*（Ostwald's Klassiker, 1899）によったが，なかなかわかりにくいので，今日の記号，考え方で書き直した.

問題は，質量のない棒 CD の一端 C を固定してそのまわりに自由に回るようにし，棒に C から $r_1, r_2, \cdots$ の距離の点に質量 $m_1, m_2, \cdots$ の質点を固定する．$m_1, m_2, \cdots$ に力 $\boldsymbol{F}_1, \boldsymbol{F}_2, \cdots$ を加える（棒に直角に加える場合を考える）．そのときこの棒はどのような角加速度を持つか，というのである.

11.1-5 図のように，$m_1, m_2, \cdots, m_i, \cdots$ に棒に直角に $\boldsymbol{F}_1, \boldsymbol{F}_2, \cdots, \boldsymbol{F}_i, \cdots$ の力を加える．m_i に着目しよう．m_i に加えられる力が $\boldsymbol{F}_i$ でも，m_i はそれに相当する加速度を得るわけでなく，棒からの束縛力 $\boldsymbol{S}_i$ が働いて，$\boldsymbol{F}_i$ と $\boldsymbol{S}_i$ とを合成した結果 $\boldsymbol{A}_i$ の加速度を得るものとする.

$$m_i\boldsymbol{A}_i = \boldsymbol{F}_i + \boldsymbol{S}_i \qquad \text{または} \qquad \boldsymbol{F}_i + \boldsymbol{S}_i + (-m_i\boldsymbol{A}_i) = 0$$

考えている系に仮想変位 $\delta\boldsymbol{s}_1, \delta\boldsymbol{s}_2, \cdots, \delta\boldsymbol{s}_i$ を行わせる．系は質点 $m_1, m_2, \cdots$ と

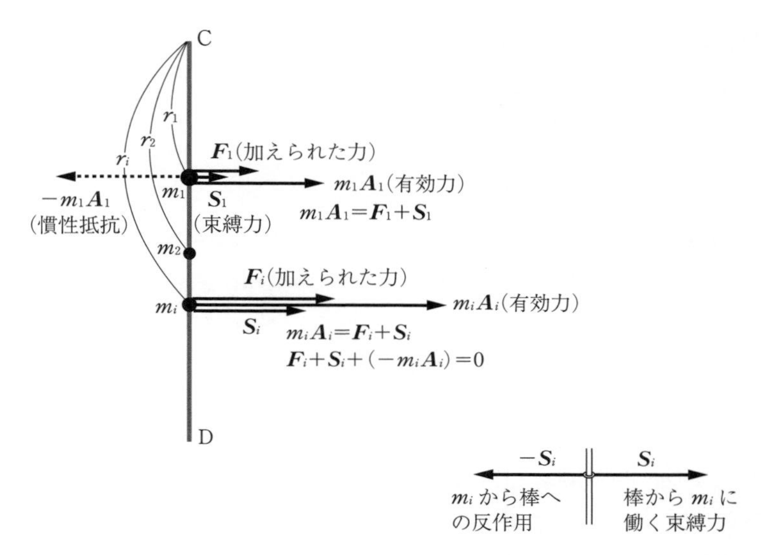

11.1-5 図　ダランベールの原理

棒とから成るが，質点のほうの仮想仕事は

$$\delta' W_{m_1, m_2, \cdots} = \sum(\boldsymbol{F}_i - m_i\boldsymbol{A}_i)\cdot\delta\boldsymbol{s}_i + \sum\boldsymbol{S}_i\cdot\delta\boldsymbol{s}_i$$

棒のほうの仮想仕事は

$$\delta' W_{\text{棒}} = \sum(-\boldsymbol{S}_i)\cdot\delta\boldsymbol{s}_i$$

したがって，全体の仮想仕事は

$$\delta' W = \delta' W_{m_1, m_2, \cdots} + \delta' W_{\text{棒}} = \sum(\boldsymbol{F}_i - m_i\boldsymbol{A}_i)\cdot\delta\boldsymbol{s}_i$$

となり，仮想仕事の原理は

$$\sum(\boldsymbol{F}_i - m_i\boldsymbol{A}_i)\cdot\delta\boldsymbol{s}_i = 0$$

となる．この場合，棒の質量がないことから，棒に働く力 $-\boldsymbol{S}_1, -\boldsymbol{S}_2, \cdots$ はつりあっていなければならないから（(9.1-1)，(9.1-2) で $M=0$，$\boldsymbol{L}=0$ とすればよい）

$$\delta' W_{\text{棒}} = 0$$

となるので，結果的には同じことになる（11.1-6 図）．

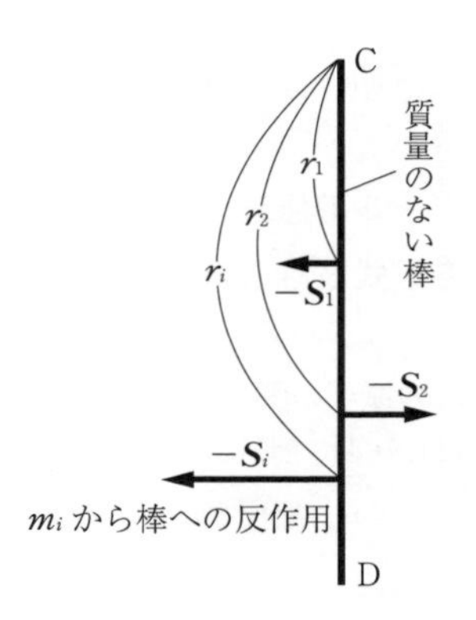

11.1-6 図　ダランベールの原理

記号をベクトル記号から符号のついたスカラ

一記号に変える．棒の角速度を ω とすれば $\boldsymbol{A}_i$ の代りに $r_i(d\omega/dt)$ と書くことができよう．仮想変位に対する棒の位置を示す傾きを $\delta\varphi$ とすれば，$\delta\boldsymbol{s}_1, \delta\boldsymbol{s}_2, \cdots$ の代りに $r_1\delta\varphi, r_2\delta\varphi, \cdots$ と書けばよいことがわかる．したがって，

$$\sum\left(F_i - m_i r_i \frac{d\omega}{dt}\right) r_i \delta\varphi = 0$$

$$F_i r_i = N \qquad \text{（加えられた力の C のまわりのモーメントの和）}$$

$$\sum m_i r_i^2 = I \qquad \text{（全体系の C のまわりの慣性モーメント）}$$

として $\delta\varphi$ の係数を 0 とおけば

$$I\frac{d\omega}{dt} = N$$

となり，固定軸を持つ剛体の運動方程式（9.2-5）となる．

なお，この問題は Johann Bernoulli によっても研究された．

一般に，質点系の i 番目の質点に働いている加えられた力を (X_i, Y_i, Z_i) とし，その加速度を $\ddot{x}_i, \ddot{y}_i, \ddot{z}_i$ とすれば，慣性抵抗は $-m_i\ddot{x}_i, -m_i\ddot{y}_i, -m_i\ddot{z}_i$ である．**加えられた力**の他に，これらの慣性抵抗も質点系に働くと考えれば（つまり，慣性抵抗は**加えられた力**の仲間入りをする），質点系に働く力はつりあいにある力の体系をつくっていることになるから，仮想変位の原理によって，

$$\sum\{(X_i - m_i\ddot{x}_i)\delta x_i + (Y_i - m_i\ddot{y}_i)\delta y_i + (Z_i - m_i\ddot{z}_i)\delta z_i\} = 0 \tag{11.1-4}$$

となる．$\delta x_i, \delta y_i, \delta z_i$ は各瞬間で，その体系の構造をみるために，束縛条件にあう範囲で任意に動かしてみるときの可能な微小変位（仮想変位）である．実際の時間的経過につれて質点系が動いていく変位 dx_i, dy_i, dz_i とはちがう意味を持っていることは注意しなければならない．（11.1-4）を**一般化されたダランベールの原理**（または単に**ダランベールの原理**）とよぶ．**ラグランジュの変分方程式**ともよばれる．

ダランベールの原理は，（11.1-2）または（11.1-3）の形よりも（11.1-4）の仮想変位の原理の形に書いたほうが力学理論の構成の立場からいえば直接な重要性を持つ．（11.1-4）をダランベールの原理ということが多いのはそのためである．

この一般化されたダランベールの原理（11.1-4）はつぎの特長を持つ．

余 談

静力学と運動力学

この力学の教科書では運動力学に重きをおいてある．静力学は，ダランベールの原理を通して運動力学を静力学に直すことを頭において学ぶことにした．しかし，静力学のほうが直感的であり，また歴史的にも静力学が早く発達したことにまちがいはない．

エジプト時代，ギリシャ時代には，小さな力で大きな力を出す手段として，てこや斜面が使われ，その理論も発達した．

運動力学が発達しはじめたのは Galilei の研究によってで，17 世紀になってからである．人間は運動力学よりも静力学になじみが深かったといってよい．

著者も力学の教科書を著すのに静力学から入るのがよいか，運動力学から入るのがよいか迷ってきた．静力学から入って議論を用心深くしていこうとするとどうも論理的展開がうまくいかないところが出てくる．これは著者の不明と不勉強のためであろうか．

力の単位ニュートン（N）の定義が運動力学に属する運動の第 2 法則をもとにしてなされているのは，どうしてもそうでなくてはならないということはないが，運動力学を主体とする立場をとる力学教科書にとっては少なくとも便利である．

（i）質点系の運動方程式はもともと $3n$ 個（n は質点の数）だけ必要であるが，それを 1 つの式にまとめている．

（ii）束縛力が滑らかであれば式の中に入ってこない．

（iii）表現が仕事というスカラーで書かれている．

しかし，この式は力と加速度の x, y, z 成分で書かれていて，一般化された座標（§13.1）で論じたいときには不便である．つぎの第 12 章で説明されるハミルトンの原理ではこれが一般座標を使えるように変えられて，ラグランジュの運動方程式という使いやすい形に直されていくであろう．

Lagrange によってまとめられたダランベールの原理（11.1-4）は力学理論の発展に大きな寄与をしたものである．

加えられた力がポテンシャルを持つときには，$X_i = -\partial U/\partial x_i$，$Y_i = -\partial U/\partial y_i$，$Z_i = -\partial U/\partial z_i$ であるから，（11.1-4）は

$$\sum m_i(\ddot{x}_i\,\delta x_i + \ddot{y}_i\,\delta y_i + \ddot{z}_i\,\delta z_i) = -\delta U \tag{11.1-5}$$

となる.

ダランベールの原理（11.1-5）は連続体の運動をしらべるのにも使われる.

例　一端を固定されて鉛直にたれ下がっている一様な鎖の小振動の運動方程式を求めよ.

解　線密度を ρ とし，上から測って s のところの点 P の水平変位を x とする. P 点での鎖と鉛直との傾きを ψ とすれば，P 点はつりあいの位置よりも

$$s - \int_0^s \cos\psi\,ds = 2\int_0^s \sin^2\frac{1}{2}\psi\,ds \fallingdotseq \frac{1}{2}\int_0^s \psi^2\,ds$$

だけ高くなっている.

$$\psi \fallingdotseq \sin\psi = \frac{\partial x}{\partial s}$$

であるから，位置エネルギーは

$$\begin{aligned}
U &= \frac{1}{2}\rho g\int_0^l ds\int_0^s \left(\frac{\partial x}{\partial s}\right)^2 ds \\
&= \frac{1}{2}\rho g\left[s\int_0^s \left(\frac{\partial x}{\partial s}\right)^2 ds\right]_0^l - \frac{1}{2}\rho g\int_0^l s\left(\frac{\partial x}{\partial s}\right)^2 ds \\
&= \frac{1}{2}\rho g\int_0^l (l-s)\left(\frac{\partial x}{\partial s}\right)^2 ds
\end{aligned}$$

$$\delta U = \rho g\int_0^l (l-s)\frac{\partial x}{\partial s}\,\delta\left(\frac{\delta x}{\delta s}\right) ds$$

$\delta\left(\dfrac{\partial x}{\partial s}\right) = \dfrac{\partial}{\partial s}(\delta x)$ であるから

$$\begin{aligned}
\delta U &= \rho g\int_0^l (l-s)\frac{\partial x}{\partial s}\frac{\partial}{\partial s}(\delta x)\,ds \\
&= \rho g\left[(l-s)\frac{\partial x}{\partial s}\,\delta x\right]_0^l - \rho g\int_0^l \frac{\partial}{\partial s}\left\{(l-s)\frac{\partial x}{\partial s}\right\}\delta x\,ds
\end{aligned}$$

したがって，（11.1-5）により

$$\int_0^l \left[\frac{\partial^2 x}{\partial t^2} - g\frac{\partial}{\partial s}\left\{(l-s)\frac{\partial x}{\partial s}\right\}\right]\delta x\,ds = 0$$

となる. δx は任意にとることができるから，

$$\frac{\partial^2 x}{\partial t^2} = g\frac{\partial}{\partial s}\left\{(l-s)\frac{\partial x}{\partial s}\right\}$$

となる．これが鎖の運動をしらべる基礎の式である．◆

第11章 問題

1 糸で質点（質量 m）をつるし，糸の上端を持ってこれを加速度 a で水平に動かしたら，糸が鉛直と θ の角をつくって，質点は水平に運動した．運動の第2法則の式を直接立てることにより，またダランベールの原理によって，θ と糸の張力を求めよ．（この問題は加速度 a の電車の中で天井から糸でおもりをつるす問題と同じである．）また，ダランベールの原理を使わないで第7章の非慣性系に相対的な運動（§7.2）で学んだ考え方にしたがったらどうなるか．

2 長さ l の一様な棒の上端を固定し，棒が鉛直と θ の角を持つように円錐振り子の運動と同様な運動を行わせる．回転の周期を求めよ．

3 ダランベールの原理

$$\sum\{(X_i - m_i\ddot{x}_i)\delta x_i + (Y_i - m_i\ddot{y}_i)\delta y_i + (Z_i - m_i\ddot{z}_i)\delta z_i\} = 0$$

を使ってつぎの各項を考えよ．

(a)　各質点に共通な仮想変位 $\delta x_i = a$，$\delta y_i = b$，$\delta z_i = c$ を与えて，運動量に関する法則を導け．

(b)　仮想変位として全体系を x 軸のまわりに $\delta\theta$ だけ回すものと考えて，角運動量に対する法則を導け．

4 ダランベールの原理

$$\sum\{(X_i - m_i\ddot{x}_i)\delta x_i + (Y_i - m_i\ddot{y}_i)\delta y_i + (Z_i - m_i\ddot{z}_i)\delta z_i\} = 0$$

で，仮想変位として，各質点が実際に dt の時間に行う変位をとって，エネルギーの方程式を導け．

5 線密度 σ の糸を張力 S で張るとき，この糸の運動をきめる基礎の方程式を導け．

12 ハミルトンの原理とモーペルチューイの最小作用の原理

§12.1　ハミルトンの原理

(11.1-4) の形で書かれたダランベールの原理は，直交座標 (x, y, z) に対する力や加速度の成分で表されている．これからこれをエネルギーという物理的な量を使って，直交座標 (x, y, z) の表示から脱却した言葉で表すことをしよう．Hamilton（ハミルトン，1805-1865）によってなされたものである．

質点系が t_1 という時刻から t_2 という時刻の間に P_1 という状態（12.1-1 図）から C という道筋を通って P_2 という状態に移ったと考えよう．その途中の任意の時刻での位置 P からの仮想変位 $\delta x_i, \delta y_i, \delta z_i$ を考えれば，ダランベールの原理によって，

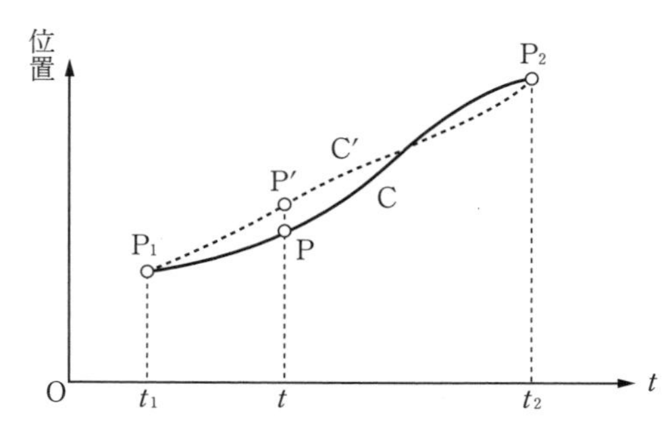

12.1-1 図　ハミルトンの原理

$$\sum_i \{(X_i - m_i\ddot{x}_i)\delta x_i + (Y_i - m_i\ddot{y}_i)\delta y_i + (Z_i - m_i\ddot{z}_i)\delta z_i\} = 0 \tag{12.1-1}$$

である．P から $\delta x_i, \delta y_i, \delta z_i$ の変位を行って移る位置を P′ とすれば，P′ は自然に時刻 t の関数となっているが，この P′ のたどる道筋を C′ と名づけよう．

いま，質点系が実際に P_1CP_2 の道筋を通るときの運動エネルギーを時間で積分した

$$\int_{t_1}^{t_2} T\,dt$$

と，仮に $P_1C'P_2$ の道筋を通ると考えたとき（このときも時間 t の経過につれて C′ の上を動いているのであるから速度が考えられる）の運動エネルギー T' を時間で積分した

$$\int_{t_1}^{t_2} T'\,dt$$

をくらべる．これからは最初と最後の時刻 t_1, t_2 に対する位置 P_1, P_2 からの仮想変位は 0 であるものとする．上の t についての積分の差をとれば，

$$\delta\int_{t_1}^{t_2} T\,dt = \int_{t_1}^{t_2} (T' - T)dt = \int_{t_1}^{t_2} \delta T\,dt \tag{12.1-2}$$

となる．

C, C′ をたどる場合の速度をくらべよう．P での速度成分は $u_i = dx_i/dt$ であり，P′ では $u_i' = dx_i'/dt$ であるから，

$$\delta u_i = u_i' - u_i = \frac{dx_i'}{dt} - \frac{dx_i}{dt} = \frac{d}{dt}(x_i' - x_i) = \frac{d}{dt}(\delta x_i)$$

となる．つまり，

$$\left.\begin{aligned} \delta\left(\frac{dx_i}{dt}\right) &= \frac{d}{dt}(\delta x_i) \\ \delta\left(\frac{dy_i}{dt}\right) &= \frac{d}{dt}(\delta y_i) \\ \delta\left(\frac{dz_i}{dt}\right) &= \frac{d}{dt}(\delta z_i) \end{aligned}\right\} \tag{12.1-3}$$

である．これらは変分法（§10.4）のところで説明した（10.4-3）と同様の式である．

P, P′ での運動エネルギーの差をつくれば，

$$\delta T = \delta \sum_i \frac{m_i}{2}(u_i{}^2 + v_i{}^2 + w_i{}^2) = \sum_i m_i(u_i \delta u_i + v_i \delta v_i + w_i \delta w_i)$$

$$= \sum_i m_i \left\{ u_i \frac{d}{dt}(\delta x_i) + v_i \frac{d}{dt}(\delta y_i) + w_i \frac{d}{dt}(\delta z_i) \right\}$$

したがって

$$\delta \int_{t_1}^{t_2} T\,dt = \int_{t_1}^{t_2} \sum_i m_i \left\{ u_i \frac{d}{dt}(\delta x_i) + v_i \frac{d}{dt}(\delta y_i) + w_i \frac{d}{dt}(\delta z_i) \right\} dt$$

$$= \left| \sum_i m_i(u_i \delta x_i + v_i \delta y_i + w_i \delta z_i) \right|_{t_1}^{t_2}$$

$$- \int_{t_1}^{t_2} \sum_i m_i(\dot{u}_i \delta x_i + \dot{v}_i \delta y_i + \dot{w}_i \delta z_i) dt$$

いまの場合，t_1, t_2 での仮想変位は 0 なのであるから，右辺の第 1 項は消えて，

$$\delta \int_{t_1}^{t_2} T\,dt = -\int_{t_1}^{t_2} \sum_i m_i(\ddot{x}_i \delta x_i + \ddot{y}_i \delta y_i + \ddot{z}_i \delta z_i) dt$$

となる．これとダランベールの原理（11. 1–4）をくらべれば

$$\delta \int_{t_1}^{t_2} T\,dt = -\int_{t_1}^{t_2} \sum_i (X_i \delta x_i + Y_i \delta y_i + Z_i \delta z_i) dt$$

$$= -\int_{t_1}^{t_2} \delta' W\,dt$$

したがって，

$$\int_{t_1}^{t_2} (\delta T + \delta' W) dt = 0 \qquad (12.\,1\text{–}4)$$

という関係式が導かれる．質点に働く力がポテンシャル U から引き出されるときには $\delta' W = -\delta U$ となるから，上の式は

$$\int_{t_1}^{t_2} (\delta T - \delta U) dt = 0$$

または

$$\delta \int_{t_1}^{t_2} L\,dt = 0, \qquad L = T - U \qquad (12.\,1\text{–}5)$$

となる．$L = T - U$ は**ラグランジュの関数**，または**ラグランジアン**とよばれるものである．**運動ポテンシャル**とよばれることもある．いま得られた結果を言葉でいえばつぎのようになる．

> 質点系が t_1 という時刻にとる位置から t_2 という時刻にとる位置に移るのに，その途中で束縛条件に合うような移し方がいろいろとあるうち，運動ポテンシャルを同じ時間内で積分したものが最小（または最大）* になるような運動のしかたが実際に起こる運動である．

ここでは，比較するためにとるいろいろな運動で，$t_2 - t_1$ は共通であり，また t_1, t_2 での位置は変えないで途中だけ変えるものとする．(12.1-4) または (12.1-5) を**ハミルトンの原理**とよぶ．実際には(12.1-5)のほうがよく使われる．

簡単な例として落体の運動の場合を考えよう．ラグランジュの関数は

$$L = \frac{m}{2}\dot{y}^2 - mgy$$

ハミルトンの原理は

$$\delta\int L\,dt = 0$$

この意味を述べればつぎのようになる．12.1-2 図のように，t_1 という時刻に P_1 から出発して，t_2 という時刻に P_2 に到達するようないろいろな運動のしかたを実際の運動法則とは無関係に考える．どの道筋（t, y の関係）についても P_1, P_2 は共通であり，また時間の間隔 $t_2 - t_1$ も変えない．そのとき，それらの運動方法について $\int_{t_1}^{t_2} L\,dt$ をつくったとき，この積分の値が停留値をとるような運動方法が自然界に現われる運動，

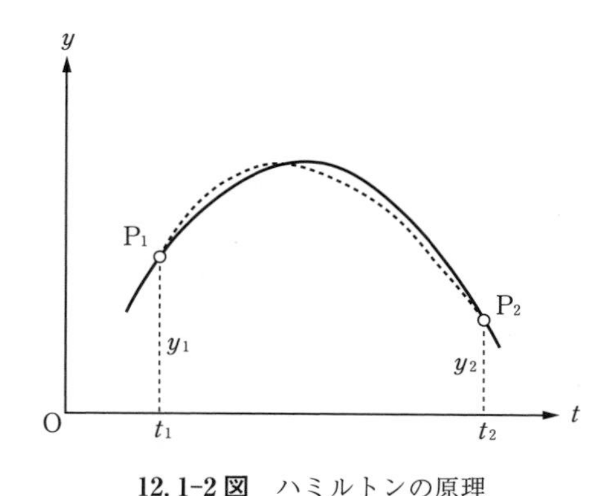

12.1-2 図　ハミルトンの原理

* とにかく停留値をとればよい．

すなわち運動法則を満足する運動である．

上のハミルトンの原理の式は§10.4で述べた変分法の問題にほかならないから，オイラーの微分方程式をつくれば

$$\frac{d}{dt}\left(\frac{\partial L}{\partial \dot{y}}\right) = \frac{\partial L}{\partial y}$$

したがって

$$\frac{d}{dt}(m\dot{y}) = -mg$$

すなわち

$$m\ddot{y} = -mg$$

となる．これは通常の運動方程式にほかならない．この例でもわかるように，ハミルトンの原理は運動の第2法則の代りになるものである．簡単な体系では通常の運動方程式のほうが簡単であるが，複雑な体系では運動方程式のほうは非常にこみ入ってくるのに対して，ハミルトンの原理によると（12.1-4）または（12.1-5）の式1個ですむし，また体系の位置を表すのに x, y, z 座標を使わなくても，もっと一般な座標（角など）を使うこともできる．

例1　単振り子の運動をハミルトンの原理でしらべよ（12.1-3図）．

解　運動エネルギーは $T = (1/2)ml^2\dot{\varphi}^2$．最下点を位置エネルギーの基準にとれば，位置エネルギーは $U = mgy = mgl(1 - \cos\varphi)$．

ラグランジュの関数　　$L = T - U = \dfrac{1}{2}ml^2\dot{\varphi}^2 - mgl(1 - \cos\varphi)$

ハミルトンの原理　　$\delta\displaystyle\int_{t_1}^{t_2} L\,dt = 0$

オイラーの方程式　　$\dfrac{d}{dt}\left(\dfrac{\partial L}{\partial \dot{\varphi}}\right) = \dfrac{\partial L}{\partial \varphi}$

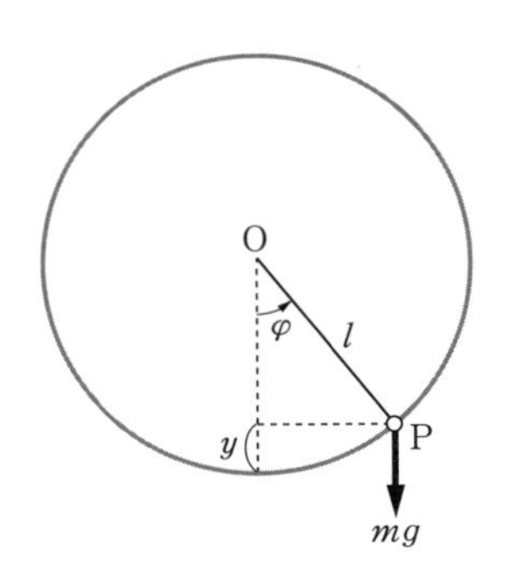

12.1-3図

$$\therefore\ \frac{d}{dt}(ml^2\dot{\varphi}) = -mgl\sin\varphi. \qquad \therefore\ \ddot{\varphi} = -\frac{g}{l}\sin\varphi$$ ◆

例 2　放物運動をハミルトンの原理でしらべよ.（本文の落体の運動の扱い方と同様である.）

例 3　単振動をハミルトンの原理でしらべよ.$\left(L = \frac{1}{2}m\dot{x}^2 - \frac{1}{2}cx^2\right.$ を使う.$\left.\right)$

§12.2　モーペルチューイの最小作用の原理

ハミルトンの原理を力がポテンシャルから引き出される場合と一般にそうでない場合について説明したが，この節で説明する**モーペルチューイの最小作用の原理**はハミルトンの原理ほどは重要でないので，もっともわかりやすい保存力の場合だけについて説明しよう.

1つの体系が P_1 という位置から P_2 という位置に移る間に保存力の作用を受けていれば，実際に力学の法則にしたがう道筋に沿っては力学的エネルギーが一定値 E に保たれる．このとき体系のおのおのの位置から束縛条件に適合する範囲での可能な仮想変位を考え，それらの仮想変位によって得られる位置の時間的経過を考えたときの運動エネルギーと，それらの各位置の位置エネルギーの和も E に等しいものとする．たとえば，1つの質点が重力の作用の下に P_1 から P_2 まで行くような運動を考え，自然に起こる運動 P_1CP_2 の他に，これと全力学的エネルギーが等しいような他の道筋を考える．すなわち，

$$\frac{1}{2}mv^2 + mgy = E$$

とすれば，変化させた運動でも，質点が y の高さにきたところでは，速さが $\sqrt{2(E - mgy)/m}$ に等しいように動かすのである．もっと具体的にそのような運動を行うような装置をつくるのには，たとえば P_1, P_2 を任意の滑らかな管 C' で結んでこの管の中を P_1 から自然の運動（管のないときの）の場合と等しいはじめの速さで滑らせてやって，C と C' との運動を比較すればよい（12.2-1図）．出発点 P_1 で両方の道筋について等しい時刻 t_1 をとっても，P_2 に達した

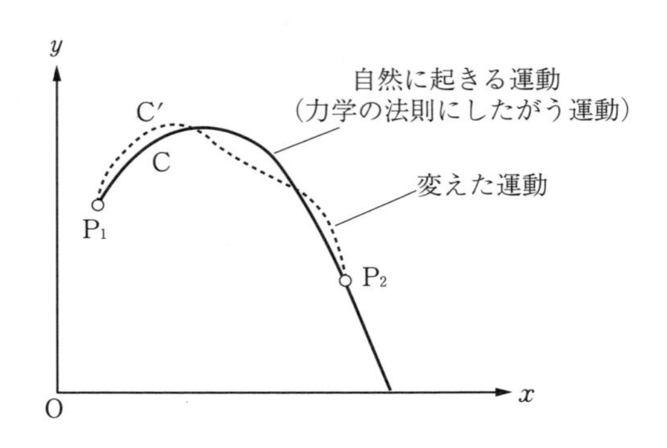

12. 2-1 図　モーペルチューイの原理

ときには，ハミルトンの原理のときとちがって，一般にちがう時刻になっているから，これを t_2, t_2' として

$$\int_{t_1}^{t_2} T\,dt, \qquad \int_{t_1}^{t_2'} T'\,dt$$

の 2 つの積分の値をくらべる．

実際に運動法則にしたがう道筋 C 上の各点と，仮想的に変えた道筋 C′ 上の各点とを対応させるのであるが，両端の P_1 と P_2 とはそれぞれ両方の道筋で対応させることはいうまでもないが，所要時間は両道筋でちがうのであるから，両道筋の P_1 同士，P_2 同士を対応させることは同じ時刻に占める C, C′ 上の点を対応させたことにはなっていない．途中の他の点についても同様である．そこで，C 上の各点に対して，これにきわめて近い C′ 上の各点をえらんで対応させる．C 上の点を P，これに対応する C′ 上の点を P′ とし，座標の差を体系の i 番目の質点についていえば $\delta x_i, \delta y_i, \delta z_i$ とする．これで道筋の各点の対応はきまったが，C′ 上を動く速さはつぎのようでなければならない．すなわち，全エネルギーを E（C でも C′ でも）とし，P′ での位置エネルギーを $U(\mathrm{P}')$ とすれば P′ での運動エネルギーが $E - U(\mathrm{P}')$ に等しくなるように P′ での動き方を加減するのである．そのようにすれば，C′ の上の運動も C の上の運動と等しい全エネルギーで行わせたことになる．これで C′ をたどる運動がきまるわけであるから，各点を通る時刻も自然にきまるわけである．C 上の運動（力学の法則にしたがう運動）で P を通過するときの時刻を t とし，C′ 上の運動で P に対応す

る P′ を通過するときの時刻を $t' = t + \delta t$ としよう．そうすれば，t' は P と P′ の対応を仲立ちとして t の関数と考えてよいことになる．

P(t) での速度成分と P′(t') での速度成分をくらべる．C 上で dt の間に dx_i，これに対応して C′ 上で dt' の間に dx_i' だけ座標が変わるのであるから，

$$\delta \dot{x}_i = \delta \frac{dx_i}{dt} = \frac{dx_i'}{dt'} - \frac{dx_i}{dt} = \frac{d(x_i + \delta x_i)}{dt}\frac{dt}{dt'} - \frac{dx_i}{dt}$$
$$= \frac{dx_i}{dt}\left(\frac{dt}{dt'} - 1\right) + \frac{d(\delta x_i)}{dt'}$$

$t' = t + \delta t$ であるから，

$$dt' = dt + d(\delta t)$$
$$\therefore \ \frac{dt}{dt'} = \frac{dt}{dt + d(\delta t)} = 1 - \frac{d(\delta t)}{dt}$$

したがって，

$$\delta \dot{x}_i = -\dot{x}_i \frac{d(\delta t)}{dt} + \frac{d}{dt}(\delta x_i) \qquad (12.2\text{-}1)$$

つぎに，

$$\delta \int_{t_1}^{t_2} T\,dt = \int_{t_1}^{t_2'} T'\,dt' - \int_{t_1}^{t_2} T\,dt$$

であるが，この第 1 の t' についての積分の変数を t に書き直す．

$$dt' = \frac{dt'}{dt}dt = \left\{1 + \frac{d(\delta t)}{dt}\right\}dt$$

また，$T' = T + \delta T$ であるから，

$$\delta \int_{t_1}^{t_2} T\,dt = \int_{t_1}^{t_2} \left[(T + \delta T)\left\{1 + \frac{d(\delta t)}{dt}\right\} - T\right]dt$$
$$= \int_{t_1}^{t_2} T\,d(\delta t) + \int_{t_1}^{t_2} \delta T\,dt \qquad (12.2\text{-}2)$$
$$\delta T = \sum_i m_i (\dot{x}_i \delta \dot{x}_i + \dot{y}_i \delta \dot{y}_i + \dot{z}_i \delta \dot{z}_i)$$

であるが，(12.2-1) を入れて

$$\delta T = -\sum_i m_i (\dot{x}_i{}^2 + \dot{y}_i{}^2 + \dot{z}_i{}^2)\frac{d(\delta t)}{dt}$$
$$+ \sum_i m_i \left\{\dot{x}_i \frac{d}{dt}(\delta x_i) + \dot{y}_i \frac{d}{dt}(\delta y_i) + \dot{z}_i \frac{d}{dt}(\delta z_i)\right\}$$

したがって，

$$\int_{t_1}^{t_2}\delta T\,dt = -\int_{t_1}^{t_2}2T\,d(\delta t) + \left[\sum_i m_i(\dot{x}_i\delta x_i + \dot{y}_i\delta y_i + \dot{z}_i\delta z_i)\right]_{t_1}^{t_2}$$
$$-\int_{t_1}^{t_2}\sum_i m_i(\ddot{x}_i\delta x_i + \ddot{y}_i\delta y_i + \ddot{z}_i\delta z_i)dt$$

右辺の第 2 項は $\delta x_i, \delta y_i, \delta z_i$ が t_1 と t_2 とで 0 であることによって消える．第 3 項は（11.1-4）により既知力を使って書き表すことができる．

$$\int_{t_1}^{t_2}\delta T\,dt = -\int_{t_1}^{t_2}2T\,d(\delta t) - \int_{t_1}^{t_2}\sum_i(X_i\delta x_i + Y_i\delta y_i + Z_i\delta z_i)dt \tag{12.2-3}$$

力が保存力であるという仮定によって，位置エネルギーを U とすれば，

$$\sum_i(X_i\delta x_i + Y_i\delta y_i + Z_i\delta z_i) = -\delta U$$

ところで，$T + U =$ 一定 であるから，

$$-\delta U = \delta T \tag{12.2-4}$$

したがって，（12.2-3）は

$$\int_{t_1}^{t_2}\delta T\,dt = -\int_{t_1}^{t_2}2T\,d(\delta t) - \int_{t_1}^{t_2}\delta T\,dt$$

となり，

$$\int_{t_1}^{t_2}2\{\delta T\,dt + T\,d(\delta t)\} = 0$$

となる．これを（12.2-2）に代入して，

$$\delta\int_{t_1}^{t_2}2T\,dt = 0 \tag{12.2-5}$$

という式が得られる．言葉でいえば，

質点系が保存力の作用を受けている場合，最初の位置から最後の位置に移る道筋で束縛条件にかなうもののうち，力学的エネルギーが等しいいろいろな道筋を考えるとき，実際に自然界に起こる運動は

$$\int_{t_1}^{t_2}2T\,dt$$

に停留値をとらせるようなものである．

$\int_{t_1}^{t_2} 2T\,dt$ を**作用積分**（または単に**作用**）とよび，上の法則を**モーペルチューイの最小作用の原理**（または**法則**）とよぶ．

力学的エネルギーは一定値 E に保たれるのであるから，

$$\sum_i \frac{1}{2}m_i\left\{\left(\frac{dx_i}{dt}\right)^2+\left(\frac{dy_i}{dt}\right)^2+\left(\frac{dz_i}{dt}\right)^2\right\}=E-U$$

それゆえ，

$$dt=\sqrt{\frac{\sum m_i\{(dx_i)^2+(dy_i)^2+(dz_i)^2\}}{2(E-U)}} \qquad (12.2\text{–}6)$$

である．これを（12.2–5）の dt に入れれば，モーペルチューイの原理は

$$\delta\int\sqrt{2(E-U)}\sqrt{\sum m_i\{(dx_i)^2+(dy_i)^2+(dz_i)^2\}}=0 \qquad (12.2\text{–}7)$$

となって時間 t についての量が入っていない式となる．この式から導かれるのは質点の座標の間の関係であるから空間的な道筋をきめることができる．この道筋がきまれば，（12.2–6）を使って時間との関係を求めることもできる．

もっとも簡単な場合として，1つの質点が滑らかな静止している曲面上を，他からは力を受けないで運動する場合を考えよう．その曲面上に2つの点 P_1, P_2 をとって，これを結ぶいろいろな曲線をこの曲面上に考え，等しいエネルギー，すなわちこの場合には等しい速さで P_1 から出発して P_2 に着くまで

$$\delta\int_{t_1}^{t_2} 2T\,dt=0$$

であるような軌道が実際に起こる道筋（力学の法則にしたがう道筋．δ をとって得られる道筋は束縛条件には合うが力学の法則には合わない）となるのである．ところが，明らかに $T=$ 一定 なのであるから

$$\delta(t_2-t_1)=0$$

すなわち，きまった速さで P_1 から P_2 にいくいろいろな道筋を考えるとき，それに必要な時間が停留値をとるような（多くの場合，極小値をとる）道筋が実際に起こるのである．どの道をとっても速さの等しい運動をくらべるのであるから，道筋の長さが停滞するような軌道が実際にとられる．このような道筋のことを**測地線**とよぶ．つまり，他から力を受けないで滑らかな静止した曲面上を運動する質点は，その曲面の測地線に沿って動くのである．たとえば，球面

余談

物理法則と変分原理

物理法則は変分原理で表現されることがよくある．もっともわかりやすい例は光についてのフェルマーの原理であろう．この原理はつぎのように述べられる．

光線が媒質中を通って１つの点から他の点に達するのには所要時間がもっとも短い径路を通る．

ふつう，光の反射・屈折の法則がこのフェルマーの原理によって解釈される．本書§12.2でもモーペルチューイ（Maupertuis）の原理に関連して述べておいた．

図は曲面Sで反射する光の径路を描いている．Sは柱面とし，光源Fから出た光がSで反射してF′に達するものとする．F, F′を焦点とする楕円を描きこれがS面と接する点をPとすれば，図（a）はFPF′が最短時間の径路 $(\mathrm{FP}+\mathrm{PF}' < \mathrm{FP}' + \mathrm{P'F'})$ であり，図（b）の場合にはこの断面内に限れば最長 $(\mathrm{FP}+\mathrm{PF}' > \mathrm{FP}' + \mathrm{P'F'})$ であることがわかる．所要時間が停留値をとるとすれば正確であるが，最小と表現することが多い．

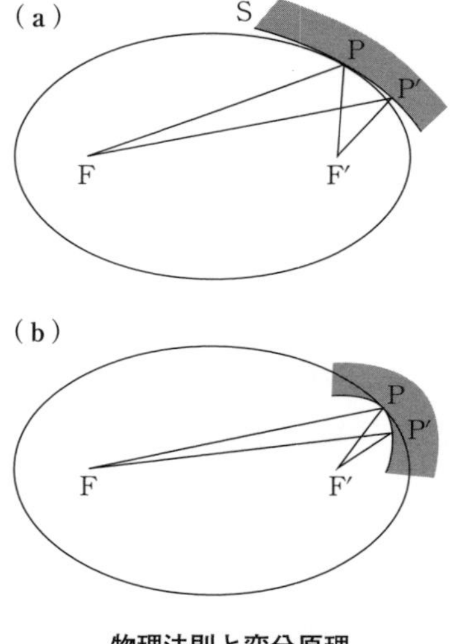

物理法則と変分原理

力学の場合も同様で，E. T. Whittakerの*Analytical Dynamics*には "Are the stationary integrals actual minima? Kinetic foci" という題目の節をつくって説明してある．

近頃はどうか知らないが，著者が学生の頃，物理法則がある積分を極小にするようになっていることを学んで，先生からもその話を聞き，感心したことを覚えている．Maupertuisはその最小作用の原理を神学と結びつけたということである（伏見譲訳：「マッハ力学 ― 力学の批判的発展史」(講談社，1969) 415ページ）．

上の運動では大円に沿っての運動となる．そのとき最短距離をいく場合と，反対側を遠回りしていく場合の２通りの運動のしかたがあるが，後者の場合，両点を結ぶ最短距離よりはもちろん長いが，大円に沿って勝手にぎざぎざをつけて得られる道筋よりは短いから，極大でも極小でもなく，ただ停留値をとるだけである．

ハミルトンの原理もモーペルチューイの原理も力学の法則を変分法の問題の形で表し，ある積分値が停留値をとるような運動が運動法則に合うものであるといういい方をしている点で興味があるものである．光学では，光の反射・屈折の法則を

$$\delta \int n\, ds = 0, \qquad n：\text{屈折率}, \qquad s：\text{光の進む距離}$$

の形，または1つの点から他の点にいくのに時間が最小（一般には停留値）になるという形で表すフェルマーの原理がある．このように物理の法則は，ある積分量を最小にするという形で表されることがよくある．

第12章　問題

1　質点の一平面内の運動の方程式を極座標で表すことをハミルトンの原理によって行ってみよ．

2　第11章の問題5をハミルトンの原理で扱ってみよ．

13 ラグランジュの運動方程式

§13.1 一般化された座標とラグランジュの運動方程式

1つの質点の位置を表すのに直交座標 x, y, z を使ってもよいが，極座標 r, θ, φ や円柱座標 ρ, φ, z を使ってもよい．また，質点系の位置は，そのおのおのの質点の直交座標 (x_i, y_i, z_i) を使えば表されるが，実際はそれが必ずしも便利ではない．ことに，質点系がある束縛条件にしたがいながら運動するとき，直交座標を使うよりも他の変数を使うほうが便利である．後に扱う問題であるが，二重振り子*の場合を考えよう．13.1-1 図に示すように，固定点 O に長さ l の糸を結び，その下端に質量 m_1 の質点をつるす．これからもう1つの長さ l'

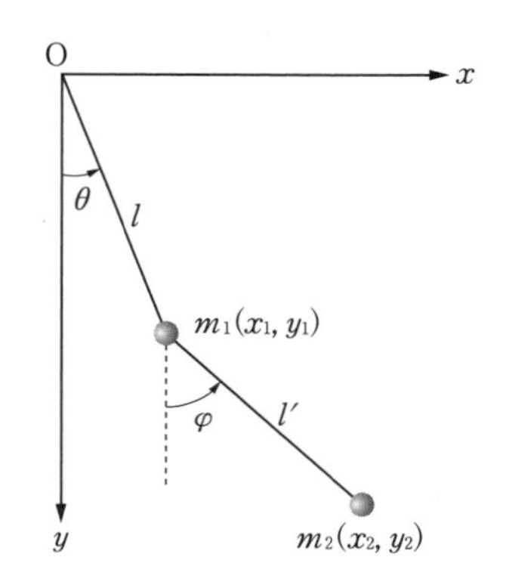

13.1-1 図　二重振り子

＊ 297 ページの例 4，第 13 章の問題 2 参照．

の糸で質量 m_2 の質点をつるす．この全体系を1つの鉛直面内で運動させるとき**二重振り子**とよぶ．この質点系の位置を m_1 の座標 (x_1, y_1) と，m_2 の座標 (x_2, y_2) とで与えることができるが，これらの座標の間には

$$x_1{}^2 + y_1{}^2 = l^2$$
$$(x_2 - x_1)^2 + (y_2 - y_1)^2 = l'^2$$

の関係がある．このように4個の変数の間に2個の関係式があるのであるから，独立な変数は2個しかないことになる．それで，このような体系では直交座標よりも，もっと便利な変数を2個えらんだほうが便利で，それには13.1-1図をみてすぐ気がつくように上の糸の傾き θ と下の糸の傾き φ をとればよい．

1点を固定された剛体の位置を与えるのには，その各点の座標を与えればよいが，オイラーの角 θ, φ, ψ を使うのが便利であることは§9.10で述べた．

このように，質点または質点系の位置をきめるのに，直交座標に限らず一般に適当な変数を使うとき，これを**一般化された座標**，または簡単に**一般座標**とか**広義座標**などとよぶ．質点系の位置をわずかに変えればこれらの一般化された座標も変化するのであるが，考えている座標が全部互いに独立に変わることもあるし，ある条件式を満たすように変わることもある．とにかく，独立に変わることのできる変数の数をその体系の**自由度**とよぶ．これから一般化された座標の数が f 個で，それらが互いに自由に変わることができる場合を考えよう．これらの一般化された座標を $q_1, q_2, \cdots, q_f$ と書くことにする．直交座標も一般化された座標の特別な場合である．

いま，質点の数を n とし，その直交座標を $(x_1, y_1, z_1), (x_2, y_2, z_2), \cdots, (x_n, y_n, z_n)$ としよう．q_1 から q_f までを与えるとその体系の位置がきまるのであるから，

$$\left.\begin{array}{lll} x_1 = x_1(q_1, q_2, \cdots, q_f\,;\,t), & y_1 = y_1(q_1, q_2, \cdots, q_f\,;\,t), & z_1 = z_1(q_1, q_2, \cdots, q_f\,;\,t) \\ \cdots\cdots & \cdots\cdots & \cdots\cdots \\ x_n = x_n(q_1, q_2, \cdots, q_f\,;\,t), & y_n = y_n(q_1, q_2, \cdots, q_f\,;\,t), & z_n = z_n(q_1, q_2, \cdots, q_f\,;\,t) \end{array}\right\} \tag{13.1-1}$$

のように書くことができる．これらの式で t を含んでいるのは束縛条件が時間を含んでいるときで，たとえば質点が回転する直線に束縛されているときなどである．各質点に働く力を $\boldsymbol{F}_1, \boldsymbol{F}_2, \cdots, \boldsymbol{F}_n$ とする．この体系の仮想変位を考え，それによる各質点の変位を $(\delta x_1, \delta y_1, \delta z_1), \cdots, (\delta x_n, \delta y_n, \delta z_n)$ とすれば，仮想仕事

は

$$\delta' W = \sum_{i=1}^{n}(X_i \delta x_i + Y_i \delta y_i + Z_i \delta z_i) \tag{13.1-2}$$

となる．仮想変位は各瞬間での束縛条件を満足する範囲で考えるのであるから，(13.1-1) で t を一定にして $q_1, \cdots, q_f$ の δ をとるときの $x_1, \cdots, z_n$ の δ を考える．

$$\delta x_1 = \frac{\partial x_1}{\partial q_1}\delta q_1 + \frac{\partial x_1}{\partial q_2}\delta q_2 + \cdots + \frac{\partial x_1}{\partial q_f}\delta q_f, \qquad \text{以下同様} \tag{13.1-3}$$

であるから，これを (13.1-2) に入れれば

$$\delta' W = Q_1 \delta q_1 + Q_2 \delta q_2 + \cdots + Q_f \delta q_f \tag{13.1-4}$$

の形に書けることがわかる．Q_r を q_r に対する**一般化された力**，**広義の力**とよぶ．力がポテンシャルを持つときには，

$$\delta' W = -\delta U$$

で，U は $q_1, \cdots, q_f$ の関数であるから

$$\delta' W = -\left(\frac{\partial U}{\partial q_1}\delta q_1 + \frac{\partial U}{\partial q_2}\delta q_2 + \cdots + \frac{\partial U}{\partial q_f}\delta q_f\right) \tag{13.1-5}$$

(13.1-4)，(13.1-5) 両式をくらべると

$$Q_r = -\frac{\partial U}{\partial q_r} \qquad (r = 1, 2, \cdots, f) \tag{13.1-6}$$

となる．これは直交座標を使ったときの $X = -\partial U/\partial x$ と同じ形をしていることが注意される．

さて，ハミルトンの原理

$$\int_{t_1}^{t_2}(\delta T + \delta' W)dt = 0 \tag{13.1-7}$$

または，ポテンシャルのあるときの

$$\delta\int_{t_1}^{t_2} L\,dt = 0, \qquad L = T - U \tag{13.1-8}$$

をみよう．

これらの式を証明するときには直交座標を使ったが，δ を考えるのは体系の仮想変位を考えるので，これを表すのに直交座標を使っても一般化された座標を使っても同じことである．それで，後者を使って書いてみよう．(13.1-1) か

ら速度成分を求めれば，これは仮想変位とちがい，時間の経過に対する座標の変化を考えるのであるから，t による微分も考えて，

$$\left.\begin{aligned}\dot{x}_1 &= \sum_r \frac{\partial x_1}{\partial q_r}\dot{q}_r + \frac{\partial x_1}{\partial t} \\ \dot{y}_1 &= \sum_r \frac{\partial y_1}{\partial q_r}\dot{q}_r + \frac{\partial y_1}{\partial t} \\ \dot{z}_1 &= \sum_r \frac{\partial z_1}{\partial q_r}\dot{q}_r + \frac{\partial z_1}{\partial t}\end{aligned}\right\} \qquad (13.1\text{-}9)$$

などとなるから，運動エネルギー $T = \sum(1/2)m_i(\dot{x}_i{}^2 + \dot{y}_i{}^2 + \dot{z}_i{}^2)$ は $\dot{q}_1, \dot{q}_2, \cdots, \dot{q}_f$ の 2 次式となる．

$$\delta T = \sum_r\left(\frac{\partial T}{\partial \dot{q}_r}\delta\dot{q}_r + \frac{\partial T}{\partial q_r}\delta q_r\right)$$

となるが，§12.1 で説明したと同様に

$$\delta\left(\frac{dq_r}{dt}\right) = \frac{d}{dt}(\delta q_r) \qquad (13.1\text{-}10)$$

であるから

$$\delta T = \sum_r\left\{\frac{\partial T}{\partial \dot{q}_r}\frac{d}{dt}(\delta q_r) + \frac{\partial T}{\partial q_r}\delta q_r\right\}$$

したがって

$$\begin{aligned}\int_{t_1}^{t_2}\delta T\,dt &= \int_{t_1}^{t_2}\sum_r\left\{\frac{\partial T}{\partial \dot{q}_r}\frac{d}{dt}(\delta q_r) + \frac{\partial T}{\partial q_r}\delta q_r\right\}dt \\ &= \left[\sum_r \frac{\partial T}{\partial \dot{q}_r}\delta q_r\right]_{t_1}^{t_2} - \int_{t_1}^{t_2}\left\{\sum_r \frac{d}{dt}\left(\frac{\partial T}{\partial \dot{q}_r}\right)\delta q_r\right\}dt + \int_{t_1}^{t_2}\sum_r \frac{\partial T}{\partial q_r}\delta q_r\,dt\end{aligned}$$

$t = t_1, t_2$ で δq_r は 0 にとるのであるから

$$\int_{t_1}^{t_2}\delta T\,dt = -\int_{t_1}^{t_2}\left[\sum_r\left\{\frac{d}{dt}\left(\frac{\partial T}{\partial \dot{q}_r}\right) - \frac{\partial T}{\partial q_r}\right\}\delta q_r\right]dt$$

となる．この式と（13.1-4）を（13.1-7）に入れれば

$$\int_{t_1}^{t_2}\left[\sum_r\left\{\frac{d}{dt}\left(\frac{\partial T}{\partial \dot{q}_r}\right) - \frac{\partial T}{\partial q_r} - Q_r\right\}\delta q_r\right]dt = 0$$

δq_r は任意にとることができるのであるから

$$\frac{d}{dt}\left(\frac{\partial T}{\partial \dot{q}_r}\right) - \frac{\partial T}{\partial q_r} = Q_r \qquad (r = 1, \cdots, f) \qquad (13.1\text{-}11)$$

となる．

力が保存力の場合には，(13.1-6) によって

$$\frac{d}{dt}\left(\frac{\partial T}{\partial \dot{q}_r}\right)-\frac{\partial T}{\partial q_r}=-\frac{\partial U}{\partial q_r}\qquad (r=1,\cdots,f)\qquad (13.1\text{-}12)$$

となる．特に，U が $\dot{q}_1,\cdots,\dot{q}_f$ を含まないときには，(13.1-12) は

$$\frac{d}{dt}\left\{\frac{\partial(T-U)}{\partial \dot{q}_r}\right\}-\frac{\partial(T-U)}{\partial q_r}=0$$

と書くことができるから，ハミルトンの原理のところで行ったように，ラグランジュの関数

$$L=T-U\qquad (13.1\text{-}13)$$

を使えば，

$$\frac{d}{dt}\left(\frac{\partial L}{\partial \dot{q}_r}\right)=\frac{\partial L}{\partial q_r}\qquad (r=1,\cdots,f)\qquad (13.1\text{-}14)$$

となる．これは (13.1-8) の変分の問題に対するオイラーの微分方程式として直接導き出すこともできる．(13.1-11)，(13.1-12)，または (13.1-14) を**ラグランジュの運動方程式**とよぶ．ただしふつう，ラグランジュの運動方程式といえば，保存力の場合の (13.1-14) をさすことが多い．

注意　質点の速さ V が非常に大きいときには，相対論によれば，質量 m は静止しているときの質量 (静止質量) m_0 に対して

$$m=\frac{m_0}{\sqrt{1-\left(\dfrac{V}{c}\right)^2}}\ ^{*},\qquad c：光の速度=2.997925\times10^8\ \mathrm{m\,s^{-1}}$$

となる．このときのラグランジュの関数は

$$L=m_0c^2\left\{1-\sqrt{1-\left(\frac{V}{c}\right)^2}\right\}-U$$

となる．第1項は運動エネルギーではない (運動エネルギーは $T=mc^2-m_0c^2=m_0c^2\left\{\dfrac{1}{\sqrt{1-\left(\dfrac{V}{c}\right)^2}}-1\right\}$ で与えられる)．

$$\frac{d}{dt}\left(\frac{\partial L}{\partial \dot{x}}\right)=\frac{\partial L}{\partial x}$$

＊　山内恭彦・末岡清市編：「大学演習　力学」(裳華房，1980) 第13章参照．

をつくれば $\dfrac{d}{dt}(mu) = -\dfrac{\partial U}{\partial x}$ となることを示せ.

例 1　放物運動で広義座標として水平方向に x, y, 鉛直方向に z をとって運動方程式をつくれ.

解
$$T = \frac{m}{2}(\dot{x}^2 + \dot{y}^2 + \dot{z}^2), \qquad U = mgz$$

したがって

$$L = \frac{m}{2}(\dot{x}^2 + \dot{y}^2 + \dot{z}^2) - mgz$$

それゆえ,

$$\frac{d}{dt}\left(\frac{\partial L}{\partial \dot{x}}\right) = \frac{\partial L}{\partial x} \quad \text{から} \quad m\ddot{x} = 0$$

$$\frac{d}{dt}\left(\frac{\partial L}{\partial \dot{y}}\right) = \frac{\partial L}{\partial y} \quad \text{から} \quad m\ddot{y} = 0$$

$$\frac{d}{dt}\left(\frac{\partial L}{\partial \dot{z}}\right) = \frac{\partial L}{\partial z} \quad \text{から} \quad m\ddot{z} = -mg$$

◆

例 2　単振り子の運動で広義座標として糸が鉛直とつくる角 φ をとって運動方程式をつくれ（13.1-2 図).

解　運動エネルギーを求めるのに, 速度の 2 乗を $x = l\sin\varphi$, $y = l\cos\varphi$ から

$$V^2 = \dot{x}^2 + \dot{y}^2 = \{(l\cos\varphi)^2 + (l\sin\varphi)^2\}\dot{\varphi}^2 = l^2\dot{\varphi}^2$$

として求めてもよいが, つぎのようにすれば直交座標までさかのぼらなくても

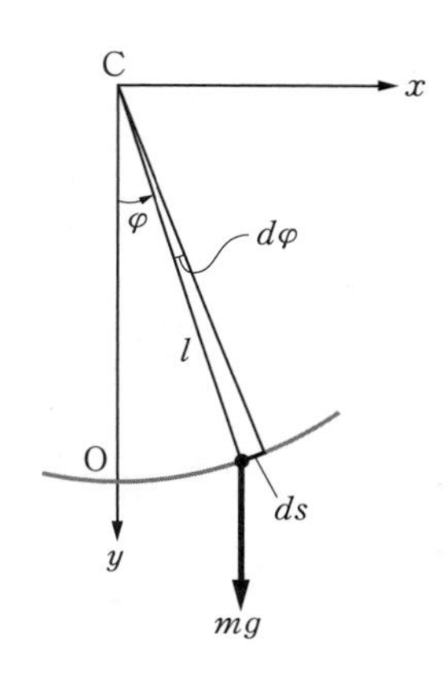

13.1-2 図

よい．dt 時間に φ が $d\varphi$ だけ変わるとすれば，変位は $l\,d\varphi$ であるから速さは $l(d\varphi/dt) = l\dot{\varphi}$ となる．したがって

$$V^2 = l^2\dot{\varphi}^2$$

どちらにしても運動エネルギーは $T = (1/2)ml^2\dot{\varphi}^2$．位置エネルギーは最下点を基準にして

$$U = mgl(1 - \cos\varphi)$$

$$\therefore\ L = \frac{1}{2}ml^2\dot{\varphi}^2 - mgl(1 - \cos\varphi)$$

したがって，ラグランジュの運動方程式 $\dfrac{d}{dt}\left(\dfrac{\partial L}{\partial \dot{\varphi}}\right) = \dfrac{\partial L}{\partial \varphi}$ は

$$ml^2\frac{d\dot{\varphi}}{dt} = -mgl\sin\varphi$$

すなわち

$$\ddot{\varphi} = -\frac{g}{l}\sin\varphi$$

となり，§6.1 で出した式と一致する．◆

例 3　惑星の運動で，平面内の極座標を広義座標として運動方程式をつくれ．

解　13.1-3 図から

$$(ds)^2 = (dr)^2 + (r\,d\varphi)^2$$

であるから

$$T = \frac{1}{2}m\left(\frac{ds}{dt}\right)^2 = \frac{1}{2}m(\dot{r}^2 + r^2\dot{\varphi}^2)$$

また

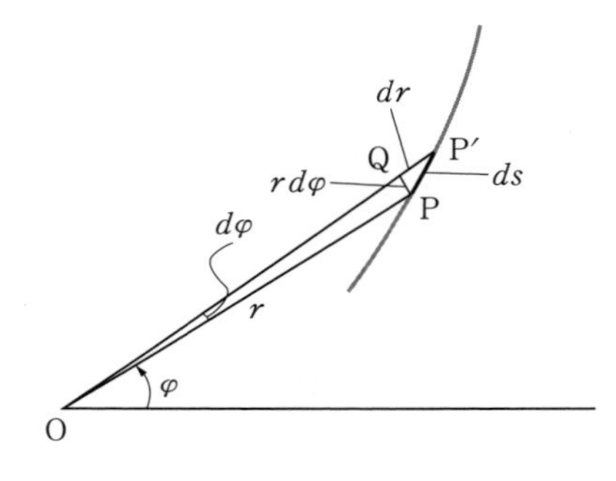

13.1-3 図

$$U = -G\frac{Mm}{r}$$

したがって，ラグランジュの運動方程式は

$$\frac{d}{dt}(m\dot{r}) = mr\dot{\varphi}^2 - G\frac{Mm}{r^2}, \qquad \frac{d}{dt}(mr^2\dot{\varphi}) = 0$$

これらから

$$\ddot{r} = r\dot{\varphi}^2 - \frac{GM}{r^2}, \qquad \frac{d}{dt}(r^2\dot{\varphi}) = 0$$

となって，§6.3で出した式に一致する．◆

例4　二重振り子　13.1-4図に示した二重振り子の鉛直面内の小さな振動につき運動方程式を立てよ．

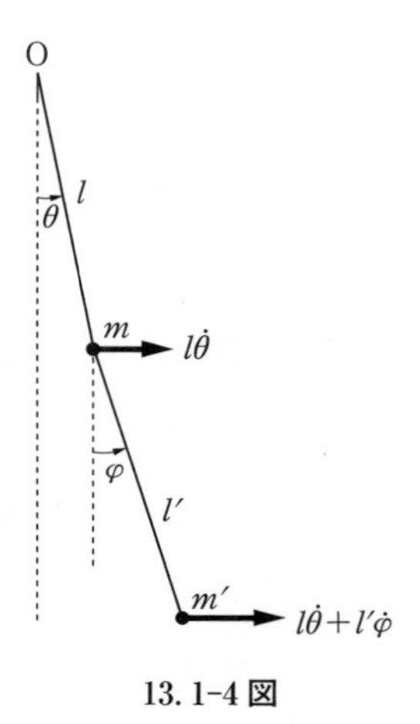

13.1-4図

解　上の糸の鉛直とつくる角をθ，下の糸の角をφとする．mの速度は水平に$l\dot{\theta}$，m'の速度は水平に$l\dot{\theta}+l'\dot{\varphi}$としてよい．鉛直方向の速度成分は$\theta, \varphi$の2次の微小量を省略すれば0と考えてよい．したがって，運動エネルギーは$\dot{\theta}, \dot{\varphi}$の2次の項までとって

$$T = \frac{1}{2}ml^2\dot{\theta}^2 + \frac{1}{2}m'(l\dot{\theta} + l'\dot{\varphi})^2$$

位置エネルギーは鉛直にたれているときを標準にとって，

$$U = mgl(1-\cos\theta) + m'g\{l(1-\cos\theta) + l'(1-\cos\varphi)\}$$

であるが，θ, φの2次の微小量までとって

$$U = \frac{1}{2}(m+m')gl\theta^2 + \frac{1}{2}m'gl'\varphi^2$$

したがって

$$L = \frac{1}{2}ml^2\dot{\theta}^2 + \frac{1}{2}m'(l\dot{\theta} + l'\dot{\varphi})^2 - \frac{1}{2}(m+m')gl\theta^2 - \frac{1}{2}m'gl'\varphi^2$$

これからラグランジュの運動方程式

$$\frac{d}{dt}\left(\frac{\partial L}{\partial\dot{\theta}}\right) = \frac{\partial L}{\partial\theta}, \qquad \frac{d}{dt}\left(\frac{\partial L}{\partial\dot{\varphi}}\right) = \frac{\partial L}{\partial\varphi}$$

をつくれば,

$$\left.\begin{aligned}&(m+m')l\ddot{\theta}+m'l'\ddot{\varphi}=-(m+m')g\theta\\&l\ddot{\theta}+l'\ddot{\varphi}=-g\varphi\end{aligned}\right\}$$

となる．これから，θ, φ を解けば運動がきまるのである．* ◆

例 5　1 つの質点が，軸が鉛直で，頂点が下に向いている滑らかな円錐（半頂角 α）の面上を運動する．その運動方程式を求めよ．

解　頂点を原点とし，軸に沿って上向きに z 軸，水平面上で x, y 軸をとる．極座標を r, α, φ とすれば，α は一定（13.1-5 図）．

$$(ds)^2=(dr)^2+(r\sin\alpha\,d\varphi)^2$$

$$\therefore\ T=\frac{1}{2}m(\dot{r}^2+r^2\sin^2\alpha\,\dot{\varphi}^2)$$

また

$$U=mgr\cos\alpha$$

したがって

$$L=\frac{1}{2}m(\dot{r}^2+r^2\sin^2\alpha\,\dot{\varphi}^2)-mgr\cos\alpha$$

ラグランジュの運動方程式は

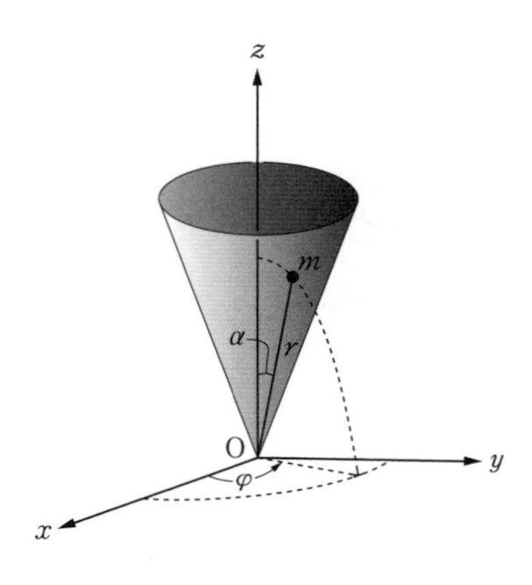

13. 1–5 図

*　この方程式の解は本章の問題 2 を参照せよ．

$$
\left.\begin{aligned}
m\ddot{r} &= mr\sin^2\alpha\,\dot{\varphi}^2 - mg\cos\alpha \\
\frac{d}{dt}&(mr^2\sin^2\alpha\,\dot{\varphi}) = 0
\end{aligned}\right\}
$$

となる． ◆

例 6 固定点 O のまわりに水平面内で一定の角速度 ω で回転する滑らかな直線に束縛されている質点の運動につき，O からの距離 r を広義座標としてラグランジュの方程式を立てよ（§7.3 の例 1 参照）．

解 慣性系に対する速さの 2 乗は（13.1-6 図）

$$V^2 = \dot{r}^2 + (r\omega)^2$$

$$\therefore\ T = \frac{1}{2}m\{\dot{r}^2 + (r\omega)^2\}$$

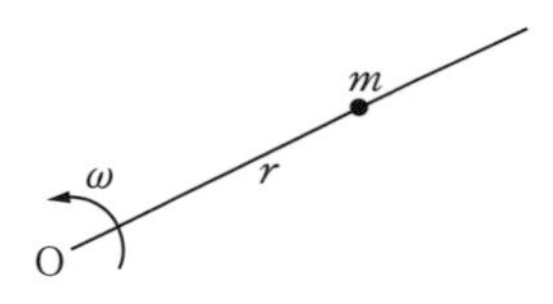

13.1-6 図

ラグランジュの運動方程式は

$$\frac{d}{dt}(m\dot{r}) - mr\omega^2 = 0$$

$$\therefore\ \ddot{r} = \omega^2 r$$ ◆

§13.2 質点系の振動

ラグランジュの運動方程式によって論じることのできる 1 つの大切な力学的現象として質点系の振動を扱う．これは純粋に力学の問題としても興味があるばかりでなく，たとえば，固体は多くの原子が互いに作用しあう力によって振動を行っていると考えることができるし，また，分子ではこれをつくっているいくつかの原子が互いに力をおよぼしながら振動していると考えることができる．

いま，もっとも簡単な場合として，つぎの問題を取り扱ってみよう．13.2-1

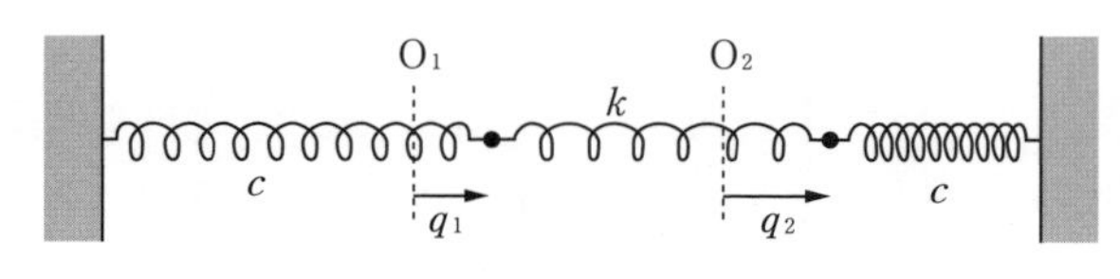

13.2-1 図 連成振動

図のように，2つの等しい質点（質量 m）を弾性の定数が c, k であるような（両端が c，中央が k）ばねで連結し，つりあいの位置の近所で，ばねの方向に振動させるものとする．両質点の変位を q_1, q_2 とすれば，左の端のばねは q_1 だけ伸び，中央のばねは $q_2 - q_1$ だけ伸び，右の端のばねは q_2 だけ縮んでいるのであるから，

$$L = \frac{1}{2}m(\dot{q}_1{}^2 + \dot{q}_2{}^2) - \frac{1}{2}cq_1{}^2 - \frac{1}{2}k(q_2 - q_1)^2 - \frac{1}{2}cq_2{}^2 \tag{13.2-1}$$

したがって，ラグランジュの運動方程式は

$$\left.\begin{aligned} m\ddot{q}_1 &= -cq_1 + k(q_2 - q_1) \\ m\ddot{q}_2 &= -cq_2 - k(q_2 - q_1) \end{aligned}\right\} \tag{13.2-2}$$

これを解くために両質点が調子を合わせて単振動を行うような運動を求めてみる．そのため

$$q_1 = A_1 \cos(\omega t + \alpha), \qquad q_2 = A_2 \cos(\omega t + \alpha) \tag{13.2-3}$$

とおく．(13.2-2) に代入すれば

$$\left.\begin{aligned} (m\omega^2 - c - k)A_1 \qquad\qquad &+ kA_2 = 0 \\ kA_1 + (m\omega^2 - c - k)&A_2 = 0 \end{aligned}\right\} \tag{13.2-4}$$

となる．

A_1, A_2 が同時に0になると運動しないことになるが，(13.2-3) のような運動が可能であるためには，A_1, A_2 が同時には0にならないことが必要である．そのためには

$$\begin{vmatrix} m\omega^2 - c - k & k \\ k & m\omega^2 - c - k \end{vmatrix} = 0 \tag{13.2-5}$$

でなければならない．これから

$$(m\omega^2 - c)(m\omega^2 - c - 2k) = 0$$

したがって，ω には2つの値があり，それらは

$$\omega' = \sqrt{\frac{c}{m}}, \qquad \omega'' = \sqrt{\frac{c + 2k}{m}} \tag{13.2-6}$$

で与えられることがわかる．これらの値を (13.2-4) の2式のうちどちらでもよいから代入すれば

$$\omega = \omega' \quad \text{に対しては} \quad A_1 = A_2$$
$$\omega = \omega'' \quad \text{に対しては} \quad A_1 = -A_2$$

であることがわかる．したがって

$$q_1 = A' \cos(\omega' t + \alpha'), \qquad q_2 = A' \cos(\omega' t + \alpha') \tag{13.2-7}$$

の1組も，

$$q_1 = A'' \cos(\omega'' t + \alpha''), \qquad q_2 = -A'' \cos(\omega'' t + \alpha'') \tag{13.2-8}$$

の1組も解であることがわかる．また，これらを加え合わせた

$$\left.\begin{aligned} q_1 &= A' \cos(\omega' t + \alpha') + A'' \cos(\omega'' t + \alpha'') \\ q_2 &= A' \cos(\omega' t + \alpha') - A'' \cos(\omega'' t + \alpha'') \end{aligned}\right\} \tag{13.2-9}$$

も（13.2-2）の解で，これが一般解である．初期条件，すなわち，$t = 0$ での q_1, q_2 と $\dot{q}_1, \dot{q}_2$ が与えられれば，4つの定数 $A', A'', \alpha', \alpha''$ をきめることができる．

さて，（13.2-7）の与える解では $q_1 = q_2$ であり，2個の質点が調子を合わせ，距離を変えずに左右に振動する運動を表す．（13.2-8）では $q_1 = -q_2$ で，両質点は調子を合わせてはいるが，変位はいつも逆向きで等しいように運動している．（13.2-7）または（13.2-8）のように調子を合わせて行う振動を**規準振動**とよぶ．一般の振動は規準振動を重ね合わせたものである．

k が c にくらべて非常に小さいときには，両方の質点がだいたい単振動をしていて，その間に弱い相互作用がある場合となる．このときには（13.2-6）の ω', ω'' の差は非常に小さくなり，

$$\omega'' = \omega'\left(1 + \frac{k}{c}\right) \tag{13.2-10}$$

となる．いま，最初，片方の質点だけを a だけずらして静かに放すときを考えよう．しばらくの間この質点だけが単振動を行っているであろうが，そのうちに第2の質点も動き出すであろう．これは**共鳴**といわれる現象の1つの例である．

これは第1の質点から第2の質点に，これらを連結するばねを伝わってエネルギーが移動するのであると解釈することができる．したがって，第1の質点はエネルギーを失って振幅はしだいに小さくなり，しまいに止まってしまう．

そのとき，第2の質点の振幅は第1の質点の最初の振幅に等しくなっている．それから先は第1と第2とを交換して考えればよい．このように両方の質点は振幅が交互に大きくなったり小さくなったりする．このことを式で扱おう．

$t=0$ で $q_1=a$，$q_2=0$，$\dot{q}_1=0$，$\dot{q}_2=0$ の初期条件を（13.2-9）に入れれば，

$$\left.\begin{aligned} a &= A'\cos\alpha' + A''\cos\alpha'' \\ 0 &= A'\cos\alpha' - A''\cos\alpha'' \end{aligned}\right\}$$

$$\left.\begin{aligned} 0 &= -A'\sin\alpha' - A''\sin\alpha'' \\ 0 &= -A'\sin\alpha' + A''\sin\alpha'' \end{aligned}\right\}$$

となるが，これから $\alpha'=0$，$\alpha''=0$，$A'=A''=a/2$ であることがわかる．それゆえ，

$$\left.\begin{aligned} q_1 &= \frac{a}{2}(\cos\omega' t + \cos\omega'' t) = a\cos\left(\frac{k}{2c}\omega' t\right)\cos\omega' t \\ q_2 &= \frac{a}{2}(\cos\omega' t - \cos\omega'' t) = a\sin\left(\frac{k}{2c}\omega' t\right)\sin\omega' t \end{aligned}\right\} \tag{13.2-11}$$

となる．k/c は非常に小さいから，$a\cos\left(\frac{k}{2c}\omega' t\right)$, $a\sin\left(\frac{k}{2c}\omega' t\right)$ は非常にゆるやかに変わるもので，q_1, q_2 はこれらの非常にゆるやかに変わる振幅を持つ単振動（振動数 $\omega'/2\pi$ の）であると考えることができる．これを図に描いたのが13.2-2図である．

これで問題は全部解決できたわけであるが，ラグランジュの関数またはラグランジアン（13.2-1）をみると

$$L = \frac{1}{2}m(\dot{q}_1{}^2 + \dot{q}_2{}^2) - \frac{1}{2}(c+k)q_1{}^2 + kq_1q_2 - \frac{1}{2}(c+k)q_2{}^2 \tag{13.2-12}$$

となっていて，$\dot{q}_1, \dot{q}_2$ については2乗の項だけであるが，q_1, q_2 については2乗の項の他に q_1q_2 の項があることに気がつく．2次形式の理論からいうと，q_1, q_2 に直交変換とよばれる1次変換を行うと，$\dot{q}_1, \dot{q}_2$ の関係する部分はやはり2乗の和に保ったまま，q_1, q_2 の関係する部分を2乗の和に直すことができる（これは楕円の主軸を求める問題と同じである）．つまり

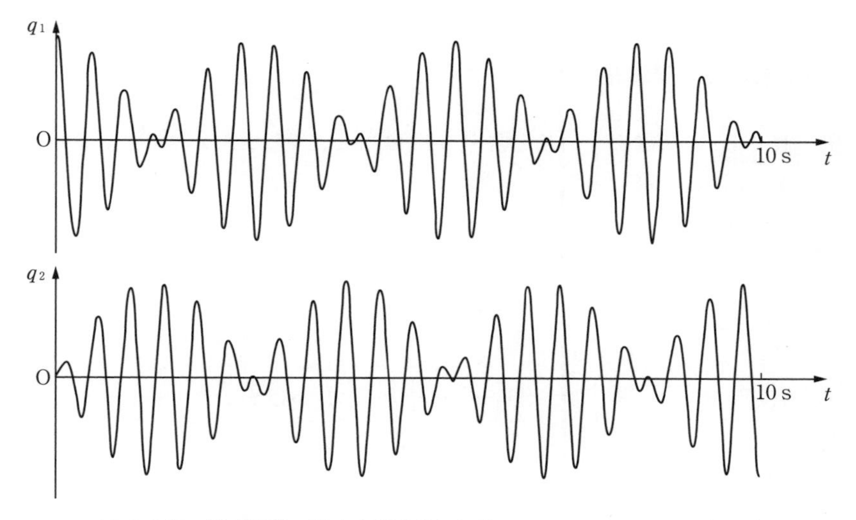

13.2-2 図　連成振動．連立方程式(13.2-2)で $m=1$, $c=1$, $k=0.2$ とおく．

$$Q_1 = \frac{1}{\sqrt{2}}(q_1 + q_2), \qquad Q_2 = \frac{1}{\sqrt{2}}(q_1 - q_2) \qquad (13.2\text{-}13)$$

を一般座標とすればよい．

$$L = \frac{m}{2}(\dot{Q}_1{}^2 + \dot{Q}_2{}^2) - \frac{1}{2}cQ_1{}^2 - \frac{1}{2}(c + 2k)Q_2{}^2 \qquad (13.2\text{-}14)$$

となる．これに対するラグランジュの運動方程式は

$$m\ddot{Q}_1 = -cQ_1, \qquad m\ddot{Q}_2 = -(c + 2k)Q_2 \qquad (13.2\text{-}15)$$

となり，これから，

$$Q_1 = C_1 \cos\left(\sqrt{\frac{c}{m}}\, t + \alpha_1\right), \qquad Q_2 = C_2 \cos\left(\sqrt{\frac{c + 2k}{m}}\, t + \alpha_2\right) \qquad (13.2\text{-}16)$$

となる．Q_1 と Q_2 とは，互いにまったく無関係に単振動的変化を行う．したがって，いま考えている体系は角振動数 $\omega' = \sqrt{c/m}$ の振動を行うものと，$\omega'' = \sqrt{(c + 2k)/m}$ の振動を行うものとから成り立っていると考えてよい．これらの単振動は互いにエネルギーのやりとりはしない．q_1, q_2 をみると互いに影響し合って単振動でなくなるが，(13.2-13) によると，両質点の中心の点（重心）

の運動と距離の時間的変化とはまったく無関係に単振動的になっていることがわかる．Q_1, Q_2 を**規準座標**とよぶ．

> **例**　長さ $3a$ の質量のない糸を張力 S で強く張っておき，a の間隔をおいて，質量 m の等しい質点を 2 個結びつける．この体系の糸に直角の方向の小振動を求めよ．

解　13.2–3 図で C, D の変位を x_1, x_2 とする．

$$\overline{\mathrm{AC}} - \overline{\mathrm{AC_0}}$$

を求める．

$$\overline{\mathrm{AC}} = a\left(1 + \frac{{x_1}^2}{a^2}\right)^{1/2} = a\left(1 + \frac{1}{2}\frac{{x_1}^2}{a^2}\right). \qquad \therefore\ \overline{\mathrm{AC}} - \overline{\mathrm{AC_0}} = \frac{1}{2}\frac{{x_1}^2}{a}$$

したがって，位置エネルギーは

$$\frac{1}{2}\frac{{x_1}^2}{a}S$$

$$\overline{\mathrm{CD}} = \{a^2 + (x_2 - x_1)^2\}^{1/2} = a\left\{1 + \frac{1}{2}\frac{(x_2 - x_1)^2}{a^2}\right\}$$

位置エネルギーは

$$\frac{1}{2}\frac{(x_2 - x_1)^2}{a}S$$

$$\overline{\mathrm{DB}} = (a^2 + {x_2}^2)^{1/2} = a\left(1 + \frac{1}{2}\frac{{x_2}^2}{a^2}\right)$$

位置エネルギーは

$$\frac{1}{2}\frac{{x_2}^2}{a}S$$

ラグランジュの関数（ラグランジアン）は

$$L = \frac{1}{2}m({\dot{x}_1}^2 + {\dot{x}_2}^2) - \frac{S}{2a}\{{x_1}^2 + (x_2 - x_1)^2 + {x_2}^2\}$$

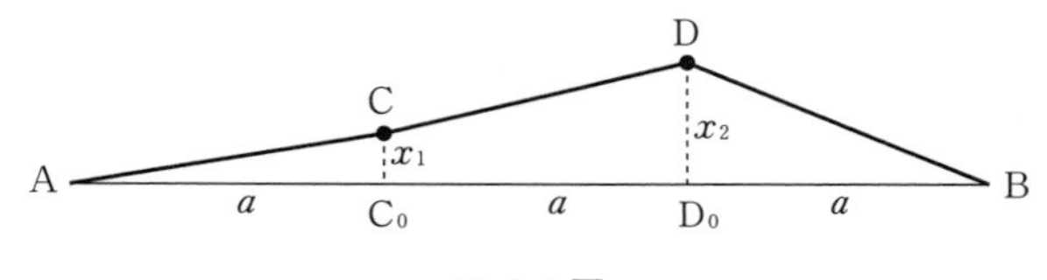

13.2–3 図

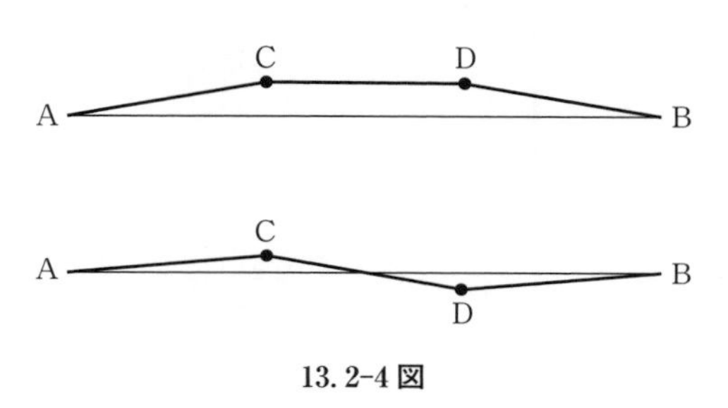

13.2-4 図

運動方程式は

$$
\left.\begin{aligned}
m\ddot{x}_1 &= -\frac{S}{a}(2x_1 - x_2) \\
m\ddot{x}_2 &= -\frac{S}{a}(2x_2 - x_1)
\end{aligned}\right\} \tag{1}
$$

あとは本文の問題と同様であるから，同じ扱いによって

$$
\left.\begin{aligned}
x_1 &= A'\cos(\omega' t + \alpha') + A''\cos(\omega'' t + \alpha'') \\
x_2 &= A'\cos(\omega' t + \alpha') - A''\cos(\omega'' t + \alpha'')
\end{aligned}\right\} \tag{2}
$$

ただし，

$$
\omega' = \sqrt{\frac{S}{ma}}, \qquad \omega'' = \sqrt{\frac{3S}{ma}} \tag{3}
$$

規準振動は

$$
x_1 = A'\cos(\omega' t + \alpha'), \qquad x_2 = A'\cos(\omega' t + \alpha')
$$

の1組と，

$$
x_1 = A''\cos(\omega'' t + \alpha''), \qquad x_2 = -A''\cos(\omega'' t + \alpha'')
$$

の1組とによって与えられる．13.2-4 図に示す．◆

注意　ラグランジュの運動方程式を使わなくて，運動の第2法則をそのまま書いてもよい．13.2-5 図のように角 θ, φ, ψ をとれば，C の運動方程式は

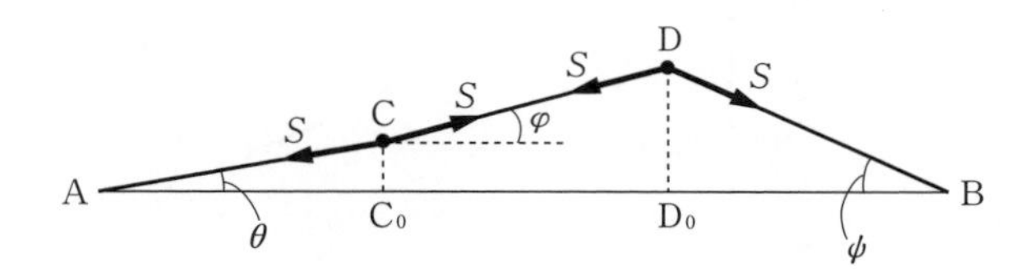

13.2-5 図

$$m\ddot{x}_1 = S\sin\varphi - S\sin\theta$$

D の運動方程式は

$$m\ddot{x}_2 = -S\sin\varphi - S\sin\psi$$

小振動では，

$$\sin\varphi \fallingdotseq \tan\varphi = \frac{x_2 - x_1}{a}$$

$$\sin\theta \fallingdotseq \tan\theta = \frac{x_1}{a}$$

$$\sin\psi \fallingdotseq \tan\psi = \frac{x_2}{a}$$

これらを上の式に入れれば（1）が得られる．

§13.3　定常運動付近の運動

ラグランジュの運動方程式がよく使われる一群の問題として，定常運動付近の運動のしらべ方を述べよう．例題によって説明する．

例 1　1 つの質点が，軸が鉛直で，頂点が下に向いている滑らかな円錐（半頂角 α）の面上を運動する．質点が半径 a の水平な円周上を ω の角速度で運動する定常運動が行われる条件と，この位置から少しずらしたときの小振動の周期を求めよ．

解　運動方程式は §13.1 の例 5 によって

$$m\ddot{r} = mr\sin^2\alpha\,\dot{\varphi}^2 - mg\cos\alpha \tag{1}$$

$$\frac{d}{dt}(mr^2\sin^2\alpha\,\dot{\varphi}) = 0 \tag{2}$$

半径 a の円周上を一定の角速度 ω で運動するためには，

$$r\sin\alpha = a, \qquad \ddot{r} = 0, \qquad \dot{\varphi} = \omega$$

（1）によって，

$$a\omega^2\sin\alpha - g\cos\alpha = 0. \qquad \therefore\ \omega^2 a = g\cot\alpha \tag{3}$$

これが求める条件である．

つぎに，定常でない一般の運動をしらべる．（2）から

$$r^2\sin^2\alpha\,\dot{\varphi} = \text{一定} = h \tag{4}$$

$\dot{\varphi}$ を（1）に代入して，

$$\ddot{r} = \frac{h^2}{r^3 \sin^2\alpha} - g\cos\alpha \tag{5}$$

いま，定常状態に非常に近い運動をしらべるために，

$$r\sin\alpha = a + \rho \qquad (\rho：微小)$$

とおき，(5) に代入する．

$$\ddot{\rho} = \frac{h^2\sin^2\alpha}{(a+\rho)^3} - g\sin\alpha\cos\alpha = \frac{h^2\sin^2\alpha}{a^3}\left(1+\frac{\rho}{a}\right)^{-3} - g\sin\alpha\cos\alpha$$

$$= \frac{h^2\sin^2\alpha}{a^3}\left(1-3\frac{\rho}{a}\right) - g\sin\alpha\cos\alpha$$

したがって，

$$\ddot{\rho} = -\frac{3h^2\sin^2\alpha}{a^4}\rho + \frac{\sin^2\alpha}{a^3}(h^2 - a^3 g\cot\alpha) \tag{6}$$

定常状態での h を h_0 とすれば，(4) から $h_0 = a^2\omega$．(3) から ${h_0}^2 = a^3 g\cot\alpha$．(6) で，$\rho, \ddot{\rho}$ は微小量であるから，h はほとんど h_0 に近い．したがって，a を調節して正確に $h^2 = a^3 g\cot\alpha = (a^2\omega)^2$ とすることができる．そうすると (6) は

$$\ddot{\rho} = -3\omega^2\sin^2\alpha\,\rho \tag{7}$$

したがって，ρ は単振動的に変化し，その周期は

$$T = \frac{2\pi}{\sqrt{3}\,\omega\sin\alpha} \tag{8}$$ ◆

例2　13.3-1 図のように，2本の等しい一様な棒 AB, BC が滑らかな蝶番(ちょうつがい)で

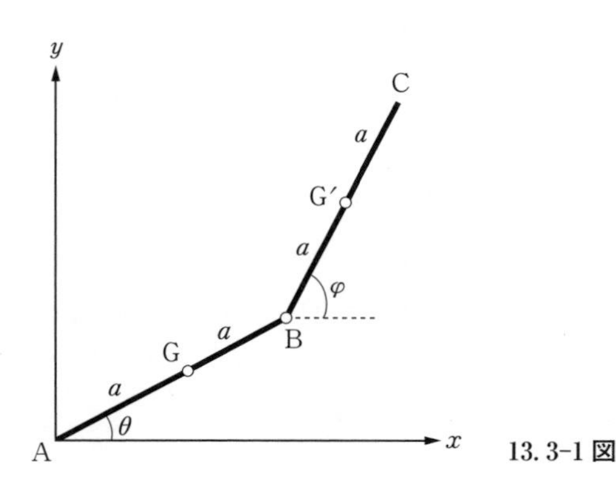

13.3-1 図

Bで連結され，A端を固定点として水平面内で自由に回ることができる．その定常運動を求め，その安定性をしらべよ．

解　図のように固定直線 Ax と AB, BC のつくる角を θ, φ とする．おのおのの棒の長さを $2a$，質量を M とする．棒 AB は A を固定軸として運動し，A のまわりの慣性モーメントは $(4/3)Ma^2$ であるから，AB の運動エネルギーは

$$\frac{1}{2}\frac{4}{3}Ma^2\dot{\theta}^2 = \frac{2}{3}Ma^2\dot{\theta}^2$$

棒 BC の重心 G′ の座標 x', y' は

$$x' = 2a\cos\theta + a\cos\varphi, \qquad y' = 2a\sin\theta + a\sin\varphi$$

$$\dot{x}' = -2a\sin\theta\,\dot{\theta} - a\sin\varphi\,\dot{\varphi}, \qquad \dot{y}' = 2a\cos\theta\,\dot{\theta} + a\cos\varphi\,\dot{\varphi}$$

G′ のまわりの慣性モーメントは $(1/3)Ma^2$．したがって，棒 BC の運動エネルギーは

$$\frac{1}{2}M(\dot{x}'^2 + \dot{y}'^2) + \frac{1}{2}\frac{1}{3}Ma^2\dot{\varphi}^2 = 2Ma^2\dot{\theta}^2 + \frac{2}{3}Ma^2\dot{\varphi}^2 + 2Ma^2\dot{\theta}\dot{\varphi}\cos(\varphi - \theta)$$

それゆえ，全体の運動エネルギーは

$$T = Ma^2\left\{\frac{8}{3}\dot{\theta}^2 + \frac{2}{3}\dot{\varphi}^2 + 2\dot{\theta}\dot{\varphi}\cos(\varphi - \theta)\right\}$$

となる．位置エネルギーは0としてよいから，ラグランジュの関数（ラグランジアン）は $L = T$ である．したがって，ラグランジュの運動方程式は

$$Ma^2\frac{d}{dt}\left\{\frac{16}{3}\dot{\theta} + 2\dot{\varphi}\cos(\varphi - \theta)\right\} = 2Ma^2\dot{\theta}\dot{\varphi}\sin(\varphi - \theta) \tag{1}$$

$$Ma^2\frac{d}{dt}\left\{\frac{4}{3}\dot{\varphi} + 2\dot{\theta}\cos(\varphi - \theta)\right\} = -2Ma^2\dot{\theta}\dot{\varphi}\sin(\varphi - \theta) \tag{2}$$

いま，$\varphi - \theta = \psi$（両方の棒のつくる角）とすれば，(1)，(2) は

$$\frac{d}{dt}\left\{\frac{16}{3}\dot{\theta} + 2(\dot{\theta} + \dot{\psi})\cos\psi\right\} = 2\dot{\theta}(\dot{\theta} + \dot{\psi})\sin\psi \tag{1$'$}$$

$$\frac{d}{dt}\left\{\frac{4}{3}(\dot{\theta} + \dot{\psi}) + 2\dot{\theta}\cos\psi\right\} = -2\dot{\theta}(\dot{\theta} + \dot{\psi})\sin\psi \tag{2$'$}$$

定常運動では $\psi =$ 一定，したがって $\dot{\psi} = 0$．また ABC が1つの剛体のようになるから $\dot{\theta} =$ 一定 $= \omega$．ゆえに (1)′，(2)′ はどちらも

$$\dot{\theta}^2\sin\psi = 0$$

となる．これから $\psi = 0$ または π となる．

定常運動 $\psi = 0$ の安定性をしらべるために，ψ が非常に小さいとする．

$$\theta = \omega t + \varepsilon$$

とおけば ε も微小量である．

$$(1)' \text{ は } \quad \frac{11}{3}\ddot{\varepsilon} + \ddot{\psi} = \omega^2\psi \tag{3}$$

$$(2)' \text{ は } \quad \frac{5}{3}\ddot{\varepsilon} + \frac{2}{3}\ddot{\psi} = -\omega^2\psi \tag{4}$$

となる．(3) × 5 − (4) × 11 から

$$\ddot{\psi} = -\frac{48}{7}\omega^2\psi \tag{5}$$

したがって，ψ は単振動的に変化する．ゆえに，$\psi = 0$ で与えられる定常運動は安定である．

$\psi = \pi$ で与えられる定常運動の安定性をみるために，

$$\psi = \pi + \psi' \tag{6}$$

とおく．また，$\theta = \omega t + \varepsilon'$ とおく．(1)′, (2)′ は

$$\frac{5}{3}\ddot{\varepsilon}' - \ddot{\psi}' = -\omega^2\psi' \tag{7}$$

$$-\frac{1}{3}\ddot{\varepsilon}' + \frac{2}{3}\ddot{\psi}' = \omega^2\psi' \tag{8}$$

(7) + (8) × 5 をつくれば

$$\frac{7}{3}\ddot{\psi}' = 4\omega^2\psi'. \qquad \therefore\ \ddot{\psi}' = \frac{12}{7}\omega^2\psi$$

それゆえ

$$\psi' = A\exp\left(\sqrt{\frac{12}{7}}\,\omega t\right) + B\exp\left(-\sqrt{\frac{12}{7}}\,\omega t\right) \tag{9}$$

となり，$A \fallingdotseq 0$ を与えるような初期条件の場合，$t \to \infty$ で $\psi' \to \infty$ になるから不安定である．◆

§13.4　束縛条件が時間による場合のラグランジュの運動方程式

質点または質点系のしたがう束縛条件が時間を含むとき，たとえば，質点を束縛する曲線が回転するような場合の扱い方はそうでない場合にくらべて特別

にちがうことはない．(13.1-1) で $x_1, \cdots, x_n$ を $q_1, \cdots, q_f$ で表すとき t をあらわに含んでいる場合である．仮想変位は，質点系の各瞬間での位置について，その構造をみるためにどのような変位が可能であるかを知るためのものであって，実際の時間的経過とは無関係であるから，(13.1-3) などの式はそのまま成り立つ．それゆえ，慣性系に対する運動エネルギーを一般座標とその時間による微係数で表して，これと位置エネルギーとによってラグランジュの関数（ラグランジアン）をつくればよい．このことは§13.1 の例 6 で特に断ることもなく行ったことである．

例　一定の角速度 ω で鉛直直径のまわりに回転する滑らかな円輪（半径 a）に質点（質量 m）が束縛されている（13.4-1 図）．質点が円輪に相対的に静止する位置を求め，そのうちの 1 つである最下点の付近の小振動の周期を求めよ．

解　質点を通る半径が鉛直とつくる角 φ を一般座標にとる．

$$T = \frac{m}{2}\{(a\dot{\varphi})^2 + (a\sin\varphi\,\omega)^2\}, \qquad U = mga(1-\cos\varphi)$$

$$\therefore\ L = \frac{m}{2}\{(a\dot{\varphi})^2 + (a\sin\varphi\,\omega)^2\} - mga(1-\cos\varphi)$$

ラグランジュの運動方程式は，

$$\frac{d}{dt}(ma^2\dot{\varphi}) - ma^2\sin\varphi\cos\varphi\,\omega^2 = -mag\sin\varphi$$

$$\therefore\ \ddot{\varphi} - \sin\varphi\cos\varphi\,\omega^2 = -\frac{g}{a}\sin\varphi \tag{1}$$

定常運動では

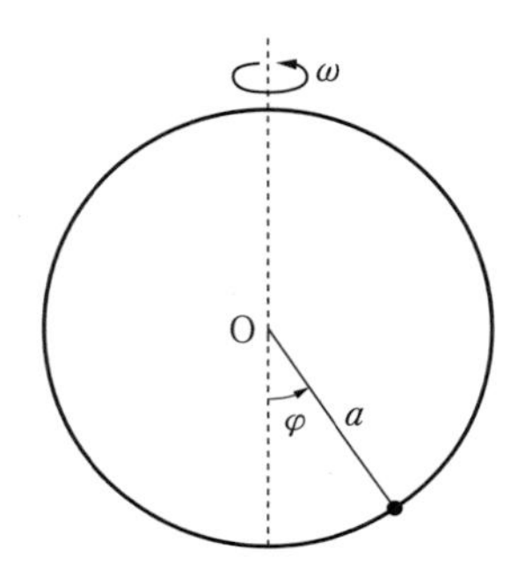

13.4-1 図

$$\ddot{\varphi} = 0. \qquad \therefore\ \sin\varphi\left(\cos\varphi - \frac{g}{a\omega^2}\right) = 0$$

したがって，

$$\frac{g}{a\omega^2} > 1 \quad ならば \quad \sin\varphi = 0, \ つまり \quad \varphi = 0, \pi$$

が定常運動の位置を与える．

$$\frac{g}{a\omega^2} \leqq 1 \quad ならば \quad \varphi = 0, \pi, \cos^{-1}\frac{g}{a\omega^2}$$

最下点の付近の小さな運動を考える．φ は微小であるから，

$$\sin\varphi \fallingdotseq \varphi, \qquad \cos\varphi \fallingdotseq 1$$

したがって（1）は

$$\ddot{\varphi} = \left(\omega^2 - \frac{g}{a}\right)\varphi$$

それゆえ，$a\omega^2 \geqq g$ ならば不安定．

$a\omega^2 < g$ ならば安定で，周期は

$$T = \frac{2\pi}{\sqrt{\dfrac{g}{a} - \omega^2}}$$ ◆

§13.5　速度によるポテンシャルを持つときのラグランジュの運動方程式

1つの体系に働く力が速度によることがよくある．電気を帯びた物体，たとえば電子が，電場と磁場の中を運動するときに，物体の速度による力が働く．電気量を q，電場，磁束密度を $\boldsymbol{E}, \boldsymbol{B}$ とし，物体の速度を $\boldsymbol{v}$ とすれば

$$\boldsymbol{F} = q(\boldsymbol{E} + \boldsymbol{v} \times \boldsymbol{B}) \tag{13.5-1}$$ *

の力が働く．$\boldsymbol{E}$ と $\boldsymbol{B}$ とは電位 φ とベクトルポテンシャル $\boldsymbol{A}$ から

$$\boldsymbol{E} = -\mathrm{grad}\,\varphi - \frac{\partial \boldsymbol{A}}{\partial t}, \qquad \boldsymbol{B} = \mathrm{rot}\,\boldsymbol{A}$$

によって与えられる．$\mathrm{rot}\,\boldsymbol{A}$ は成分が

---

* ガウス単位系では $\boldsymbol{F} = q\left(\boldsymbol{E} + \dfrac{1}{c}\boldsymbol{v} \times \boldsymbol{B}\right)$.

$$\frac{\partial A_z}{\partial y}-\frac{\partial A_y}{\partial z},\qquad \frac{\partial A_x}{\partial z}-\frac{\partial A_z}{\partial x},\qquad \frac{\partial A_y}{\partial x}-\frac{\partial A_x}{\partial y}$$

であるようなベクトルである．いま，

$$U=-q\boldsymbol{A}\cdot\boldsymbol{v}+q\varphi=-q(A_x\dot{x}+A_y\dot{y}+A_z\dot{z})+q\varphi \tag{13.5-2}$$

で与えられる関数 U をとると，

$$\begin{aligned}\frac{d}{dt}\left(\frac{\partial U}{\partial \dot{x}}\right)-\frac{\partial U}{\partial x}&=-q\frac{dA_x}{dt}+q\frac{\partial(\boldsymbol{A}\cdot\boldsymbol{v})}{\partial x}-q\frac{\partial\varphi}{\partial x}\\&=-q\left(\frac{\partial A_x}{\partial x}\dot{x}+\frac{\partial A_x}{\partial y}\dot{y}+\frac{\partial A_x}{\partial z}\dot{z}+\frac{\partial A_x}{\partial t}\right)\\&\qquad+q\left(\frac{\partial A_x}{\partial x}\dot{x}+\frac{\partial A_y}{\partial x}\dot{y}+\frac{\partial A_z}{\partial x}\dot{z}\right)-q\frac{\partial\varphi}{\partial x}\\&=q\left\{\dot{y}\left(\frac{\partial A_y}{\partial x}-\frac{\partial A_x}{\partial y}\right)-\dot{z}\left(\frac{\partial A_x}{\partial z}-\frac{\partial A_z}{\partial x}\right)\right\}\\&\qquad-q\frac{\partial A_x}{\partial t}-q\frac{\partial\varphi}{\partial x}\\&=q(\boldsymbol{v}\times\boldsymbol{B})_x+qE_x=F_x\end{aligned} \tag{13.5-3}$$

となる．したがって，ラグランジュの運動方程式（13.1-11）は

$$\frac{d}{dt}\left(\frac{\partial T}{\partial \dot{x}}\right)-\frac{\partial T}{\partial x}=\frac{d}{dt}\left(\frac{\partial U}{\partial \dot{x}}\right)-\frac{\partial U}{\partial x}$$

となるので

$$L=T-U \tag{13.5-4}$$

とおけば

$$\frac{d}{dt}\left(\frac{\partial L}{\partial \dot{x}}\right)=\frac{\partial L}{\partial x},\qquad \text{同様に}\qquad \frac{d}{dt}\left(\frac{\partial L}{\partial \dot{y}}\right)=\frac{\partial L}{\partial y},\qquad \frac{d}{dt}\left(\frac{\partial L}{\partial \dot{z}}\right)=\frac{\partial L}{\partial z} \tag{13.5-5}$$

となって，保存力の場合の方程式とまったく同様になる．

§13.6　ラグランジュの方程式の別の導き方

§13.1 ではハミルトンの原理からラグランジュの方程式を導いた．つまり

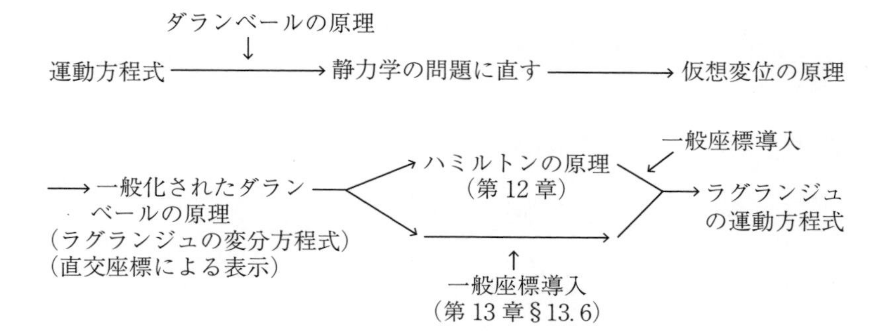

という展開の道筋であった（この表には，本節§13.6の内容も入れてある）．直交座標を使って表現された一般化されたダランベールの原理から，一般座標を使ったラグランジュの方程式に移るのに，座標の選択にはよらないエネルギーを使ったハミルトンの原理を経たことは，ハミルトンの原理の美しさといろいろな面での重要さを除いても適当な展開のしかたと思われる．ここではハミルトンの原理を経ないで一般化されたダランベールの原理からラグランジュの方程式に達する道を示しておこう．

根本になるダランベールの原理の式（11.1-4）をもう一度書いておこう．

$$\sum_i \{(X_i - m_i\ddot{x}_i)\delta x_i + (Y_i - m_i\ddot{y}_i)\delta y_i + (Z_i - m_i\ddot{z}_i)\delta z_i\} = 0 \tag{13.6-1}$$

一般化された座標を $q_1, \cdots, q_f$ とすれば，これらの直交座標 $(x_1, y_1, z_1), \cdots, (x_n, y_n, z_n)$ との関係は

$$\left.\begin{aligned} x_i &= x_i(q_1, \cdots, q_f\,;\,t) \\ y_i &= y_i(q_1, \cdots, q_f\,;\,t) \\ z_i &= z_i(q_1, \cdots, q_f\,;\,t) \end{aligned}\right\} \tag{13.6-2}$$

で与えられる．$q_1 = q_1(t), q_2 = q_2(t), \cdots, q_f = q_f(t)$ は t の関数である．仮想変位 $\delta x_i, \delta y_i, \delta z_i$ を $\delta q_1, \cdots, \delta q_f$ で表して

$$\delta x_i = \sum_r \frac{\partial x_i}{\partial q_r}\delta q_r, \qquad \delta y_i = \sum_r \frac{\partial y_i}{\partial q_r}\delta q_r, \qquad \delta z_i = \sum_r \frac{\partial z_i}{\partial q_r}\delta q_r$$

である．仮想仕事は

$$\delta W = \sum_r Q_r \delta q_r, \qquad Q_r = \sum_i \left(X_i \frac{\partial x_i}{\partial q_r} + Y_i \frac{\partial y_i}{\partial q_r} + Z_i \frac{\partial z_i}{\partial q_r} \right) \tag{13.6-3}$$

となる.* (13.6-1) の中の $\sum_i m_i \ddot{x}_i \delta x_i$ について考える.

$$\begin{aligned} \sum_i m_i \ddot{x}_i \delta x_i &= \sum_i m_i \ddot{x}_i \sum_r \frac{\partial x_i}{\partial q_r} \delta q_r \\ &= \sum_r \left\{ \sum_i \left(m_i \ddot{x}_i \frac{\partial x_i}{\partial q_r} \right) \right\} \delta q_r \\ &= \sum_r \sum_i \left\{ \frac{d}{dt} \left(m_i \dot{x}_i \frac{\partial x_i}{\partial q_r} \right) - m_i \dot{x}_i \frac{d}{dt} \left(\frac{\partial x_i}{\partial q_r} \right) \right\} \delta q_r \end{aligned} \tag{13.6-4}$$

ここで

$$\frac{d}{dt} \left(\frac{\partial x_i}{\partial q_r} \right) = \sum_s \frac{\partial}{\partial q_s} \left(\frac{\partial x_i}{\partial q_r} \right) \dot{q}_s + \frac{\partial^2 x_i}{\partial t \partial q_r} \tag{13.6-5}$$

である. 一方,

$$\dot{x}_i = \sum_r \frac{\partial x_i}{\partial q_r} \dot{q}_r + \frac{\partial x_i}{\partial t} = \sum_s \frac{\partial x_i}{\partial q_s} \dot{q}_s + \frac{\partial x_i}{\partial t} \qquad (r \text{ の代りに } s \text{ を使う})$$

$$\therefore \quad \frac{\partial \dot{x}_i}{\partial \dot{q}_r} = \frac{\partial x_i}{\partial q_r} \tag{13.6-6}$$

$$\frac{\partial \dot{x}_i}{\partial q_r} = \sum_s \frac{\partial^2 x_i}{\partial q_r \partial q_s} \dot{q}_s + \frac{\partial^2 x_i}{\partial q_r \partial t} \tag{13.6-7}$$

(13.6-6) は $\partial \dot{x}_i / \partial \dot{q}_r$ のドットを消した $\partial x_i / \partial q_r$ に等しい形になっているので**ドットの除去**とよばれる. (13.6-5), (13.6-7) から

$$\frac{d}{dt} \left(\frac{\partial x_i}{\partial q_r} \right) = \frac{\partial \dot{x}_i}{\partial q_r}$$

また, (13.6-6) を使って, (13.6-4) は

$$\sum_i m_i \ddot{x}_i \delta x_i = \sum_r \sum_i \left\{ \frac{d}{dt} \left(m_i \dot{x}_i \frac{\partial \dot{x}_i}{\partial \dot{q}_r} \right) - m_i \dot{x}_i \frac{\partial \dot{x}_i}{\partial q_r} \right\} \delta q_r$$

$\sum_i m_i \ddot{y}_i \delta y_i$, $\sum_i m_i \ddot{z}_i \delta z_i$ についても同様である.

$$\dot{x}_i \frac{\partial \dot{x}_i}{\partial q_r} = \frac{1}{2} \frac{\partial \dot{x}_i{}^2}{\partial q_r}$$

---

* i は質点の番号, r は一般座標の番号であることに注意.

であることを考えて

$$\sum_i m_i \ddot{x}_i \delta x_i + \sum_i m_i \ddot{y}_i \delta y_i + \sum_i m_i \ddot{z}_i \delta z_i = \sum_r \left\{ \frac{d}{dt}\left(\frac{\partial T}{\partial \dot{q}_r}\right) - \frac{\partial T}{\partial q_r} \right\} \delta q_r$$

となる．したがって，ダランベールの原理（13.6-1）は

$$\sum_r \left\{ \frac{d}{dt}\left(\frac{\partial T}{\partial \dot{q}_r}\right) - \frac{\partial T}{\partial q_r} - Q_r \right\} \delta q_r = 0$$

$\delta q_1, \cdots, \delta q_f$ が互いに独立であることを考えて δq_r の係数は 0 となるから

$$\frac{d}{dt}\left(\frac{\partial T}{\partial \dot{q}_r}\right) - \frac{\partial T}{\partial q_r} = Q_r \qquad (r = 1, \cdots, f)$$

となる．これがラグランジュの運動方程式である．

第13章 問題

1 4本の等しいぜんまい（自然の長さ l，強さ c）OA, AB, BC, CD を連結し，A, B, C に質量 m の質点を結びつけ，長さ $4l$ に張っておく．これらの質点の連結方向の振動をしらべよ．

2 §13.1 の例 4 の二重振り子の小振動の運動をしらべよ．特に両方の糸の長さがほとんど等しく，また下の質点の質量が上の質点の質量にくらべて非常に小さいときの運動をしらべよ．

3 滑らかな曲面

$$z = \frac{x^2}{2R_1} + \frac{y^2}{2R_2}, \qquad z：鉛直上方, \qquad R_1, R_2：主曲率半径$$

に束縛されている質点の，最下点付近の振動をしらべよ．

4 水平に $2a$ だけ離れた 2 点 A, B から長さ l の 2 本の糸を長さ $2b$ の一様な棒 CD の両端 C と D に結びつけてつるした装置を**2本づり**とよぶ．この棒を重心のまわりにわずかにねじって放したときの小振動をしらべよ．

5 図のように，糸をその 1/3 の長さに等しい一様な細い管に通して，両端を同一水平面上にある，糸の長さの 1/2 の距離へだたっている 2 点に結ぶ．つりあいの位置

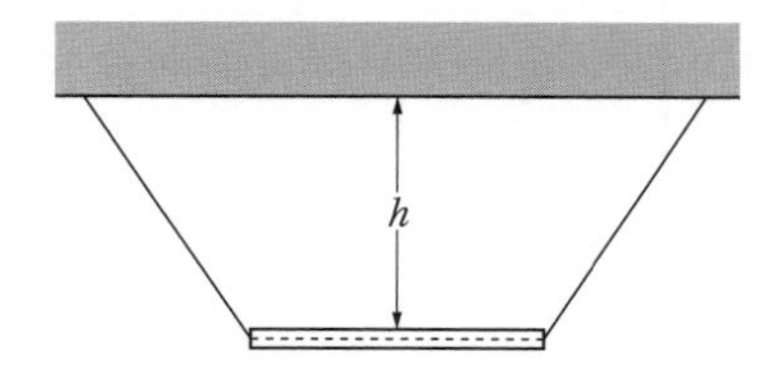

で，この結びの点から棒までの鉛直距離は h である．同じ鉛直面内でのこの系の小振動をしらべよ．

6 懐中時計を釘にかけたときの振動をしらべよ．

7 §13.4 の例で，$g/a\omega^2 < 1$ のときの定常運動の位置 $\varphi = \cos^{-1}(g/a\omega^2)$ 付近の運動をしらべよ．

8 滑らかな環面

$$x = (c + a\sin\theta)\cos\varphi, \quad y = (c + a\sin\theta)\sin\varphi, \quad z = a\cos\theta \quad (c > a)$$

の内部に束縛された質点の定常運動の付近の運動をしらべよ．

9 軸が鉛直で頂点が下に向いている滑らかな回転放物面に束縛されている質点の運動をしらべよ．質点が水平な円周上を運動する定常運動を求め，そのまわりの小振動をしらべよ．

10 軸を鉛直に，頂点を下にした滑らかな放物線の細い管が軸のまわりに一定の角速度で回っている．$\omega^2 = g/a$（a は半直弦）ならば，この管に束縛された質点はこの管のどこでも平衡状態にあることができることを証明せよ．

14 ハミルトンの正準方程式

§14.1　正準方程式

これから，力がラグランジュの関数 L から導かれる場合だけを考えることにする．ラグランジュの運動方程式は

$$\frac{d}{dt}\left(\frac{\partial L}{\partial \dot{q}_r}\right) = \frac{\partial L}{\partial q_r}, \quad L：\text{ラグランジュの関数} \tag{14.1-1}$$

であるが，

$$p_r = \frac{\partial L}{\partial \dot{q}_r} \tag{14.1-2}$$

とすれば，(14.1-1) は

$$\frac{dp_r}{dt} = \frac{\partial L}{\partial q_r} \tag{14.1-3}$$

となる．(14.1-2) で与えられる p_r を**一般化された運動量**または**広義運動量**とよぶ．ラグランジュの関数 L は $q_1, q_2, \cdots, q_f, \dot{q}_1, \dot{q}_2, \cdots, \dot{q}_f$ と t の関数であるから p_r も同様である．つまり，

$$\left.\begin{array}{l} p_r = p_r(q_1, q_2, \cdots, q_f, \dot{q}_1, \dot{q}_2, \cdots, \dot{q}_f\ ;\ t) \\ r = 1, 2, \cdots, f \end{array}\right\} \tag{14.1-4}$$

である．いま

$$H = \sum_{r=1}^{f} p_r \dot{q}_r - L(q_1, q_2, \cdots, q_f, \dot{q}_1, \dot{q}_2, \cdots, \dot{q}_f\ ;\ t) \qquad (14.1\text{-}5)^*$$

で与えられる関数 H を考えると，これは $q_1, q_2, \cdots, q_f, \dot{q}_1, \dot{q}_2, \cdots, \dot{q}_f\ ;\ t$ の関数で

ある．(14.1–4) を $\dot{q}_1, \cdots, \dot{q}_f$ の f 個について解けば

$$\left.\begin{aligned}\dot{q}_1 &= \dot{q}_1(p_1, p_2, \cdots, p_f, q_1, q_2, \cdots, q_f\,;\,t)\\ &\cdots\cdots\\ &\cdots\cdots\\ \dot{q}_f &= \dot{q}_f(p_1, p_2, \cdots, p_f, q_1, q_2, \cdots, q_f\,;\,t)\end{aligned}\right\} \tag{14.1–6}$$

の形で，速度 $\dot{q}_1, \cdots, \dot{q}_f$ を運動量 $p_1, \cdots, p_f$，座標 $q_1, \cdots, q_f$ を使って表すことができる．これを (14.1–5) の $\dot{q}_1, \cdots, \dot{q}_f$ に代入すれば，

$$H = H(p_1, p_2, \cdots, p_f, q_1, q_2, \cdots, q_f\,;\,t) \tag{14.1–7}$$

と書くことができる．これを簡単に

$$H = H(p, q\,;\,t) \tag{14.1–8}$$

と書くことにする．このように H を p や q で書き表したとき，これを**ハミルトンの関数**（**ハミルトニアン**）または**特性関数**とよぶ．**

時間的経過とは無関係に，L を $q_1, \cdots, q_f\,;\,\dot{q}_1, \cdots, \dot{q}_f$ の関数として，また H を $p_1, \cdots, p_f, q_1, \cdots, q_f$ の関数として考え，L の場合には $\dot{q}_1, \cdots, \dot{q}_f$ をさらに (14.1–6) により $p_1, \cdots, p_f, q_1, \cdots, q_f$ の関数として考えて，$p_1, \cdots, p_f, q_1, \cdots, q_f$ がそれぞれ $\delta p_1, \cdots, \delta p_f, \delta q_1, \cdots, \delta q_f$ だけちがった値をとるときの H の変化を考える．*** (14.1–5) により，

$$\begin{aligned}\delta H = &\sum_r \dot{q}_r \delta p_r + \sum_s p_s \sum_r \left(\frac{\partial \dot{q}_s}{\partial q_r}\delta q_r + \frac{\partial \dot{q}_s}{\partial p_r}\delta p_r\right)\\ &\qquad - \sum_r \frac{\partial L}{\partial q_r}\delta q_r - \sum_s \frac{\partial L}{\partial \dot{q}_s}\sum_r \frac{\partial \dot{q}_s}{\partial q_r}\delta q_r - \sum_s \frac{\partial L}{\partial \dot{q}_s}\sum_r \frac{\partial \dot{q}_s}{\partial p_r}\delta p_r\\ = &\sum_r \dot{q}_r \delta p_r + \sum_r \left\{\sum_s \frac{\partial \dot{q}_s}{\partial p_r}\left(p_s - \frac{\partial L}{\partial \dot{q}_s}\right)\right\}\delta p_r\end{aligned}$$

---

*　（前ページの脚注）この式により L から H に移ることは**ルジャンドルの変換**とよぶ変換の一例である．H を L のルジャンドル変換式とよぶ．独立変数が $\dot{q}_r$ から $p_r = \partial L/\partial \dot{q}_r$ で与えられる p_r に移っていることに注意せよ．同様な変換は物理や数学のいろいろな問題で出てくる．熱力学で重要な変換であるが，それについては，原島鮮：「熱力学・統計力学（改訂版）」(培風館，1984) 67，321 ページ（付録 A.1）参照．

**　H は $H(q_1, q_2, \cdots, q_f, p_1, p_2, \cdots, p_f\,;\,t) = H(q, p\,;\,t)$ のように p と q の順序を逆に書くことも多い．ここではアルファベット順に書くことにする．

***　時間の経過による変化でなく，関数の形をしらべるために考えた $p_1, \cdots, p_f, q_1, \cdots, q_f$ の変化であるから δ の記号をとる．仮想変位の δ と似ているが無関係である．

$$-\sum_r \frac{\partial L}{\partial q_r}\delta q_r + \sum_r \left\{\sum_s \frac{\partial \dot{q}_s}{\partial q_r}\left(p_s - \frac{\partial L}{\partial \dot{q}_s}\right)\right\}\delta q_r$$

となる．3番目の総和の $\partial L/\partial q_r$ に（14.1-3）から dp_r/dt を入れ，また，2番目，4番目は（14.1-2）によって消えることを考えると

$$\delta H = \sum_r \dot{q}_r \delta p_r - \sum_r \dot{p}_r \delta q_r \qquad (14.1\text{-}9)$$

となる．これから

$$\left.\begin{aligned} \frac{dq_r}{dt} &= \frac{\partial H(p, q\ ;\ t)}{\partial p_r} \\ \frac{dp_r}{dt} &= -\frac{\partial H(p, q\ ;\ t)}{\partial q_r} \end{aligned}\right\} \qquad (14.1\text{-}10)$$

質点系の運動状態は位置を表す $q_1, \cdots, q_f$ と速度を表す $\dot{q}_1, \cdots, \dot{q}_f$ とによって与えられるのであるが，（14.1-6）により速度の代りに運動量 $p_1, \cdots, p_f$ を使えば，結局 $p_1, \cdots, p_f, q_1, \cdots, q_f$ によって質点系の状態が表されることになる．（14.1-10）はこれら $2f$ 個の変数が時間の経過につれてどう変わるかを与える．$p_1, p_2, \cdots, p_f, q_1, q_2, \cdots, q_f$ を直交軸とするような $2f$ 次元の空間を考えれば，その中の一点によって質点系の運動状態，つまりその配置と運動量がきまる．この空間を**位相空間**とよぶ．

（14.1-10）は**ハミルトンの正準方程式**とよばれるもので，p と q について，符号を除いては対称的になっていることに気づかれよう．p_r, q_r を**正準変数**とよび，互いに**正準共役**であるとよぶ．これからの問題は，この正準方程式を解く一般的な方法を考えることと，正準方程式で使われる正準変数を他の正準変数に変換することである．

ここでハミルトニアン H についてもう少ししらべておこう．慣性系の直交座標 x, y, z と q との関係は，一般に

$$\left.\begin{aligned} x_i &= x_i(q_1, q_2, \cdots, q_f\ ;\ t) \\ y_i &= y_i(q_1, q_2, \cdots, q_f\ ;\ t) \\ z_i &= z_i(q_1, q_2, \cdots, q_f\ ;\ t) \end{aligned}\right\}$$

の形になっているのであるから，t で微分すれば

$$\dot{x}_i = \sum_r \frac{\partial x_i}{\partial q_r}\dot{q}_r + \frac{\partial x_i}{\partial t} \qquad \text{など} \qquad (14.1\text{-}11)$$

である．それゆえ，運動エネルギー T は

$$T = (\dot{q}_1, \cdots, \dot{q}_f\text{ の 2 次の同次式}) + (\dot{q}_1, \cdots, \dot{q}_f\text{ の 1 次の同次式}) + (\dot{q}_1, \cdots, \dot{q}_f\text{ を含まない式})$$

の形になっている．

x と q との関係式に t を陽に含まないときには，(14.1-11) の $\partial x_i/\partial t$ の項が消えるので，T は $\dot{q}_1, \cdots, \dot{q}_f$ について 2 次の同次式となる．また，U が $\dot{q}_1, \cdots, \dot{q}_f$ を含まないとすれば

$$p_r = \frac{\partial L}{\partial \dot{q}_r} = \frac{\partial T}{\partial \dot{q}_r} \tag{14.1-12}$$ *

であるから，同次式についてのオイラーの定理によって，

$$\sum_r p_r \dot{q}_r = \sum_r \frac{\partial T}{\partial \dot{q}_r}\dot{q}_r = 2T$$

したがって

$$H = 2T - (T - U) = T + U \tag{14.1-13}$$

となる．すなわち，ハミルトニアンは T と U との和にほかならない．保存力の場合には全エネルギーである．

$H(p_1, \cdots, p_f, q_1, \cdots, q_f)$ が t を陽に含まないときには，H が時間の経過につれて変わる（p, q を通して変わる）割合を求めれば，

$$\frac{dH}{dt} = \sum_r \frac{\partial H}{\partial p_r}\frac{dp_r}{dt} + \sum_r \frac{\partial H}{\partial q_r}\frac{dq_r}{dt}$$

正準方程式（14.1-10）を使えば

$$\frac{dH}{dt} = \sum_r \frac{\partial H}{\partial p_r}\left(-\frac{\partial H}{\partial q_r}\right) + \sum_r \frac{\partial H}{\partial q_r}\frac{\partial H}{\partial p_r} = 0$$

つまり，

> ハミルトニアン H に時間 t が陽に入っていないときには，H は時間に対して一定である

ということができる．このことと，(14.1-13) を結びつけると，

---

* いま考えているような場合が多いので，p_r は $\partial T/\partial \dot{q}_r$ によって計算されることが多い．

質点系が保存力の作用を受けて，時間とともに変わらない束縛条件（束縛条件の式の中に時間が陽に入っていない意味）にしたがうように運動するときには

$$H = T + U = 一定 \tag{14.1-14}$$

である

という大切な結論が得られる．これは力学的エネルギー保存の法則にほかならない．

つぎに，$H(p_1, \cdots, p_f, q_1, \cdots, q_f\,;\,t)$ の中に1つの座標，たとえば，q_r が含まれていないときには $\partial H/\partial q_r = 0$ であるから，正準方程式によって，

$$p_r = 一定 \tag{14.1-15}$$

となる．このとき q_r を**循環座標**とよぶ．(14.1-14)，(14.1-15) はそれぞれ運動方程式 (14.1-10) の積分の1つになっているわけである．

§14.2 ハミルトニアンの形

いろいろな基本的な場合のハミルトニアンを求めておこう．

（i） 力を受けない1つの質点の運動

$$T = \frac{m}{2}(\dot{x}^2 + \dot{y}^2 + \dot{z}^2)$$

$$\therefore\ p_x = \frac{\partial T}{\partial \dot{x}} = m\dot{x}, \quad p_y = \frac{\partial T}{\partial \dot{y}} = m\dot{y}, \quad p_z = \frac{\partial T}{\partial \dot{z}} = m\dot{z}$$

$$\therefore\ H = \frac{1}{2m}({p_x}^2 + {p_y}^2 + {p_z}^2) \tag{14.2-1}$$

H は t を陽に含まないから $H =$ 一定．また，x, y, z は H に含まれず，循環座標であるから

$$p_x = 一定, \quad p_y = 一定, \quad p_z = 一定$$

（ii） 保存力（位置エネルギー U）を受けている質点の運動

運動エネルギーは (i) の場合と同様．

$$H = \frac{1}{2m}({p_x}^2 + {p_y}^2 + {p_z}^2) + U(x, y, z) \tag{14.2-2}$$

H は t を陽に含まないから

$$H = \text{一定}$$

(**iii**) 前の問題で，U が原点からの距離 r だけの関数であるときには極座標を使うのが便利である．

$$T = \frac{m}{2}(\dot{r}^2 + r^2\dot{\theta}^2 + r^2 \sin^2\theta\, \dot{\varphi}^2) \qquad (14.2\text{-}3)$$

$$\therefore\ p_r = \frac{\partial T}{\partial \dot{r}} = m\dot{r}, \quad p_\theta = \frac{\partial T}{\partial \dot{\theta}} = mr^2\dot{\theta}, \quad p_\varphi = \frac{\partial T}{\partial \dot{\varphi}} = mr^2 \sin^2\theta\, \dot{\varphi} \qquad (14.2\text{-}4)$$

したがって

$$H = \frac{1}{2m}\left(p_r{}^2 + \frac{1}{r^2}p_\theta{}^2 + \frac{1}{r^2\sin^2\theta}p_\varphi{}^2\right) + U(r) \qquad (14.2\text{-}5)$$

したがって

$$\frac{1}{2m}\left(p_r{}^2 + \frac{1}{r^2}p_\theta{}^2 + \frac{1}{r^2\sin^2\theta}p_\varphi{}^2\right) + U(r) = \text{一定} \qquad (14.2\text{-}6)$$

また（14.2-5）には φ が入っていないから，φ は循環座標である．したがって

$$p_\varphi = mr^2 \sin^2\theta\, \dot{\varphi} = \text{一定} \qquad (14.2\text{-}7)$$

これは z 軸のまわりの角運動量が一定であること，または (x, y) 平面上での正射影の描く面積速度が一定であることを示している．

(**iv**) こまの運動

一般座標として§9.10 で説明したオイラーの角 θ, φ, ψ を使う．

$$T = \frac{1}{2}A(\omega_1{}^2 + \omega_2{}^2) + \frac{1}{2}C\omega_3{}^2$$

$$\omega_1 = \dot{\theta}\sin\psi - \dot{\varphi}\sin\theta\cos\psi$$

$$\omega_2 = \dot{\theta}\cos\psi + \dot{\varphi}\sin\theta\sin\psi$$

$$\omega_3 = \dot{\psi} + \dot{\varphi}\cos\theta$$

$$\therefore\ T = \frac{1}{2}A(\dot{\theta}^2 + \dot{\varphi}^2\sin^2\theta) + \frac{1}{2}C(\dot{\psi} + \dot{\varphi}\cos\theta)^2$$

したがって

$$p_\theta = \frac{\partial T}{\partial \dot{\theta}} = A\dot{\theta}$$

$$p_\varphi = \frac{\partial T}{\partial \dot{\varphi}} = A\dot{\varphi}\sin^2\theta + C\cos\theta\,(\dot{\psi} + \dot{\varphi}\cos\theta)$$

$$p_\psi = \frac{\partial T}{\partial \dot{\psi}} = C(\dot{\psi} + \dot{\varphi}\cos\theta)$$

$$\therefore\ \dot{\theta} = \frac{1}{A}p_\theta, \qquad \dot{\psi} + \dot{\varphi}\cos\theta = \frac{1}{C}p_\psi, \qquad \dot{\varphi} = \frac{p_\varphi - p_\psi\cos\theta}{A\sin^2\theta}$$

これらから

$$H = \frac{1}{2A}\left\{p_\theta{}^2 + \frac{(p_\varphi - p_\psi\cos\theta)^2}{\sin^2\theta}\right\} + \frac{p_\psi{}^2}{2C} + Mgh\cos\theta$$

φ, ψ は循環座標．したがって

$$p_\varphi = A\dot{\varphi}\sin^2\theta + C\cos\theta\,(\dot{\psi} + \dot{\varphi}\cos\theta) = 一定$$
$$p_\psi = C(\dot{\psi} + \dot{\varphi}\cos\theta) = 一定$$

第 2 の式から

$$\dot{\psi} + \dot{\varphi}\cos\theta = n$$

とおけば，第 1 の式は

$$A\dot{\varphi}\sin^2\theta + Cn\cos\theta = 一定$$

となる．$p_\theta, p_\varphi, p_\psi$ は一般化された運動量であるが，これらはつぎのような意味を持つ．

節線のまわりの角運動量は　$A\omega_1\sin\psi + A\omega_2\cos\psi = A\dot{\theta} = p_\theta$

ζ 軸のまわりの角運動量は　$C\omega_3 = C(\dot{\psi} + \dot{\varphi}\cos\theta) = p_\psi$

z 軸のまわりの角運動量は　$-A\omega_1\cos\psi\sin\theta + A\omega_2\sin\psi\sin\theta$
$+ C\omega_3\cos\theta = p_\varphi$

例 1　外力を受けないで相互の作用だけがある質点系のハミルトニアンを，1 つの質点の直角座標 (x_1, y_1, z_1) とこれに相対的な他の質点の座標を一般座標として求め，x_1, y_1, z_1 が循環座標であることを使ってこれに対する運動量の積分を求め，これを解釈せよ．

解　一般座標 $x_1, y_1, z_1,\ x_2{}' = x_2 - x_1,\ \ y_2{}' = y_2 - y_1,\ \ z_2{}' = z_2 - z_1, \cdots$.

$$T = \frac{1}{2}m_1(\dot{x}_1{}^2 + \dot{y}_1{}^2 + \dot{z}_1{}^2) + \sum_{i=2}^{n}\frac{m_i}{2}\{(\dot{x}_1 + \dot{x}_i')^2 + (\dot{y}_1 + \dot{y}_i')^2 + (\dot{z}_1 + \dot{z}_i')^2\}$$

$$U = U(x_2', y_2', z_2', \cdots, x_n', y_n', z_n')$$

H に x_1, y_1, z_1 は含まれていない．したがって $p_{x_1}, p_{y_1}, p_{z_1}$ は一定．

$$p_{x_1} = \frac{\partial T}{\partial \dot{x}_1} = m_1\dot{x}_1 + \sum_{i=2}^{n} m_i(\dot{x}_1 + \dot{x}_i') = \sum_{i=1}^{n} m_i\dot{x}_i = \text{一定}$$

これは質点系の運動量保存の法則にほかならない． ◆

例 2　外力の働かない質点系を，慣性系に対して一定の速度 $V_0(u_0, v_0, w_0)$ を持つ座標系からみるとき，この相対座標を一般座標として，ハミルトニアンを求めよ．

解　運動座標系の原点の座標を (x_0, y_0, z_0) とし，これに相対的な各質点の座標を x_i, y_i, z_i とする．運動エネルギーは静止座標系に対するものをとるべきであるから，

$$T = \sum_i \frac{1}{2} m_i\{(u_0 + \dot{x}_i)^2 + (v_0 + \dot{y}_i)^2 + (w_0 + \dot{z}_i)^2\}$$

$$p_{x_i} = \frac{\partial T}{\partial \dot{x}_i} = m_i(u_0 + \dot{x}_i)$$

$$p_{y_i} = \frac{\partial T}{\partial \dot{y}_i} = m_i(v_0 + \dot{y}_i)$$

$$p_{z_i} = \frac{\partial T}{\partial \dot{z}_i} = m_i(w_0 + \dot{z}_i)$$

$$\begin{aligned} H &= \sum_i (p_{x_i}\dot{x}_i + p_{y_i}\dot{y}_i + p_{z_i}\dot{z}_i) - T + U(x_1, y_1, z_1, \cdots, x_n, y_n, z_n) \\ &= \sum_i \frac{1}{2m_i}({p_{x_i}}^2 + {p_{y_i}}^2 + {p_{z_i}}^2) + U(x_1, y_1, z_1, \cdots, x_n, y_n, z_n) \\ &\qquad - \left(u_0\sum_i p_{x_i} + v_0\sum_i p_{y_i} + w_0\sum_i p_{z_i}\right) \end{aligned}$$

右辺の第 1 項は静止座標系からみた運動に対する運動エネルギーで，これと第 2 項とを加えたものは保存される．また，H は t を陽に含まないから，

$$H = \text{一定}$$

したがって，第 3 項は一定でなければならない．u_0, v_0, w_0 としては任意の値をとってもよいから，結局

$$\sum_i p_{x_i} = \text{一定}, \qquad \sum_i p_{y_i} = \text{一定}, \qquad \sum_i p_{z_i} = \text{一定}$$

となる． ◆

第14章　問題

1　外力を受けないで相互作用だけがある質点系の位置を円柱座標で表し，第1の質点の方位角を φ_1，他の質点の方位角は $\varphi_i' = \varphi_i - \varphi_1$ を使う．ハミルトニアンをつくり，φ_1 が循環座標であることから角運動量保存の法則を導け．

2　§13.5の説明にある帯電粒子のハミルトニアンをつくれ．

3　§13.1の注意にある相対論の力学でハミルトニアンをつくって，これが，運動エネルギー $m_0c^2\left(\dfrac{1}{\sqrt{1-\dfrac{V^2}{c^2}}}-1\right)$ と位置エネルギーとの和になっていることを確かめよ．

15 正準変換

§15.1 正準変換

§14.1ではラグランジュの運動方程式から出発して正準方程式を導いたのであるが，これをもう1度書けば

$$\left.\begin{aligned} &\frac{dq_r}{dt} = \frac{\partial H}{\partial p_r}, \qquad \frac{dp_r}{dt} = -\frac{\partial H}{\partial q_r} \\ &H = \sum p_r \dot{q}_r - L = H(p_1, \cdots, p_f, q_1, \cdots, q_f\,;\,t) \end{aligned}\right\} \tag{15.1-1}$$

である．他の一般化された座標と運動量を使い，これを $Q_1, Q_2, \cdots, Q_f, P_1, P_2, \cdots, P_f$ とすれば，(15.1-1) を導いたのとまったく同様にして，

$$\left.\begin{aligned} &\frac{dQ_r}{dt} = \frac{\partial \overline{H}}{\partial P_r}, \qquad \frac{dP_r}{dt} = -\frac{\partial \overline{H}}{\partial Q_r} \\ &\overline{H} = \sum P_r \dot{Q}_r - L = \overline{H}(P_1, \cdots, P_f, Q_1, \cdots, Q_f\,;\,t) \end{aligned}\right\} \tag{15.1-2}$$

となる．

これら2組の座標の間の関係を座標間だけと運動量間だけに別々に分けて，

$$q_1 = q_1(Q_1, \cdots, Q_f\,;\,t), \qquad \cdots, \qquad q_f = q_f(Q_1, \cdots, Q_f\,;\,t) \tag{15.1-3}$$

とし，これに対応する運動量 $p_1, \cdots, p_f$ と $P_1, \cdots, P_f$ の間の関係を

$$p_1 = p_1(P_1, \cdots, P_f\,;\,t), \qquad \cdots, \qquad p_f = p_f(P_1, \cdots, P_f\,;\,t) \tag{15.1-3$'$}$$

としよう．(15.1-1) と (15.1-2) とは別々にラグランジュの方程式から導き出

したと考えたのであるが，(15.1–1) に (15.1–3)，(15.1–3)′ の関係によって変数の変換を行って，(15.1–2) が導かれると考えてもよい．

いま1組の微分方程式があるとして，その変数に任意の変換を行って新しい変数に書き直すとき，はじめの変数による微分方程式の形が新しい変数についても成り立つということは一般にはいえないことである．(15.1–3) の変数変換によれば，新しい変数 $P_1, \cdots, P_f, Q_1, \cdots, Q_f$ についても，古い変数 $p_1, \cdots, p_f, q_1, \cdots, q_f$ について成り立つ (15.1–1) とまったく同じ形の方程式 (15.1–2) が成り立つことがわかる．(15.1–3)，(15.1–3)′ のような変換を**点変換**とよぶ．点変換では座標が座標に，運動量が運動量に変換されるのであるが，もっと一般的な変換

$$\left.\begin{aligned} q_1 &= q_1(P_1, \cdots, P_f, Q_1, \cdots, Q_f\,;\,t) \\ &\cdots\cdots \\ q_f &= q_f(P_1, \cdots, P_f, Q_1, \cdots, Q_f\,;\,t) \\ p_1 &= p_1(P_1, \cdots, P_f, Q_1, \cdots, Q_f\,;\,t) \\ &\cdots\cdots \\ p_f &= p_f(P_1, \cdots, P_f, Q_1, \cdots, Q_f\,;\,t) \end{aligned}\right\} \tag{15.1–4}$$

を考えよう．つまり，座標と運動量の区別をしないで，1組の正準変数から他の1組の正準変数への変換を考える．これによって (15.1–1) が (15.1–2) の形に変換されるための条件を求めることにする．

いま，ハミルトンの原理でも出てきた

$$\int_{t_1}^{t_2} L\,dt = \int_{t_1}^{t_2} \{\sum p_r \dot{q}_r - H(p, q\,;\,t)\}dt \tag{15.1–5}$$

という積分を考える．ハミルトンの原理では，$q_1, \cdots, q_f$ のつくる f 次元の空間でおのおのの t に対し $\delta q_1, \cdots, \delta q_f$ をとったので，これに対応して $\dot{q}_1, \cdots, \dot{q}_f$ の変分も自然にきまるのであるが，ここでは $p_1, \cdots, p_f, q_1, \cdots, q_f$ のつくる $2f$ 次元の空間で，これら $2f$ 個の変数の互いに独立な変分をとって

$$\delta\int_{t_1}^{t_2} L\,dt = 0$$

にならせることを考える．ただし，$t = t_1$ と $t = t_2$ とでは

$$\delta q_1 = 0, \quad \cdots, \quad \delta q_f = 0 \tag{15.1–6}$$

であるものとする．$p_1, \cdots, p_f$ についてはこのような条件はおかないことにする．

$$\delta\int_{t_1}^{t_2}\{\sum p_r\dot{q}_r - H(p, q\ ;\ t)\}dt = 0 \qquad (15.1\text{-}7)$$

この変分の問題についてのオイラーの微分方程式は,

$$\frac{d}{dt}\frac{\partial}{\partial\dot{q}_r}(\sum p_r\dot{q}_r - H) = \frac{\partial}{\partial q_r}(\sum p_r\dot{q}_r - H)$$

$$\frac{d}{dt}\frac{\partial}{\partial\dot{p}_r}(\sum p_r\dot{q}_r - H) = \frac{\partial}{\partial p_r}(\sum p_r\dot{q}_r - H)$$

はじめの式から

$$\frac{d}{dt}p_r = -\frac{\partial H}{\partial q_r}$$

あとの式から

$$0 = \dot{q}_r - \frac{\partial H}{\partial p_r}$$

となって，ちょうどハミルトンの正準方程式となる．したがって,

正準方程式（15.1-1）と変分の問題

$$\left.\begin{array}{r} \delta\int_{t_1}^{t_2}\{\sum p_r\dot{q}_r - H(p, q\ ;\ t)\}dt = 0 \\ p_r = p_r(t),\ \ q_r = q_r(t)\ \text{は互いに独立；} \\ t = t_1, t_2\ \text{で}\ \ \delta q_1 = \cdots = \delta q_f = 0 \end{array}\right\} \qquad (15.1\text{-}8)$$

とは同等であることになる．

それゆえ，（15.1-4）によって p, q と関係づけられる新しい変数 $P_1, \cdots, P_f, Q_1, \cdots, Q_f$ を使ったとき

$$\left.\begin{array}{r} \delta\int_{t_1}^{t_2}\{\sum P_r\dot{Q}_r - \overline{H}(P, Q\ ;\ t)\}dt = 0 \\ P_r = P_r(t),\ \ Q_r = Q_r(t)\ \text{は互いに独立；} \\ t = t_1, t_2\ \text{で}\ \ \delta Q_1 = \cdots = \delta Q_f = 0 \end{array}\right\} \qquad (15.1\text{-}9)$$

が成り立つならば P, Q に関して正準方程式が成り立つことになる．そのときのハミルトニアンは $\overline{H}$ である．そのためには

$$\sum_r p_r\dot{q}_r - H = \sum_r P_r\dot{Q}_r - \overline{H}$$

ならばもちろんよいのであるが，もっと一般には

$$\sum_r p_r \dot{q}_r - H(p, q\,;\,t) = \sum_r P_r \dot{Q}_r - \overline{H}(P, Q\,;\,t) + \frac{dF}{dt} \tag{15.1-10}$$

ただし，

$F = F(p_1, \cdots, p_f, q_1, \cdots, q_f, P_1, \cdots, P_f, Q_1, \cdots, Q_f\,;\,t)$

F の形は任意

を満足すればよい．(15.1-10) を t_1, t_2 の範囲で積分すれば

$$\int_{t_1}^{t_2}\left(\sum_r p_r \dot{q}_r - H\right)dt = \int_{t_1}^{t_2}\left(\sum_r P_r \dot{Q}_r - \overline{H}\right)dt + F(t_2) - F(t_1)$$

となる．F の中の $p_1, \cdots, p_f\,;\,P_1, \cdots, P_f$ を $q_1, \cdots, q_f\,;\,Q_1, \cdots, Q_f$ で表せば F は $q_1, \cdots, q_f\,;\,Q_1, \cdots, Q_f$ で表され，変分の問題の性質から $\delta F(t_2) = 0$，$\delta F(t_1) = 0$ となり，

$$\delta\int_{t_1}^{t_2}\left(\sum_r p_r \dot{q}_r - H\right)dt = \delta\int_{t_1}^{t_2}\left(\sum_r P_r \dot{Q}_r - \overline{H}\right)dt$$

となる．

(15.1-10) に dt を掛ければ

$$dF = \sum_r p_r dq_r - \sum_r P_r dQ_r - (H - \overline{H})dt \tag{15.1-11}$$

したがって

$$\left.\begin{aligned} p_r &= \frac{\partial}{\partial q_r}F(q_1, \cdots, q_f, Q_1, \cdots, Q_f\,;\,t) \\ P_r &= -\frac{\partial}{\partial Q_r}F(q_1, \cdots, q_f, Q_1, \cdots, Q_f\,;\,t) \\ H - \overline{H} &= -\frac{\partial}{\partial t}F(q_1, \cdots, q_f, Q_1, \cdots, Q_f\,;\,t) \end{aligned}\right\} \tag{15.1-11$'$}$$

となる．F は新旧両組の変数と t の任意の関数でよいが，いまいくつかの場合に分けて考えよう．(15.1-11) を満足する $(p_r, q_r) \to (P_r, Q_r)$ の変換を**正準変換**とよぶ．

(a)　$F = W(q_1, \cdots, q_f, Q_1, \cdots, Q_f\,;\,t)$ とおいた場合

(15.1-11)′ をそのまま書いて，

$$\left.\begin{aligned} p_r &= \frac{\partial}{\partial q_r} W(q_1, \cdots, q_f, Q_1, \cdots, Q_f\ ;\ t) \\ P_r &= -\frac{\partial}{\partial Q_r} W(q_1, \cdots, q_f, Q_1, \cdots, Q_f\ ;\ t) \\ \overline{H} &= H + \frac{\partial}{\partial t} W(q_1, \cdots, q_f, Q_1, \cdots, Q_f\ ;\ t) \end{aligned}\right\} \qquad (15.1\text{-}12)$$

となる．W が t を陽に含んでいないときは $\overline{H} = H$ である．

(b)　$F = W(q_1, \cdots, q_f, P_1, \cdots, P_f\ ;\ t) - \sum P_r Q_r$ の形になっているとき

(15.1-11) は

$$\sum_r \frac{\partial W}{\partial q_r} dq_r + \sum_r \frac{\partial W}{\partial P_r} dP_r + \frac{\partial W}{\partial t} dt - \sum_r P_r dQ_r - \sum_r Q_r dP_r$$
$$= \sum_r p_r dq_r - \sum_r P_r dQ_r - (H - \overline{H}) dt$$

これから

$$\left.\begin{aligned} p_r &= \frac{\partial}{\partial q_r} W(q_1, \cdots, q_f, P_1, \cdots, P_f\ ;\ t) \\ Q_r &= \frac{\partial}{\partial P_r} W(q_1, \cdots, q_f, P_1, \cdots, P_f\ ;\ t) \\ \overline{H} &= H + \frac{\partial}{\partial t} W(q_1, \cdots, q_f, P_1, \cdots, P_f\ ;\ t) \end{aligned}\right\} \qquad (15.1\text{-}13)$$

(c)　$F = W(Q_1, \cdots, Q_f, p_1, \cdots, p_f\ ;\ t) + \sum p_r q_r$ とおく

(b) と同様にして

$$\left.\begin{aligned} P_r &= -\frac{\partial}{\partial Q_r} W(Q_1, \cdots, Q_f, p_1, \cdots, p_f\ ;\ t) \\ q_r &= -\frac{\partial}{\partial p_r} W(Q_1, \cdots, Q_f, p_1, \cdots, p_f\ ;\ t) \\ \overline{H} &= H + \frac{\partial}{\partial t} W(Q_1, \cdots, Q_f, p_1, \cdots, p_f\ ;\ t) \end{aligned}\right\} \qquad (15.1\text{-}14)$$

(d)　$F = W(p_1, \cdots, p_f, P_1, \cdots, P_f\ ;\ t) - \sum P_r Q_r + \sum p_r q_r$ とおく

$$\left.\begin{aligned} Q_r &= \frac{\partial}{\partial P_r} W(p_1, \cdots, p_f, P_1, \cdots, P_f\ ;\ t) \\ q_r &= -\frac{\partial}{\partial p_r} W(p_1, \cdots, p_f, P_1, \cdots, P_f\ ;\ t) \\ \overline{H} &= H + \frac{\partial}{\partial t} W(p_1, \cdots, p_f, P_1, \cdots, P_f\ ;\ t) \end{aligned}\right\} \qquad (15.1\text{-}15)$$

以上の4つの場合をみると，F からは離れて，W を q, Q, p, P のうちの2つのものの任意の関数ととればよいことがわかる．符号がちょっと面倒であるが，q, P で微分するときは正，Q, p で微分するときが負であると記憶すればよい．W を正準変換の**母関数**とよぶ．

W に簡単な関数をとったときの正準変換の例を示そう．

（i）　$W = \sum q_r P_r$

$$p_r = \frac{\partial W}{\partial q_r} = P_r, \qquad Q_r = \frac{\partial W}{\partial P_r} = q_r$$

これは変数を変えないので**恒等変換**とよばれる．

（ii）　$W = p_x r\sin\theta\cos\varphi + p_y r\sin\theta\sin\varphi + p_z r\cos\theta$，$r, \theta, \varphi$：極座標

x, y, z を Q_1, Q_2, Q_3；r, θ, φ を q_1, q_2, q_3 とみなす．

$$x = \frac{\partial W}{\partial p_x} = r\sin\theta\cos\varphi$$

$$y = \frac{\partial W}{\partial p_y} = r\sin\theta\sin\varphi$$

$$z = \frac{\partial W}{\partial p_z} = r\cos\theta$$

$$p_r = \frac{\partial W}{\partial r} = p_x\sin\theta\cos\varphi + p_y\sin\theta\sin\varphi + p_z\cos\theta$$

$$p_\theta = \frac{\partial W}{\partial \theta} = p_x r\cos\theta\cos\varphi + p_y r\cos\theta\sin\varphi - p_z r\sin\theta$$

$$p_\varphi = \frac{\partial W}{\partial \varphi} = -p_x r\sin\theta\sin\varphi + p_y r\sin\theta\cos\varphi$$

（iii）　$W = \sum q_r Q_r$

$$p_r = \frac{\partial W}{\partial q_r} = Q_r, \qquad P_r = -\frac{\partial W}{\partial Q_r} = -q_r$$

この例では新しい変数の Q_r はもとの変数の運動量 p_r に等しい．また，新しい P_r はもとの座標 q_r の符号を変えたものになっている．

§15.2　ハミルトン-ヤコビの偏微分方程式

正準変換によって得られる新しいハミルトニアン $\overline{H}$ の関数形が，新しい変

数のどれかを含まないとか，定数になる場合などには正準方程式は簡単に積分できる．そのことは体系の運動の積分が定められるということである．

もっとも簡単になってしまうのは，$\overline{H}$ が0になってしまうときである．そのための母関数をさがそう．

$$W = W(q_1, \cdots, q_f, P_1, \cdots, P_f\,;\,t) \tag{15.2-1}$$

とする．正準変換の式は

$$p_r = \frac{\partial}{\partial q_r} W(q_1, \cdots, q_f, P_1, \cdots, P_f\,;\,t) \tag{15.2-2}$$

$$Q_r = \frac{\partial}{\partial P_r} W(q_1, \cdots, q_f, P_1, \cdots, P_f\,;\,t) \tag{15.2-3}$$

また，$\overline{H} = 0$ の条件として，

$$\frac{\partial}{\partial t} W(q_1, \cdots, q_f, P_1, \cdots, P_f\,;\,t) = -H(p_1, \cdots, p_f, q_1, \cdots, q_f\,;\,t) \tag{15.2-4}$$

$\overline{H} = 0$ であるから，

$$\frac{dP_r}{dt} = -\frac{\partial \overline{H}}{\partial Q_r} = 0. \qquad \therefore\ P_r = \text{一定} = \alpha_r \tag{15.2-5}$$

となる．(15.2-2) と (15.2-5) を (15.2-4) に代入すれば

$$\frac{\partial}{\partial t} W(q_1, \cdots, q_f, \alpha_1, \cdots, \alpha_f\,;\,t) + H\left(\frac{\partial W}{\partial q_1}, \cdots, \frac{\partial W}{\partial q_f}, q_1, \cdots, q_f\,;\,t\right) = 0 \tag{15.2-6}$$

となる．これが W の満足する方程式で，**ハミルトン-ヤコビの偏微分方程式**とよび，W を**ハミルトンの主関数**とよぶ．$\alpha_1, \cdots, \alpha_f$ はこの偏微分方程式の完全解の積分定数である．(15.2-6) で独立変数は $q_1, \cdots, q_f, t$ の $f+1$ 個であるから，積分定数は $f+1$ 個あるはずであるが，実際 $\alpha_1, \cdots, \alpha_f$ の他にもう1つ $W(q_1, \cdots, q_f, \alpha_1, \cdots, \alpha_f\,;\,t) + \alpha_{f+1}$ の形で付加される α_{f+1} という定数があることは (15.2-6) が W の微係数だけを含んでいることからわかる．

(15.2-5) でみるように P_r は一定であるが，同様に Q_r も一定である．つまり，新しい変数については積分がなされてしまって

$$P_r = \alpha_r, \qquad Q_r = \beta_r, \qquad \alpha_r, \beta_r : \text{定数}$$

となる．これを (15.2-2)，(15.2-3) に入れれば，もとの変数 p_r, q_r を時間の関

数として表すことができる．つまり，

$$\left.\begin{aligned} p_r &= \frac{\partial}{\partial q_r} W(q_1, \cdots, q_f, \alpha_1, \cdots, \alpha_f\ ;\ t) \\ \beta_r &= \frac{\partial}{\partial \alpha_r} W(q_1, \cdots, q_f, \alpha_1, \cdots, \alpha_f\ ;\ t) \end{aligned}\right\} \tag{15.2-7}$$

微分方程式（15.2-6）は $H(p, q\ ;\ t)$ の形さえわかっていればすぐにつくることができるのであるが，これを解くことが力学の問題を解くことになる．

H が t を陽に含まないときには，（15.2-6）は

$$\frac{\partial W}{\partial t} + H\left(\frac{\partial W}{\partial q_1}, \cdots, \frac{\partial W}{\partial q_f}, q_1, \cdots, q_f\right) = 0 \tag{15.2-8}$$

となるが，このような場合には

$$W = \Theta(t) + S(q_1, q_2, \cdots, q_f) \tag{15.2-9}$$

とおく．$\Theta(t)$ は t だけの関数で，S は t を陽に含まないものとする．（15.2-8）に代入すれば

$$\frac{d\Theta}{dt} + H\left(\frac{\partial S}{\partial q_1}, \cdots, \frac{\partial S}{\partial q_f}, q_1, \cdots, q_f\right) = 0$$

第1項は t だけの関数，第2項は $q_1, \cdots, q_f$ の関数で t を含まないから，この式が $t, q_1, \cdots, q_f$ の値にかかわらず成り立つためには，おのおのが定数でなければならない．したがって，

$$\frac{d\Theta}{dt} = \text{定数} = -E. \qquad \therefore\ \Theta = -Et + \text{定数} \tag{15.2-10}$$

また，S は

$$H\left(\frac{\partial S}{\partial q_1}, \cdots, \frac{\partial S}{\partial q_f}, q_1, \cdots, q_f\right) = E \tag{15.2-11}$$

から求められる．この解には付加定数がつくが，これを除いた他の定数を $\alpha_2, \cdots, \alpha_f$ とすれば

$$S = S(q_1, q_2, \cdots, q_f, \alpha_2, \cdots, \alpha_f)$$

となり，

$$W = -Et + S(q_1, q_2, \cdots, q_f, \alpha_2, \cdots, \alpha_f) \tag{15.2-12}$$

となる．

ところで，実際に（15.2-11）を解くとき，変数分離の方法を使うのがふつう

であるが，そのようなとき，付加的な定数を考えなくても，f 個の積分定数 $\alpha_1, \cdots, \alpha_f$ を使ったほうが便利なことがよくある．そのようなときには一応，$E, \alpha_1, \alpha_2, \cdots, \alpha_f$ の $f+1$ 個の積分定数（付加的でない定数）を考え，その上で，E と $\alpha_1, \alpha_2, \cdots, \alpha_f$ の間に1つの関係があると考えればよい．

$$E = E(\alpha_1, \alpha_2, \cdots, \alpha_f) \tag{15.2-13}$$

（この特別な場合として $E = \alpha_1$ とおけば，余分の定数を使わなかったことになる．）結局，(15.2-8) の完全解は

$$\left.\begin{aligned} W &= -Et + S(q_1, q_2, \cdots, q_f, \alpha_1, \alpha_2, \cdots, \alpha_f) \\ E &= E(\alpha_1, \alpha_2, \cdots, \alpha_f) \end{aligned}\right\} \tag{15.2-14}$$

となる．

これを (15.2-2)，(15.2-3) に入れ，$P_r = \alpha_r$，$Q_r = \beta_r$ とおけば，

$$p_r = \frac{\partial S}{\partial q_r}, \qquad \beta_r = -\frac{\partial E}{\partial \alpha_r}t + \frac{\partial S}{\partial \alpha_r} \tag{15.2-15}$$

(15.2-15) の第2式は $q_1, q_2, \cdots, q_f$ と t の関係を与えるものであり，第1の式は $p_1, p_2, \cdots, p_f$ と t との関係を与える．

E と $\alpha_1, \alpha_2, \cdots, \alpha_f$ との関係は上に述べたように $E = \alpha_1$ にとることもあるが，$E = \alpha_1 + \alpha_2 + \cdots + \alpha_f$ととることも多い．

（i）　$E = \alpha_1$ とおく場合

(15.2-15) は

$$\left.\begin{aligned} &\frac{\partial S}{\partial E} = t + \beta_1, \qquad \frac{\partial S}{\partial \alpha_2} = \beta_2, \qquad \cdots, \qquad \frac{\partial S}{\partial \alpha_f} = \beta_f \\ &p_1 = \frac{\partial S}{\partial q_1}, \qquad p_2 = \frac{\partial S}{\partial q_2}, \qquad \cdots, \qquad p_f = \frac{\partial S}{\partial q_f} \end{aligned}\right\} \tag{15.2-16}$$

(15.2-16) の最初の群の第1の式は時間と運動との関係を与えるが，その他の式は t を含んでいないから軌道を与え，また第2の群が運動量を与えることはもちろんである．

（ii）　$E = \alpha_1 + \alpha_2 + \cdots + \alpha_f$ の場合

$$\frac{\partial S}{\partial \alpha_1} = t + \beta_1, \qquad \frac{\partial S}{\partial \alpha_2} = t + \beta_2, \qquad \cdots, \qquad \frac{\partial S}{\partial \alpha_f} = t + \beta_f \tag{15.2-17}$$

$$p_1 = \frac{\partial S}{\partial q_1}, \quad p_2 = \frac{\partial S}{\partial q_2}, \quad \cdots, \quad p_f = \frac{\partial S}{\partial q_f} \qquad (15.2\text{-}18)$$

となり，(15.2-17) のどれにも t が入っているが形は対称的になっていることが場合によって便利なことになる．

H が t を陽に含んでいないときには，$S(q_1, q_2, \cdots, q_f, E, \alpha_1, \cdots, \alpha_f)$ がわかれば (15.2-6) を解いて W を求めないでも，(15.2-11) を解いて S を求めればよい．(15.2-11) も**ハミルトン-ヤコビ (H-J) の偏微分方程式**とよばれる．

例1　質点に力が作用しないときのハミルトン-ヤコビの偏微分方程式を解け．

解　ハミルトニアンは

$$H = \frac{1}{2m}(p_x{}^2 + p_y{}^2 + p_z{}^2)$$

したがって，H-J 偏微分方程式は

$$\frac{\partial W}{\partial t} + \frac{1}{2m}\left\{\left(\frac{\partial W}{\partial x}\right)^2 + \left(\frac{\partial W}{\partial y}\right)^2 + \left(\frac{\partial W}{\partial z}\right)^2\right\} = 0$$

これを解くために，

$$W = \Theta(t) + X(x) + Y(y) + Z(z)$$

とおけば

$$\frac{d\Theta}{dt} + \frac{1}{2m}\left\{\left(\frac{dX}{dx}\right)^2 + \left(\frac{dY}{dy}\right)^2 + \left(\frac{dZ}{dz}\right)^2\right\} = 0$$

したがって

$$\frac{d\Theta}{dt} = 定数 = -E, \quad \frac{dX}{dx} = 定数 = a, \quad \frac{dY}{dy} = 定数 = b, \quad \frac{dZ}{dz} = 定数 = c$$

ただし，

$$E = \frac{1}{2m}(a^2 + b^2 + c^2)$$

$$\therefore \; W = -Et + ax + by + cz$$

(15.2-7) により $\partial W/\partial a = 定数$，$\partial W/\partial b = 定数$，$\partial W/\partial c = 定数$．したがって，

$$-\frac{a}{m}t + x = 定数$$

これを

$$x = u_0 t + x_0$$

と書く．y, z についても同様に

$$y = v_0 t + y_0, \qquad z = w_0 t + z_0$$

つまり，質点は一直線上を一定速度で運動する．なお（15.2-2）によれば

$$p_x = \frac{\partial W}{\partial x} = a = mu_0, \qquad p_y = mv_0, \qquad p_z = mw_0 \qquad \blacklozenge$$

注意　（15.2-11），（15.2-15），（15.2-16）を使う方法でも試みよ．

例2　1つの質点が定点を中心とする中心力場（ポテンシャル $= V(r)$）を受けながら運動するときのハミルトン-ヤコビの偏微分方程式をつくり，これを解いて運動を求めよ．

解　ハミルトニアンは，極座標を使って，

$$H = \frac{1}{2m}\left(p_r{}^2 + \frac{1}{r^2}p_\theta{}^2 + \frac{1}{r^2\sin^2\theta}p_\varphi{}^2\right) + V(r)$$

φ は循環座標であるから，$p_\varphi =$ 一定 $= \alpha_\varphi$．それゆえ，$\partial S/\partial\varphi = \alpha_\varphi$．これから S の φ による部分は $\alpha_\varphi\varphi$ となる．S を $S(r, \theta) + \alpha_\varphi\varphi$ と書けば，$S(r, \theta)$ の満たす方程式は

$$\frac{1}{2m}\left\{\left(\frac{\partial S}{\partial r}\right)^2 + \frac{1}{r^2}\left(\frac{\partial S}{\partial\theta}\right)^2 + \frac{\alpha_\varphi{}^2}{r^2\sin^2\theta}\right\} + V(r) = E$$

$S = R(r) + \Theta(\theta)$ とおいて，

$$\frac{1}{2m}\left\{\left(\frac{dR}{dr}\right)^2 + \frac{1}{r^2}\left(\frac{d\Theta}{d\theta}\right)^2 + \frac{\alpha_\varphi{}^2}{r^2\sin^2\theta}\right\} + V(r) = E$$

r による部分と θ による部分とを分けるため，r^2 を掛ければ，

$$\frac{1}{2m}r^2\left(\frac{dR}{dr}\right)^2 - \{E - V(r)\}r^2 + \frac{1}{2m}\left\{\left(\frac{d\Theta}{d\theta}\right)^2 + \frac{\alpha_\varphi{}^2}{\sin^2\theta}\right\} = 0$$

したがって

$$\left(\frac{d\Theta}{d\theta}\right)^2 + \frac{\alpha_\varphi{}^2}{\sin^2\theta} = \text{一定} = \alpha_\theta{}^2$$

$$\left(\frac{dR}{dr}\right)^2 = 2m\{E - V(r)\} - \frac{\alpha_\theta{}^2}{r^2}$$

それゆえ，

$$\Theta = \pm\int\sqrt{\alpha_\theta{}^2 - \frac{\alpha_\varphi{}^2}{\sin^2\theta}}\,d\theta, \qquad R = \pm\int\sqrt{2m\{E - V(r)\} - \frac{\alpha_\theta{}^2}{r^2}}\,dr$$

で

$$S = \pm\int\sqrt{2m\{E - V(r)\} - \frac{\alpha_\theta{}^2}{r^2}}\,dr \pm \int\sqrt{\alpha_\theta{}^2 - \frac{\alpha_\varphi{}^2}{\sin^2\theta}}\,d\theta + \alpha_\varphi\cdot\varphi$$

となる．それゆえ（15.2-16）によって $(\alpha_1 = E)$,

$$\pm\int\frac{m\,dr}{\sqrt{2m\{E - V(r)\} - \alpha_\theta{}^2/r^2}} = t + \beta_1 = t - t_0 \tag{1}$$

$$\mp\int\frac{1}{\sqrt{\alpha_\theta{}^2 - \alpha_\varphi{}^2/\sin^2\theta}}\frac{\alpha_\varphi}{\sin^2\theta}\,d\theta + \varphi = \beta_2 = \varphi_0 \tag{2}$$

$$\mp\int\frac{\alpha_\theta}{\sqrt{2m\{E - V(r)\} - \alpha_\theta{}^2/r^2}}\frac{dr}{r^2} \pm \int\frac{\alpha_\theta\,d\theta}{\sqrt{\alpha_\theta{}^2 - \alpha_\varphi{}^2/\sin^2\theta}} = \beta_3 \tag{3}$$

となる．

θ と φ との関係の式（2）は $V(r)$ を含んでいないから，中心力でさえあればいつもこの式が出てくる．$d\theta/d\varphi < 0$ の場合を考えれば，

$$\varphi - \varphi_0 = -\int\frac{\alpha_\varphi\,\mathrm{cosec}^2\theta}{\sqrt{\alpha_\theta{}^2 - \alpha_\varphi{}^2(1 + \cot^2\theta)}}\,d\theta = -\int\frac{\alpha_\varphi\,\mathrm{cosec}^2\theta}{\sqrt{\alpha_\theta{}^2 - \alpha_\varphi{}^2 - \alpha_\varphi{}^2\cot^2\theta}}\,d\theta$$

$$= \sin^{-1}\left(\frac{\alpha_\varphi}{\sqrt{\alpha_\theta{}^2 - \alpha_\varphi{}^2}}\cot\theta\right)$$

したがって，$\sin(\varphi - \varphi_0) = \dfrac{\alpha_\varphi}{\sqrt{\alpha_\theta{}^2 - \alpha_\varphi{}^2}}\cot\theta$ となる．左辺を展開し全体に $r\sin\theta$ を掛ければ

$$x\sin\varphi_0 - y\cos\varphi_0 + \frac{\alpha_\varphi}{\sqrt{\alpha_\theta{}^2 - \alpha_\varphi{}^2}}z = 0$$

これは原点を通る平面で，その法線の方向比は $\sin\varphi_0 : -\cos\varphi_0 : \dfrac{\alpha_\varphi}{\sqrt{\alpha_\theta{}^2 - \alpha_\varphi{}^2}}$ であり，したがって，z 軸とつくる角 i の cos は

$$\cos i = \frac{\alpha_\varphi/\sqrt{\alpha_\theta{}^2 - \alpha_\varphi{}^2}}{\sqrt{\sin^2\varphi_0 + \cos^2\varphi_0 + \alpha_\varphi{}^2/(\alpha_\theta{}^2 - \alpha_\varphi{}^2)}} = \frac{\alpha_\varphi}{\alpha_\theta}$$

質点はこのような一平面内で運動することがわかる．（3）は軌道を与える式で，その左辺の第2項は

$$-\int\frac{\alpha_\theta\,d\theta}{\sqrt{\alpha_\theta{}^2 - \alpha_\varphi{}^2/\sin^2\theta}} = \sin^{-1}\left(\frac{\alpha_\theta\cos\theta}{\sqrt{\alpha_\theta{}^2 - \alpha_\varphi{}^2}}\right) = \sin^{-1}\left(\frac{\cos\theta}{\sin i}\right) \tag{4}$$

であるが，15.2-1図のように，軌道面と (x, y) 平面との交線 OK から測った，

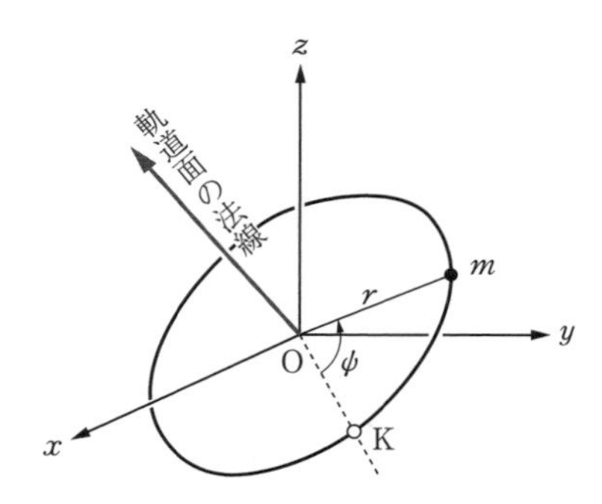

15.2-1 図

動径が軌道面内で描いた角を ψ とすれば，球面三角の公式により，

$$\sin\psi = \frac{\alpha_\theta \cos\theta}{\sqrt{{\alpha_\theta}^2 - {\alpha_\varphi}^2}} = \frac{\cos\theta}{\sin i}$$

となるので，(4) の値は ψ となる．したがって (3) は

$$\pm\int \frac{\alpha_\theta}{\sqrt{2m\{E - V(r)\} - {\alpha_\theta}^2/r^2}} \frac{dr}{r^2} = \psi - \psi_0$$

となり，$V(r)$ が与えられていれば，これが軌道面内にとった極座標 r, ψ に対する軌道の方程式となるのである．(1) はもちろん時間との関係をみるのに使われる．万有引力の場合には $V(r) = -GMm/r$ とおけば，よく知られているように円錐曲線の式が得られる．◆

§15.3　正準変数としてのエネルギーと時間

いままで正準変数 $p_1, p_2, \cdots, p_f, q_1, q_2, \cdots, q_f$ は時間の関数として扱ってきたのであって，時間 t は p_r や q_r と別の立場にあったのであるが，つぎにこの t も正準変数の仲間に入れ，その正準共役な量を求め，他の変数に対して持っていた特別な立場を除くことを考えよう．

ハミルトンの正準方程式 (15.1-1) は変分原理 (15.1-8) と同等なのであるが，(15.1-8) の変分をとる式は

$$\delta\int_{t_1}^{t_2} (\sum p_r \dot{q}_r - E)dt = 0 \qquad (15.3\text{-}1)$$

ただし，

$$E = H(p_1, \cdots, p_f, q_1, \cdots, q_f\ ;\ t) \tag{15.3-2}$$

のように2つの式に分けて考えることができる．t も p や q と同様の扱いを受けさせるため，他に1つのパラメター τ を考え，p, q, t が τ の関数であるとする．(15.3-1)，(15.3-2) は

$$\delta\int_{\tau_1}^{\tau_2}\left(\sum p_r \frac{dq_r}{d\tau} - E\frac{dt}{d\tau}\right)d\tau = 0 \tag{15.3-3}$$

ただし，

$$E = H(p, q\ ;\ t) \tag{15.3-4}$$

となる．(15.3-3) の $p_r \dfrac{dq_r}{d\tau}$ と $(-E)\dfrac{dt}{d\tau}$ とは同じような形をしているので，t を正準変数の q の仲間に入れて q_{f+1} とし，$-E$ を p_{f+1} とおけば，(15.3-3)，(15.3-4) は

$$\delta\int_{\tau_1}^{\tau_2}\left(\sum_{r=1}^{f+1} p_r \frac{dq_r}{d\tau}\right)d\tau = 0 \tag{15.3-5}$$

ただし，

$$H + p_{f+1} = 0 \tag{15.3-6}$$

となる．(15.3-6) の左辺は $p_1, p_2, \cdots, p_{f+1}, q_1, q_2, \cdots, q_{f+1}$ の関数であるから，これを

$$F(p_1, \cdots, p_f, p_{f+1}, q_1, \cdots, q_f, q_{f+1}) \equiv H + p_{f+1} = 0 \tag{15.3-6$'$}$$

とおけば，問題は (15.3-6)$'$ という条件つきで

$$\int_{\tau_1}^{\tau_2}\left(\sum_{r=1}^{f+1} p_r \frac{dq_r}{d\tau}\right)d\tau$$

の変分を0にするという問題になる．ラグランジュの未定乗数の方法にしたがい，(15.3-6)$'$ の δ をとって τ で積分し，それに未定乗数 λ を掛けて (15.3-5) から引く．

$$\delta\int_{\tau_1}^{\tau_2}\left(\sum_{r=1}^{f+1} p_r \frac{dq_r}{d\tau} - \lambda F\right)d\tau = 0 \tag{15.3-7}$$

こうすれば $p_1, \cdots, p_{f+1}, q_1, \cdots, q_{f+1}$ は仮にそれらが独立であるかのようにその変分をとってよい．

$$\tau = \tau_1, \tau_2 \quad で \qquad \delta q_1 = 0, \qquad \cdots, \qquad \delta q_{f+1} = 0$$

とすれば，(15.3-7) についてのオイラーの微分方程式として，

$$0=\frac{dq_r}{d\tau}-\lambda\frac{\partial F}{\partial p_r},\qquad \frac{dp_r}{d\tau}=-\lambda\frac{\partial F}{\partial q_r}\qquad (r=1,\cdots,f+1) \tag{15.3-8}$$

となる．(15.3-8) のはじめのほうの式で $r=f+1$ とれば，$q_{f+1}=t$，$p_{f+1}=-E$ であるから，(15.3-6)′ によって

$$\lambda=\frac{dt}{d\tau} \tag{15.3-9}$$

となる．これが未定乗数 λ の持つ意味を与えている．そうすると，(15.3-8) の第1，第2式で $r=1,\cdots,f$ の場合には

$$\frac{dq_r}{dt}=\frac{\partial H}{\partial p_r},\qquad \frac{dp_r}{dt}=-\frac{\partial H}{\partial q_r}\qquad (r=1,\cdots,f) \tag{15.3-10}$$

となって通常の正準方程式に一致し，(15.3-8) の第2の式で $r=f+1$ に対しては

$$\frac{dE}{dt}=\frac{\partial H}{\partial t} \tag{15.3-11}$$

となる．H が t を含まないときには $E=$ 一定 になる．このように

時間 t とエネルギーの符号を変えた $-E$ とは互いに正準共役な変数と考えることができる

ことがわかる．このことは量子論でよく使われることである．*

§15.4　正準変換の不変量　ポアッソンの括弧式

(a)　積分不変量

体系の状態を記述するための正準変数としては，理論を構成するため，また

---

* 量子論で波動方程式を求めるとき，$p_x\rightarrow\dfrac{h}{2\pi i}\dfrac{\partial}{\partial x}$（$h$ はプランクの定数）などのおきかえを行うとき，E は $E\rightarrow-\dfrac{h}{2\pi i}\dfrac{\partial}{\partial t}$ とおきかえるのであるが，これは形式的には§15.3の古典理論に平行した扱い方である．

便宜のためいろいろな組の正準変数を使うことはいままで学んできたところである．任意の1つの組から他の任意の組に変換するときに，正準変数を使って与えられる1つの量の値が不変に保たれるときこの量を**不変量**とよぶ．考えている体系について物理的に本質的なものをつかまえるのには，たまたま採用している変数の組にはよらない不変量をつかまえておくことは大切である．これから学ぶ不変量は Poincaré（ポアンカレ）によって天体力学の研究で論じられたもので，ポアンカレの積分不変量とよばれているものである．

正準変換で変数 $p_1, \cdots, p_f, q_1, \cdots, q_f$ から他の新しい変数 $P_1, \cdots, P_f, Q_1, \cdots, Q_f$ に移るとき，母関数を $q_1, \cdots, q_f, Q_1, \cdots, Q_f$ の関数と考えて $W(q_1, \cdots, q_f, Q_1, \cdots, Q_f\,;\,t)$ とすれば，(15.1-12) によって

$$\left.\begin{aligned} p_r &= \frac{\partial}{\partial q_r} W(q_1, \cdots, q_f, Q_1, \cdots, Q_f\,;\,t) \\ P_r &= -\frac{\partial}{\partial Q_r} W(q_1, \cdots, q_f, Q_1, \cdots, Q_f\,;\,t) \end{aligned}\right\} \qquad (15.4\text{-}1)$$

である．

いま，$(q_1, \cdots, q_f)$ 空間で任意の曲線を考え，それに沿っての q の微小変化を $dq_1, \cdots, dq_f$ とし，それに対応する $(Q_1, \cdots, Q_f)$ 空間での Q の微小変化を $dQ_1, \cdots, dQ_f$ とする．$dq_1, \cdots, dq_f\,;\,dQ_1, \cdots, dQ_f$ は体系の時間的経過に対する微小変化を意味するものでなく，体系の可能な変化を意味し，$\delta q_1, \cdots, \delta q_f\,;\,\delta Q_1, \cdots, \delta Q_f$ のように δ を使うべきであるが，q 空間，Q 空間の対応する積分路の微分を考える意味で d を使うことにする．(15.4-1) により

$$\sum_r (p_r\,dq_r - P_r\,dQ_r) = \sum_r \left(\frac{\partial W}{\partial q_r}\,dq_r + \frac{\partial W}{\partial Q_r}\,dQ_r\right) = dW \qquad (15.4\text{-}2)$$

となる．この式は (15.4-1) と同じ内容のものである．

(15.4-2) を q 空間の1つの閉曲線と，これに対応する Q 空間の閉曲線に沿って加え合わせれば（積分すれば）結果は0となるから

$$\oint \sum_r p_r\,dq_r = \oint \sum_r P_r\,dQ_r \qquad (15.4\text{-}3)$$

となる．このように $\oint \sum_r p_r\,dq_r$ という量は p_r, q_r の代りに他の正準変数を持っ

てきてもその値は変わらない．積分が閉曲線でなされるときだけこのような関係が成り立つので，$\oint \sum_r p_r dq_r$ という量を**相対不変量**とよぶ．ポアンカレの相対不変量とよぶこともある．

つぎに $(p_1, p_2, \cdots, p_f, q_1, q_2, \cdots, q_f)$ の $2f$ 個の変数を座標とする空間を考え，その中に 2 次元の表面を考える．そのような表面は 2 個の変数 u, v をパラメターとして

$$\left.\begin{array}{lll} p_1 = p_1(u, v), & \cdots, & p_f = p_f(u, v) \\ q_1 = q_1(u, v), & \cdots, & q_f = q_f(u, v) \end{array}\right\} \tag{15.4-4}$$

で u, v をいろいろと動かせば得られる．15.4-1 図に (u, v) 平面の領域 D に対する (p, q) 平面，(P, Q) 平面の領域 $D_{p,q}$, $D_{P,Q}$ を示す．

その表面の任意の部分について

$$J_1 = \iint \sum_r dp_r dq_r = \iint \sum_r \begin{vmatrix} \dfrac{\partial q_r}{\partial u} & \dfrac{\partial p_r}{\partial u} \\ \dfrac{\partial q_r}{\partial v} & \dfrac{\partial p_r}{\partial v} \end{vmatrix} du\, dv \tag{15.4-5}$$

という積分を考えよう．この部分に対応する (P, Q) 空間内の表面部分を考え

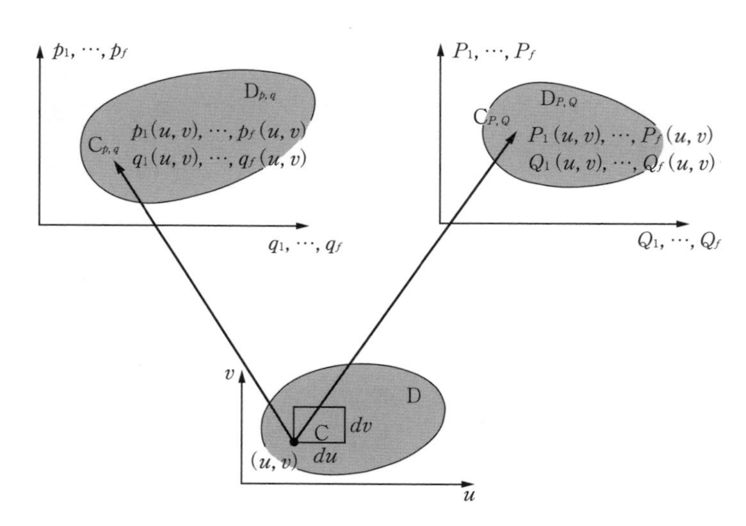

15.4-1 図　点 C が (u, v) 空間内で領域 D を動き回れば，これに相当する点 $C_{p,q}$, $C_{P,Q}$ は 2 次元の超表面 $D_{p,q}$, $D_{P,Q}$ 上を動き回る．

れば

$$J_1' = \iint \sum_r dP_r dQ_r = \iint \sum_r \begin{vmatrix} \dfrac{\partial Q_r}{\partial u} & \dfrac{\partial P_r}{\partial u} \\ \dfrac{\partial Q_r}{\partial v} & \dfrac{\partial P_r}{\partial v} \end{vmatrix} du\,dv \qquad (15.4\text{–}5)'$$

となる．$J_1 = J_1'$ であることを証明しよう．$(p, q) \to (P, Q)$ の変換の母関数を $W(q_1, \cdots, q_f, P_1, \cdots, P_f\,;\,t)$ とすれば，(15.1–13) によって，

$$p_r = \frac{\partial W}{\partial q_r}, \qquad Q_r = \frac{\partial W}{\partial P_r} \qquad (15.4\text{–}6)$$

であるから，この第1の関係式を使えば，

$$\sum_r \begin{vmatrix} \dfrac{\partial q_r}{\partial u} & \dfrac{\partial p_r}{\partial u} \\ \dfrac{\partial q_r}{\partial v} & \dfrac{\partial p_r}{\partial v} \end{vmatrix} = \sum_r \begin{vmatrix} \dfrac{\partial q_r}{\partial u} & \sum_s \left(\dfrac{\partial^2 W}{\partial q_r \partial q_s} \dfrac{\partial q_s}{\partial u} + \dfrac{\partial^2 W}{\partial q_r \partial P_s} \dfrac{\partial P_s}{\partial u} \right) \\ \dfrac{\partial q_r}{\partial v} & \sum_s \left(\dfrac{\partial^2 W}{\partial q_r \partial q_s} \dfrac{\partial q_s}{\partial v} + \dfrac{\partial^2 W}{\partial q_r \partial P_s} \dfrac{\partial P_s}{\partial v} \right) \end{vmatrix}$$

$$= \sum_{r,s} \frac{\partial^2 W}{\partial q_r \partial q_s} \begin{vmatrix} \dfrac{\partial q_r}{\partial u} & \dfrac{\partial q_s}{\partial u} \\ \dfrac{\partial q_r}{\partial v} & \dfrac{\partial q_s}{\partial v} \end{vmatrix} + \sum_{r,s} \frac{\partial^2 W}{\partial q_r \partial P_s} \begin{vmatrix} \dfrac{\partial q_r}{\partial u} & \dfrac{\partial P_s}{\partial u} \\ \dfrac{\partial q_r}{\partial v} & \dfrac{\partial P_s}{\partial v} \end{vmatrix}$$

この式の第1項の $\sum$ の中には r と s を交換した対があるが，それらは符号が逆であるから0となる．したがって，

$$\sum_r \begin{vmatrix} \dfrac{\partial q_r}{\partial u} & \dfrac{\partial p_r}{\partial u} \\ \dfrac{\partial q_r}{\partial v} & \dfrac{\partial p_r}{\partial v} \end{vmatrix} = \sum_{r,s} \frac{\partial^2 W}{\partial q_r \partial P_s} \begin{vmatrix} \dfrac{\partial q_r}{\partial u} & \dfrac{\partial P_s}{\partial u} \\ \dfrac{\partial q_r}{\partial v} & \dfrac{\partial P_s}{\partial v} \end{vmatrix}$$

また，(15.4–6) の第2の関係式を使って，

$$\sum_r \begin{vmatrix} \dfrac{\partial Q_r}{\partial u} & \dfrac{\partial P_r}{\partial u} \\ \dfrac{\partial Q_r}{\partial v} & \dfrac{\partial P_r}{\partial v} \end{vmatrix} = \sum_{r,s} \frac{\partial^2 W}{\partial q_s \partial P_r} \begin{vmatrix} \dfrac{\partial q_s}{\partial u} & \dfrac{\partial P_r}{\partial u} \\ \dfrac{\partial q_s}{\partial v} & \dfrac{\partial P_r}{\partial v} \end{vmatrix}$$

したがって，

$$\sum_r \begin{vmatrix} \dfrac{\partial q_r}{\partial u} & \dfrac{\partial p_r}{\partial u} \\ \dfrac{\partial q_r}{\partial v} & \dfrac{\partial p_r}{\partial v} \end{vmatrix} = \sum_r \begin{vmatrix} \dfrac{\partial Q_r}{\partial u} & \dfrac{\partial P_r}{\partial u} \\ \dfrac{\partial Q_r}{\partial v} & \dfrac{\partial P_r}{\partial v} \end{vmatrix} \qquad (15.4\text{–}7)$$

これと (15.4-5), (15.4-5)′ とから

$$J_1 = \iint \sum_r dp_r dq_r$$

は正準変換に対する不変量であることがわかる．まったく同様にして

$$J_2 = \iiiint \sum dp_r dp_s dq_r dq_s \qquad (\Sigma \text{ は } r, s \text{ の組につき加える})$$

なども，また最後に，

$$J_f = \int \cdots \int dp_1 \cdots dp_f dq_1 \cdots dq_f$$

も正準変換に対して不変量であることがわかる．これらの積分の不変量は，積分範囲にはよらないから**絶対不変量**とよぶ．

(b)　ラグランジュの括弧式

(15.4-7) の左辺を

$$\{u, v\}_{p,q} = \sum_r \left(\frac{\partial q_r}{\partial u} \frac{\partial p_r}{\partial v} - \frac{\partial p_r}{\partial u} \frac{\partial q_r}{\partial v} \right)$$

右辺を

$$\{u, v\}_{P,Q} = \sum_r \left(\frac{\partial Q_r}{\partial u} \frac{\partial P_r}{\partial v} - \frac{\partial P_r}{\partial u} \frac{\partial Q_r}{\partial v} \right)$$

と書こう．括弧の右下に p, q とか P, Q とか書いたのは使っている正準変数を書いたものである．ところで (15.4-7) によれば，これらの変数の組が正準変数であれば値が等しい．したがって，p, q とか P, Q とかの但(ただ)し書きは不要であるから

$$\{u, v\} = \sum_r \left(\frac{\partial q_r}{\partial u} \frac{\partial p_r}{\partial v} - \frac{\partial p_r}{\partial u} \frac{\partial q_r}{\partial v} \right) \tag{15.4-8}$$

(15.4-8)*

と書くことにする．すなわち，

$\{u, v\}$ は正準変換に対する不変量（の 1 つ）である．

＊　ラグランジュの括弧式を扱う場合，正準変数を使っているかぎりこれを明示する必要はないが，時によっては $\{u, v\}_{p,q}$, $\{u, v\}_{P,Q}$ のように書いて扱うと，いま何をしているのかが明らかになって都合のよいこともある．

これを**ラグランジュの括弧式**とよぶ．(15.4-8) の定義から

$$\{v, u\} = -\{u, v\}, \quad \{u, u\} = 0, \quad \{u, c\} = 0, \quad c：定数 \tag{15.4-9}$$

であることはすぐわかる．

(15.4-4) で考えた2次元の (u, v) 面として q_r, q_s のつくる座標面を考える．$q_r = u$，$q_s = v$ ととることにあたる（他の変数は一定）．そうすると

$$\{q_r, q_s\} = 0, \quad 同様に \quad \{p_r, p_s\} = 0$$

また，$q_r = u$，$p_s = v$ とすれば

$$\{q_r, p_s\} = \delta_{rs} \text{ **} \tag{15.4-10}$$

p, q から正準変換で移る正準変数 $P_1, \cdots, P_f, Q_1, \cdots, Q_f$ に対しても，括弧式の不変性から

$$\{Q_r, Q_s\}_{p,q} = \{Q_r, Q_s\}_{P,Q} = 0, \quad \{P_r, P_s\}_{p,q} = \{P_r, P_s\}_{P,Q} = 0,$$
$$\{Q_r, P_s\}_{p,q} = \{Q_r, P_s\}_{P,Q} = \delta_{rs}$$

つまり

$$\{P_r, P_s\} = 0, \quad \{Q_r, Q_s\} = 0, \quad \{Q_r, P_s\} = \delta_{rs} \tag{15.4-11}$$

となる．

逆に $p_1, \cdots, p_f, q_1, \cdots, q_f$ の任意の関数 $P_1, \cdots, P_f, Q_1, \cdots, Q_f$ をとるとき，(15.4-11) が成り立つならば，それらの P, Q は p, q から正準変換によって得られるものであることを証明できる．何となれば，(15.4-11) を書き下すと

$$\sum_m \left(\frac{\partial q_m}{\partial P_r} \frac{\partial p_m}{\partial P_s} - \frac{\partial p_m}{\partial P_r} \frac{\partial q_m}{\partial P_s} \right) = 0$$

$$\sum_m \left(\frac{\partial q_m}{\partial Q_r} \frac{\partial p_m}{\partial Q_s} - \frac{\partial p_m}{\partial Q_r} \frac{\partial q_m}{\partial Q_s} \right) = 0$$

$$\sum_m \left(\frac{\partial q_m}{\partial Q_r} \frac{\partial p_m}{\partial P_s} - \frac{\partial p_m}{\partial Q_r} \frac{\partial q_m}{\partial P_s} \right) = \delta_{rs}$$

となるが，これらから，

** δ_{rs} はクロネッカーの記号で，$r \neq s$ で 0，$r = s$ で 1 の意味．

$$\left.\begin{aligned}\frac{\partial}{\partial P_r}\sum_m p_m \frac{\partial q_m}{\partial P_s} &= \frac{\partial}{\partial P_s}\sum_m p_m \frac{\partial q_m}{\partial P_r}\\ \frac{\partial}{\partial Q_r}\left(\sum_m p_m \frac{\partial q_m}{\partial Q_s} - P_s\right) &= \frac{\partial}{\partial Q_s}\left(\sum_m p_m \frac{\partial q_m}{\partial Q_r} - P_r\right)\\ \frac{\partial}{\partial P_r}\left(\sum_m p_m \frac{\partial q_m}{\partial Q_s} - P_s\right) &= \frac{\partial}{\partial Q_s}\left(\sum_m p_m \frac{\partial q_m}{\partial P_r}\right)\end{aligned}\right\} \qquad (15.4\text{-}12)$$

となる．いま微分されるほうの関数をつぎの順に並べる．

$$\sum_m p_m \frac{\partial q_m}{\partial P_1}, \quad \sum_m p_m \frac{\partial q_m}{\partial P_2}, \quad \cdots, \quad \sum_m p_m \frac{\partial q_m}{\partial P_f}$$

$$\sum_m p_m \frac{\partial q_m}{\partial Q_1} - P_1, \quad \sum_m p_m \frac{\partial q_m}{\partial Q_2} - P_2, \quad \cdots, \quad \sum_m p_m \frac{\partial q_m}{\partial Q_f} - P_f$$

また，変数を

$$P_1, \ P_2, \ \cdots, \ P_f, \ Q_1, \ \cdots, \ Q_f$$

と並べる．そうすると（15.4-12）は i 番目の関数を k 番目の変数で微分したものが，k 番目の関数を i 番目の変数で微分したものに等しいことを示す．したがって

$$\left(\sum_m p_m \frac{\partial q_m}{\partial P_1}\right)dP_1 + \cdots + \left(\sum_m p_m \frac{\partial q_m}{\partial P_f}\right)dP_f + \left(\sum_m p_m \frac{\partial q_m}{\partial Q_1} - P_1\right)dQ_1 + \cdots + \left(\sum_m p_m \frac{\partial q_m}{\partial Q_f} - P_f\right)dQ_f$$

が全微分になることがわかる．これを dW と書けば，上の式のおのおのの $\sum$ を 1 度ばらばらにして組合せを変えれば，（15.4-2）の式

$$\sum p_r dq_r - \sum P_r dQ_r = dW \qquad (15.4\text{-}13)$$

が得られる．したがって，$(p, q) \to (P, Q)$ の変換は正準変換である．

（15.4-10），（15.4-11）を**ラグランジュの括弧式の基本関係式**とよぶ．

(c)　ポアッソンの括弧式

任意の正準変数 $p_1, \cdots, p_f, q_1, \cdots, q_f$ の 2 つの関数

$$u(p_1, \cdots, p_f, q_1, \cdots, q_f), \qquad v(p_1, \cdots, p_f, q_1, \cdots, q_f)$$

について

$$[u, v]_{p,q} = \sum_r \left(\frac{\partial u}{\partial q_r}\frac{\partial v}{\partial p_r} - \frac{\partial u}{\partial p_r}\frac{\partial v}{\partial q_r}\right)$$

という式を考える．すぐ後にわかるように変数を $(p_1, \cdots, p_f, q_1, \cdots, q_f)$ から他の正準変数 $(P_1, \cdots, P_f, Q_1, \cdots, Q_f)$ に変えても

$$\sum_r \left(\frac{\partial u}{\partial q_r}\frac{\partial v}{\partial p_r} - \frac{\partial u}{\partial p_r}\frac{\partial v}{\partial q_r} \right) = \sum_r \left(\frac{\partial u}{\partial Q_r}\frac{\partial v}{\partial P_r} - \frac{\partial u}{\partial P_r}\frac{\partial v}{\partial Q_r} \right)$$

あるいは略して

$$[u, v]_{p,q} = [u, v]_{P,Q}$$

となり，上の表現の値は変わらない．それで正準変数を示すことを省略して *

$$[u, v] = \sum_r \left(\frac{\partial u}{\partial q_r}\frac{\partial v}{\partial p_r} - \frac{\partial u}{\partial p_r}\frac{\partial v}{\partial q_r} \right) \tag{15.4-14}$$

と書き，**ポアッソンの括弧式**とよぶ．この括弧式はラグランジュの括弧式よりも使い道が広いもので，量子力学の括弧式はこの古典力学のポアッソンの括弧式に対応している.** 定義から

$$[v, u] = -[u, v], \qquad [u, u] = 0$$

である．ポアッソンの括弧式はラグランジュの括弧式と密接な関係にある．いま，$p_1, \cdots, p_f, q_1, \cdots, q_f$ の互いに独立な $2f$ 個の関数

$$\left.\begin{aligned} u_1 &= u_1(p_1, \cdots, p_f, q_1, \cdots, q_f) \\ u_2 &= u_2(p_1, \cdots, p_f, q_1, \cdots, q_f) \\ &\cdots\cdots \\ u_{2f} &= u_{2f}(p_1, \cdots, p_f, q_1, \cdots, q_f) \end{aligned}\right\} \tag{15.4-15}$$

とする．$p_1, \cdots, p_f, q_1, \cdots, q_f$ を解けば ***，これらは $u_1, u_2, \cdots, u_{2f}$ の関数と考えられるから，$[u_i, u_k]$ をつくることができる．それで

$$\sum_{i=1}^{2f} [u_i, u_j]\{u_i, u_k\}$$

をつくってみよう．

---

* ラグランジュの括弧式の場合の（15.4-8）のところの脚注で注意したように，ポアッソンの括弧式の場合にも，$[u, v]_{p,q}$, $[u, v]_{P,Q}$ のように変数に何を使っているかを明記しておくと理論の展開の学習に便利なこともある．

** ポアッソンの括弧式の書き方には $[u, v]$, $\{u, v\}$ などがあるが，ここでは量子力学で多く使われている書き方に合わせて $[u, v]$ と書く．P. A. M. Dirac: *The Principles of Quantum Mechanics*, 4th ed.（Oxford Univ. Press, 1958）85 ページ（朝永振一郎他訳：「ディラック　量子力学」（岩波書店，1968）114 ページ）.

*** （15.4-15）を $p_1, \cdots, p_f, q_1, \cdots, q_f$ について解くことができるための条件については，高木貞治：「解析概論」（岩波書店，1961）299 ページ．

$$\sum_{i=1}^{2f}[u_i, u_j]\{u_i, u_k\} = \sum_{i,r,s}\left(\frac{\partial u_i}{\partial q_r}\frac{\partial u_j}{\partial p_r} - \frac{\partial u_i}{\partial p_r}\frac{\partial u_j}{\partial q_r}\right)\left(\frac{\partial q_s}{\partial u_i}\frac{\partial p_s}{\partial u_k} - \frac{\partial p_s}{\partial u_i}\frac{\partial q_s}{\partial u_k}\right)$$

$$= \sum_{r,s}\left(\sum_i \frac{\partial u_i}{\partial q_r}\frac{\partial q_s}{\partial u_i}\right)\frac{\partial u_j}{\partial p_r}\frac{\partial p_s}{\partial u_k} - \sum_{r,s}\left(\sum_i \frac{\partial u_i}{\partial q_r}\frac{\partial p_s}{\partial u_i}\right)\frac{\partial u_j}{\partial p_r}\frac{\partial q_s}{\partial u_k}$$

$$- \sum_{r,s}\left(\sum_i \frac{\partial u_i}{\partial p_r}\frac{\partial q_s}{\partial u_i}\right)\frac{\partial u_j}{\partial q_r}\frac{\partial p_s}{\partial u_k} + \sum_{r,s}\left(\sum_i \frac{\partial u_i}{\partial p_r}\frac{\partial p_s}{\partial u_i}\right)\frac{\partial u_j}{\partial q_r}\frac{\partial q_s}{\partial u_k}$$

$$= \sum_{r,s}\frac{\partial q_s}{\partial q_r}\frac{\partial u_j}{\partial p_r}\frac{\partial p_s}{\partial u_k} - \sum_{r,s}\frac{\partial p_s}{\partial q_r}\frac{\partial u_j}{\partial p_r}\frac{\partial q_s}{\partial u_k}$$

$$- \sum_{r,s}\frac{\partial q_s}{\partial p_r}\frac{\partial u_j}{\partial q_r}\frac{\partial p_s}{\partial u_k} + \sum_{r,s}\frac{\partial p_s}{\partial p_r}\frac{\partial u_j}{\partial q_r}\frac{\partial q_s}{\partial u_k}$$

第1項の $\sum_{r,s}$ の中で $\dfrac{\partial q_s}{\partial q_r} = \delta_{rs}$，第2項で $\dfrac{\partial p_s}{\partial q_r} = 0$，第3項で $\dfrac{\partial q_s}{\partial p_r} = 0$，第4項で $\dfrac{\partial p_s}{\partial p_r} = \delta_{rs}$ であることを考えて，

$$\sum_{i=1}^{2f}[u_i, u_j]\{u_i, u_k\} = \sum_{r=1}^{f}\frac{\partial u_j}{\partial p_r}\frac{\partial p_r}{\partial u_k} + \sum_{r=1}^{f}\frac{\partial u_j}{\partial q_r}\frac{\partial q_r}{\partial u_k} = \frac{\partial u_j}{\partial u_k}$$

したがって

$$\sum_{i=1}^{2f}[u_i, u_j]\{u_i, u_k\} = \delta_{jk} \tag{15.4-16}$$

この式を導くのには $p_1, \cdots, p_f, q_1, \cdots, q_f$ が正準変数であることは使っていない．$2f$ 個の変数 $p_1, \cdots, p_f, q_1, \cdots, q_f$ と $2f$ 個の独立な関数 $u_1(p_1, \cdots, p_f, q_1, \cdots, q_f)$, $\cdots, u_{2f}(p_1, \cdots, p_f, q_1, \cdots, q_f)$ があれば（15.4-16）は成り立つ．

（15.4-16）で $j=$ 一定ととれば

$$\sum_{i=1}^{2f}[u_i, u_j]\{u_i, u_k\} = \delta_{jk} \qquad (j = \text{一定},\ k = 1, \cdots, 2f) \tag{15.4-16$'$}$$

の $2f$ 個の式からなる連立方程式となる．ふつうの形に直してみるために

$$\{u_i, u_k\} = a_{ik}, \qquad [u_i, u_j] = x_{ij}$$

とおけば $k = 1, 2, \cdots, 2f$ に対して

$$\left.\begin{array}{lllll}k=1 & : & a_{11}x_{1j}+a_{21}x_{2j}+\cdots & & +a_{2f,1}x_{2f,j}=0\\ k=2 & : & a_{12}x_{1j}+a_{22}x_{2j}+\cdots & & +a_{2f,2}x_{2f,j}=0\\ & & \cdots\cdots & & \\ k=j & : & a_{1j}x_{1j}+a_{2j}x_{2j}+\cdots+a_{jj}x_{jj}+\cdots & & +a_{2f,j}x_{2f,j}=1\\ & & \cdots\cdots & & \\ k=2f & : & a_{1,2f}x_{1j}+a_{2,2f}x_{2j}+\cdots & & +a_{2f,2f}x_{2f,j}=0\end{array}\right\} \qquad (15.4\text{-}16)''$$

となるが，これから $x_{1j}, x_{2j}, \cdots, x_{2f,j}$ は $a_{11}, \cdots, a_{2f,2f}$ で表されることがわかる．つまり，$[u_1, u_j], \cdots, [u_{2f}, u_j]$ は $\{u_1, u_1\}, \cdots, \{u_i, u_k\}, \cdots, \{u_{2f,2f}\}$ を使って表される．j に $1, \cdots, 2f$ の値をとらせれば (15.4–16)′ の各式のうちで右辺が1になるものが移動するのであるが，結局，$[u_1, u_j], \cdots, [u_{2f}, u_j]$ $(j=1, \cdots, 2f)$ は $\{u_i, u_k\}$ $(i=1, \cdots, 2f\,;\,k=1, \cdots, 2f)$ で表されることがわかる．

(15.4–16) を正準変数 (p, q) の場合と (P, Q) の場合についてもう少しくわしく書けば

$$\sum_{i=1}^{2f}[u_i, u_j]_{p,q}\{u_i, u_k\}_{p,q}=\delta_{jk} \qquad (15.4\text{-}16)'$$

$$\sum_{i=1}^{2f}[u_i, u_j]_{P,Q}\{u_i, u_k\}_{P,Q}=\delta_{jk} \qquad (15.4\text{-}16)''$$

となる．ラグランジュの括弧式については正準変換に対する不変性

$$\{u_i, u_k\}_{p,q}=\{u_i, u_k\}_{P,Q}$$

が知られている．(15.4–16)′，(15.4–16)″ を，それぞれ $[u_i, u_j]_{p,q}, [u_i, u_j]_{P,Q}$ を未知数とし $\{u_i, u_k\}_{p,q}, \{u_i, u_k\}_{P,Q}$ を係数とする連立方程式とみれば，対応する係数が等しいので，解である $[u_i, u_j]$ も等しいことになる．

$$[u_i, u_j]_{p,q}=[u_i, u_j]_{P,Q}$$

はじめに $u=u(p_1, \cdots, p_f, q_1, \cdots, q_f)$，$v=v(p_1, \cdots, p_f, q_1, \cdots, q_f)$ の2つの関数が与えられているときには $u_1=u$，$u_2=v$ とし，あと $u_3, \cdots, u_{2f}$ をつけ加えて全部で $2f$ 個の独立な関数を考えればよい．これで

ポアッソンの括弧式 $[u, v]$ は正準変換に対して不変である

ことが証明された.*

ポアッソンの括弧式とラグランジュの括弧式の関係 (15.4-16) は両括弧式が互いに逆数のような関係にあることを示すもので，いまこれを使ってポアッソンの括弧式の正準不変性を導いたが，つぎにこれを利用してラグランジュの括弧式の (15.4-10)，(15.4-11) にあたるポアッソンの括弧式の基本関係式を導いておこう.

そのために (15.4-16) の $u_1, \cdots, u_{2f}$ をそれぞれ $Q_1, \cdots, Q_f, P_1, \cdots, P_f$ ととろう. (15.4-16) の u_i は $i=1, \cdots, f, f+1, \cdots, 2f$ に対して順次に $Q_1, \cdots, Q_f, P_1, \cdots, P_f$ となるが，u_j, u_k は $Q_1, \cdots, Q_f, P_1, \cdots, P_f$ の中からこのうちの2つをとる.

$u_j = Q_s,\ u_k = P_r$ とおけば (15.4-16) から $[Q_r, Q_s] = 0$

$u_j = P_s,\ u_k = Q_r$ とおけば $[P_r, P_s] = 0$

$u_j = P_s,\ u_k = P_r$ とおけば $[Q_r, P_s] = \delta_{rs}$

$(u_j = Q_r,\ u_k = Q_s$ とおけば $[Q_r, P_s] = \delta_{rs})$

まとめてラグランジュの基本関係式と同様な式

$$[Q_r, Q_s] = 0, \qquad [P_r, P_s] = 0, \qquad [Q_r, P_s] = \delta_{rs} \qquad (15.4\text{-}17)$$

が得られる. (15.4-17) を**ポアッソンの括弧式の基本関係式**とよぶ.

つまり，ラグランジュの基本関係式を使って，(15.4-16) の式の助けをかりて，変換 $(p_1, \cdots, p_f, q_1, \cdots, q_f)$ から $(P_1, \cdots, P_f, Q_1, \cdots, Q_f)$ の変換が正準であるための必要条件がポアッソンの基本関係式の形で求められた.

逆に (15.4-17) が成り立てば (15.4-16) の式の助けをかりてラグランジュの基本関係式

$$\{Q_r, Q_s\} = 0, \qquad \{P_r, P_s\} = 0, \qquad \{Q_r, Q_s\} = \delta_{rs}$$

が成り立つことを導くことができる. ラグランジュの基本関係式はいま考えている変換が正準であることの十分条件であるから，(15.4-17) の式が成り立つ

---

* いままでの筋道では，ラグランジュの括弧式が正準変換に対して不変であることと，(15.4-16) のポアッソンの括弧式，ラグランジュの括弧式の関係を組合せて間接的にポアッソンの括弧式の正準不変性を導いた. 直接にポアッソンの括弧式の不変性を証明する方法は，Herbert Goldstein: *Classical Mechanics* (Addison-Wesley, 1968) 254 ページ；H. C. Corben and Philip Stehle: *Classical Mechanics*, 2nd ed. (John Wiley & Sons, 1960) 221 ページ；ランダウ=リフシッツ著，広重徹，水戸巌訳：「力学 (増訂第3版)」(東京図書，1976) 184 ページ参照.

ことは変換が正準であることの十分条件でもある．つまり，

> 変換 $(p_1, \cdots, p_f, q_1, \cdots, q_f) \to (P_1, \cdots, P_f, Q_1, \cdots, Q_f)$ が正準であるための必要十分な条件はポアッソンの基本関係式（15.4-17）が成り立つことである．

いま，任意の関数 $F(p_1, p_2, \cdots, p_f, q_1, q_2, \cdots, q_f\,;\,t)$ の時間微分を考えよう．

$$\frac{dF}{dt} = \sum_{r=1}^{f}\left(\frac{\partial F}{\partial p_r}\frac{dp_r}{dt} + \frac{\partial F}{\partial q_r}\frac{dq_r}{dt}\right) + \frac{\partial F}{\partial t}$$

正準方程式（15.1-1）によって

$$\frac{dF}{dt} = \sum_{r=1}^{f}\left(\frac{\partial F}{\partial q_r}\frac{\partial H}{\partial p_r} - \frac{\partial F}{\partial p_r}\frac{\partial H}{\partial q_r}\right) + \frac{\partial F}{\partial t}$$

したがって

$$\frac{dF}{dt} = [F, H] + \frac{\partial F}{\partial t} \qquad (15.4\text{-}18)$$

となる．F が t を陽に含まないときには

$$\frac{dF}{dt} = [F, H] \qquad (15.4\text{-}19)$$

となる．特に $F = q_r$，$F = p_r$ とおくと，正準方程式（15.1-1）は

$$\frac{dq_r}{dt} = [q_r, H], \qquad \frac{dp_r}{dt} = [p_r, H] \qquad (15.4\text{-}20)$$

と書くことができる．

ポアッソンの括弧式にはつぎのような性質がある．

(a)　$[u, v] = -[v, u]$,　$[u, u] = 0$,　$[u, c] = 0$,　c：定数

(15.4-21)

(b)　$[u_1 + u_2, v_1 + v_2] = [u_1, v_1] + [u_2, v_1] + [u_1, v_2] + [u_2, v_2]$

(15.4-22)

(c)　$[u, vw] = v[u, w] + w[u, v]$　(15.4-23)

(d)　$U = U(u_1, u_2, \cdots, u_k)$，$V = V(u_1, u_2, \cdots, u_k)$ で $u_1, \cdots, u_k$ はそれぞれ $q_1, \cdots, q_f, p_1, \cdots, p_f$ の関数であるとき

$$[U, V] = \sum_r\left(\frac{\partial U}{\partial q_r}\frac{\partial V}{\partial p_r} - \frac{\partial U}{\partial p_r}\frac{\partial V}{\partial q_r}\right)$$

$$= \sum_r \left\{ \left(\sum_\rho \frac{\partial U}{\partial u_\rho} \frac{\partial u_\rho}{\partial q_r} \right) \left(\sum_\lambda \frac{\partial V}{\partial u_\lambda} \frac{\partial u_\lambda}{\partial p_r} \right) - \left(\sum_\rho \frac{\partial U}{\partial u_\rho} \frac{\partial u_\rho}{\partial p_r} \right) \left(\sum_\lambda \frac{\partial V}{\partial u_\lambda} \frac{\partial u_\lambda}{\partial q_r} \right) \right\}$$

$$= \sum_{\lambda,\rho=1}^{k} \frac{\partial U}{\partial u_\rho} \frac{\partial V}{\partial u_\lambda} [u_\rho, u_\lambda] = \sum_{\lambda<\rho} \left(\frac{\partial U}{\partial u_\rho} \frac{\partial V}{\partial u_\lambda} - \frac{\partial U}{\partial u_\lambda} \frac{\partial V}{\partial u_\rho} \right) [u_\rho, u_\lambda]$$

つまり,

$$[U, V] = \sum_{\lambda<\rho} \left(\frac{\partial U}{\partial u_\rho} \frac{\partial V}{\partial u_\lambda} - \frac{\partial U}{\partial u_\lambda} \frac{\partial V}{\partial u_\rho} \right) [u_\rho, u_\lambda] \qquad (15.4\text{-}24)$$

(e) $[u, [v, w]] + [v, [w, u]] + [w, [u, v]] = 0$ (**ポアッソンの恒等式**)*

(15. 4-25)

この左辺を $[u, v, w]$ と書くこともある.

ハミルトニアン H が t を陽に含まないときには, (15. 4-19) で $F = H$ とおいて,

$$\frac{dH}{dt} = [H, H] = 0, \qquad したがって \qquad H = 一定$$

となる.

また, $F(p_1, \cdots, p_f, q_1, \cdots, q_f)$ が t を陽に含まないで, ハミルトニアン H について,

$$[F, H] = [H, F]$$

ならば $[F, H] = -[H, F] = [H, F]$ となるから $[F, H] = 0$, したがって (15. 4-19) によって

$$F = 一定$$

となる. つまり,

ハミルトニアンと交換可能な量は一定である

ということになる.

最後に, $F(p_1, \cdots, p_f, q_1, \cdots, q_f)$ と $G(p_1, \cdots, p_f, q_1, \cdots, q_f)$ が運動の積分であるとすれば $[F, H] = 0$, $[G, H] = 0$ である. ポアッソンの恒等式 (15. 4-25) で $u = F$, $v = G$, $w = H$ とすれば

* ヤコビ (Jacobi) の恒等式ともよぶ.

$$[F,[G,H]]+[G,[H,F]]+[H,[F,G]]=0$$

となるが，F, G が一定であることからはじめの 2 項は消えて，最後の項だけが残る．これから $[F, G]$ も一定であることがわかる．つまり

$$F(p_1,\cdots,p_f,q_1,\cdots,q_f)=一定$$
$$G(p_1,\cdots,p_f,q_1,\cdots,q_f)=一定$$

ならば

$$[F,G]=一定$$

である．

(d)　正準方程式に対する不変量

以上，いろいろな量の正準変換に対する不変性について述べてきたが，最後に時間に対する不変性をしらべよう．時間が t から dt に移るあいだに，正準変数 $p_1,\cdots,p_f,q_1,\cdots,q_f$ は，正準方程式を使って，

$$dp_r=\frac{dp_r}{dt}dt=-\frac{\partial H}{\partial q_r}dt,\qquad dq_r=\frac{dq_r}{dt}dt=\frac{\partial H}{\partial p_r}dt$$

だけ変わることがわかる．いま，

$$P_r=p_r+dp_r,\qquad Q_r=q_r+dq_r$$

と書けば上の式は

$$P_r=p_r-\frac{\partial H}{\partial q_r}dt,\qquad Q_r=q_r+\frac{\partial H}{\partial p_r}dt \tag{15.4-26}$$

となる．ここで

$$W=\sum_r q_rP_r+H\,dt \tag{15.4-27}$$

を母関数とする正準変換を考えると

$$p_r=\frac{\partial W}{\partial q_r}=P_r+\frac{\partial H}{\partial q_r}dt,\qquad Q_r=\frac{\partial W}{\partial P_r}=q_r+\frac{\partial H}{\partial P_r}dt=q_r+\frac{\partial H}{\partial p_r}dt \tag{15.4-28}$$

となるが，第 2 の式で $\partial H/\partial P_r=\partial H/\partial p_r$ とおいたのは，P_r と p_r とが dt の程度しかちがわないことを考え，$(dt)^2$ の程度の量を省略した結果である．そうすると，これらの 2 つの式は (15.4-26) に一致することがわかる．それゆえに，つぎのようにいうことができる．

> 正準変数が時間がたつにつれて変化していくのは，各微小時間についていうと正準変換（15.4-28）によって行われる．

したがって，いままで述べた不変量は時間 t を一定にして正準変数を変えるときばかりでなく，時間的経過に対しても不変に保たれることがわかる．特に積分不変量（a）の J_f についていうと

> 位相空間 $(p_1, \cdots, p_f, q_1, \cdots, q_f)$ 内にとった任意の体積
> $$J_f = \int \cdots \int dp_1 \cdots dp_f dq_1 \cdots dq_f$$
> は，時間の経過とともに形は変わるが，その値は変わらない

ということができる．これは**リゥビゥ**（Liouville）**の定理**といわれるもので，統計力学の基礎で大切な意味を持っている.*

第15章　問題

1　つぎの母関数から導かれる正準変換を求めよ．

(a)　$V = q_1 P_1 + q_1 P_2 + q_2 P_2$

(b)　$V = q_1 P_1 + q_1 P_2 + q_2 P_1 - q_2 P_2$

(c)　$V = q_1 P_1 + q_1 P_2 + q_1 P_3 + q_2 P_2 + q_2 P_3 + q_3 P_3$

2　単振動を行う質点のハミルトニアンを

$$H = \frac{1}{2m} p^2 + \frac{m\omega^2}{2} q^2$$

とし，これに母関数

$$V = \frac{m}{2} \omega q^2 \cot Q$$

による正準変換を行え．

3　つぎの変換はそれぞれ正準変換であることを示せ．

(a)　$Q = \sqrt{2q}\, e^k \cos p, \quad P = \sqrt{2q}\, e^{-k} \sin p$

*　原島鮮：「熱力学・統計力学（改訂版）」(培風館，1984）200ページ．

(b)　$Q=\log\left(\dfrac{1}{q}\sin p\right),\quad P=q\cot p$

4　ラグランジュの括弧式を使って

$$q_1={\lambda_1}^{-1/2}(2Q_1)^{1/2}\cos P_1+{\lambda_2}^{-1/2}(2Q_2)^{1/2}\cos P_2$$
$$q_2=-{\lambda_1}^{-1/2}(2Q_1)^{1/2}\cos P_1+{\lambda_2}^{-1/2}(2Q_2)^{1/2}\cos P_2$$
$$p_1=\frac{1}{2}(2\lambda_1 Q_1)^{1/2}\sin P_1+\frac{1}{2}(2\lambda_2 Q_2)^{1/2}\sin P_2$$
$$p_2=-\frac{1}{2}(2\lambda_1 Q_1)^{1/2}\sin P_1+\frac{1}{2}(2\lambda_2 Q_2)^{1/2}\sin P_2$$

で与えられる変換は正準変換であることを示せ.

5　ハミルトニアンが $H=\dfrac{1}{2}p^2-\dfrac{\mu}{q}$ で与えられる場合のハミルトン-ヤコビの偏微分方程式を解いて運動を求めよ.

6　実体振り子についてのハミルトン-ヤコビの偏微分方程式を解いて，その運動を求めよ.

7　放物運動をハミルトン-ヤコビの偏微分方程式を解いてしらべよ.

8　1つの質点の原点についての角運動量の成分を l_x, l_y, l_z とすれば

$$[l_x, l_y]=l_z,\qquad [l_y, l_z]=l_x,\qquad [l_z, l_x]=l_y$$

であることを示せ.

9　角運動量 l_x, l_y, l_z のうちの2つが一定であることから，残りの1つも一定であることが知れることをポアッソンの恒等式によって示せ.

10

$$\begin{vmatrix} \{u_1, u_1\} & \{u_1, u_2\} & \cdots & \{u_1, u_{2f}\} \\ \{u_2, u_1\} & \{u_2, u_2\} & \cdots & \{u_2, u_{2f}\} \\ \cdots & \cdots & \cdots & \cdots \\ \{u_{2f}, u_1\} & \{u_{2f}, u_2\} & \cdots & \{u_{2f}, u_{2f}\} \end{vmatrix} = \begin{vmatrix} [u_1, u_1] & [u_2, u_1] & \cdots & [u_{2f}, u_1] \\ [u_1, u_2] & [u_2, u_2] & \cdots & [u_{2f}, u_2] \\ \cdots & \cdots & \cdots & \cdots \\ [u_1, u_{2f}] & [u_2, u_{2f}] & \cdots & [u_{2f}, u_{2f}] \end{vmatrix}^{-1}$$

であることを証明せよ.

11

$$[u, v]_{p,q}=\sum_r\left(\frac{\partial u}{\partial q_r}\frac{\partial v}{\partial p_r}-\frac{\partial u}{\partial p_r}\frac{\partial v}{\partial q_r}\right)$$

に $q_r=q_r(P_1,\cdots,P_f,Q_1,\cdots,Q_f)$，$p_r=p_r(P_1,\cdots,P_f,Q_1,\cdots,Q_f)$ の変換（正準変換とは限らない任意の変換）を行って，

$$[u,v]_{p,q}=\sum_{s,t}\frac{\partial u}{\partial Q_s}\frac{\partial v}{\partial Q_t}[Q_s,Q_t]_{p,q}+\sum_{s,t}\frac{\partial u}{\partial Q_s}\frac{\partial v}{\partial P_t}[Q_s,P_t]_{p,q}$$
$$+\sum_{s,t}\frac{\partial u}{\partial P_s}\frac{\partial v}{\partial Q_t}[P_s,Q_t]_{p,q}+\sum_{s,t}\frac{\partial u}{\partial P_s}\frac{\partial v}{\partial P_t}[P_s,P_t]_{p,q}$$

を導き，特に P,Q が正準変数であるときには

$$[u,v]_{p,q}=[u,v]_{P,Q}$$

であることを導け．

問題解答指針

第1章

1

	x	y	z
r 方向	$\sin\theta\cos\varphi$	$\sin\theta\sin\varphi$	$\cos\theta$
θ 方向	$\cos\theta\cos\varphi$	$\cos\theta\sin\varphi$	$-\sin\theta$
φ 方向	$-\sin\varphi$	$\cos\varphi$	0

これを求めるのには，おのおのの方向に大きさ1のベクトルを考えて，その x, y, z 方向の成分を求めればよい．

$$成分 = 1 \times 方向余弦 = 方向余弦$$

であるからである．O から r 方向に $\overrightarrow{\mathrm{OA}}$ $(\overline{\mathrm{OA}} = 1)$，$\theta$ 方向に $\overrightarrow{\mathrm{OB}}$ $(\overline{\mathrm{OB}} = 1)$，$\varphi$ 方向に $\overrightarrow{\mathrm{OC}}$ $(\overline{\mathrm{OC}} = 1)$ をとる．$\overrightarrow{\mathrm{OA}}$ の x 成分を求めるのには，まずこれを (x, y) 平面の方向と z 方向に分解する．成分は $\sin\theta, \cos\theta$ となる．これらをまた x 方向に分解すれば，$\sin\theta\cos\varphi$，$\cos\theta \times 0$ となるので，結局 $\overrightarrow{\mathrm{OA}}$ の x 成分，すなわち r 方向と x 軸のつくる角の cos は $\sin\theta\cos\varphi$ となる．他も同様である．

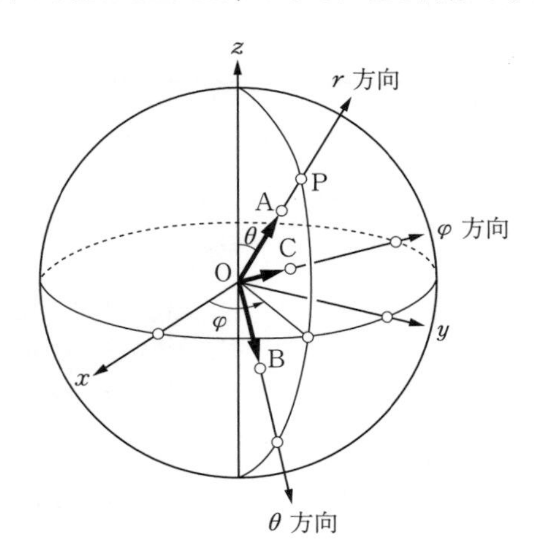

2 $\begin{vmatrix} A_x & A_y & A_z \\ B_x & B_y & B_z \\ C_x & C_y & C_z \end{vmatrix} = 0.$

3 原点 O から直線 AB 上の任意の点 P へ引いた位置ベクトルを $\boldsymbol{r}$ とすれば，$\overrightarrow{\mathrm{AB}} = \boldsymbol{B} - \boldsymbol{A}$ であるから，$\boldsymbol{r} = \boldsymbol{A} + (\boldsymbol{B} - \boldsymbol{A})\lambda = (1 - \lambda)\boldsymbol{A} + \lambda\boldsymbol{B}$.

4 等速円運動の場合の位置ベクトルと速度ベクトルの関係と同様である．

第 2 章

1 板の加速度を人と逆向きに β とすれば，人の地面（慣性系と考える）に対する加速度は $\alpha - \beta$ である．人には板から大きさ f の力（板からの摩擦力）が働くとする．人の運動方程式は $m(\alpha - \beta) = f$．板の運動方程式は $M\beta = f$．これらの式から

$$\beta = \frac{m}{M + m}\alpha, \qquad f = \frac{mM}{M + m}\alpha$$

2 鎖の加速度を α とすれば

$$M\alpha = F. \qquad \therefore\ \alpha = \frac{F}{M}$$

後端 A から x の距離にある点での張力を S とすれば，AP の部分に働く力は P の右側から左側に働く S である．AP に対する運動方程式は $M\dfrac{x}{l}\alpha = S$．したがって $S = F\dfrac{x}{l}$．この解き方のように，与えられた体系の一部分に着目してこれに対して運動方程式を立てることは力学ではよく行われる．

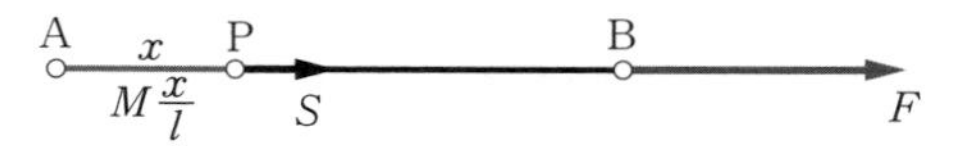

3 惑星の運動方程式を立てる．角速度を ω とすれば $ma\omega^2 = k\dfrac{m}{a^2}$（$k$：定数）．ゆえに $\omega^2 = \dfrac{k}{a^3}$．$T = \dfrac{2\pi}{\omega}$ であるから $\dfrac{T^2}{a^3} =$ 定数.

4 M_{G}：銀河系の総質量　　r：太陽と地球の距離
M_{S}：太陽の質量　　V_{S}：太陽系の銀河系内の速度
R：太陽から銀河系の中心までの距離　　V_{E}：太陽のまわりの地球の運動の速度

とすれば

$$\frac{M_{\mathrm{G}}}{M_{\mathrm{S}}} = \frac{R}{r}\frac{{V_{\mathrm{S}}}^2}{{V_{\mathrm{E}}}^2} = 1.3 \times 10^{11} \qquad (\text{通例，} 2 \times 10^{11} \text{とされている})$$

5 0.013 s（パルサーとよばれる星は中性子星と考えられているが，周波数は 30 s^{-1} ぐらいのものが知られている）.

第3章

1 浮力を P とすれば，落下するときの運動方程式は $M\alpha = Mg - P$．質量 m の砂袋を落とした後，上昇するときの運動方程式は $(M - m)\alpha = P - (M - m)g$．これらの2式から P を消去して m を求めると $m = \dfrac{2\alpha}{\alpha + g}M$ となる.

2 糸の張力を S，m_1 の下向き，m_2 の上向きの加速度を α とし，m_1, m_2 の運動方程式を別々に立てる.

$$m_1\alpha = m_1 g - S, \qquad m_2\alpha = S - m_2 g$$

これらから α, S を求めれば

$$\alpha = \frac{m_1 - m_2}{m_1 + m_2}g, \qquad S = \frac{2m_1 m_2}{m_1 + m_2}g$$

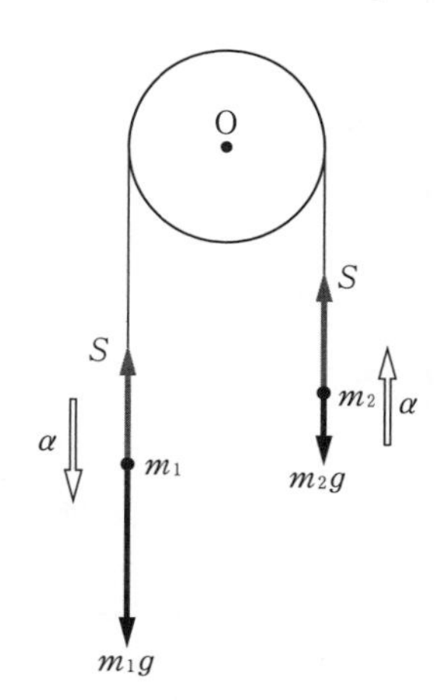

3 滑車に相対的な加速度を m_1 について下向きに，m_2 について上向きに α とする．慣性系に対する加速度は，m_1 について下向きに $\alpha - \beta$，m_2 について上向きに $\beta + \alpha$ である（次ページの図参照）．m_1, m_2 についての運動方程式は

$$m_1(\alpha - \beta) = m_1 g - S, \qquad m_2(\beta + \alpha) = S - m_2 g$$

これらから

$$\alpha = \frac{m_1 - m_2}{m_1 + m_2}(g + \beta), \qquad S = \frac{2m_1 m_2}{m_1 + m_2}(g + \beta)$$

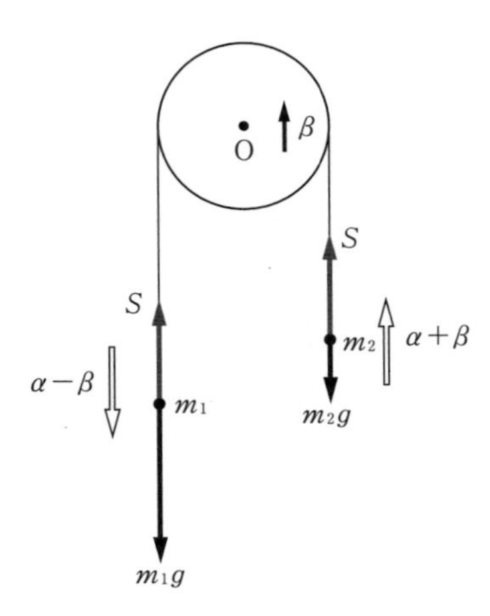

4 h の高さから投げるとき初速度の大きさを V，水平とつくる角を λ とする．地上に落ちるまでの時間を t とすれば，

$$Vt\cos\lambda = R, \qquad h + Vt\sin\lambda - \frac{1}{2}gt^2 = 0$$

この 2 式から t を消去して $\tan\lambda$ についての 2 次方程式をつくり，その判別式が負にならないことから R の範囲を出す．

5

$$投射距離：R = \frac{{V_0}^2\sin 2\lambda_0}{g}, \qquad 時間：T = \frac{R}{V_0\cos\lambda_0}$$

これらの式から $V_0 = \sqrt{\frac{1}{4}g^2T^2 + \frac{R^2}{T^2}}$．また λ_0 は，$\lambda_0 = \tan^{-1}\frac{1}{2}g\frac{T^2}{R}$ によって求めることができる．

6 電子の加速度は $\frac{eE}{m}$．l だけ進むのに必要な時間は $\frac{l}{v}$（v は偏向板に入るときの速さ）．求めるずれは $\frac{1}{2}\frac{eE}{m}\frac{l^2}{v^2}$．角は $\tan^{-1}\frac{eE}{m}\frac{l}{v^2}$．

7 水平方向，鉛直方向の運動方程式から $\frac{du}{dt} = -ku$，$\frac{dv}{dt} = -kv - g$．$t=0$ で $u = u_0$，$v = v_0$ として，$u = u_0e^{-kt}$，$v = -\frac{g}{k} + \left(v_0 + \frac{g}{k}\right)e^{-kt}$．$t=0$ で $x=0$，$y=0$ として積分すれば

$$x = \frac{u_0}{k}(1 - e^{-kt}), \qquad y = -\frac{g}{k}t + \frac{1}{k}\left(v_0 + \frac{g}{k}\right)(1 - e^{-kt})$$

kt につき展開し，$y=0$ になる x を求めれば $\frac{{V_0}^2\sin 2\lambda_0}{g}\left(1 - k\frac{4}{3}\frac{V_0\sin\lambda_0}{g}\right)$．

8 接線方向の運動方程式： $m\dfrac{dV}{dt}=-mg\cos\psi-m\varphi(V)$

法線方向の運動方程式： $m\dfrac{V^2}{\rho}=mg\sin\psi$

第２の式の左辺は $\dfrac{V^2}{\rho}=V\dfrac{ds}{dt}\dfrac{d\psi}{ds}=V\dfrac{d\psi}{dt}$ と書き直す．上の両式の比をつくれ．

9 $\dfrac{1}{V}\dfrac{dV}{d\psi}=-\cot\psi-\dfrac{kV^2}{g\sin\psi}$． V^2 で割って $\dfrac{1}{V^2}=\xi$ とおく． $\dfrac{d\xi}{d\psi}=2\cot\psi\,\xi+\dfrac{2k}{g\sin\psi}$ となる．最初，$\psi=\psi_0$，$V=V_0$ とすれば

$$\frac{1}{V^2}=\frac{\sin^2\psi}{V_0{}^2\sin^2\psi_0}+\frac{k}{g}\sin^2\psi\left\{\log\left(\tan\frac{\psi}{2}\Big/\tan\frac{\psi_0}{2}\right)-\left(\frac{\cos\psi}{\sin^2\psi}-\frac{\cos\psi_0}{\sin^2\psi_0}\right)\right\}$$

また

$$dt=\frac{V\,d\psi}{g\sin\psi}.\qquad \therefore\ t=\frac{1}{g}\int_{\psi_0}^{\psi}\frac{V(\psi)d\psi}{\sin\psi}$$

10 運動方程式は

$$m\frac{d^2x}{dt^2}=-m\omega_0{}^2x+a_1\sin\omega_1t+b_1\cos\omega_1t+a_2\sin\omega_2t+b_2\cos\omega_2t$$

同次方程式 $m\dfrac{d^2x}{dt^2}=-m\omega_0{}^2x$ の解は $x=A\cos(\omega_0t+\alpha)$．特解を

$$x=C_1\sin\omega_1t+D_1\cos\omega_1t+C_2\sin\omega_2t+D_2\cos\omega_2t$$

とすれば

$$C_1=\frac{a_1}{m(\omega_0{}^2-\omega_1{}^2)},\qquad D_1=\frac{b_1}{m(\omega_0{}^2-\omega_1{}^2)}$$

$$C_2=\frac{a_2}{m(\omega_0{}^2-\omega_2{}^2)},\qquad D_2=\frac{b_2}{m(\omega_0{}^2-\omega_2{}^2)}$$

したがって一般解は

$$x=A\cos(\omega_0t+\alpha)+\frac{1}{m(\omega_0{}^2-\omega_1{}^2)}(a_1\sin\omega_1t+b_1\cos\omega_1t)$$
$$+\frac{1}{m(\omega_0{}^2-\omega_2{}^2)}(a_2\sin\omega_2t+b_2\cos\omega_2t)$$

11 $f(t)$ をフーリエ級数に展開して，$\dfrac{2\pi}{T}=\omega$ とおいて，

$$f(t)=\sum_{n=1}^{\infty}(a_n\cos n\omega t+b_n\sin n\omega t)$$

$f(t)$ の平均は０であるから定数項はない．

$$a_n=\frac{2}{T}\int_0^T f(t)\cos\left(\frac{2n\pi}{\cdot T}t\right)dt,\qquad b_n=\frac{2}{T}\int_0^T f(t)\sin\left(\frac{2n\pi}{T}t\right)dt$$

前題と同様にして，

$$x = A\cos(\omega_0 t + \alpha) + \frac{1}{m}\sum_{n=1}^{\infty}\frac{a_n\cos n\omega t + b_n\sin n\omega t}{{\omega_0}^2 - n^2\omega^2}$$

a_n, b_n の式を入れて

$$x = A\cos(\omega_0 t + \alpha) + \frac{\omega}{\pi m}\sum_{n=1}^{\infty}\frac{\int_0^T f(\tau)\cos\frac{2\pi n}{T}(\tau - t)d\tau}{{\omega_0}^2 - n^2\omega^2}$$

第4章

1
$$x = a\cos\varphi, \quad y = a\sin\varphi, \quad z = k\varphi$$
$$dx = -a\sin\varphi\, d\varphi, \quad dy = a\cos\varphi\, d\varphi, \quad dz = k\, d\varphi$$
$$\therefore\ ds = \sqrt{(dx)^2 + (dy)^2 + (dz)^2} = \sqrt{a^2 + k^2}\, d\varphi = A\, d\varphi, \quad A = \sqrt{a^2 + k^2}$$
したがって，接線の方向余弦は
$$\frac{dx}{ds} = -\frac{a}{A}\sin\varphi = -\frac{y}{A}, \quad \frac{dy}{ds} = \frac{a}{A}\cos\varphi = \frac{x}{A}, \quad \frac{dz}{ds} = \frac{k}{A}$$
また
$$\frac{d^2x}{ds^2} = -\frac{1}{A}\frac{dy}{ds} = -\frac{x}{A^2}, \quad \frac{d^2y}{ds^2} = \frac{1}{A}\frac{dx}{ds} = -\frac{y}{A^2}, \quad \frac{d^2z}{ds^2} = 0$$
ゆえに曲率は
$$\frac{1}{\rho} = \sqrt{\left(\frac{d^2x}{ds^2}\right)^2 + \left(\frac{d^2y}{ds^2}\right)^2 + \left(\frac{d^2z}{ds^2}\right)^2} = \frac{a}{A^2}, \quad \rho = \frac{A^2}{a} = \frac{a^2 + k^2}{a}$$
主法線の方向余弦は
$$\rho\frac{d^2x}{ds^2} = -\cos\varphi = -\frac{x}{a}, \quad \rho\frac{d^2y}{ds^2} = -\sin\varphi = -\frac{y}{a}, \quad \rho\frac{d^2z}{ds^2} = 0$$
これはらせん上の点から z 軸に下した垂線の方向である．陪法線の方向余弦を (l, m, n) とすれば，この方向は接線，主法線と直角でなければならないから，
$$-l\sin\varphi + m\cos\varphi + n\frac{k}{a} = 0, \quad -l\cos\varphi - m\sin\varphi = 0$$
また
$$l^2 + m^2 + n^2 = 1$$
これらから
$$l = \frac{k}{\sqrt{a^2 + k^2}}\sin\varphi, \quad m = -\frac{k}{\sqrt{a^2 + k^2}}\cos\varphi, \quad n = \frac{a}{\sqrt{a^2 + k^2}}$$
加速度は主法線，すなわち，z 軸に直角の方向に $\dfrac{aV^2}{a^2 + k^2}$．

2 n, θ, φ 方向の方向余弦は

	x	y	z
n 方向	$\sin\theta\cos\varphi$	$\sin\theta\sin\varphi$	$\cos\theta$
θ 方向	$\cos\theta\cos\varphi$	$\cos\theta\sin\varphi$	$-\sin\theta$
φ 方向	$-\sin\varphi$	$\cos\varphi$	0

極座標の場合と同様に計算する.

$$A_\theta = a\ddot{\theta} - (c + a\sin\theta)\dot{\varphi}^2\cos\theta$$

$$A_n = -a\dot{\theta}^2 - (c + a\sin\theta)\dot{\varphi}^2\sin\theta$$

$$A_\varphi = c\ddot{\varphi} + \frac{a}{\sin\theta}\frac{d}{dt}(\sin^2\theta\,\dot{\varphi})$$

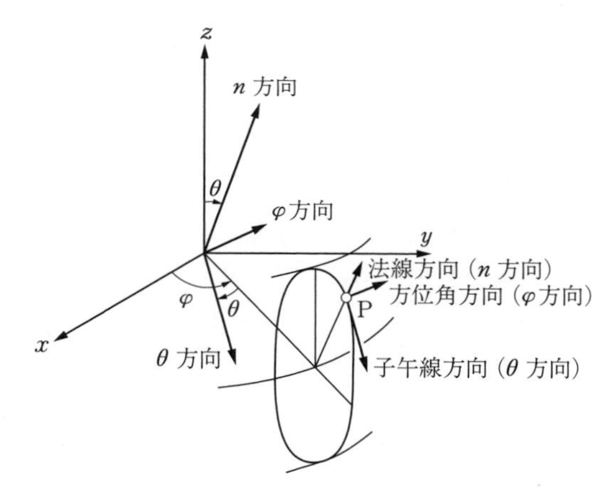

3　(4.2-5) を使う. $r^2\dot{\varphi} =$ 一定 $= h$ とすれば

$$A_r = h^2\left(\frac{n^2-1}{r^3} - \frac{2n^2a^2}{r^5}\right), \qquad A_\varphi = 0$$

第5章

1　$\dfrac{\partial X}{\partial y} = ax = \dfrac{\partial Y}{\partial x}$. ∴ 保存力. 位置エネルギーは $U = -\dfrac{1}{2}ax^2y$.

2　$\dfrac{\partial X}{\partial y} = ax,\ \dfrac{\partial Y}{\partial x} = 0$. ∴ 保存力ではない.

$$W_{\mathrm{ABC}} = \frac{b-a}{3}r^3, \qquad W_{\mathrm{AB'C}} = \frac{2b-a}{6}r^3$$

3　(a)　$\boldsymbol{A}\times(\boldsymbol{B}\times\boldsymbol{C})$ の x 成分

$$A_y(B_xC_y - C_xB_y) - A_z(B_zC_x - B_xC_z)$$
$$= B_x(A_xC_x + A_yC_y + A_zC_z) - C_x(A_xB_x + A_yB_y + A_zB_z)$$
$$= B_x(\boldsymbol{A}\cdot\boldsymbol{C}) - C_x(\boldsymbol{A}\cdot\boldsymbol{B})$$

y, z 成分についても同様. (b) は両辺を比較せよ.

4　図を描けばすぐにわかる.

5　問題 3 (a) で $\boldsymbol{A} = \boldsymbol{n}$, $\boldsymbol{B} = \boldsymbol{A}$, $\boldsymbol{C} = \boldsymbol{n}$ とおいてみよ.

6　質点には糸の張力が働いているが, O のほうに向いているから中心力である. したがって, 角運動量一定で, 面積速度が一定となる. $r^2\omega = r_0{}^2\omega_0$.

7　中心力であるから $r^2\dot{\varphi} = $ 一定 $= h$. r 方向の運動方程式 $m(\ddot{r} - r\dot{\varphi}^2) = F_r$ で左辺の $\dot{\varphi} = \dfrac{h}{r^2}$ とおき, $\dfrac{d}{dt} = \dfrac{d\varphi}{dt}\dfrac{d}{d\varphi} = \dfrac{h}{r^2}\dfrac{d}{d\varphi}$ を使って F_r を求めれば,

$$F_r = mh^2a\left\{-\frac{3}{r^4} + \frac{2a(1-c^2)}{r^5}\right\}$$

第 6 章

1　つりあいのときの上端 O を通って水平に x 軸, 鉛直下方に y 軸をとる. O から O′ までの距離を x_0 とする. O′ を原点にしたときのおもりの座標を (x, y) とする.

$$m(\ddot{x}_0 + \ddot{x}) = -S\frac{x}{l} \tag{1}$$

$$m\ddot{y} = mg - S\frac{y}{l} \tag{2}$$

また

$$cx_0 = S\frac{x}{l} \tag{3}$$

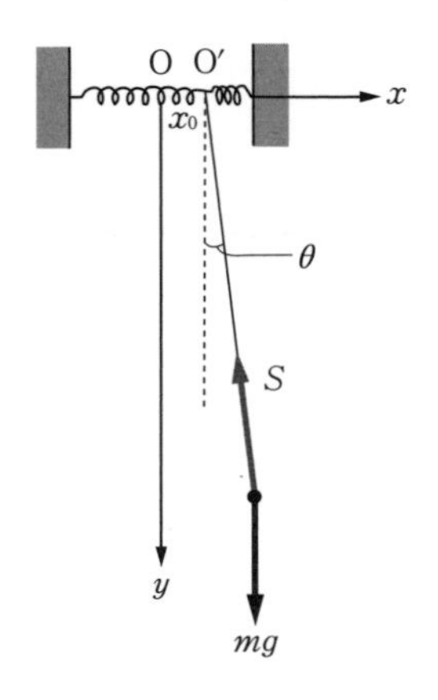

$$x = l\sin\theta, \qquad y = l\cos\theta \tag{4}$$

小振動では $x \fallingdotseq l\theta$, $y \fallingdotseq l$, ゆえに (2) から $S = mg$. (1) は

$$m(\ddot{x}_0 + l\ddot{\theta}) = -mg\theta \tag{5}$$

(3) から

$$x_0 = \frac{x}{cl}mg = \frac{mg}{c}\theta$$

ゆえに (5) は

$$\left(\frac{mg}{c} + l\right)\ddot{\theta} = -g\theta. \qquad \therefore\ T = 2\pi\sqrt{\frac{l}{g}\left(1 + \frac{mg}{cl}\right)}$$

2 高さが y だけ下がったところの速度を V とする. 力学的エネルギー保存の法則によって

$$\frac{1}{2}mV^2 = \frac{1}{2}mV_0^2 + mgy$$

$$\therefore\ V^2 = V_0^2 + 2gy \tag{1}$$

法線方向の運動方程式を立てれば

$$m\frac{V^2}{r} = mg\frac{r-y}{r} - R$$

$$\therefore\ R = mg\frac{r-y}{r} - m\frac{V^2}{r}$$

(1) を代入して

$$R = \frac{mg}{r}\left(r - 3y - \frac{V_0^2}{g}\right) = \frac{3mg}{r}\left(\frac{r - \frac{V_0^2}{g}}{3} - y\right)$$

したがって, $y < \frac{1}{3}\left(r - \frac{V_0^2}{g}\right)$ ならば $R > 0$ で球面と物体とは押しあっているが, $y > \frac{1}{3}\left(r - \frac{V_0^2}{g}\right)$ になるためには $R < 0$, すなわち, 球面が物体を引かなくてはならない. これは不可能であるから, 物体は $R = 0$ になるところで球面を離れる.

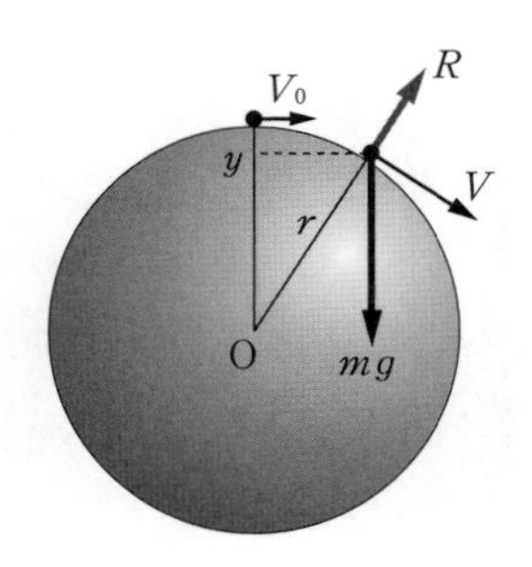

$$y = \frac{1}{3}\left(r - \frac{V_0{}^2}{g}\right)$$

$V_0 > \sqrt{rg}$ のときは頂点で離れてしまう.

3 方法は前の問題2の R を求めるのと同様. 〔答〕 $\dfrac{mga^2\left(a - \dfrac{V_0{}^2}{g}\right)}{(a^2 + 2ay)^{3/2}}$. したがって, $V_0{}^2 = ag$ ならば束縛力はいつも0で, 放物線は自由な放物運動の軌道と一致する.

4 接線の方向を求める.

$$dx = a(1 + \cos\theta)d\theta, \qquad dy = a\sin\theta\, d\theta$$

$$\therefore\ ds = \sqrt{(dx)^2 + (dy)^2} = 2a\cos\frac{\theta}{2}\,d\theta \tag{1}$$

$$\therefore\ \frac{dy}{ds} = \sin\frac{\theta}{2} \tag{2}$$

それゆえ, 接線方向（τ 方向）と y 方向とのつくる角の cos は $\sin\dfrac{\theta}{2}$ である.

接線方向の運動方程式

$$m\frac{d^2s}{dt^2} = -mg\frac{dy}{ds} \tag{3}$$

また, 最下点 $(\theta = 0)$ から曲線に沿って s をとれば $s = \int_0^\theta 2a\cos\dfrac{\theta}{2}\,d\theta = 4a\sin\dfrac{\theta}{2}$.

(2) により $s = 4a\dfrac{dy}{ds}$. したがって (3) は $m\dfrac{d^2s}{dt^2} = -mg\dfrac{s}{4a}$.

$$\therefore\ s = s_0\cos\left(\sqrt{\frac{g}{4a}}\,t + \alpha\right), \qquad T = 2\pi\sqrt{\frac{4a}{g}}$$

このように, 周期は振幅にまったくよらない.

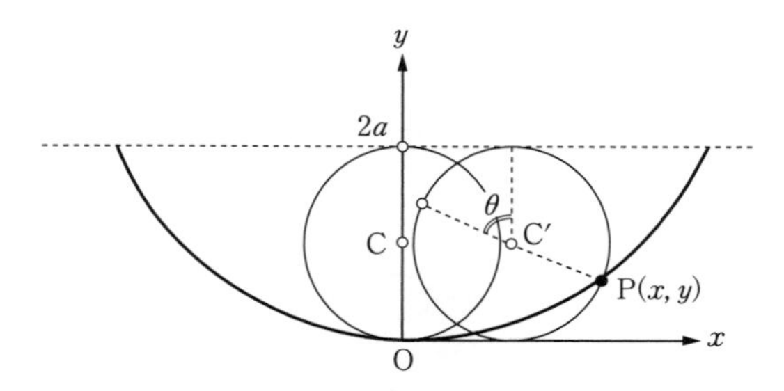

5 完全な等時性が成り立つためには, 接線方向の運動方程式が

$$m\frac{d^2s}{dt^2} = -mg\frac{s}{4a}, \qquad a\text{：定数} \tag{1}$$

の形にならなければならない．$mg\dfrac{s}{4a}$ は重力の接線方向の成分なのであるから

$$\frac{dy}{ds}=\frac{s}{4a} \tag{2}$$

これを解いて，

$$y=\frac{1}{8a}s^2+c,\qquad c：定数 \tag{3}$$

y の原点を適当にえらんで $s=0$ で $y=0$ とする．$c=0$ となる．

$$\therefore\ y=\frac{s^2}{8a} \tag{4}$$

$\left(\dfrac{dx}{ds}\right)^2+\left(\dfrac{dy}{ds}\right)^2=1$ であるから $dx=\sqrt{1-\left(\dfrac{dy}{ds}\right)^2}\,ds$．したがって $dx=\sqrt{1-\left(\dfrac{s}{4a}\right)^2}\,ds$．$s=0$ で $x=0$ になるように積分すれば

$$x=2a\left\{\sin^{-1}\frac{s}{4a}+\frac{s}{4a}\sqrt{1-\left(\frac{s}{4a}\right)^2}\right\}$$

$\sin^{-1}\dfrac{s}{4a}=\dfrac{\theta}{2}$ とおけば

$$x=a(\theta+\sin\theta),\qquad y=a(1-\cos\theta)$$

6 $\dfrac{1}{r}=z$ とすれば

$$\frac{d^2z}{d\varphi^2}+z=G\frac{M}{h^2}.\qquad \therefore\ z=\frac{GM}{h^2}+A\cos(\varphi-\alpha)$$

$\varphi=0$ で $z=\dfrac{1}{R}$，$\dfrac{dz}{d\varphi}=0$ であるから，$A=\dfrac{1}{R}-\dfrac{GM}{R^2{V_0}^2}$，$\alpha=0$ となる．したがって

$$r=\frac{\dfrac{R^2{V_0}^2}{GM}}{1+\left(\dfrac{R{V_0}^2}{GM}-1\right)\cos\varphi}$$

$\dfrac{GM}{R^2}=$ 重力加速度 $=g$ とおけば

$V_0<\sqrt{gR}$ ならば地球の中心を遠いほうの焦点とする楕円
$V_0=\sqrt{gR}=7.91\ \mathrm{km\,s^{-1}}$ のときは半径 R の円
$\sqrt{gR}<V_0<\sqrt{2gR}$ ならば，地球の中心を近いほうの焦点とする楕円
$V_0=\sqrt{2gR}=11.2\ \mathrm{km\,s^{-1}}$ のときは放物線
$V_0>\sqrt{2gR}$ のときは双曲線

7 $b^2 = -\dfrac{mh^2}{2E}$ $(E < 0)$，$b^2 = \dfrac{mh^2}{2E}$ $(E > 0)$ を使う．

8 r の平均を $\bar{r}$ とすれば，r の極小値を $r_1 = a(1-\varepsilon)$，極大値を $r_2 = a(1+\varepsilon)$ として，

$$\begin{aligned}\bar{r} &= \frac{2}{T}\int_{r_1}^{r_2} r\,dt = \frac{2}{T}\int_{r_1}^{r_2} r\frac{dt}{dr}\,dr \\ &= \frac{2}{T}\sqrt{-\frac{m}{2E}}\int_{r_1}^{r_2}\frac{r^2\,dr}{\sqrt{(r-r_1)(r_2-r)}} \\ &= \frac{1}{\pi a}\int_{r_1}^{r_2}\frac{r^2\,dr}{\sqrt{(r-r_1)(r_2-r)}}\end{aligned}$$

この積分を行うのには $r = a(1-\varepsilon\cos u)$ とおくとよい．

$$\bar{r} = \frac{a}{\pi}\int_0^{\pi}(1-\varepsilon\cos u)^2\,du = a\left(1+\frac{\varepsilon^2}{2}\right)$$

9

$$nt = u - \varepsilon\sin u \qquad (1)$$

$$r = a(1-\varepsilon\cos u) \qquad (2)$$

$$\cos\theta = \frac{a(\cos u - \varepsilon)}{r} \qquad (3)$$

(1) から第 1 近似で

$$u = nt + (\varepsilon\ \text{の程度})$$

これを (1) の $\sin u$ の u に入れれば，第 2 近似で

$$u = nt + \varepsilon\sin nt + (\varepsilon^2\ \text{の程度})$$

$$\therefore\ \cos u = \cos nt - \varepsilon\sin^2 nt + (\varepsilon^2\ \text{の程度})$$

これを (2) に代入し，結果を (3) に代入せよ．

10 r_1：近日（地）点，r_2：遠日（地）点．$E = -\dfrac{GmM}{r_1+r_2}$，$h = \sqrt{GM}\sqrt{\dfrac{2r_1r_2}{r_1+r_2}}$．

11

$$\text{軌道の式}：\frac{1}{r} = \frac{1+\sqrt{1+2\dfrac{Eh^2}{G^2mM^2}\cos\theta}}{\dfrac{h^2}{GM}}$$

で $h = RV_0\sin\phi_0$，$E = -G\dfrac{mM}{R} + \dfrac{1}{2}mV_0{}^2$，ただし $V_0 = \sqrt{\dfrac{GM}{R}}$．これから $h = R\sqrt{\dfrac{GM}{R}}\sin\phi_0$，$E = -\dfrac{1}{2}\dfrac{GmM}{R}$，$\phi_0 = \dfrac{\pi}{4}$．軌道の式は $\dfrac{1}{r} = \dfrac{2}{R}\left(1+\dfrac{1}{\sqrt{2}}\cos\theta\right)$ となる．動径と接線のつくる角を ϕ とすれば $\tan\phi = \dfrac{r\,d\theta}{dr} = \dfrac{r}{dr/d\theta}$．最初 $r = R$，$\phi = \phi_0 = \dfrac{\pi}{4}$，ゆえに $[\theta]_{t=0} = \dfrac{3}{4}\pi$，楕円の軸は EN（E：地球の中心，N：北極）

に対し $\dfrac{\pi}{4}$ の角をつくる．楕円軌道は軸に対し対称．

第7章

1　列車の進む方向（加速度の方向）と逆向きに ma の大きさの仮想的な力を考え，列車に固定した座標系を慣性系であるかのようにみなす．〔答〕$m\sqrt{g^2+a^2}$，$\tan^{-1}\dfrac{a}{g}$．

2　列車の加速度と逆の側に，鉛直と $\tan^{-1}\dfrac{a}{g}$ の角をつくる直線に沿って，下向きに $\sqrt{g^2+a^2}$ の大きさの加速度で運動する．

3　仮想的な力を考え，斜面に固定した座標系が慣性系であるかのように考えてよい問題に直してみよ．〔答〕$g\sin\theta \pm a\cos\theta$，$m(g\cos\theta \mp a\sin\theta)$．

4　運動だけを求めて，束縛力を求めないときには遠心力を考えればよい．

$$m\frac{dV}{dt} = mr\omega^2\cos\theta - mg\sin\theta, \qquad \theta\text{：接線と水平のつくる角}$$

$\sin\theta = \dfrac{dz}{ds}$，$\cos\theta = \dfrac{dr}{ds}$ を入れる．

$$\frac{dV}{dt} = V\frac{dV}{ds}. \qquad \therefore\ V\frac{dV}{ds} = r\omega^2\frac{dr}{ds} - g\frac{dz}{ds}$$

これを積分すれば，$r = r_0$ で $V = 0$ として，$V^2 = (r^2 - r_0{}^2)\left(\omega^2 - \dfrac{g}{a}\right)$．

5　平面に固定した座標系を慣性系のように扱うため，遠心力とコリオリの力を考える．後者は仕事をしないから，仕事をするものとしては遠心力だけを考える．そのポテンシャルは $-\dfrac{1}{2}mr^2\omega^2$ となる．

6　直線から質点におよぼす力を X, Y とすれば，x 方向（南）の運動方程式から $X = 0$，y 方向（東）の運動方程式から $Y = 2m\omega V\cos\lambda$．

7
$$m\ddot{x} = -S\sin\theta + 2m\omega\dot{y}\sin\lambda, \qquad m\ddot{y} = S\cos\theta - 2m\omega\dot{x}\sin\lambda$$

S は直線から質点におよぼす力．$\dot{x} = V\cos\theta$，$\dot{y} = V\sin\theta$ を使って，$S = 2m\omega V \times \sin\lambda$．

8　$\dfrac{4\omega}{g^2}V_0{}^3\sin^2\theta\left(\cos\theta\sin\lambda + \dfrac{1}{3}\sin\theta\cos\lambda\right)$ だけ西にずれる．角は

$$\omega\frac{2V_0\sin\theta}{g\cos\theta}\left(\cos\theta\sin\lambda + \frac{1}{3}\sin\theta\cos\lambda\right)$$

$V_0 = 500\ \mathrm{m\,s^{-1}}$，$\theta = 45°$，$\lambda = 45°$ のときは 126 m のずれで角は 0.28°．

第8章

1 球が止まるときの球の運動量変化は mv. 壁から球にこれだけの力積をおよぼし，逆に壁はこれだけの力積を受ける.

$$\text{平均の力} = \frac{\text{力を時間で積分したもの}}{\text{時間}} = \frac{\text{ある時間内の力積}}{\text{時間}}$$
$$= 1\,\text{s}\ \text{についての力積}$$

〔答〕止められる場合：nmv N，はね返す場合：$2nmv$ N.

2 dt 時間に $v\,dt$ だけの長さの鎖が静止の状態から速さ v の状態に移る. したがって，運動量変化は $\lambda v\,dt \times v = \lambda v^2 dt$. ゆえに，手からの力積は $\lambda v^2 dt$. 力は λv^2. またはつぎのように重心の運動方程式から出してもよい. 鎖のはじめの位置を原点にとって長さ x だけ一直線になったときの重心は $\dfrac{1}{l}\dfrac{x}{2} \times x = \dfrac{x^2}{2l}$. 全質量を M として，

$$M\frac{d^2}{dt^2}\left(\frac{x^2}{2l}\right) = F. \qquad \therefore\ \frac{M}{l}\left\{\left(\frac{dx}{dt}\right)^2 + x\frac{d^2x}{dt^2}\right\} = F$$

$\dfrac{M}{l} = \lambda$，$\dfrac{dx}{dt} = v$ を入れれば $F = \lambda v^2$.

3 鎖の全体の運動量の変化の割合を考え，これを外力に等しいとおく. 外力は上端で鎖に作用する力 F と，鉛直部分に対する重さ $-\lambda xg$ である（床にかたまっている部分に働く重力と床からの力とは消しあう）. 全体の運動量の増す割合は前題と同様に λv^2. これから $F = \lambda xg + \lambda v^2$.

4 時刻 t での運動量 λxv，$t + dt$ で $\lambda(x + dx)(v + dv)$. ただし，$dx = v\,dt$. したがって

$$(F - \lambda xg)dt = \lambda(x + v\,dt)(v + dv) - \lambda xv$$

これから，$\lambda x\dfrac{dv}{dt} + \lambda v^2 = F - \lambda xg$. $\dfrac{dv}{dt} = \dfrac{dv}{dx}v$ とおき，$vx = V$ とおいて解く.

〔答〕$v^2 = \dfrac{F}{\lambda} - \dfrac{2}{3}gx$.

5 長さ x だけ受け止めたとき手から鎖におよぼす力を F とする. 鎖に働く重力は W. 鎖の各部は自由落下をするから，上端は x だけ落ちている. したがって，重心の高さ y_G は

$$y_G = \frac{1}{l}\frac{1}{2}(l - x)^2, \qquad \ddot{x} = g, \qquad \dot{x}^2 = 2gx$$

重心の運動方程式 $\dfrac{W}{g}\ddot{y}_G = F - W$. これから $F = 3W\dfrac{x}{l}$.

6 $\sqrt{\dfrac{2}{3}gx}$. $\sqrt{\dfrac{6x}{g}}$. 力学的エネルギーに $\dfrac{1}{6}\lambda gx^2$ の損失がある. 鎖が急に動き出す現

象は，動き出す部分のところで完全非弾性衝突と同様な現象が起こっている．

7 $\dfrac{d}{dt}(mv)=mg$ で $m=m_0+at$ とする．$\dfrac{d}{dt}(mv)=(m_0+at)g$．$t=0$ で $v=0$ の条件で解けば，$v=\dfrac{m_0t+\frac{1}{2}at^2}{m_0+at}g$．$v=\dfrac{dx}{dt}$ として積分すれば，

$$x=\frac{1}{2}g\left\{\frac{1}{2}t^2+\frac{m_0}{a}t-\frac{m_0{}^2}{a^2}\log\left(1+\frac{a}{m_0}t\right)\right\}$$

8 速度 $v=\dfrac{m_0v_0}{m_0-at}$．$x=-\dfrac{1}{a}m_0v_0\log\left(1-\dfrac{a}{m_0}t\right)$．

9

$$dv+U\frac{dm}{m}=-g\,dt$$

積分して

$$v=U\log\frac{m_0}{m}-gt$$

$m=m_0-at$ の場合

$$y=U\left(t-\frac{m}{a}\log\frac{m_0}{m}\right)-\frac{1}{2}gt^2$$

10 dt 時間に m から $m+dm$ になったとすると，$-dm$ の質量を放出したことになる．$-dm$ の速度を $\boldsymbol{V}+U\boldsymbol{n}$（$\boldsymbol{n}$ は外向き法線）とすれば，

$$(m+dm)(\boldsymbol{V}+d\boldsymbol{V})+(-dm)(\boldsymbol{V}+U\boldsymbol{n})=m\boldsymbol{V}$$

2次の微小量を省略して

$$m\frac{d\boldsymbol{V}}{dt}-U\boldsymbol{n}\frac{dm}{dt}=0$$

$\dfrac{dm}{dt}=-a$．上の式の接線成分をとれば

$$m\frac{dV}{dt}=0.\qquad\therefore\ V=\text{一定}$$

法線成分をとって，

$$m\frac{V^2}{\rho}-Ua=0.\qquad\therefore\ \rho=\frac{mV^2}{aU}$$

したがって，速さ一定，曲率半径 $\dfrac{mV^2}{aU}=\dfrac{(m_0-at)V^2}{aU}$ の軌道を描く．

11 滑車，2つの質点，糸を1つの質点系とみなす．外力は各質点に働く重力 m_1g，m_2g と固定点Oで軸受けから働く力であるが，最後の力はOのまわりにモーメントを持たない．滑車の半径を a とすれば

$$L=m_1va+m_2va,\qquad N=m_1ga-m_2ga$$

$$\therefore\ \frac{d}{dt}(m_1+m_2)va=(m_1-m_2)ga$$

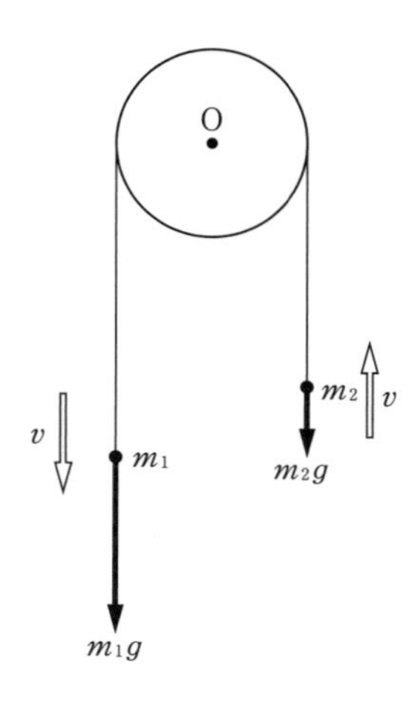

$$\therefore \ \frac{dv}{dt} = \frac{m_1 - m_2}{m_1 + m_2} g$$

12 動きはじめの状態と，A, C が衝突する直前の状態について，運動量保存の法則と力学的エネルギー保存の法則を立てよ．〔答〕$\dfrac{2}{\sqrt{3}} V$.

14 すべて $\dfrac{v_0}{2}$ の大きさを持ち，衝突前，両ベクトルとも一直線，衝突後も一直線になっている．

第9章

1 斜面の方向，これに直角の方向のつりあい，棒の下端のまわりのモーメントのつりあいの式を立てる．〔答〕$\cot^{-1} 3\sqrt{3}$, $\dfrac{1}{2}\sqrt{\dfrac{7}{3}} W$.

2 $\dfrac{l \sin^2\alpha \cos\alpha}{h - l \sin\alpha \cos^2\alpha}$.

3 棒が右に滑り出そうとするときと，左に滑り出そうとするときの糸の傾きを出す．〔答〕$\tan^{-1}\left(\dfrac{1}{\mu} + 2\tan\alpha\right)$ と $\pi - \tan^{-1}\left(\dfrac{1}{\mu} - 2\tan\alpha\right)$ の間の角.

4 はじめのつりあいの条件から $k(l - l_0) = mg$. 運動中の運動方程式は

$$I\frac{d\omega}{dt} = \{S - k(l + x - l_0)\}r, \qquad m\frac{dv}{dt} = mg - S, \qquad v = \frac{dx}{dt}$$

また，v と ω の関係は $v = r\omega$. これらから x についての方程式をつくると，単振動の場合と同様になる．〔答〕周期 $\dfrac{2\pi}{r}\sqrt{\dfrac{(I+mr^2)(l-l_0)}{mg}}$ の単振動．

5 $T=2\pi\sqrt{\dfrac{I}{Mgh}}$，$I=M\left(\dfrac{2}{5}r^2+h^2\right)$．$T$ を最小にする h は $\sqrt{\dfrac{2}{5}}\,r$．

6 $T=2\pi\sqrt{\dfrac{1}{g}\left(l+\dfrac{2}{5}\dfrac{r^2}{l}\right)}$，$T_0=2\pi\sqrt{\dfrac{l}{g}}$．したがって $\dfrac{T}{T_0}=\sqrt{1+\dfrac{2}{5}\left(\dfrac{r}{l}\right)^2}$．$\dfrac{r}{l}\ll 1$ ならば，これを $\left(\dfrac{r}{l}\right)^2$ について展開して，$\dfrac{T}{T_0}=1+\dfrac{1}{5}\left(\dfrac{r}{l}\right)^2$．

7

$$I_x=M\frac{b^2}{12},\qquad I_y=M\frac{a^2}{12},\qquad I_z=M\frac{a^2+b^2}{12}$$

$$\therefore\ \frac{M}{12}\{b^2x^2+a^2y^2+(a^2+b^2)z^2\}=1$$

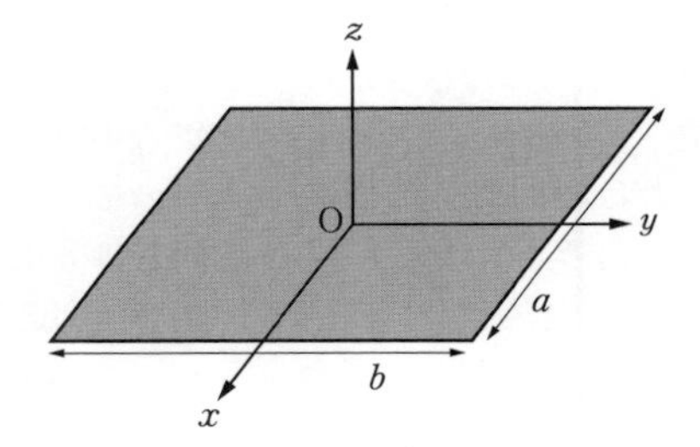

8 dm の部分の ζ 軸のまわりの慣性モーメントは

$$dm\,\frac{1}{2}\left(a\frac{x}{h}\right)^2$$

ξ 軸のまわりの慣性モーメントは

$$dm\left\{\frac{1}{4}\left(a\frac{x}{h}\right)^2+x^2\right\}$$

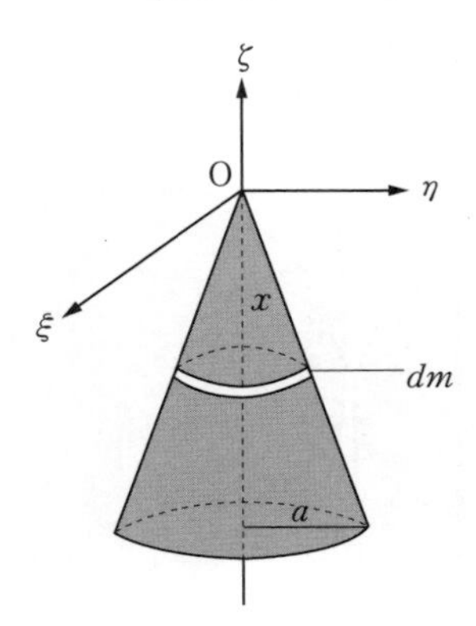

$dm = \rho \cdot \pi a^2 \dfrac{x^2}{h^2} dx$ を入れて積分すれば

$$C = \rho \frac{1}{10} \pi a^4 h, \qquad A = B = \rho \frac{\pi a^2 h^3}{20}\left(4 + \frac{a^2}{h^2}\right)$$

$A = B = C$ であるためには $a = 2h$.

9 外力が働かないから角運動量が保存される．冷える前後の慣性モーメント，角速度をそれぞれ I_1, I_2；ω_1, ω_2 とすれば

$$I_1\omega_1 = I_2\omega_2 \tag{1}$$

運動エネルギーは

$$T_1 = \frac{1}{2} I_1 \omega_1^2, \qquad T_2 = \frac{1}{2} I_2 \omega_2^2 \tag{2}$$

また $I_2 = \dfrac{1}{n^2} I_1$. これらから $T_2 = n^2 T_1$ となる．運動エネルギーの増加は球内の各部分が作用しあう内力が行った仕事からきている．

10 円板と人から成り立っている系についての外力で水平方向に成分を持つのは軸での抗力であるが，これは軸を通るから軸のまわりのモーメントは0である．ゆえに，回転軸のまわりの角運動量は保存される．最初は静止しているのであるから角運動量はいつも0である．円板の角速度を人の歩く向きと逆に ω とすれば，角運動量は $-I\omega$. 人の慣性系に対する速さは $v - r\omega$. ゆえに全角運動量は $mr(v - r\omega) - I\omega = 0$.〔答〕$\omega = \dfrac{2mv}{(M + 2m)r}$.

11 共通の軸のまわりの角運動量が保存されることを使う．

12 歯車のかみあうところで，図のように大きさ $\overline{F}$ の力積が働きあうとする．外力としては O_1, O_2 で軸が軸受けから抗力を受ける．したがって O_1 のまわりにも，O_2 のまわりにも角運動量は保存されない．後の角速度を ω_1', ω_2' とすれば

$$I_1\omega_1' - I_1\omega_1 = -a_1\overline{F} \tag{1}$$

$$I_2\omega_2' - I_2\omega_2 = -a_2\overline{F} \tag{2}$$

$$a_1\omega_1' = -a_2\omega_2' \tag{3}$$

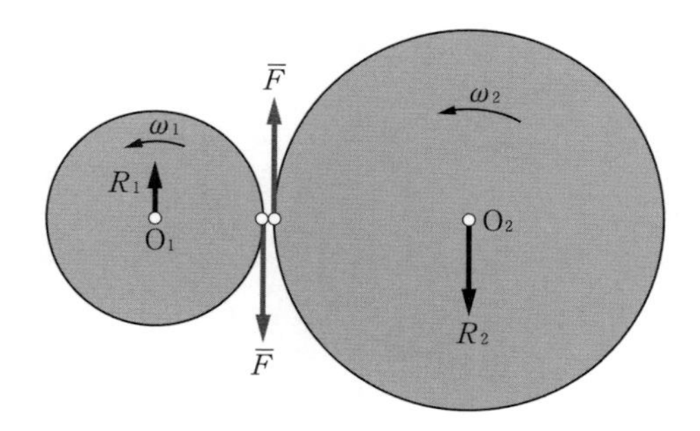

$$〔答〕\omega_1{}' = \frac{\dfrac{I_1}{a_1{}^2}\omega_1 - \dfrac{I_2}{a_1 a_2}\omega_2}{\dfrac{I_1}{a_1{}^2} + \dfrac{I_2}{a_2{}^2}}, \qquad \omega_2{}' = \frac{\dfrac{I_2}{a_2{}^2}\omega_2 - \dfrac{I_1}{a_1 a_2}\omega_1}{\dfrac{I_1}{a_1{}^2} + \dfrac{I_2}{a_2{}^2}}.$$

13 はじめの運動エネルギーは

$$T = \frac{1}{2}Mv_0{}^2 + \frac{1}{2}M\cdot\frac{2}{5}r^2\omega_0{}^2, \qquad \omega_0 = \frac{v_0}{r}. \qquad \therefore\ T = \frac{7}{10}M\cdot v_0{}^2$$

h だけ上がるとすれば

$$Mgh = \frac{7}{10}Mv_0{}^2. \qquad \therefore\ h = \frac{7}{10}\frac{v_0{}^2}{g}$$

14 静かにおいたときは接触面は滑っている．したがって，運動摩擦力が働く．

$$M\frac{dv}{dt} = \mu N \tag{1}$$

$$0 = N - Mg \tag{2}$$

$$M\frac{2}{5}r^2\frac{d\omega}{dt} = -r\mu N \tag{3}$$

これらから

$$\frac{dv}{dt} = \mu g, \qquad \frac{d\omega}{dt} = -\frac{5}{2}\frac{\mu g}{r}$$

$$\therefore\ v = \mu gt, \qquad \omega = \omega_0 - \frac{5}{2}\frac{\mu g}{r}t \tag{4}$$

床に接触する球面上の点 P の速度は $v_{\mathrm{P}} = v - r\omega = \frac{7}{2}\mu gt - r\omega_0$，$t = t_1$ で $v_{\mathrm{P}} = 0$ とすれば $t_1 = \frac{2}{7}\frac{r\omega_0}{\mu g}$．$0 \leqq t \leqq t_1$ の間は（4）で与えられる運動を行い，t_1 で滑りが止み，それからは滑らずに転がる一定速度の運動になる．その速度は $\frac{2}{7}r\omega_0$.

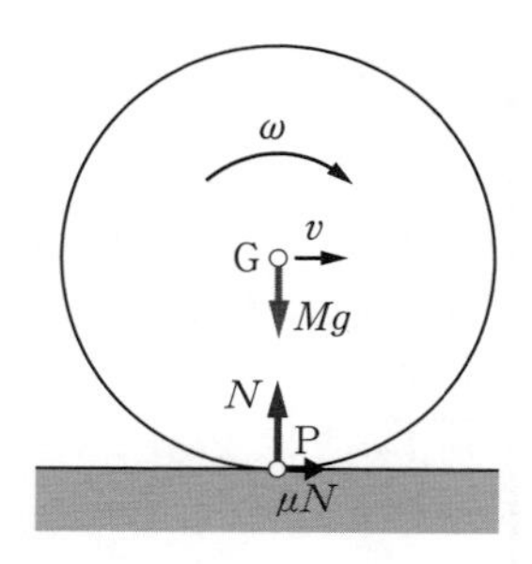

15 円板の中心を C，C の描く円の中心を A とする．$\overline{\mathrm{CA}} = c$．A を通る鉛直線を AO とし，C で円板に立てた垂線が AO と交わる点を B とする．円板と水平面の

接する点をDとすれば，DBが瞬間回転軸である．ハーポールホード錐はOBを軸とし，∠DBOを半頂角とする円錐．ポールホード錐はBCを軸とし，∠CBDを半頂角とする円錐．

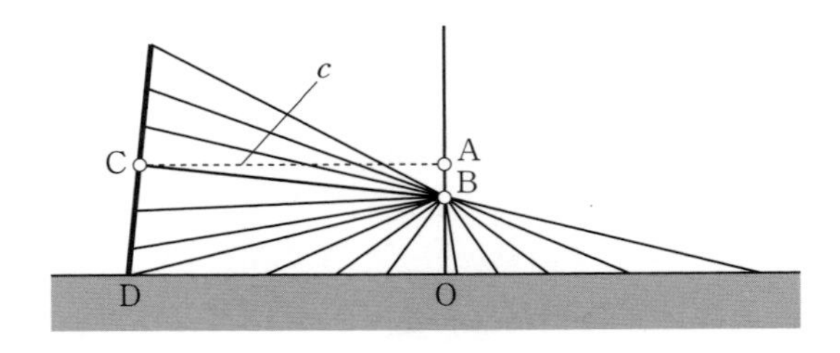

16 重心Oを通って，輪の面に直角にζ軸，輪の面内で水平にξ軸，輪の面内で上方にη軸をとる．オイラーの運動方程式を立てる．$A=B$.

$$A\frac{d\omega_1}{dt}-(A-C)\omega_2\omega_3=N_1,\ A\frac{d\omega_2}{dt}-(C-A)\omega_3\omega_1=N_2,\ C\frac{d\omega_3}{dt}=N_3$$

$\omega_1=0,\ \omega_2=\omega\sin\alpha,\ \omega_3=\omega\cos\alpha$ から

$$N_1=(C-A)\omega^2\sin\alpha\cos\alpha,\qquad N_2=0,\qquad N_3=0$$

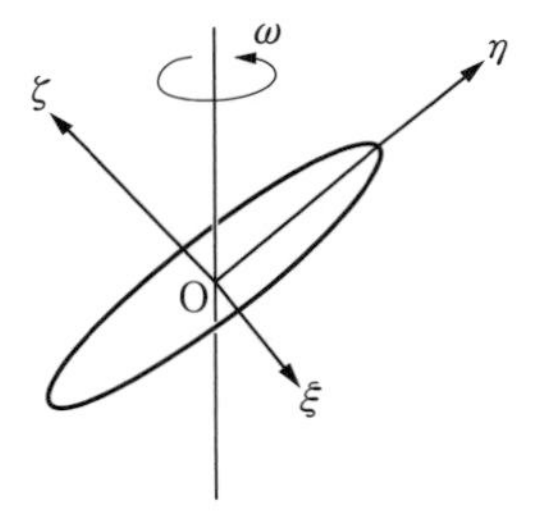

17 角運動量ベクトルは保存されるので，まずこのベクトルと円板との関係を考える．円板内にξ,η，これに直角にζをとる．

$$L_1=A\omega_1,\qquad L_2=A\omega_2,\qquad L_3=2A\omega_3$$

$L_1:L_2:L_3=\omega_1:\omega_2:2\omega_3$ であるからζ軸，$\boldsymbol{L}$，$\boldsymbol{\omega}$は同じ平面内にあり，$\boldsymbol{L}$は$\boldsymbol{\omega}$とζ軸の間にある．$\boldsymbol{L}$が空間に固定されているのであるから，ζ軸がこのまわりに円錐を描く．半頂角をαとすれば

$$\tan\alpha=\frac{\sqrt{{L_1}^2+{L_2}^2}}{L_3}=\frac{1}{2}\frac{\sqrt{{\omega_1}^2+{\omega_2}^2}}{\omega_3}=\frac{1}{2}\tan\beta$$

オイラーの運動方程式をつくれば

$$\frac{d\omega_1}{dt}+\omega_2\omega_3=0,\qquad\frac{d\omega_2}{dt}-\omega_3\omega_1=0,\qquad\frac{d\omega_3}{dt}=0$$

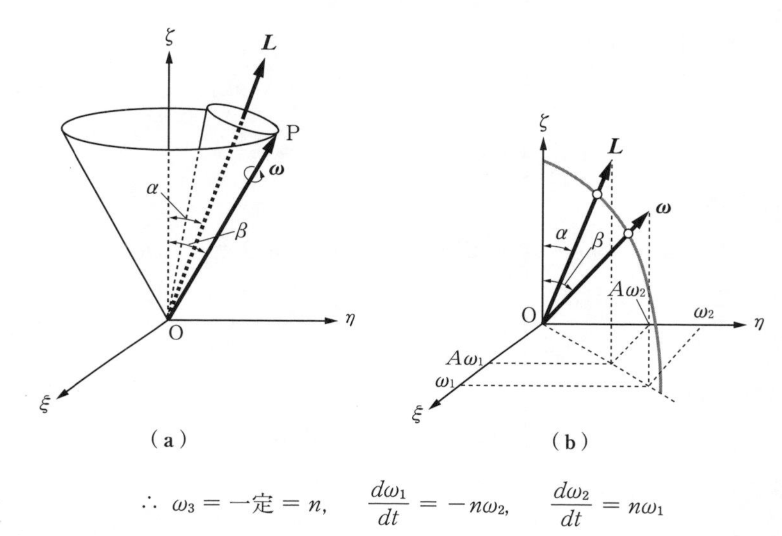

$$\therefore\ \omega_3 = 一定 = n, \qquad \frac{d\omega_1}{dt} = -n\omega_2, \qquad \frac{d\omega_2}{dt} = n\omega_1$$

これらから

$$\omega_1 = p\cos(nt+\alpha), \qquad \omega_2 = p\sin(nt+\alpha)$$

図のように，角速度ベクトル $\boldsymbol{\omega}$ の上の 1 つの点 P を通り，それぞれの円錐の軸に垂直な平面をつくり，円錐面を切る円を考えれば，円周の長さはハーポールホードが $2\pi\,\overline{\mathrm{OP}}\sin(\beta-\alpha)$，ポールホードでは $2\pi\,\overline{\mathrm{OP}}\sin\beta$ である．問題で求めているのは ζ 軸が $\boldsymbol{L}$ を 1 回りする時間で，それは，$\boldsymbol{\omega}$ がハーポールホード上を 1 周する時間である．ポールホードのほうを 1 周する時間は $\dfrac{2\pi}{n}$ であるから，求める周期は $T = \dfrac{2\pi}{n}\dfrac{\sin(\beta-\alpha)}{\sin\beta}$．$\tan\alpha = \dfrac{1}{2}\tan\beta$ を使って，$T = \dfrac{2\pi}{\omega}\dfrac{1}{\sqrt{1+3\cos^2\beta}}$．特に $\beta = 0$ のときは $T = \dfrac{\pi}{\omega} = \dfrac{\pi}{n}$ となる．つまり，円板がだいたいその面内で 1 回転する間にその軸は 2 回円錐を描くから，円板は 2 回よろめくことになる．

18 オイラーの運動方程式は

$$A\frac{d\omega_1}{dt} - (A-C)\omega_2\omega_3 = -\lambda\omega_1 \tag{1}$$

$$A\frac{d\omega_2}{dt} - (C-A)\omega_3\omega_1 = -\lambda\omega_2 \tag{2}$$

$$C\frac{d\omega_3}{dt} = -\lambda\omega_3 \tag{3}$$

(3) から

$$\omega_3 = ae^{-(\lambda/C)t} \tag{4}$$

(1)，(2) に代入して，

$$A\frac{d\omega_1}{dt}-(A-C)\omega_2 ae^{-(\lambda/C)t}=-\lambda\omega_1 \tag{5}$$

$$A\frac{d\omega_2}{dt}-(C-A)\omega_1 ae^{-(\lambda/C)t}=-\lambda\omega_2 \tag{6}$$

$(5)+(6)\times i$

$$A\frac{d}{dt}(\omega_1+i\omega_2)-(A-C)ae^{-(\lambda/C)t}\frac{1}{i}(\omega_1+i\omega_2)=-\lambda(\omega_1+i\omega_2)$$

$\omega_1+i\omega_2=u$ とおけば，

$$A\frac{du}{dt}-\frac{1}{i}(A-C)ae^{-(\lambda/C)t}u=-\lambda u$$

これを積分して，

$$u=b\exp\left(-\frac{\lambda}{A}t\right)\exp\left\{\frac{i(C-A)}{A}\frac{Ca}{\lambda}e^{-(\lambda/C)t}\right\}$$

実部分をとって

$$\omega_1=be^{-(\lambda/A)t}\cos\left\{\frac{C-A}{A}\frac{Ca}{\lambda}e^{-(\lambda/C)t}\right\}$$

虚部分をとって

$$\omega_2=be^{-(\lambda/A)t}\sin\left\{\frac{C-A}{A}\frac{Ca}{\lambda}e^{-(\lambda/C)t}\right\}$$

これから

$$\frac{\omega_1}{\omega}\to 0,\qquad \frac{\omega_2}{\omega}\to 0,\qquad \frac{\omega_3}{\omega}\to 1$$

第10章

1 円輪の半径を a，糸が水平とつくる角を θ とする．高さは円輪の中心 O から測る．環の重さを P, Q とする．

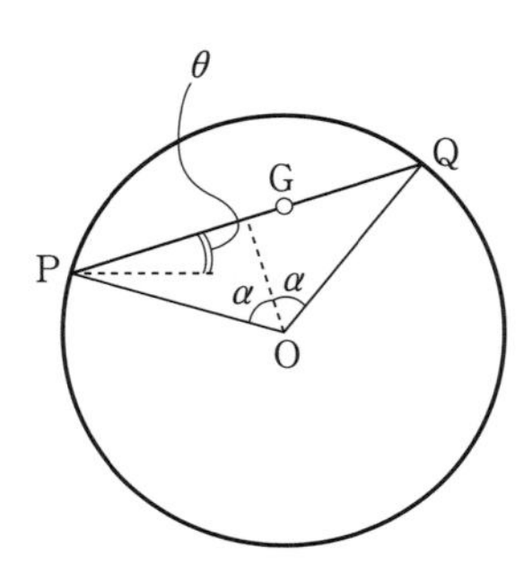

$$U = Pa\cos(\alpha + \theta) + Qa\cos(\alpha - \theta)$$

$\delta U = 0$ から

$$\tan\theta = \frac{Q - P}{P + Q}\tan\alpha$$

(P, Q の重心 G は O の真上にある．仮想変位に対し高さが変わらない．)

2 質点の位置を (x, y, z)，力の中心の座標を $(x_1, y_1, z_1), (x_2, y_2, z_2), \cdots$ とする．

$$r_1{}^2 = (x_1 - x)^2 + (y_1 - y)^2 + (z_1 - z)^2$$
$$r_2{}^2 = (x_2 - x)^2 + (y_2 - y)^2 + (z_2 - z)^2$$
$$\cdots\cdots$$

とすれば

$$U = \frac{1}{2}\mu_1 r_1{}^2 + \frac{1}{2}\mu_2 r_2{}^2 + \cdots$$

$$\frac{\partial U}{\partial x} = \mu_1 r_1 \frac{\partial r_1}{\partial x} + \mu_2 r_2 \frac{\partial r_2}{\partial x} + \cdots$$

つりあいの条件は

$$\frac{\partial U}{\partial x} = 0, \qquad \frac{\partial U}{\partial y} = 0, \qquad \frac{\partial U}{\partial z} = 0$$

また，$r_1 \dfrac{\partial r_1}{\partial x} = x - x_1, \cdots$ であるから，

$$\frac{\partial U}{\partial x} = \mu_1(x - x_1) + \mu_2(x - x_2) + \cdots = 0$$
$$\frac{\partial U}{\partial y} = \mu_1(y - y_1) + \mu_2(y - y_2) + \cdots = 0$$
$$\frac{\partial U}{\partial z} = \mu_1(z - z_1) + \mu_2(z - z_2) + \cdots = 0$$

$$\therefore\ x = \frac{\mu_1 x_1 + \mu_2 x_2 + \cdots}{\mu_1 + \mu_2 + \cdots}, \quad y = \frac{\mu_1 y_1 + \mu_2 y_2 + \cdots}{\mu_1 + \mu_2 + \cdots}, \quad z = \frac{\mu_1 z_1 + \mu_2 z_2 + \cdots}{\mu_1 + \mu_2 + \cdots}$$

これはちょうど $\mathrm{O}_1, \mathrm{O}_2, \cdots$ に質量 $\mu_1, \mu_2, \cdots$ の質点があるとしたときの重心の位置にあたっている．

3 釘に対する B の高さ，$y = \left(l - \dfrac{c}{\sin\theta}\right)\cos\theta = l\cos\theta - c\cot\theta$．$\delta y = 0$ から $\theta = \sin^{-1}\left(\dfrac{c}{l}\right)^{1/3}$．

4 棒 BF, CE を取り除いて，その代りに圧力 S_1, S_2 を次ページの図のように B, F；C, E に作用させ，A でつるされた 6 角形の棒のつりあいの問題と考える．AB, AF が $\delta\theta$ だけ回り，CD, ED が $\delta\varphi$ だけ回るような微小仮想変位を考える．AB の中点の鉛直方向の移動は

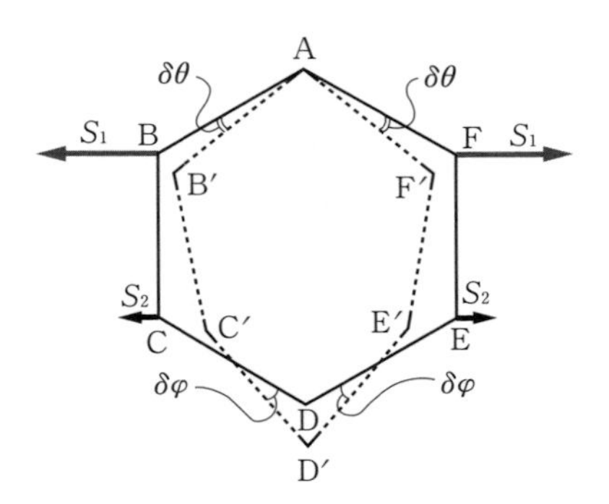

$$a\cos\left(\frac{\pi}{3}-\delta\theta\right)-a\cos\frac{\pi}{3}=\frac{\sqrt{3}}{2}a\,\delta\theta$$

B の鉛直方向の変位は $\sqrt{3}a\,\delta\theta$. BC の中点の鉛直方向の変位は，B の変位と等しく $\sqrt{3}a\,\delta\theta$. CD の中点の鉛直方向の変位は $\sqrt{3}a\,\delta\theta+\dfrac{\sqrt{3}}{2}a\,\delta\varphi$. B の水平方向の変位 $a\,\delta\theta$, C の水平方向の変位 $a\,\delta\varphi$. 仮想変位の原理により，

$$2\left\{\frac{\sqrt{3}}{2}aW\,\delta\theta+\sqrt{3}\,aW\,\delta\theta+\left(\sqrt{3}\,aW\,\delta\theta+\frac{\sqrt{3}}{2}aW\,\delta\varphi\right)\right\}$$
$$-2(S_1a\,\delta\theta+S_2a\,\delta\varphi)=0$$

つりあうためには $\delta\theta,\delta\varphi$ が小さい範囲であれば，その値に関係なくこの式が成り立たなければならないから，

$$S_1=\frac{5}{2}\sqrt{3}\,W,\qquad S_2=\frac{\sqrt{3}}{2}W.\qquad\therefore\ S_1:S_2=5:1$$

5 棒の長さを $2a$ とすれば重心 G の高さは

$$z=a\sin(2\alpha-\theta)$$

$$\frac{dz}{d\theta}=-a\cos(2\alpha-\theta)=0,\qquad\frac{d^2z}{d\theta^2}=-a\sin(2\alpha-\theta)$$

〔答〕$\theta=2\alpha-\dfrac{\pi}{2}$，不安定.

6 上の球が回転して，中心線 OC が θ だけ回った場合を考える．重心を G とし，GCO $=\varphi$ とすれば

$$R\theta=r\varphi \tag{1}$$

重心の高さを O から測れば

$$z=(R+r)\cos\theta-(r-h)\cos(\theta+\varphi) \tag{2}$$

(1) から φ を θ で表して，(2) に代入．

$$z=(R+r)\cos\theta-(r-h)\cos\left(\frac{R}{r}+1\right)\theta$$

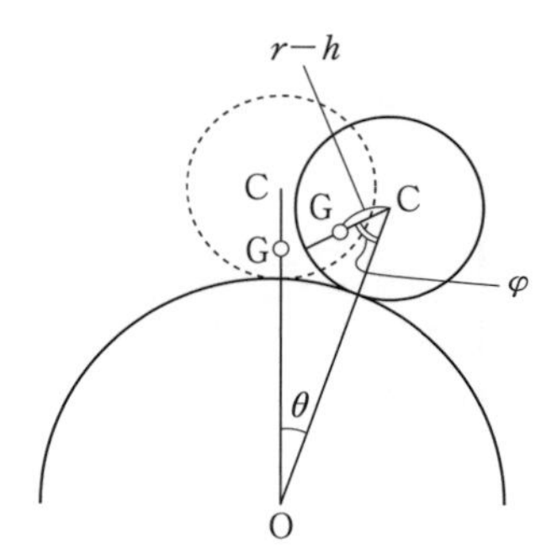

z を θ の関数として，$\theta=0$ が z の max. か min. にあたっているかをしらべればよい．

$$\frac{1}{h}>\frac{1}{r}+\frac{1}{R}\quad \text{ならば}\quad \left(\frac{d^2z}{d\theta^2}\right)_{\theta=0}>0.\qquad \therefore\ \text{安定}$$

$$\frac{1}{h}<\frac{1}{r}+\frac{1}{R}\quad \text{ならば}\quad \left(\frac{d^2z}{d\theta^2}\right)_{\theta=0}<0.\qquad \therefore\ \text{不安定}$$

$$\frac{1}{h}=\frac{1}{r}+\frac{1}{R}\quad \text{ならば}\quad \left(\frac{d^2z}{d\theta^2}\right)_{\theta=0}=0$$

このときは $\dfrac{d^4z}{d\theta^4}=(R+r)\cos\theta-(r-h)\left(\dfrac{R}{r}+1\right)^4\cos\left(\dfrac{R}{r}+1\right)\theta$ を使って $\left(\dfrac{d^4z}{d\theta^4}\right)_{\theta=0}<0$ で極大値．したがって，不安定である．

第11章

1　運動の第2法則の式をそのまま立てる．質点に働く力は重力 mg と糸の張力 S．この2つの力によって質点は水平に加速度 α を持つのであるから，

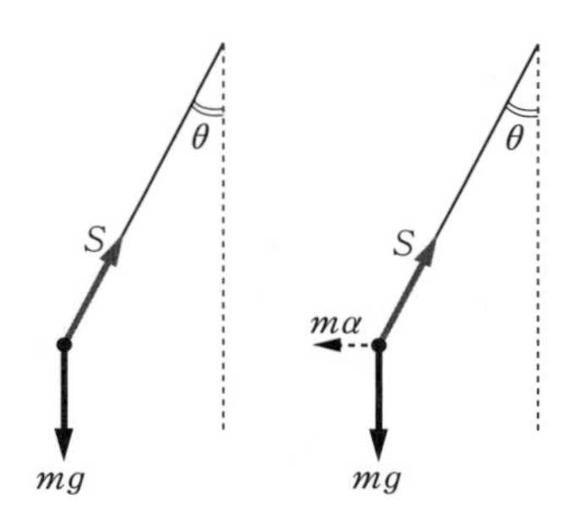

$$m\alpha = S\sin\theta \tag{1}$$

$$0 = S\cos\theta - mg \tag{2}$$

(1), (2) から

$$\tan\theta = \frac{\alpha}{g}, \qquad S = m\sqrt{g^2 + \alpha^2}$$

ダランベールの原理によれば，実際の力 S, mg の他に，加速度と逆向きに $m\alpha$ の慣性抵抗を考える．$S, mg, m\alpha$ はつりあいにある力系をつくる．それから (1), (2) と同じ式が得られる．

2 ダランベールの原理を使うのでなければ，オイラーの運動方程式を使う．固定点 O を通って，棒に直角に水平に ξ，鉛直面内で棒に直角に η，棒の方向に ζ 軸をとる．

$$A = B = M\frac{l^2}{3}, \qquad C = 0$$

$$A\frac{d\omega_1}{dt} - (A - C)\omega_2\omega_3 = -Mg\frac{l}{2}\sin\theta$$

$$A\frac{d\omega_2}{dt} - (C - A)\omega_3\omega_1 = 0$$

$$C\frac{d\omega_3}{dt} = 0$$

$\omega_1 = 0$, $\omega_2 = \omega\sin\theta$, $\omega_3 = \omega\cos\theta$ を入れて

$$M\frac{l^2}{3}\omega^2\sin\theta\cos\theta = Mg\frac{l}{2}\sin\theta$$

$$\therefore\ \omega = \sqrt{\frac{3}{2}\frac{g}{l\cos\theta}}, \qquad T = 2\pi\sqrt{\frac{2l\cos\theta}{3g}}$$

ダランベールの原理を使うとつぎのようになる．棒に働いている実際の力は重力 Mg（棒の中心に働く）と固定点での抗力 R とである．その他に，棒の各部分に慣性抵抗である遠心力が働くと考えれば剛体のつりあいの問題となる．O から x

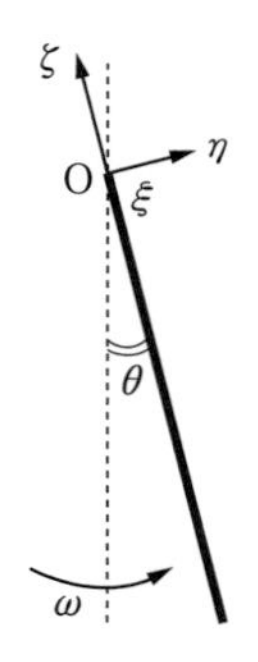

と $x+dx$ との間にある部分に働くと考える遠心力は $(x\sin\theta)\,\omega^2\rho\,dx$（$\rho$ は線密度）．O のまわりのモーメントを考えれば

$$\int_0^l x\cos\theta\,(x\sin\theta)\omega^2\rho\,dx - Mg\frac{l}{2}\sin\theta = 0$$

これからすぐに答が出てくる．

3 (a)　$\delta x_i = a$，$\delta y_i = b$，$\delta z_i = c$ とすれば

$$a\sum_i\left(X_i - m_i\frac{d^2x_i}{dt^2}\right) + b\sum_i\left(Y_i - m_i\frac{d^2y_i}{dt^2}\right) + c\sum_i\left(Z_i - m_i\frac{d^2z_i}{dt^2}\right) = 0$$

a, b, c はまったく任意であるから，その係数は 0．これから，

$$\sum m_i\frac{d^2x_i}{dt^2} = \sum X_i,\qquad \sum m_i\frac{d^2y_i}{dt^2} = \sum Y_i,\qquad \sum m_i\frac{d^2z_i}{dt^2} = \sum Z_i$$

(b)　$\delta x_i = 0$，$y_i = \rho_i\cos\theta_i$，$z_i = \rho_i\sin\theta_i$（ρ_i は質点 i から x 軸に下した垂線の長さ）から

$$\delta y_i = -\rho_i\sin\theta_i\,\delta\theta_i = -z_i\delta\theta,\qquad \delta z_i = \rho_i\cos\theta_i\,\delta\theta_i = y_i\delta\theta$$

したがって

$$\delta\theta\sum_i\left\{-z_i\left(Y_i - m_i\frac{d^2y_i}{dt^2}\right) + y_i\left(Z_i - m_i\frac{d^2z_i}{dt^2}\right)\right\} = 0$$

$\delta\theta$ は任意であるから，その係数が 0 となる．これから

$$\frac{d}{dt}\sum_i m_i\left(y_i\frac{dz_i}{dt} - z_i\frac{dy_i}{dt}\right) = \sum_i(y_iZ_i - z_iY_i)$$

が得られる．

4 dt 時間に実際に行う変位 dx_i, dy_i, dz_i は束縛条件を満足するから，仮想変位としてとることができる．$\delta x_i = dx_i = u_i dt$，$\delta y_i = dy_i = v_i dt$，$\delta z_i = dz_i = w_i dt$ とおけば

$$\sum\left\{\left(X_i dx_i - m_i\frac{du_i}{dt}u_i dt\right) + \left(Y_i dy_i - m_i\frac{dv_i}{dt}v_i dt\right) + \left(Z_i dz_i - m_i\frac{dw_i}{dt}w_i dt\right)\right\} = 0$$

これから

$$d\sum_i\frac{1}{2}m_i(u_i^2 + v_i^2 + w_i^2) = \sum(X_i dx_i + Y_i dy_i + Z_i dz_i)$$

5 糸に沿って x，これに直角な変位を y とする．つりあいのとき長さ dx の部分は任意の瞬間

$$\sqrt{(dx)^2 + (dy)^2} - dx = \left\{1 + \left(\frac{\partial y}{\partial x}\right)^2\right\}^{1/2}dx - dx = \frac{1}{2}\left(\frac{\partial y}{\partial x}\right)^2 dx$$

になる．したがって，位置エネルギーは $\frac{1}{2}S\left(\frac{\partial y}{\partial x}\right)^2 dx$．全体系の位置エネルギーは

$$U = \frac{1}{2} S \int_0^l \left(\frac{\partial y}{\partial x}\right)^2 dx.$$

$$\therefore\ \delta U = S\int_0^l \frac{\partial y}{\partial x}\delta\left(\frac{\partial y}{\partial x}\right)dx = S\int_0^l \frac{\partial y}{\partial x}\frac{\partial}{\partial x}(\delta y)dx$$
$$= S\left[\frac{\partial y}{\partial x}\,\delta y\right]_0^l - S\int_0^l \frac{\partial^2 y}{\partial x^2}\,\delta y\,dx = -S\int_0^l \frac{\partial^2 y}{\partial x^2}\,\delta y\,dx$$

それゆえ，ダランベールの原理は $\int_0^l \left(\sigma\frac{\partial^2 y}{\partial t^2} - S\frac{\partial^2 y}{\partial x^2}\right)\delta y\,dx = 0$. これから

$$\sigma\frac{\partial^2 y}{\partial t^2} = S\frac{\partial^2 y}{\partial x^2}$$

第12章

1

$$T = \frac{m}{2}(\dot r^2 + r^2\dot\varphi^2)$$

$$\therefore\ \delta T = m(\dot r\,\delta\dot r + r\dot\varphi^2\,\delta r + r^2\dot\varphi\,\delta\dot\varphi) = m\left\{\dot r\,\frac{d}{dt}(\delta r) + r\dot\varphi^2\,\delta r + r^2\dot\varphi\,\frac{d}{dt}(\delta\varphi)\right\}$$

また，$\delta' W = F_r\delta r + F_\varphi r\,\delta\varphi$.

$$m\left\{\ddot r - r\left(\frac{d\varphi}{dt}\right)^2\right\} = F_r, \qquad m\,\frac{1}{r}\,\frac{d}{dt}\left(r^2\,\frac{d\varphi}{dt}\right) = F_\varphi$$

2

$$T = \frac{1}{2}\sigma\int \dot y^2\,dx, \qquad L = \frac{1}{2}\int_0^l \left\{\sigma\left(\frac{\partial y}{\partial t}\right)^2 - S\left(\frac{\partial y}{\partial x}\right)^2\right\}dx$$

$\delta\int_{t_1}^{t_2} L\,dt = 0$ をつくれば $\int_{t_1}^{t_2} dt\int_0^l \left\{\sigma\,\frac{\partial y}{\partial t}\,\frac{\partial}{\partial t}(\delta y) - S\,\frac{\partial y}{\partial x}\,\frac{\partial}{\partial x}(\delta y)\right\}dx = 0$. 第1項は t による積分を最初に，第2項は x による積分を最初に行う．部分積分を行って，$\int_{t_1}^{t_2}\int_0^l \left(\sigma\,\frac{\partial^2 y}{\partial t^2} - S\,\frac{\partial^2 y}{\partial x^2}\right)\delta y\,dx\,dt = 0$. これから $\sigma\,\frac{\partial^2 y}{\partial t^2} = S\,\frac{\partial^2 y}{\partial x^2}$.

第13章

1

$$x_1 = A'\cos(\omega' t + \alpha') + A''\cos(\omega'' t + \alpha'') + A'''\cos(\omega''' t + \alpha''')$$
$$x_2 = \sqrt{2}A'\cos(\omega' t + \alpha') - \sqrt{2}A'''\cos(\omega''' t + \alpha''')$$
$$x_3 = A'\cos(\omega' t + \alpha') - A''\cos(\omega'' t + \alpha'') + A'''\cos(\omega''' t + \alpha''')$$
$$\omega' = \sqrt{2-\sqrt{2}}\sqrt{\frac{c}{m}}, \qquad \omega'' = \sqrt{\frac{2c}{m}}, \qquad \omega''' = \sqrt{2+\sqrt{2}}\sqrt{\frac{c}{m}}$$

規準振動は図に示す（x 方向の変位をみやすくするため直角に描いてある）.

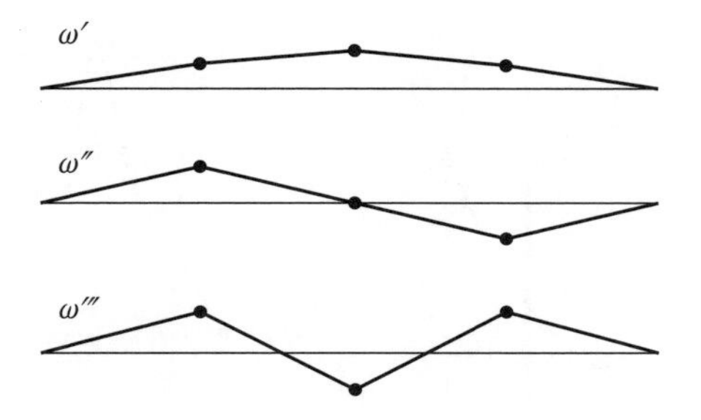

2

$$(m+m')l\ddot{\theta}+m'l'\ddot{\varphi}=-(m+m')g\theta \tag{1}$$

$$l\ddot{\theta}+l'\ddot{\varphi}=-g\varphi \tag{2}$$

$\theta=A\cos(\omega t+\alpha)$, $\varphi=B\cos(\omega t+\alpha)$ とおく．(1) から

$$(m+m')(\omega^2 l-g)A+m'l'\omega^2 B=0 \tag{3}$$

(2) から

$$l\omega^2 A+(\omega^2 l'-g)B=0 \tag{4}$$

(3), (4) から A, B を消去して

$$\begin{vmatrix} (m+m')(\omega^2 l-g) & m'l'\omega^2 \\ l\omega^2 & \omega^2 l'-g \end{vmatrix}=0$$

$$\therefore\ f(\omega^2)\equiv(m+m')(\omega^2 l-g)(\omega^2 l'-g)-m'll'\omega^4=0$$

$$\therefore\ \omega^2=\frac{g}{2mll'}\{(m+m')(l+l')\pm\sqrt{(m+m')^2(l+l')^2-4m'll'(m+m')}\ \} \tag{5}$$

$\pm$ のどちらも正の実根を与える．$\omega_1{}^2, \omega_2{}^2$ とすれば，

$$\left.\begin{aligned} &\theta=A_1\cos(\omega_1 t+\alpha_1), \qquad \varphi=B_1\cos(\omega_1 t+\alpha_1) \\ &\text{ただし}\quad \frac{B_1}{A_1}=-\frac{l\omega_1{}^2}{l'\omega_1{}^2-g} \qquad \text{((3) による)} \end{aligned}\right\} \tag{6}$$

は (1), (2) の解であり，また

$$\left.\begin{aligned} &\theta=A_2\cos(\omega_2 t+\alpha_2), \qquad \varphi=B_2\cos(\omega_2 t+\alpha_2) \\ &\text{ただし}\quad \frac{B_2}{A_2}=-\frac{l\omega_2{}^2}{l'\omega_2{}^2-g} \end{aligned}\right\} \tag{7}$$

も (1), (2) の解である．一般解は

$$\left.\begin{aligned} \theta&=A_1\cos(\omega_1 t+\alpha_1)+A_2\cos(\omega_2 t+\alpha_2) \\ \varphi&=B_1\cos(\omega_1 t+\alpha_1)+B_2\cos(\omega_2 t+\alpha_2) \end{aligned}\right\} \tag{8}$$

(6), (7) は規準振動を与えるものである．$\omega_1<\omega_2$ とする．

$$f\left(\frac{g}{l}\right)<0, \qquad f\left(\frac{g}{l'}\right)<0$$

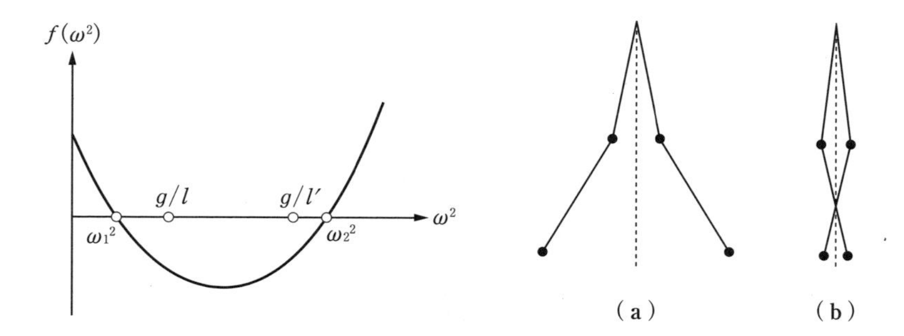

であるから，図から

$$\omega_1{}^2 < \frac{g}{l}, \qquad \omega_2{}^2 > \frac{g}{l'}$$

$$\therefore\ \frac{B_1}{A_1} > 0, \qquad \frac{B_2}{A_2} < 0$$

したがって，規準振動 (6) では θ と φ の比がいつも一定で正であり（図 (a)），(7) では θ と φ の比がいつも一定で負である（図 (b)）．

$$\omega^2 = \frac{\left(1+\dfrac{m'}{m}\right)(l+l') \pm \sqrt{\left(1+\dfrac{m'}{m}\right)^2(l-l')^2 + 4\dfrac{m'}{m}ll'\left(1+\dfrac{m'}{m}\right)}}{2ll'}g$$

とすれば，$l \fallingdotseq l'$ で $m'/m \ll 1$ のときは ω_1, ω_2 の差は小さいことがわかる．初期条件として，$t=0$ で $\theta=0$，$\dot{\theta}=0$，$\varphi=\varphi_0$，$\dot{\varphi}=0$ とすれば，これらを (8) に代入して，

$$\alpha_1 = 0, \qquad \alpha_2 = 0, \qquad A_1 = -A_2 \fallingdotseq \frac{1}{2}\sqrt{\frac{m'}{m}}\varphi_0, \qquad B_1 = B_2 = \frac{\varphi_0}{2}$$

となるので

$$\theta = \frac{1}{2}\left(1 - \frac{g}{l\omega^2}\right)\varphi_0(\cos\omega_2 t - \cos\omega_1 t), \qquad \varphi = \frac{\varphi_0}{2}(\cos\omega_1 t + \cos\omega_2 t)$$

$\dfrac{\omega_1+\omega_2}{2} = \omega$，$\omega_2 - \omega_1 = p$ とおけば

$$\theta = \sqrt{\frac{m'}{m}}g\varphi_0 \sin pt \sin\omega t, \qquad \varphi = \varphi_0 \cos pt \cos\omega t$$

となる．φ はゆるく変わる振幅 $\varphi_0 \cos pt$，θ はやはりゆるく変わる振幅 $\sqrt{\dfrac{m'}{m}}g\varphi_0 \times \sin pt$ を持つ振動を行うと考えてよい．

3 運動エネルギーは

$$T = \frac{1}{2}m(\dot{x}^2 + \dot{y}^2 + \dot{z}^2)$$

$\dot{z} = \dfrac{x}{R_1}\dot{x} + \dfrac{y}{R_2}\dot{y}$, したがって $\dot{z}^2$ は4次の微小量である．それゆえ，T の式でこれを省略して $T = \dfrac{1}{2}m(\dot{x}^2 + \dot{y}^2)$ とすることができる．

$$L = \frac{1}{2}m(\dot{x}^2 + \dot{y}^2) - mg\left(\frac{x^2}{2R_1} + \frac{y^2}{2R_2}\right)$$

$$\therefore\ m\ddot{x} = -\frac{mg}{R_1}x, \qquad m\ddot{y} = -\frac{mg}{R_2}y$$

x 方向に周期 $2\pi\sqrt{\dfrac{R_1}{g}}$ の単振動　$x = a\cos\left(\sqrt{\dfrac{g}{R_1}}t + \alpha\right)$

y 方向に周期 $2\pi\sqrt{\dfrac{R_2}{g}}$ の単振動　$y = b\cos\left(\sqrt{\dfrac{g}{R_2}}t + \beta\right)$

の運動を行う．

4　運動エネルギーを重心の運動とそのまわりの回転運動とに分けて考えれば

$$T = \frac{1}{2}M\dot{z}^2 + \frac{1}{2}I\dot{\varphi}^2$$

ただし，z は重心ののぼった高さ，I はそのまわりの慣性モーメント，位置エネルギーは

$$U = Mgz$$

$$\therefore\ L = \frac{1}{2}M\dot{z}^2 + \frac{1}{2}I\dot{\varphi}^2 - Mgz$$

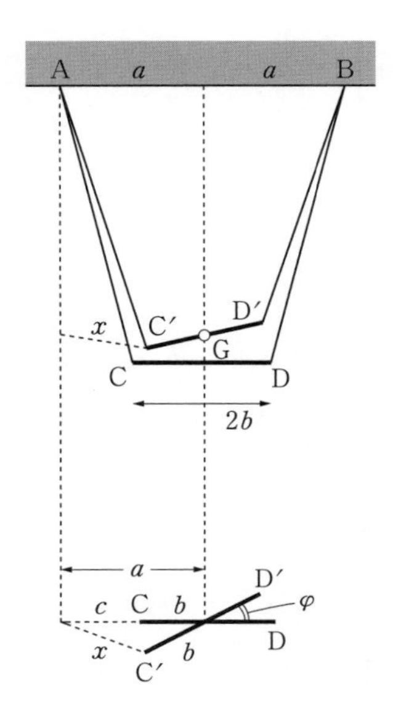

棒が φ だけ回った位置の1つの端 C′ から A を通る鉛直線に引いた垂線の長さを x とすれば

$$x^2 = a^2 + b^2 - 2ab\cos\varphi = a^2 + b^2 - 2ab\left(1 - \frac{1}{2}\varphi^2\right)$$
$$= (a-b)^2 + ab\varphi^2 = l^2\sin^2\alpha + ab\varphi^2$$

したがって，糸が鉛直とつくる角の cos は

$$\sqrt{1 - \left(\frac{x}{l}\right)^2} = \cos\alpha\left(1 - \frac{1}{2}\frac{ab}{l^2\cos^2\alpha}\varphi^2\right)$$

$$\therefore\ z = l\left\{\cos\alpha - \sqrt{1 - \left(\frac{x}{l}\right)^2}\right\} = \frac{1}{2}\frac{ab}{l\cos\alpha}\varphi^2$$

$\dot{z}^2$ は $\varphi^2\dot{\varphi}^2$ の程度の微小量であるから，T の式で第1項は第2項にくらべて省略することができる．ラグランジュの関数は

$$L = \frac{1}{2}I\dot{\varphi}^2 - \frac{1}{2}Mg\frac{ab}{l\cos\alpha}\varphi^2$$

ゆえにラグランジュの方程式は

$$I\ddot{\varphi} = -Mg\frac{ab}{l\cos\alpha}\varphi$$

したがって，小振動の周期は

$$2\pi\sqrt{\frac{Il\cos\alpha}{Mgab}}$$

5　棒の長さを $2a$ とすれば $a = \dfrac{2}{\sqrt{15}}h$．棒の中心が x, y（つりあいの位置を原点として），傾きが θ であるとすれば，棒の両端の座標は $(x + a\cos\theta, y + a\sin\theta)$, $(x - a\cos\theta, y - a\sin\theta)$．糸の両端の固定点の座標は $\left(\sqrt{\dfrac{3}{5}}h, h\right)$, $\left(-\sqrt{\dfrac{3}{5}}h, h\right)$．　したがって，

$$\sqrt{\left(x + a\cos\theta - \sqrt{\frac{3}{5}}h\right)^2 + (y + a\sin\theta - h)^2}$$
$$+ \sqrt{\left(x - a\cos\theta + \sqrt{\frac{3}{5}}h\right)^2 + (y - a\sin\theta - h)^2} = 4a$$

x, y；θ が微小であることを使って（θ, x の2次の項まで）y を出し，$U = Mgy$ から

$$U = Mg\left(\frac{15}{32h}x^2 + \frac{3}{40}h\theta^2 - \frac{x\theta}{8}\right),\quad また\quad T = \frac{1}{2}M\dot{x}^2 + \frac{1}{2}M\frac{a^2}{3}\dot{\theta}^2$$

$$\therefore\ L = \frac{1}{2}M\dot{x}^2 + \frac{1}{2}M\frac{a^2}{3}\dot{\theta}^2 - Mg\left(\frac{15}{32h}x^2 + \frac{3}{40}h\theta^2 - \frac{x\theta}{8}\right)$$

ラグランジュの運動方程式は

$$M\ddot{x} = -Mg\frac{15}{16h}x + Mg\frac{\theta}{8}$$

$$M\frac{a^2}{3}\ddot{\theta} = -Mg\frac{3}{20}h\theta + Mg\frac{x}{8}$$

$x = A\cos(\omega t + \alpha)$, $\theta = B\cos(\omega t + \alpha)$ とおいて,

$$\frac{32}{45}h^2\omega^4 - \frac{28}{15}hg\omega^2 + g^2 = 0$$

これから $\omega^2 = \dfrac{3g}{4h}, \dfrac{15g}{8h}$. これらに対して $\dfrac{A}{B} = \dfrac{3}{2}h, -\dfrac{2}{15}h$. 一般解は

$$x = A'\cos\left(\sqrt{\frac{3g}{4h}}\,t + \alpha\right) + A''\cos\left(\sqrt{\frac{15g}{8h}}\,t + \beta\right)$$

$$\theta = \frac{2}{3h}A'\cos\left(\sqrt{\frac{3g}{4h}}\,t + \alpha\right) - \frac{15}{2}\frac{A''}{h}\cos\left(\sqrt{\frac{15g}{8h}}\,t + \beta\right)$$

6 時計の振動するテンプを静止させたときの全体の慣性モーメント（時計をかける点Cのまわりの）を I, テンプだけの質量を m, 慣性モーメントを J とする. Cと重心Gを結ぶ直線が鉛直とつくる角を θ, テンプがつりあいの位置からみて時計に相対的に回った角を φ とすれば,

$$T = \frac{1}{2}(I - J - mh^2)\dot{\theta}^2 + \left\{\frac{1}{2}m(h\dot{\theta})^2 + \frac{1}{2}J(\dot{\theta} + \dot{\varphi})^2\right\}$$

$$= \frac{1}{2}(I - J)\dot{\theta}^2 + \frac{1}{2}J(\dot{\theta} + \dot{\varphi})^2 \qquad \text{(テンプの質量 } m \text{ 省略)}$$

$$U = MgH(1 - \cos\theta) + \frac{1}{2}c\varphi^2 = \frac{1}{2}MgH\theta^2 + \frac{1}{2}c\varphi^2$$

ラグランジュの運動方程式を立てよ.

$$\theta = A\cos(\omega t + \alpha), \qquad \varphi = B\cos(\omega t + \alpha)$$

とおいて,

$$\omega^2 = \frac{1}{2(I - J)J}[cI + MgHJ \pm \{(cI + MghJ)^2 - 4cMgH(I - J)J\}^{1/2}]$$

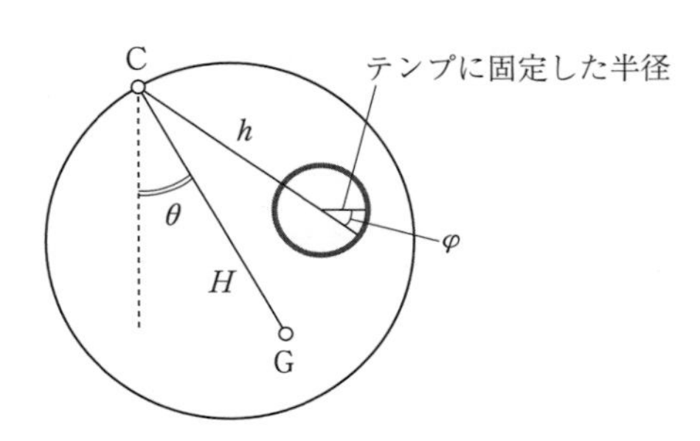

$\omega_1{}^2 = \dfrac{c}{J}$, $\omega_2{}^2 = \dfrac{MgH}{I}$ （ω_1, ω_2 の意味を考えよ）とおいて,

$$\omega^2 = \frac{1}{2\left(1 - \dfrac{J}{I}\right)}\left\{\omega_1{}^2 + \omega_2{}^2 \pm \sqrt{(\omega_1{}^2 + \omega_2{}^2)^2 - 4\omega_1{}^2\omega_2{}^2\left(1 - \dfrac{J}{I}\right)}\right\}$$

$\dfrac{J}{I}$ は小さいから ε とおいて展開する.

$$\omega = \omega_1\left(1 + \frac{1}{2}\frac{\omega_1{}^2}{\omega_1{}^2 - \omega_2{}^2}\varepsilon\right),\quad \omega_2\left(1 - \frac{1}{2}\frac{\omega_2{}^2}{\omega_1{}^2 - \omega_2{}^2}\varepsilon\right)$$

7 ラグランジュの運動方程式 $\ddot{\varphi} - \omega^2 \sin\varphi\cos\varphi = -\dfrac{g}{a}\sin\varphi$ で $\theta_0 = \cos^{-1}\dfrac{g}{a\omega^2}$ とし, $\theta = \theta_0 + \varepsilon$ とおく. 高次の微小量を省略すると

$$\ddot{\varepsilon} = -\omega^2\left(1 - \frac{g^2}{a^2\omega^4}\right)\varepsilon,\qquad 1 - \frac{g^2}{a^2\omega^4} > 0$$

$$\therefore\ \text{安定である.}\ \varepsilon = A\cos\left(\omega\sqrt{1 - \frac{g^2}{a^2\omega^4}}\,t + \alpha\right)$$

8

$$\dot{x} = a\cos\theta\cos\varphi\,\dot{\theta} - (c + a\sin\theta)\sin\varphi\,\dot{\varphi}$$
$$\dot{y} = a\cos\theta\sin\varphi\,\dot{\theta} + (c + a\sin\theta)\cos\varphi\,\dot{\varphi}$$
$$\dot{z} = -a\sin\theta\,\dot{\theta}$$
$$L = T = \frac{1}{2}m\{a^2\dot{\theta}^2 + (c + a\sin\theta)^2\dot{\varphi}^2\}$$

ラグランジュの運動方程式は

$$a^2\ddot{\theta} = (c + a\sin\theta)a\cos\theta\,\dot{\varphi}^2 \tag{1}$$
$$\frac{d}{dt}\{(c + a\sin\theta)^2\dot{\varphi}\} = 0 \tag{2}$$

定常運動では $\theta =$ 一定. (1) から $\cos\theta = 0$.

$$\therefore\ \theta = \frac{\pi}{2},\qquad \dot{\varphi} = \text{一定} = \omega$$

とおく.

$\theta = \dfrac{\pi}{2} + \varepsilon$ とおく. $\ddot{\varepsilon} = -\left(1 + \dfrac{c}{a}\right)\omega^2\varepsilon$.

$$\therefore\ \text{周期}\ \frac{2\pi}{\omega}\sqrt{\frac{a}{c + a}}$$

の単振動的な変化を行う.

9

$$r^2 = 2az \tag{1}$$
$$V^2 = \dot{z}^2 + \dot{r}^2 + r^2\dot{\varphi}^2 \tag{2}$$

(1) を (2) に代入.

$$V^2 = \left(1 + \frac{r^2}{a^2}\right)\dot{r}^2 + r^2\dot{\varphi}^2$$

$$T = \frac{m}{2}\left\{\left(1 + \frac{r^2}{a^2}\right)\dot{r}^2 + r^2\dot{\varphi}^2\right\}, \qquad U = mgz = mg\frac{r^2}{2a}$$

r, φ を一般座標として式を立てよ．$r =$ 一定 $= r_0$ の定常運動では $\omega^2 = \dfrac{g}{a}$．そのまわりの振動で，$r = r_0 + \varepsilon$ とおけば $\ddot{\varepsilon} = -\dfrac{4ag}{a^2 + {r_0}^2}\varepsilon$ となる．

10

$$r^2 = 2az$$

$$T = \frac{m}{2}(\dot{r}^2 + \dot{z}^2 + r^2\omega^2) = \frac{m}{2}\left\{\left(1 + \frac{r^2}{a^2}\right)\dot{r}^2 + r^2\omega^2\right\}$$

$$U = mgz = mg\frac{r^2}{2a}$$

r を一般座標とせよ．

第14章

1

$$T = \sum_{i=1}^{n}\frac{1}{2}m_i({\dot{r}_i}^2 + {r_i}^2{\dot{\varphi}_i}^2 + {\dot{z}_i}^2)$$

$$= \sum_{i=1}^{n}\frac{1}{2}m_i({\dot{r}_i}^2 + {\dot{z}_i}^2) + \frac{1}{2}m_1{r_1}^2{\dot{\varphi}_1}^2 + \sum_{i=2}^{n}\frac{1}{2}m_i{r_i}^2(\dot{\varphi}_1 + \dot{\varphi}_i')^2$$

$$\left.\begin{aligned} &p_{r_i} = \frac{\partial T}{\partial \dot{r}_i} = m_i\dot{r}_i, \qquad p_{z_i} = \frac{\partial T}{\partial \dot{z}_i} = m_i\dot{z}_i \\ &p_{\varphi_1} = \frac{\partial T}{\partial \dot{\varphi}_1} = m_1{r_1}^2\dot{\varphi}_1 + \sum_{i=2}^{n}m_i{r_i}^2(\dot{\varphi}_1 + \dot{\varphi}_i'), \qquad p_{\varphi_i'} = m_i{r_i}^2(\dot{\varphi}_1 + \dot{\varphi}_i') \\ &\hspace{20em}(i = 2, \cdots, n) \end{aligned}\right\}$$

$$\therefore\ T = \sum_{i=1}^{n}\frac{1}{2m_i}({p_{r_i}}^2 + {p_{z_i}}^2) + \frac{1}{2m_1{r_1}^2}(p_{\varphi_1} - p_{\varphi_2'} - \cdots - p_{\varphi_n'})^2 + \sum_{i=2}^{n}\frac{1}{2m_i{r_i}^2}{p_{\varphi_i'}}^2$$

$$\therefore\ H = \sum_{i=1}^{n}\frac{1}{2m_i}({p_{r_i}}^2 + {p_{z_i}}^2) + \frac{1}{2m_1{r_1}^2}(p_{\varphi_1} - p_{\varphi_2'} - \cdots - p_{\varphi_n'})^2$$

$$+ \sum_{i=2}^{n}\frac{1}{2m_i{r_i}^2}{p_{\varphi_i'}}^2 + U(r_1, \cdots, r_n, z_1, \cdots, z_n, \varphi_2', \cdots, \varphi_n')$$

H には φ_1 が含まれないから，これは循環座標．したがって，

$$p_{\varphi_1} = m_1{r_1}^2\dot{\varphi}_1 + \sum_{i=2}^{n}m_i{r_i}^2(\dot{\varphi}_1 + \dot{\varphi}_i') = \sum_{i=1}^{n}m_i{r_i}^2\dot{\varphi}_i = \text{一定}$$

2

$$L = T - U = \frac{m}{2}(\dot{x}^2 + \dot{y}^2 + \dot{z}^2) + q(A_x\dot{x} + A_y\dot{y} + A_z\dot{z}) - q\varphi$$

$$\therefore\ p_x = \frac{\partial L}{\partial \dot{x}} = m\dot{x} + qA_x, \quad p_y = m\dot{y} + qA_y, \quad p_z = m\dot{z} + qA_z$$

$$\therefore\ H = p_x\dot{x} + p_y\dot{y} + p_z\dot{z} - L$$
$$= \frac{1}{2m}\{(p_x - qA_x)^2 + (p_y - qA_y)^2 + (p_z - qA_z)^2\} + q\varphi$$

3 $$H = \dot{x}p_x + \dot{y}p_y + \dot{z}p_z - L = \frac{m_0c^2}{\sqrt{1 - \dfrac{V^2}{c^2}}} + U = T + U$$

第15章

1 (a) $q_1 = Q_1,\ q_2 = Q_2 - Q_1,\ p_1 = P_1 + P_2,\ p_2 = P_2.$

(b) $q_1 = \frac{1}{2}(Q_1 + Q_2),\ q_2 = \frac{1}{2}(Q_1 - Q_2),\ p_1 = P_1 + P_2,\ p_2 = P_1 - P_2.$

(c) $q_1 = Q_1,\ q_2 = Q_2 - Q_1,\ q_3 = Q_3 - Q_2,\ p_1 = P_1 + P_2 + P_3,\ p_2 = P_2 + P_3,$ $p_3 = P_3.$

2 $$p = \frac{\partial V}{\partial q} = m\omega q \cot Q, \qquad P = -\frac{\partial V}{\partial Q} = \frac{m\omega}{2}q^2 \operatorname{cosec}^2 Q$$

これから $q = \sqrt{\dfrac{2P}{m\omega}}\sin Q,\ p = \sqrt{2m\omega P}\cos Q.$ これから $\overline{H} = \omega P.$

したがって，ハミルトンの正準方程式により，

$$\frac{dQ}{dt} = \omega. \qquad \therefore\ Q = \omega t + \alpha$$

$$\frac{dP}{dt} = -\frac{\partial\overline{H}}{\partial Q} = 0. \qquad \therefore\ P = \text{const}$$

$$\therefore\ q = \sqrt{\frac{2P}{m\omega}}\sin(\omega t + \alpha), \qquad p = \sqrt{2m\omega P}\cos(\omega t + \alpha)$$

3 (a) $p\,dq - P\,dQ$ をつくる．

$$母関数 = pq - q\sin p\cos p$$
$$= q\cos^{-1}\left(\frac{Q}{\sqrt{2q}}e^{-k}\right) - \frac{Q}{2}e^{-k}\sqrt{2q - Q^2e^{-2k}}$$

(b) 母関数 $= q(\cot p + p) = q\left\{\dfrac{\sqrt{1 - q^2e^{2Q}}}{qe^Q} + \sin^{-1}(qe^Q)\right\}.$

4 $\{Q_1, P_1\} = \left(\dfrac{\partial q_1}{\partial Q_1}\dfrac{\partial p_1}{\partial P_1} - \dfrac{\partial p_1}{\partial Q_1}\dfrac{\partial q_1}{\partial P_1}\right) + \left(\dfrac{\partial q_2}{\partial Q_1}\dfrac{\partial p_2}{\partial P_1} - \dfrac{\partial p_2}{\partial Q_1}\dfrac{\partial q_2}{\partial P_1}\right) = 1$ など．

5 $$\frac{\partial W}{\partial t} + \frac{1}{2}\left(\frac{\partial W}{\partial q}\right)^2 - \frac{\mu}{q} = 0$$

$W = T(t) + Q(q)$ とおく．

$$\frac{dT}{dt} + \frac{1}{2}\left(\frac{dQ}{dq}\right)^2 - \frac{\mu}{q} = 0. \qquad \therefore\ \frac{dT}{dt} = -E, \qquad T = -Et$$

$\dfrac{1}{2}\left(\dfrac{dQ}{dq}\right)^2 - \dfrac{\mu}{q} = E$, $\dfrac{dQ}{dq} = \sqrt{2\left(E + \dfrac{\mu}{q}\right)}$. $E = -\dfrac{\mu}{a}$ とおく.

$$\frac{dQ}{dq} = \sqrt{2\mu\left(\frac{1}{q} - \frac{1}{a}\right)}$$

これを解けば

$$Q = \sqrt{2\mu a}\sin^{-1}\sqrt{\frac{q}{a}} + \sqrt{2\mu q\frac{a-q}{a}}$$

したがって

$$W = \frac{\mu}{a}t + \sqrt{2\mu a}\sin^{-1}\sqrt{\frac{q}{a}} + \sqrt{2\mu q\frac{a-q}{a}}$$

運動は（15.2-7）によって $\dfrac{\partial W}{\partial a} = \beta$, $p = \dfrac{\partial W}{\partial q}$ から求められる.

6 $H = \dfrac{1}{2}\dfrac{1}{M\kappa^2}p^2 - Mgh\cos\varphi = E$, $\dfrac{1}{2M\kappa^2}\left(\dfrac{dS}{d\varphi}\right)^2 - Mgh\cos\varphi = E$

これを解けば

$$S = \sqrt{2M\kappa^2}\int\sqrt{E + Mgh\cos\varphi}\,d\varphi$$

$$\therefore\ t - t_0 = \frac{\partial S}{\partial E} = \frac{1}{2}\sqrt{2M\kappa^2}\int\frac{d\varphi}{\sqrt{E + Mgh\cos\varphi}}$$

$E = -Mgh\cos\varphi_0$ とおいて,（15.2-16）により,

$$t - t_0 = \frac{1}{2}\sqrt{\frac{\kappa^2}{gh}}\int\frac{d\varphi}{\sqrt{\sin^2\frac{1}{2}\varphi_0 - \sin^2\frac{1}{2}\varphi}}$$

$\sin\dfrac{1}{2}\varphi = k\sin\theta$, $k = \sin\dfrac{1}{2}\varphi_0$ とおいて $t - t_0 = \sqrt{\dfrac{\kappa^2}{gh}}\displaystyle\int\frac{d\theta}{\sqrt{1 - k^2\sin^2\theta}}$ （第6章の単振り子の項参照）.

7 $H = \dfrac{1}{2m}(p_x{}^2 + p_y{}^2 + p_z{}^2) + mgz$. ハミルトン-ヤコビの偏微分方程式は

$$\frac{1}{2m}\left\{\left(\frac{\partial S}{\partial x}\right)^2 + \left(\frac{\partial S}{\partial y}\right)^2 + \left(\frac{\partial S}{\partial z}\right)^2\right\} + mgz = E$$

$S = X(x) + Y(y) + Z(z)$ とおいて変数を分離せよ.

$$S = \alpha_1 x + \alpha_2 y + \int\sqrt{2m(E - mgz) - \alpha_1{}^2 - \alpha_2{}^2}\,dz$$

（15.2-16）により

$$t - t_0 = \int_{z_0}^{z}\frac{m\,dz}{\sqrt{2m(E - mgz) - \alpha_1{}^2 - \alpha_2{}^2}} = -\sqrt{\frac{2}{g}}\sqrt{z_0 - z}$$

$$z_0 = \frac{1}{2m^2 g}(2mE - \alpha_1{}^2 - \alpha_2{}^2)$$

$$\beta_1 = \frac{\alpha_1}{m}\sqrt{\frac{2}{g}}\sqrt{z_0 - z} + x, \qquad \beta_2 = \frac{\alpha_2}{m}\sqrt{\frac{2}{g}}\sqrt{z_0 - z} + y$$

$$\therefore\ z = z_0 - \frac{1}{2}g(t - t_0)^2, \quad x = x_0 + \frac{\alpha_1}{m}(t - t_0), \quad y = y_0 + \frac{\alpha_2}{m}(t - t_0)$$

8 $l_x = yp_z - zp_y$, $l_y = zp_x - xp_z$, $l_z = xp_y - yp_x$ を使い，演算の規則（15.4-21）～（15.4-23）と（15.4-17）（p_x, p_y, p_z, x, y, z についての）を使う．

9 （15.4-25）で $u = H$, $v = l_y$, $w = l_z$ とおく．

10 マトリックスを掛けたものが単位マトリックスであることから，行列式を掛けたものが1になることを示せ．

索　引

人名

ア

イ

ウ

エ

オ

カ

著者略歴

原島　鮮（はらしま　あきら）

1908 年京城に生まれる．1930 年東京帝国大学理学部物理学科卒業．旧制第一高等学校教授，九州大学教授，東京工業大学教授，国際基督教大学教授，東京女子大学学長を歴任．東京工業大学名誉教授．専門は理論物理学，特に液体の表面張力の統計力学．理学博士．

主な著書に「力学 I ― 質点・剛体の力学 ―（新装版）」「力学 II ― 解析力学 ―（新装版）」「初等量子力学（改訂版）」「初等物理学」「基礎物理学選書 1　質点の力学（改訂版）」「基礎物理学選書 3　質点系・剛体の力学（改訂版）」「基礎物理学選書 18　熱学演習 ― 熱力学 ―」「高校課程　物理（上・下）」「物理教育 覚え書き」「続・物理教育 覚え書き」（以上，裳華房），「熱力学・統計力学（改訂版）」（培風館）がある．

力学（新装版）

1958 年 1 月 25 日　第 1 版 発 行
1966 年 3 月 1 日　改訂第 13 版 発 行
1985 年 11 月 25 日　三訂第 42 版 発 行
2020 年 5 月 15 日　第 67 版 1 刷 発 行
2022 年 11 月 25 日　新装第 1 版 1 刷発行

検印
省略

定価はカバーに表示してあります．

著作者　原　島　　鮮
発行者　吉　野　和　浩
発行所　東京都千代田区四番町 8-1
電　話 03-3262-9166（代）
郵便番号 102-0081
株式会社　裳　華　房
印刷所　株式会社　精　興　社
製本所　牧製本印刷株式会社

一般社団法人
自然科学書協会会員

ISBN 978-4-7853-2275-5